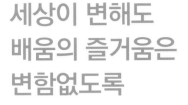

오투 초등과학 6-2

공부계획표

나는 이렇게 공부할 거야!

초등학교 ____________ 이름 ____________

잘라서 사용할 수 있습니다.

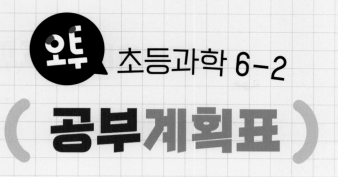

01일차	6~9쪽	월 일
02일차	10~17쪽	월 일
03일차	18~21쪽	월 일
04일차	22~29쪽	월 일
05일차	30~34쪽	월 일
06일차	36~39쪽	월 일
07일차	40~47쪽	월 일
08일차	48~51쪽	월 일
09일차	52~59쪽	월 일
10일차	60~64쪽	월 일
11일차	66~69쪽	월 일
12일차	70~73쪽	월 일
13일차	74~81쪽	월 일
14일차	82~85쪽	월 일
15일차	86~89쪽	월 일
16일차	90~97쪽	월 일
17일차	98~102쪽	월 일
18일차	104~107쪽	월 일
19일차	108~115쪽	월 일
20일차	116~119쪽	월 일
21일차	120~123쪽	월 일
22일차	124~131쪽	월 일
23일차	132~135쪽	월 일
24일차	136~143쪽	월 일
25일차	144~148쪽	월 일
26일차	150~153쪽	월 일
27일차	154~157쪽	월 일
28일차	158~165쪽	월 일
29일차	166~170쪽	월 일

오투 진도책

초등 과학

6-2

오투 차례

규칙적으로 공부하고, 공부한 내용을
확인하는 과정을 반복하면서 과학이
재미있어지고, 자신감이 쌓여갑니다.

구성과 특징

오투와 함께 하면,
단계적으로 학습하여 규칙적인 공부 습관을 기를 수 있습니다.

진도책

개념 학습

탐구로 시작하여 개념을 이해할 수 있도록 구성하였고, 9종 교과서를 완벽하게 비교 분석하여 빠진 교과 개념이 없도록 구성하였습니다.

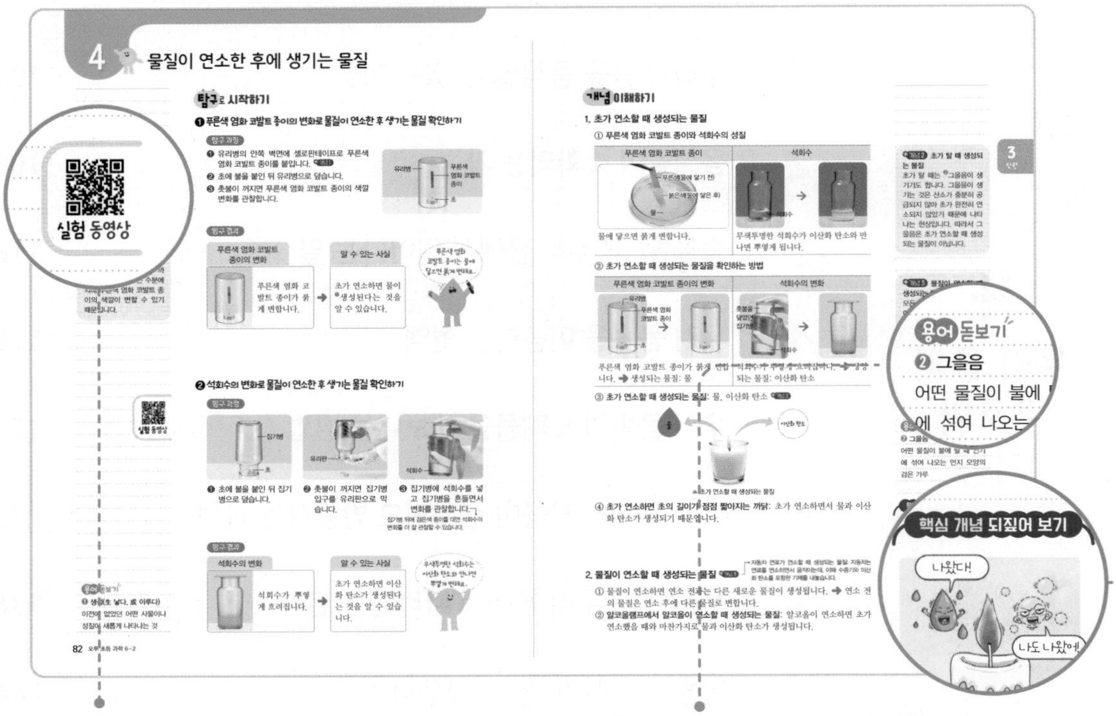

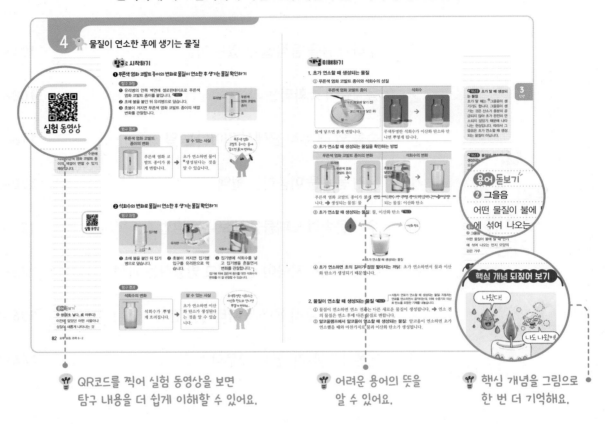

QR코드를 찍어 실험 동영상을 보면 탐구 내용을 더 쉽게 이해할 수 있어요.

어려운 용어의 뜻을 알 수 있어요.

핵심 개념을 그림으로 한 번 더 기억해요.

문제 학습

단계적 문제 풀이를 할 수 있도록 구성하였습니다.

기본 문제로 익히기 → **실력 문제**로 다잡기 → **단원** 마무리 문제

평가책

단원별로 개념을 한눈에 보이도록 정리하였고, 효과적으로 복습할 수 있도록 문제를 구성하였습니다. 학교 단원 평가와 학업성취도 평가에 대비할 수 있습니다.

단원 평가 대비

- 단원 정리
- 쪽지 시험 / 서술 쪽지 시험
- 단원 평가
- 서술형 평가

학업성취도 평가 대비

- 학업성취도 평가 대비 문제 1회(1~2단원)
- 학업성취도 평가 대비 문제 2회(3~5단원)

1

전기의 이용

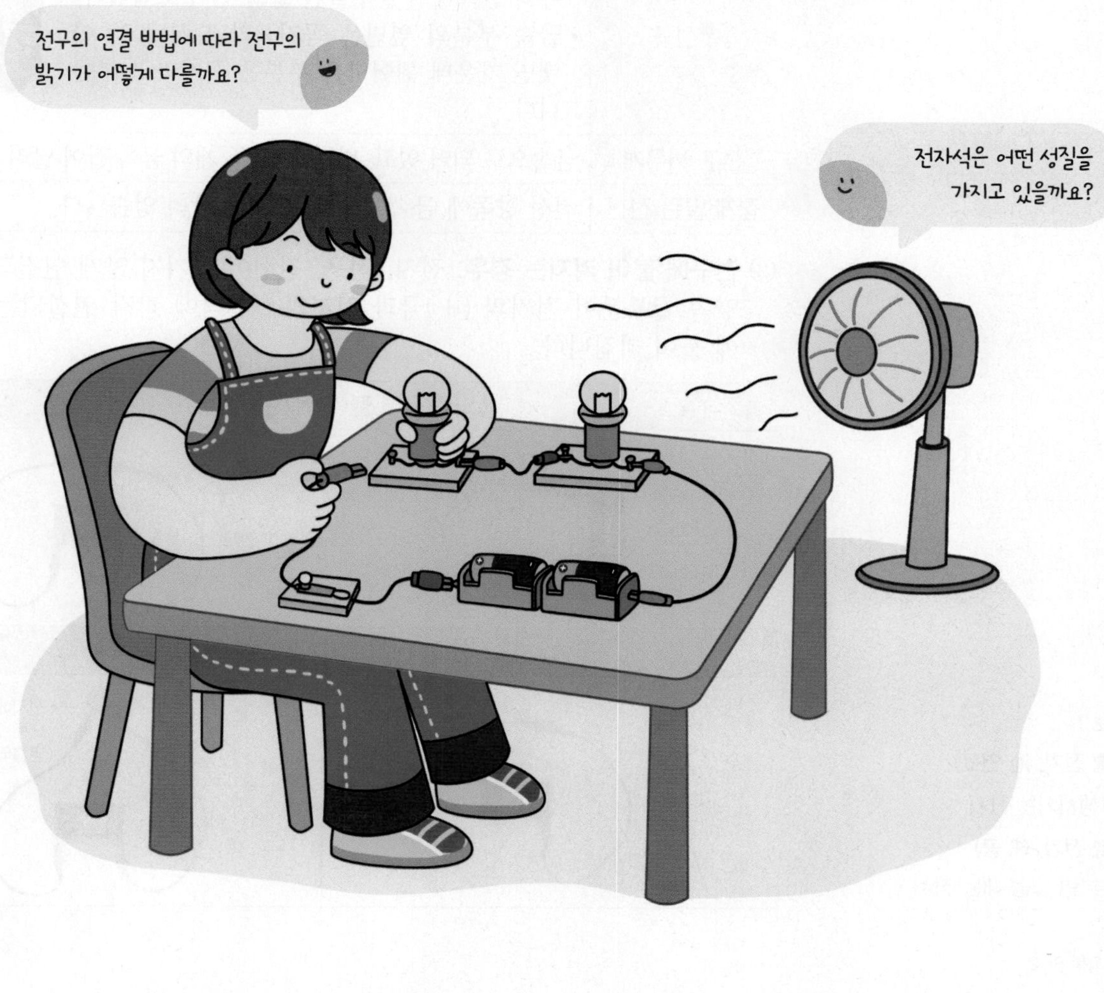
전구의 연결 방법에 따라 전구의 밝기가 어떻게 다를까요?
전자석은 어떤 성질을 가지고 있을까요?

1 전구에 불이 켜지는 조건

실험 동영상

탐구로 시작하기

전지, 전구, 전선을 연결하여 전구에 불 켜기

탐구 과정

❶ 아래 여러 가지 전기 부품을 관찰해 봅시다.

▲ 전지

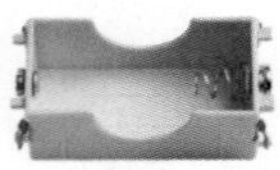
▲ 전지 끼우개

▲ 전구

▲ 전구 끼우개

▲ 집게 달린 전선

❷ 전지, 전구, 전선을 자유롭게 연결해 봅시다.

❸ 전지, 전구, 전선을 어떻게 연결할 때 전구에 불이 켜지는지 이야기해 봅시다.

탐구 결과

① **여러 가지 전기 부품 관찰 결과**

❶전지	• 금속으로 된 부분이 있습니다. • 전지에서 볼록하게 튀어나온 쪽이 (+)극, 평평한 쪽이 (−)극입니다. 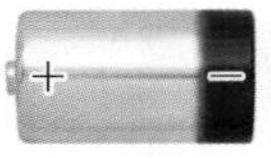
전지 끼우개	양쪽면에 안쪽과 바깥쪽을 이어 주는 금속이 있습니다.
❷전구	• 금속으로 된 부분과 유리로 된 부분이 있고, 유리 안쪽에 구불구불한 얇은 선이 보입니다. • 금속 부분의 옆면은 꼭지쇠라고 부르고, 아랫면 가운데 튀어나온 부분은 꼭지라고 부릅니다. 
전구 끼우개	금속으로 되어 있고, 바닥 쪽에 두 개의 금속 팔이 달려 있습니다.
집게 달린 전선	전선 양쪽에 금속으로 된 집게가 달려 있습니다.

② **전구에 불이 켜지는 경우**: 전지, 전구, 전선이 끊기지 않게 연결되고, 전구의 양쪽 끝부분이 전지의 (+)극과 전지의 (−)극에 각각 연결되는 경우 전구에 불이 켜집니다.

전구에 불이 켜지는 경우

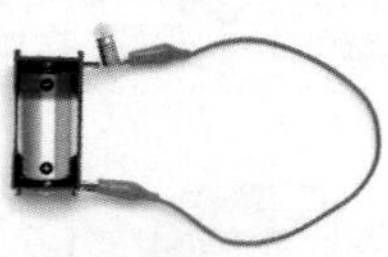

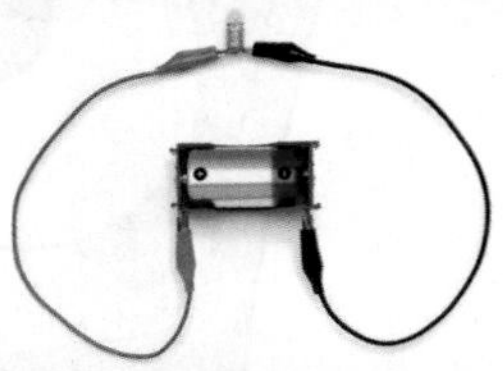

전구에 불이 켜지지 않는 경우

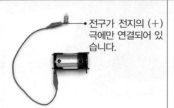

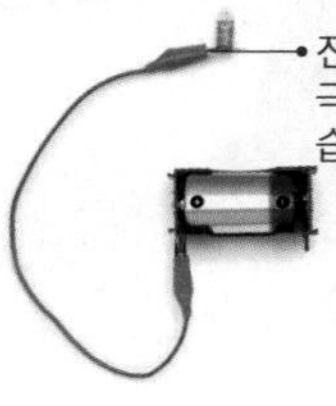

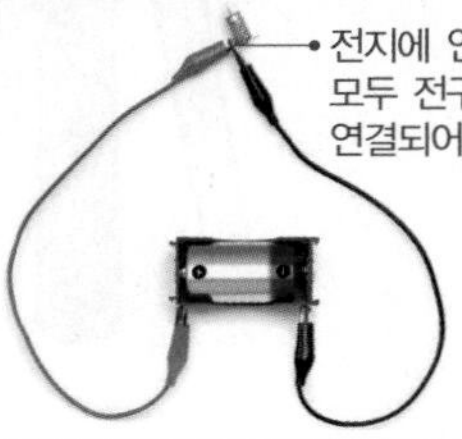

용어 돋보기

❶ **전지(電 전기, 池 연못)**
전기를 발생시키는 장치

❷ **전구(電 전기, 球 공)**
전기가 흐르면 빛을 내는 장치

개념 이해하기

1. 전기 회로: 여러 가지 전기 부품을 연결하여 전기가 흐르도록 한 것

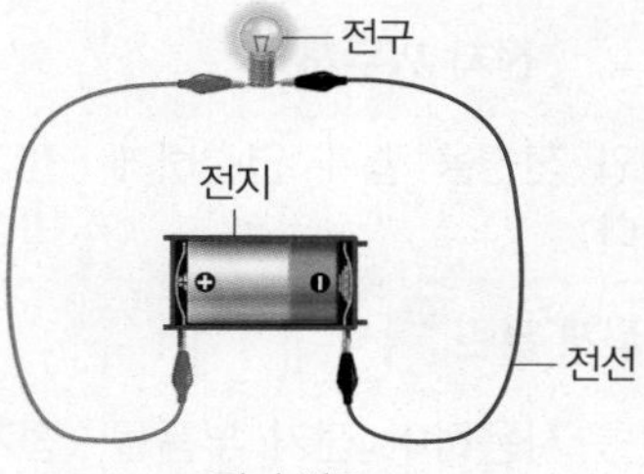

▲ 전기 회로

2. 여러 가지 전기 부품의 역할

전지	전지 끼우개	전구

전기 회로에 전기 에너지를 공급합니다.	전지와 전선을 쉽게 연결하게 합니다.	전기가 흐르면 필라멘트에서 빛이 납니다.
전구 끼우개	**집게 달린 전선**	**스위치**

전구를 다른 전기 부품에 쉽게 연결하게 합니다.	집게를 사용해 전기 부품들을 서로 연결합니다.	전기 회로의 연결을 이어 주거나 끊어 줍니다.

3. 전기 회로에서 전구에 불이 켜지는 조건 개념1

① 전지, 전구, 전선이 끊어짐 없이 연결되어야 합니다.
② 전구의 양쪽 끝부분이 전지의 (+)극과 전지의 (−)극에 각각 연결되어야 합니다.

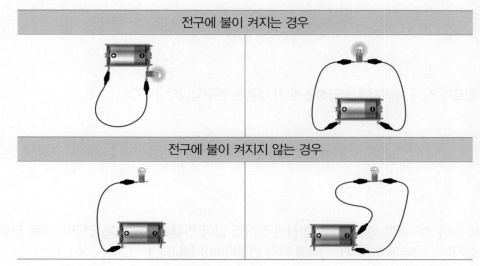

전구에 불이 켜지는 경우	
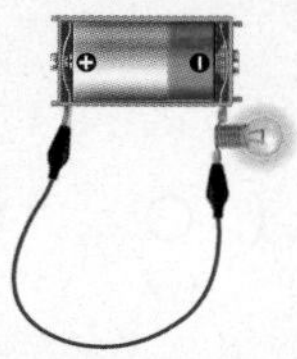	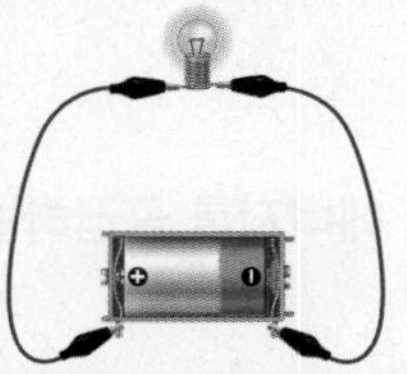

전구에 불이 켜지지 않는 경우	
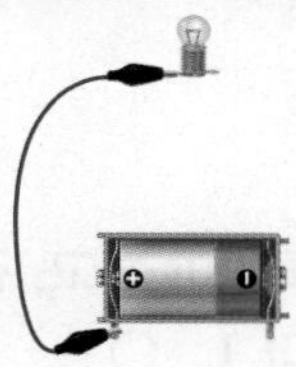	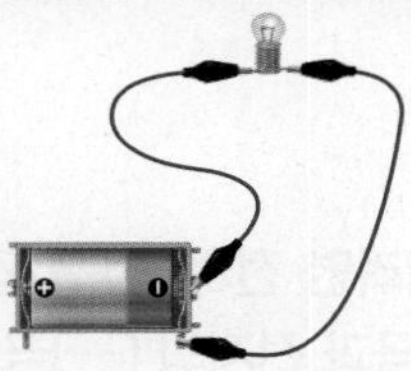

개념1 손전등 내부의 전기 회로
손전등의 스위치를 켜면 손전등 내부의 전기 회로가 끊어짐 없이 연결되어 전구에 불이 켜집니다. 반대로 스위치를 끄면 연결이 끊어져 불이 꺼집니다.

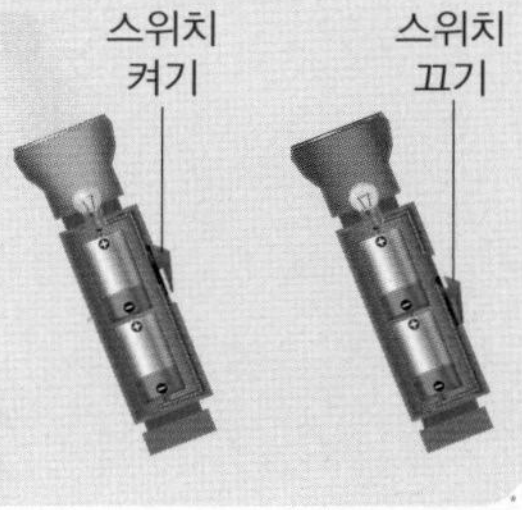

핵심 개념 되짚어 보기

전기 부품을 끊기지 않게 연결하고 전구의 양쪽 끝부분을 전지의 두 극에 각각 연결하면 전구에 불이 켜집니다.

기본 문제로 익히기

◎ 정답과 해설 ● 2쪽

핵심 체크

- ❶ ☐☐ ☐☐: 여러 가지 전기 부품을 연결하여 전기가 흐르도록 한 것
- 여러 가지 전기 부품의 역할

❷ ☐☐	전지 끼우개	❸ ☐☐
전기 회로에 전기 에너지를 공급합니다.	전지와 전선을 쉽게 연결하게 합니다.	전기가 흐르면 필라멘트에서 빛이 납니다.
전구 끼우개	**집게 달린 ❹ ☐☐**	**스위치**
전구를 다른 전기 부품에 쉽게 연결하게 합니다.	집게를 사용하여 전기 부품들을 서로 연결합니다.	전기 회로의 연결을 이어 주거나 끊어 줍니다.

- 전기 회로에서 전구에 불이 켜지는 조건
  - 전지, 전구, 전선이 ❺ ☐☐☐ 없이 연결되어야 합니다.
  - 전구의 양쪽 끝부분이 전지의 (+)극과 전지의 (−)극에 각각 연결되어야 합니다.

Step 1

(　　) 안에 알맞은 말을 써넣어 설명을 완성하거나 설명이 옳으면 ○, 틀리면 ×에 ○표 해 봅시다.

1 전지, 전구, 전선 등의 여러 가지 전기 부품을 서로 연결해 전기가 흐르도록 한 것을 (　　　　　　)(이)라고 합니다.

2 전구는 집게를 사용하여 전기 부품들을 서로 연결하는 역할을 합니다. (○ , ×)

3 전기 회로에 전기 에너지를 공급하는 전기 부품은 전구입니다. (○ , ×)

4 전구에 불이 켜지려면 전지, 전구, 전선이 끊어짐 없이 연결되어야 하고, 전구의 양쪽 끝부분이 전지의 (+)극과 전지의 (−)극에 각각 연결되어야 합니다. (○ , ×)

Step 2

1 여러 가지 전기 부품을 연결하여 전기가 흐르게 한 것을 무엇이라고 합니까? (　　　)

① 전구　② 전지
③ 전선　④ 스위치
⑤ 전기 회로

2 전기 회로의 연결을 이어 주거나 끊어 주는 역할을 하는 전기 부품의 이름을 써 봅시다.

(　　　　　　　　)

3 다음은 어떤 전기 부품에 대한 설명입니다. (　) 안에 들어갈 말을 써 봅시다.

> (　　　)은/는 전기 회로에 전기를 흐르게 하는 전기 부품으로 (+)극과 (−)극이 있다.

(　　　　　　　　)

4 다음 중 전기가 흐르면 불이 켜지는 전기 부품은 어느 것입니까? (　　　)

①

②

③

④

5 다음은 전지, 전구, 전선을 연결한 모습입니다. ㉠~㉢ 중 전구에 불이 켜지지 않는 것을 골라 기호를 써 봅시다.

㉠
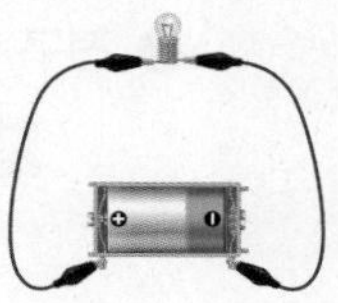
㉡
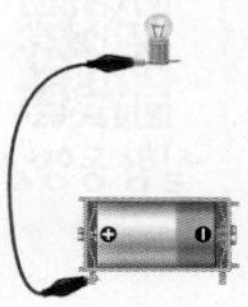
㉢
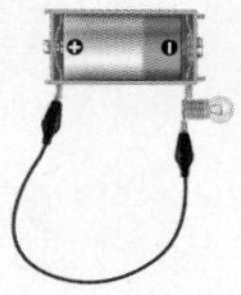

(　　　　　　　　)

6 위 5번의 답에서 전구에 불이 켜지지 않은 까닭을 옳게 설명한 것을 보기에서 골라 기호를 써 봅시다.

> 보기
> ㉠ 스위치가 열려 있기 때문이다.
> ㉡ 전구가 전지의 (+)극에만 연결되어 있기 때문이다.
> ㉢ 전구가 전지의 (−)극에만 연결되어 있기 때문이다.

(　　　　　　　　)

7 다음 중 전기 회로의 전구에 불이 켜지는 조건으로 옳은 것은 어느 것입니까? (　　　)

① 전기가 흐르도록 스위치를 열어야 한다.
② 전구를 전지의 (+)극에만 연결해야 한다.
③ 전구를 전지의 (−)극에만 연결해야 한다.
④ 전구의 유리 부분에 전지를 연결해야 한다.
⑤ 전지, 전구, 전선이 끊기지 않게 연결하고, 전구의 양쪽 끝부분을 전지의 (+)극과 전지의 (−)극에 각각 연결해야 한다.

2 전구의 연결 방법에 따른 전구의 밝기 비교하기

실험 동영상

탐구로 시작하기

전구의 연결 방법에 따른 전구의 밝기 비교하기 개념1

탐구 과정

❶ 전구 두 개를 다음과 같이 연결하여 전기 회로를 만들어 봅시다.

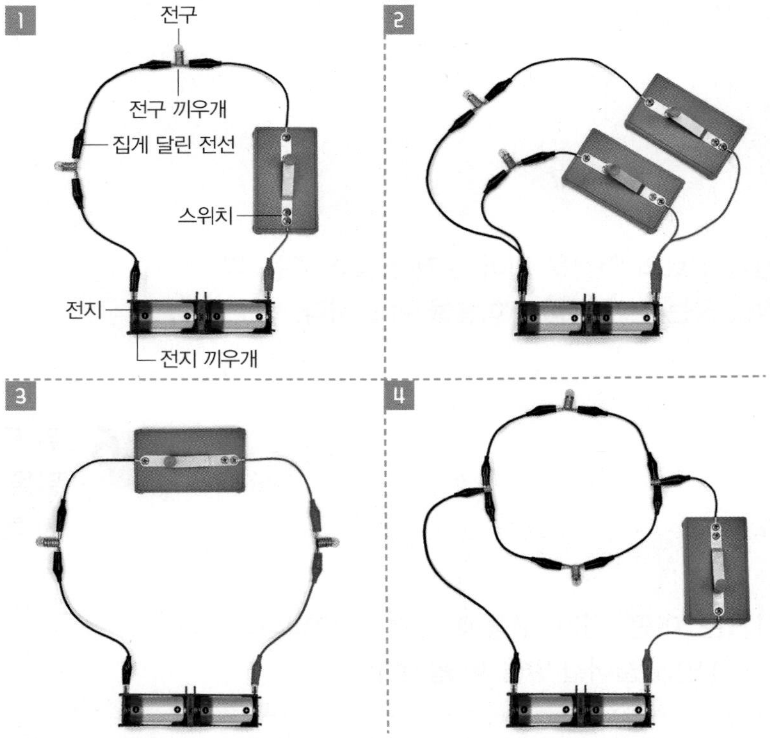

❷ 전기 회로에 있는 스위치를 모두 닫을 때 전구의 밝기를 관찰해 봅시다.

❸ 전구의 밝기가 비슷한 전기 회로끼리 ❶분류해 봅시다.

❹ 과정 ❸에서 분류한 전기 회로에서 전구의 연결 방법에 어떤 공통점이 있는지 찾아 봅시다.

탐구 결과

① 전구의 밝기가 비슷한 전기 회로

전구의 밝기	전구의 밝기가 비슷한 전기 회로
어둡습니다.	1, 3
밝습니다.	2, 4

② 전구 연결 방법의 공통점

구분	공통점
전구의 밝기가 어두운 전기 회로	전구 두 개를 한 줄로 연결했습니다.
전구의 밝기가 밝은 전기 회로	전구 두 개를 두 줄로 나누어 연결했습니다.

개념1 전지의 수에 따른 전구의 밝기

- 전기 회로에 전지 두 개를 연결하면 전지 한 개를 연결할 때보다 전구의 밝기가 더 밝아질 수 있습니다.
- 전지 두 개를 연결하여 전구의 밝기를 밝게 하려면 전지의 서로 다른 극끼리 일렬로 연결해야 합니다.

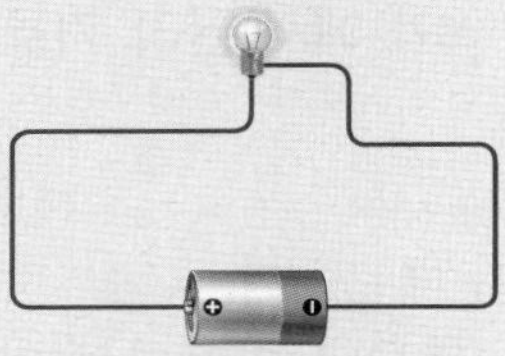

▲ 전지를 한 개 연결할 때

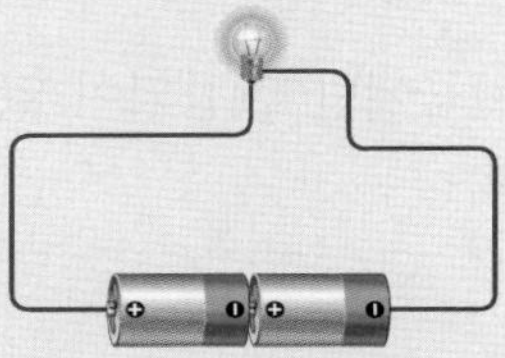

▲ 전지를 서로 다른 극끼리 일렬로 두 개 연결할 때

용어 돋보기

❶ **분류(分 나누다, 類 무리)**
종류에 따라서 나누는 것

개념 이해하기

1. 전구의 연결 방법

구분	전구의 직렬연결	전구의 병렬연결
모습	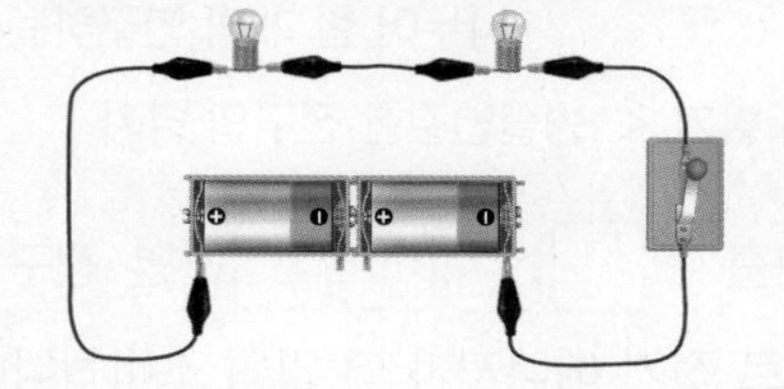	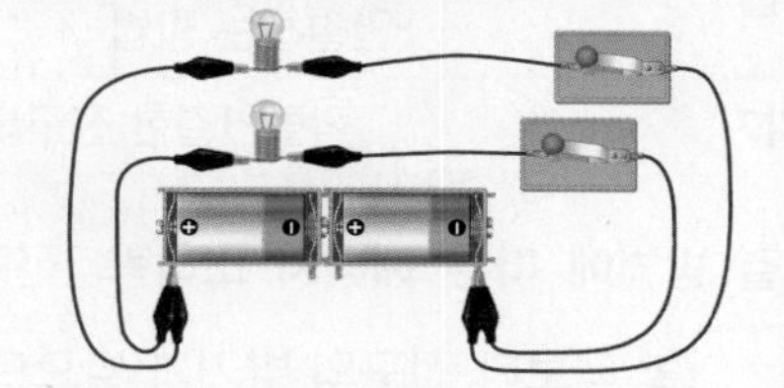
연결 방법	전구 두 개 이상을 한 줄로 연결하는 방법 → 전기가 흐르는 길이 하나입니다.	전구 두 개 이상을 여러 개의 줄에 나누어 한 개씩 연결하는 방법 → 전기가 흐르는 길이 여러 개로 갈라집니다.
전구의 밝기	직렬연결한 전구의 밝기 < 병렬연결한 전구의 밝기	

2. 전구의 연결 방법에 따른 에너지 소비량

① 전구의 밝기가 밝을수록 전기 에너지가 많이 소비됩니다.
② 여러 개의 전구를 병렬연결하면 직렬연결할 때보다 전구의 밝기가 밝아 전기 에너지가 많이 소비됩니다.

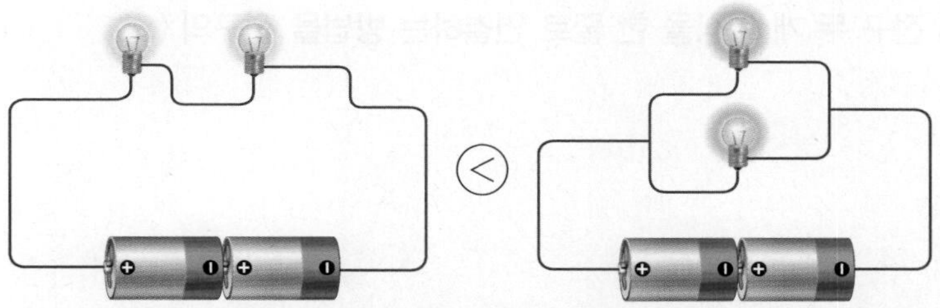

▲ 전구 여러 개를 병렬연결할 때가 직렬연결할 때보다 전기 에너지를 많이 소비합니다.

3. 전구의 연결 방법에 따른 특징 개념2

전구의 직렬연결	전구의 병렬연결
모든 전구가 켜진 전기 회로에서 전구 한 개를 빼내면 나머지 전구에 불이 꺼집니다.	모든 전구가 켜진 전기 회로에서 전구 한 개를 빼내도 나머지 전구에 불이 켜져 있습니다.
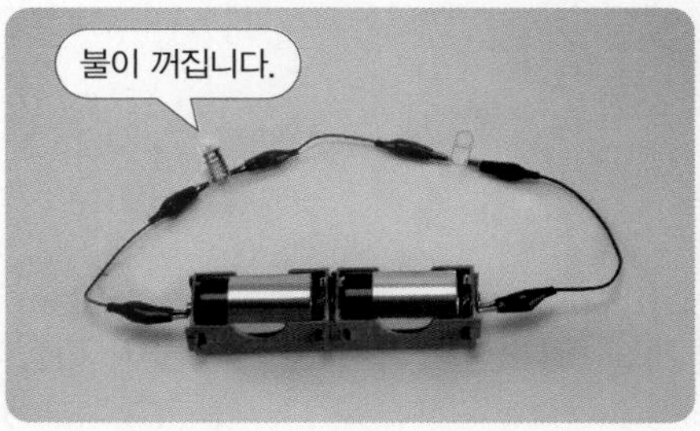	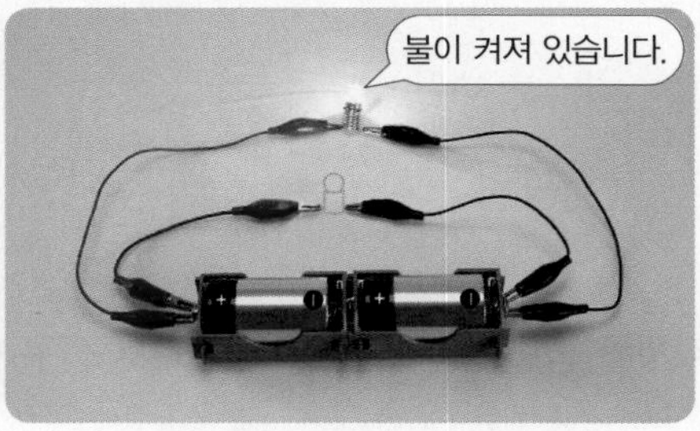

개념2 장식용 나무에 설치된 전구의 연결 방법 알아보기

장식용 나무에 설치된 전구 중 하나를 빼면 나머지 전구 중 일부만 불이 켜집니다. 이것은 전구를 연결할 때 직렬연결과 병렬연결을 함께 사용하기 때문입니다.

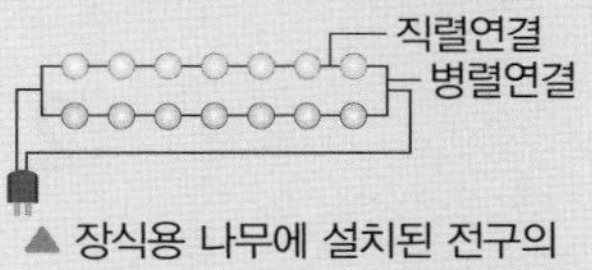

▲ 장식용 나무에 설치된 전구의 연결 방법

핵심 개념 되짚어 보기

병렬연결된 전구 두 개가 직렬연결된 전구 두 개보다 전구의 밝기가 더 밝습니다.

기본 문제로 익히기

정답과 해설 ● 2쪽

핵심 체크

- 전구의 연결 방법

구분	전구의 ❶ □□□□	전구의 ❷ □□□□
연결 방법	전구 두 개 이상을 한 줄로 연결하는 방법	전구 두 개 이상을 여러 개의 줄에 나누어 한 개씩 연결하는 방법
전구의 밝기	직렬연결한 전구의 밝기 < 병렬연결한 전구의 밝기	

- 전구의 연결 방법에 따른 에너지 소비량: 전구를 ❸ □□□□하면 전구를 ❹ □□□□할 때보다 전구의 밝기가 밝으므로 전기 에너지가 더 많이 소비됩니다.
- 전구의 연결 방법에 따른 특징

전구의 직렬연결	전구의 병렬연결
모든 전구가 켜진 전기 회로에서 전구 한 개를 빼내면 나머지 전구에 불이 ❺ □□□□.	모든 전구가 켜진 전기 회로에서 전구 한 개를 빼내도 나머지 전구에 불이 켜져 있습니다.

Step 1

(　　) 안에 알맞은 말을 써넣어 설명을 완성하거나 설명이 옳으면 ○, 틀리면 ×에 ○표 해 봅시다.

1 전기 회로에서 전구 두 개 이상을 한 줄로 연결하는 방법을 전구의 (　　　　　　)(이)라고 합니다.

2 전구의 연결 방법에 따라 전구의 밝기가 달라집니다. (○ , ×)

3 두 개의 전구를 직렬연결하면 병렬연결할 때보다 전기 에너지를 많이 소비합니다. (○ , ×)

4 전구 두 개를 병렬연결한 전기 회로에서 전구 한 개를 빼내면 나머지 전구의 불이 꺼집니다. (○ , ×)

Step 2

[1~2] 다음과 같이 전구 두 개를 연결하여 전기 회로를 만들었습니다.

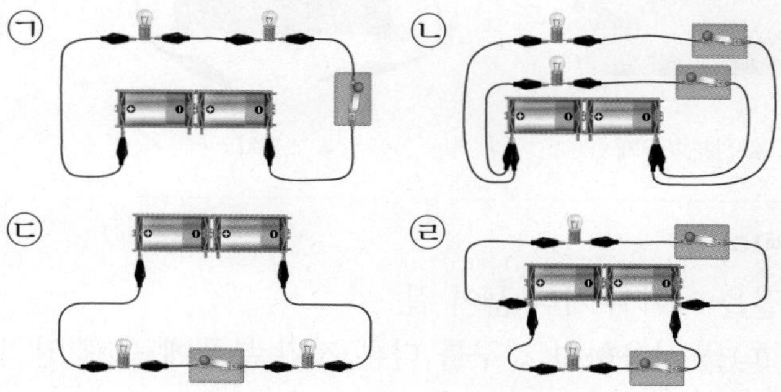

1 위 전기 회로의 스위치를 닫고 전구의 밝기가 비슷한 것끼리 분류할 때, 전구의 밝기가 밝은 회로를 모두 골라 기호를 써 봅시다.

(　　　　　　　　　　　　)

2 앞의 **1**번 답 전기 회로의 공통점으로 옳은 것을 두 가지 골라 써 봅시다. (　　,　　)

① 전구 두 개를 직렬로 연결했다.
② 전구 두 개를 병렬로 연결했다.
③ 전구 두 개를 한 줄로 연결했다.
④ 전구 두 개가 연결되어 있지 않다.
⑤ 전구 두 개를 각각 다른 줄에 나누어 한 개씩 연결했다.

3 다음은 전구의 연결 방법에 대한 설명입니다. (　) 안에 들어갈 말을 써 봅시다.

> 전기 회로에서 전구 두 개 이상을 여러 개의 줄에 한 개씩 나누어 연결하는 방법을 전구의 (　　　)(이)라고 합니다.

(　　　　　　　　　　　　)

4 다음 전기 회로의 전구 연결 방법을 찾아 선으로 연결해 봅시다.

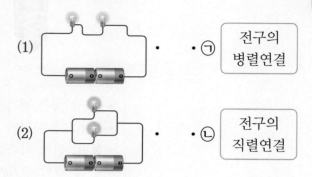

(1) 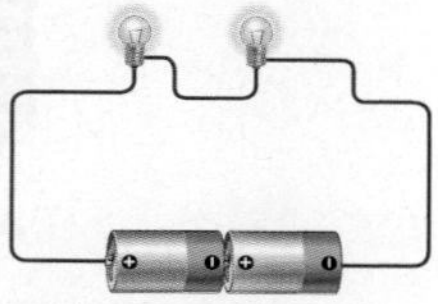 · 　· ㉠ 전구의 병렬연결

(2) 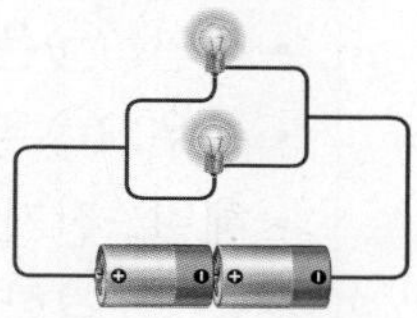 · 　· ㉡ 전구의 직렬연결

5 다음 보기 에서 전구의 연결 방법에 따른 에너지 소비량에 대한 설명으로 옳은 것을 골라 기호를 써 봅시다.

> 보기
> ㉠ 전구의 밝기가 밝을수록 전기 에너지가 적게 소비된다.
> ㉡ 전기 에너지 소비량은 전구의 연결 방법과 관련이 없다.
> ㉢ 전구를 병렬연결할 때가 직렬연결할 때보다 전구의 밝기가 밝으므로 전기 에너지를 많이 소비한다.

(　　　　　　　　　　　　)

6 모든 전구가 켜진 전기 회로에서 전구 한 개를 뺐을 때 나머지 전구에 불이 꺼지는 전기 회로를 골라 기호를 써 봅시다.

㉠ 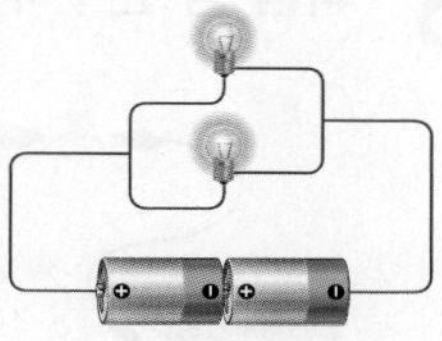

㉡ 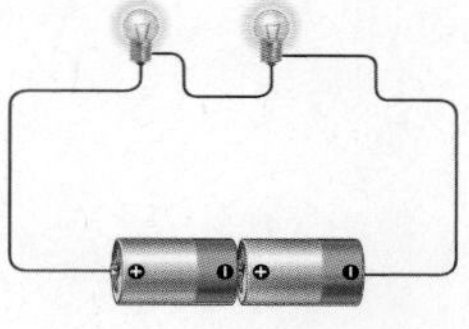

(　　　　　　　　　　　　)

실력 문제로 다잡기 (1. 전기의 이용 ❶~❷)

❶ 전구에 불이 켜지는 조건

1 다음 여러 가지 전기 부품에 대해 옳지 않게 설명한 사람의 이름을 써 봅시다.

㉠ 
▲ 전구

㉡ 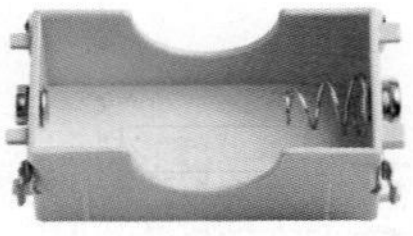
▲ 전지 끼우개

㉢ 
▲ 스위치

- 서연: ㉠은 전기가 흐르면 빛이 나.
- 준우: ㉢은 전기 회로의 연결을 이어 주거나 끊어 줘.
- 혜린: 전기 회로를 만들 때 ㉡을 사용하면 전구를 다른 전기 부품에 쉽게 연결할 수 있어.

(　　　　　　　　)

2 다음은 전구에 불이 켜지는 조건을 설명한 것입니다. (　　) 안에 공통으로 들어갈 말은 어느 것입니까? (　　)

전구에 불이 켜지려면 전기 회로가 끊기지 않게 연결해야 하고, 전구의 양쪽 끝 부분을 (　　)의 (+)극과 (　　)의 (−)극에 각각 연결해야 한다.

① 전지
② 전선
③ 전구
④ 스위치
⑤ 전구 끼우개

3 다음 중 전구에 불이 켜지는 것은 어느 것입니까? (　　)

① 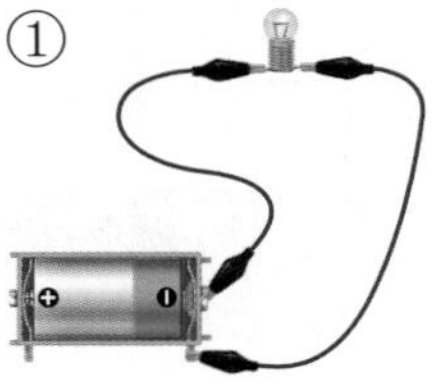

② 

③ 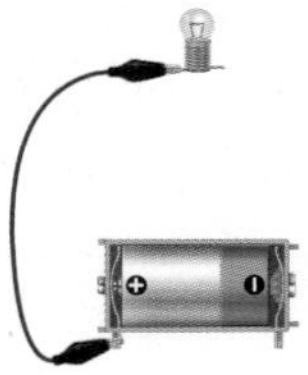

④ 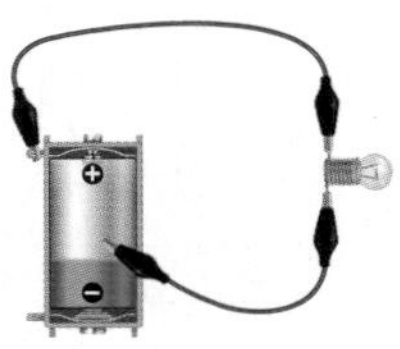

4 다음 전기 회로에 대한 설명으로 옳지 않은 것은 어느 것입니까? (　　　)

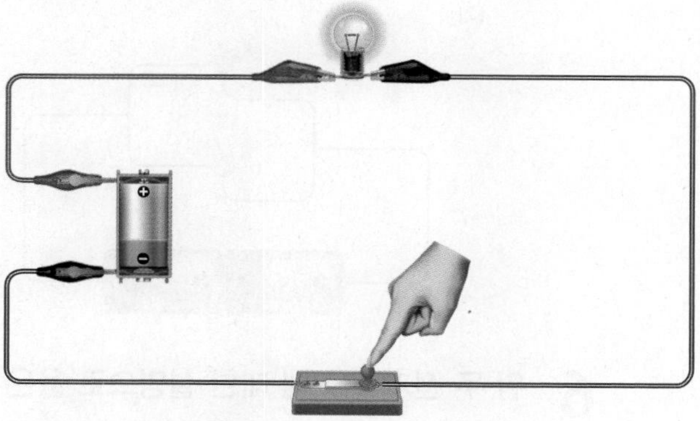

① 스위치를 열면 전기가 흐르지 않는다.
② 전구가 전지의 (+)극에만 연결되어 있다.
③ 스위치를 열면 전구에 불이 켜지지 않는다.
④ 전지, 전구, 전선이 끊기지 않고 연결되어 있다.
⑤ 스위치가 닫혀 있으므로 전기 회로에 전기가 흐른다.

❷ 전구의 연결 방법에 따른 전구의 밝기 비교하기

5 다음 전기 회로를 전구의 연결 방법과 스위치를 닫았을 때 전구의 밝기에 따라 분류하여 기호를 써 봅시다.

㉠
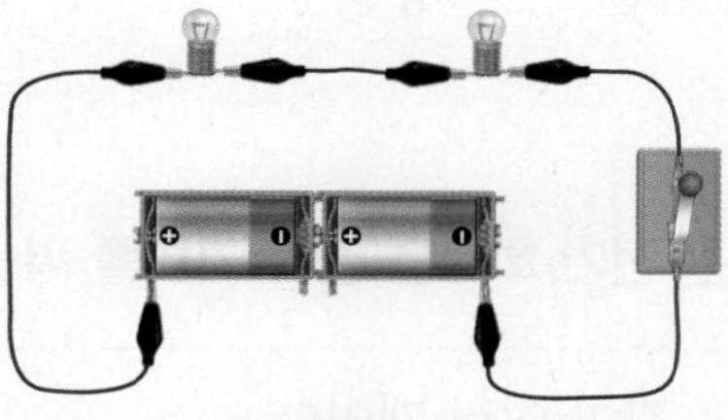

㉡
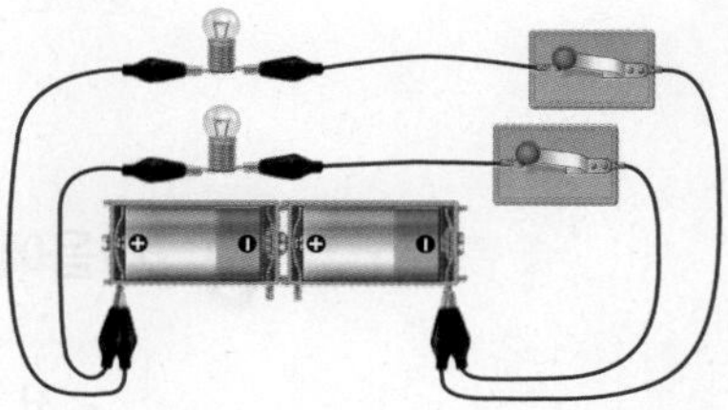

㉢
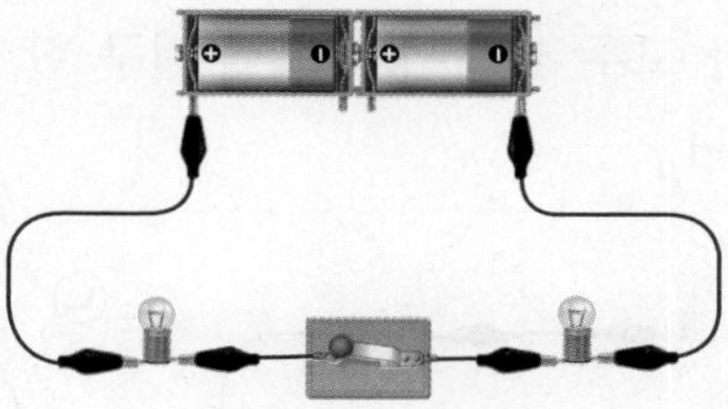

㉣
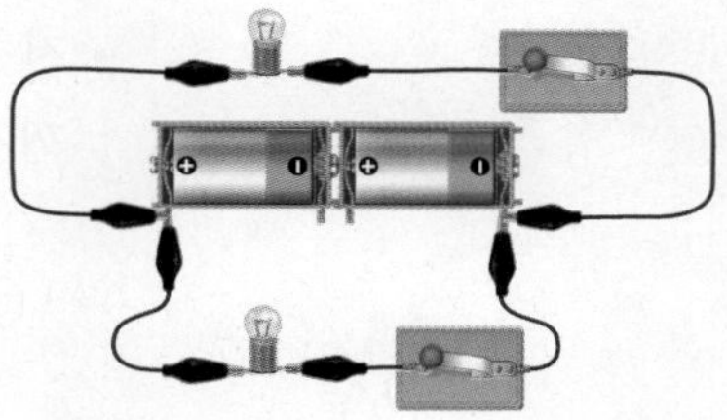

전구의 연결 방법		전구의 밝기	
직렬연결	병렬연결	어두움.	밝음.
(1)	(2)	(3)	(4)

[6~7] 다음은 전구 두 개를 연결한 전기 회로의 모습입니다.

(가)

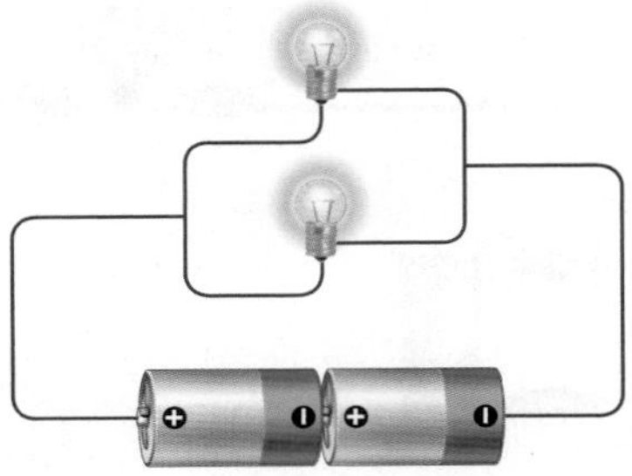

(나)

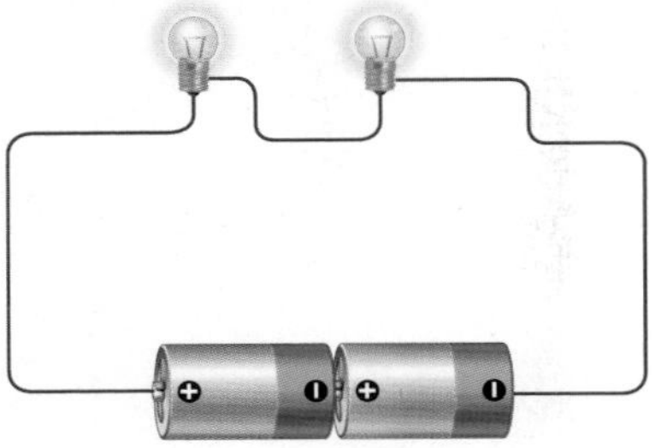

6 위 두 전기 회로에 대한 설명으로 옳은 것은 어느 것입니까? (　　　)

① (가)는 전구를 한 줄로 연결하였다.
② (가)는 전구를 병렬연결한 전기 회로이다.
③ (나)는 전구를 두 줄에 나누어 연결하였다.
④ (나) 전구의 밝기가 (가) 전구의 밝기보다 밝다.
⑤ (가)에서 전구를 한 개 빼면 나머지 전구도 꺼진다.

7 다음 (　　) 안에 들어갈 말을 옳게 짝 지은 것은 어느 것입니까? (　　　)

- 에너지 소비량은 전구의 (㉠)에 따라 달라진다.
- 전구를 (㉡)연결하면 (㉢)연결할 때보다 전구의 밝기가 밝으므로 전기 에너지를 많이 소비한다.

	㉠	㉡	㉢		㉠	㉡	㉢
①	크기	직렬	병렬	②	크기	병렬	직렬
③	가격	병렬	직렬	④	연결 방법	병렬	직렬
⑤	연결 방법	직렬	병렬				

8 다음에서 설명하는 전기 회로를 골라 기호를 써 봅시다.

- 전기가 흐르는 길이 여러 개이다.
- 전구 두 개가 모두 켜진 상태에서 전구 한 개를 빼내도 나머지 전구의 불이 꺼지지 않는다.

㉠

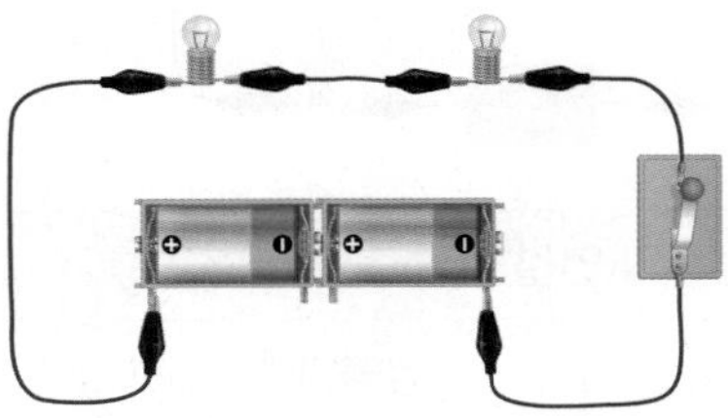

㉡

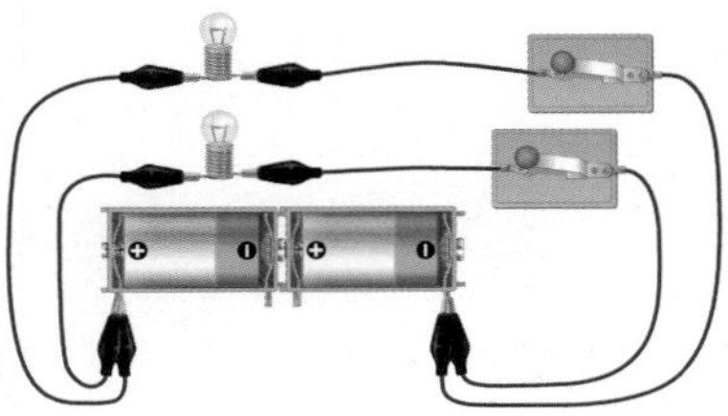

(　　　　　　　　)

탐구 서술형 문제

서술형 길잡이

❶ 전구에 불이 켜지려면 전지, 전구, 전선을 □□□ 없이 연결해야 하고, 전구의 양쪽 끝부분을 전지의 □극과 전지의 □극에 연결해야 합니다.

9 다음은 전지, 전구, 전선을 연결한 모습입니다. ㉠~㉢ 중 전구에 불이 켜지지 않는 것을 골라 기호를 쓰고, 전구에 불이 켜지게 하는 방법을 써 봅시다.

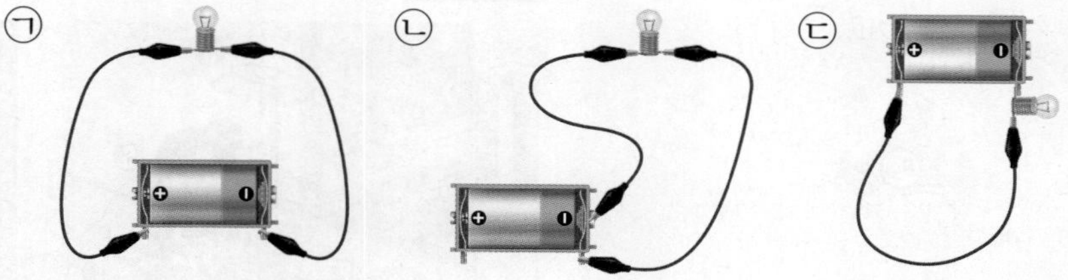

____

____

❶ 전구를 □□□□ 할 때가 전구를 □□□□할 때보다 전구의 밝기가 더 밝습니다.

10 스위치를 닫았을 때 전구의 밝기가 더 밝은 것을 골라 기호와 전구의 연결 방법을 써 봅시다.

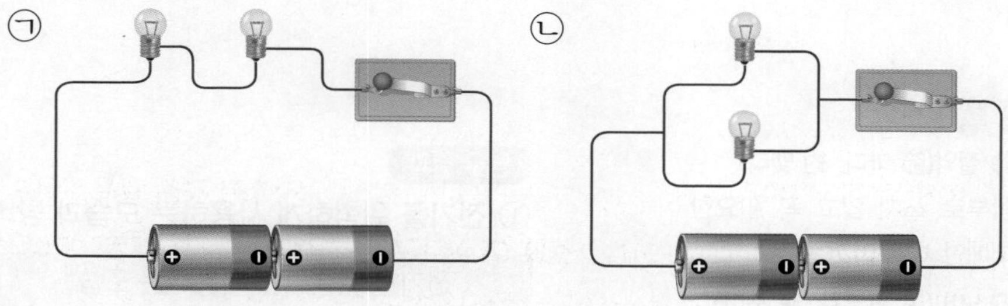

____

____

❶ 전구 두 개를 두 줄에 나누어 연결한 것을 전구의 □□□□ 이라고 합니다.

❷ 전구를 □□□□ 한 전기 회로에서 전구 한 개를 빼내도 나머지 전구의 불이 꺼지지 않습니다.

11 다음 전기 회로에서 전구 끼우개에 연결된 전구 한 개를 빼내고 스위치를 닫았을 때 나머지 전구는 어떻게 되는지 각각 써 봅시다.

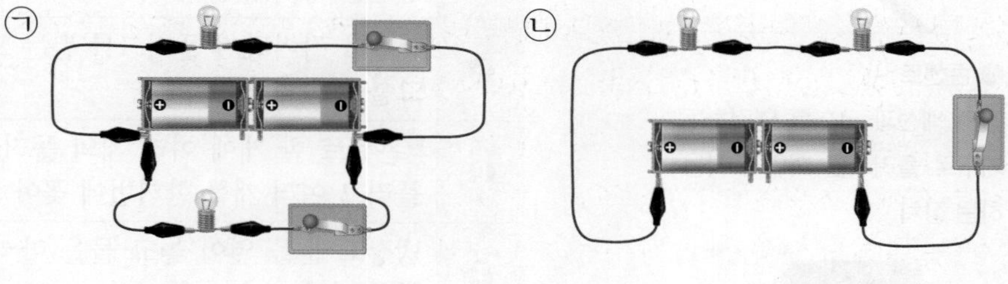

____

____

3 전기 안전과 전기 절약

탐구로 시작하기

전기를 안전하게 사용하고 ❶절약하는 방법 토의하기

탐구 과정

❶ 그림에서 전기를 위험하게 사용하는 모습과 ❷낭비하는 모습을 각각 찾아봅시다.
❷ 위의 ❶에서 찾은 모습을 전기를 올바르게 사용하는 방법으로 고쳐 봅시다.
❸ 전기를 안전하게 사용하고 절약하는 방법을 조사하여 토의해 봅시다.

탐구 결과

① 전기를 위험하게 사용하는 모습과 낭비하는 모습

전기를 위험하게 사용하는 모습	전기를 낭비하는 모습
❹❺❻❽	❶❷❸❼

② 전기를 올바르게 사용하는 방법으로 고치기

❶	창문을 열고 에어컨을 켠 모습 ➡ 에어컨을 켤 때에는 창문을 닫습니다.
❷	사용하지 않는 노트북을 켜 놓은 모습 ➡ 사용하지 않는 전기 제품은 전원을 끄거나 ❸플러그를 뽑아 놓습니다.
❸	낮에 전등을 켠 모습 ➡ 낮에는 사용하지 않는 전등을 끕니다.
❹	전선에 걸려 넘어지는 모습 ➡ 전선 주위에서는 뛰거나 장난치지 않고, 전선을 정리해 둡니다.
❺	전선을 잡아당겨 플러그를 뽑는 모습 ➡ 플러그의 머리 부분을 잡고 플러그를 뽑습니다.
❻	❹콘센트 한 개에 여러 개의 플러그를 꽂아 놓은 모습 ➡ 콘센트 한 개에 플러그 여러 개를 한꺼번에 꽂아 사용하지 않습니다.
❼	냉장고 문을 열어 놓고 물을 마시는 모습 ➡ 냉장고에서 물건을 꺼낸 후 문을 바로 닫습니다.
❽	물 묻은 손으로 플러그를 꽂는 모습 ➡ 손에 물기가 없도록 수건으로 닦은 뒤 플러그를 꽂습니다.

용어 돋보기

❶ 절약(節 마디, 約 맺다)
함부로 쓰지 않고 꼭 필요한 데에만 써서 아끼는 것

❷ 낭비(浪 함부로, 費 쓰다)
시간, 물건, 돈 등을 헛되이 헤프게 쓰는 것

❸ 플러그
전기 배선과 전기 제품을 쉽게 연결하기 위해 코드 끝에 붙이는 장치

❹ 콘센트
전기 배선과 코드를 연결하는 기구로 플러그를 끼워서 사용하는 장치

③ 전기를 안전하게 사용하고 절약하는 방법

전기를 안전하게 사용하는 방법	• 전선이 무거운 물건에 깔리지 않도록 합니다. • 물이 닿을 수 있는 곳에서 전기 기구를 사용하지 않습니다.
전기를 절약하는 방법	• 외출할 때 전등이 켜져 있는지 확인합니다. • 사용하지 않는 전기 기구는 끄거나 플러그를 뽑아 놓습니다.

개념 이해하기

1. 전기를 안전하게 사용하는 방법

① 젖은 손으로 플러그를 만지지 않습니다.
② 물에 젖은 물체를 전기 제품에 걸쳐 놓지 않습니다.
③ 한 멀티탭에 플러그를 너무 많이 연결하지 않습니다.
④ 콘센트에 먼지가 끼거나 물이 닿지 않게 콘센트 안전 덮개를 씌웁니다.
⑤ 플러그를 뽑을 때에는 줄을 잡아당기지 않고 플러그의 머리 부분을 잡고 뽑습니다.

▲ 젖은 손으로 플러그를 만지지 않습니다.

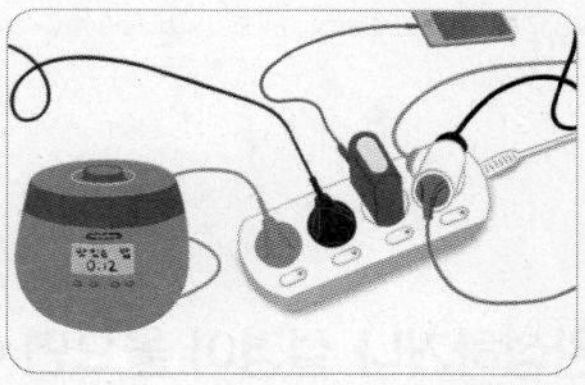
▲ 한 멀티탭에 플러그를 너무 많이 연결하지 않습니다.

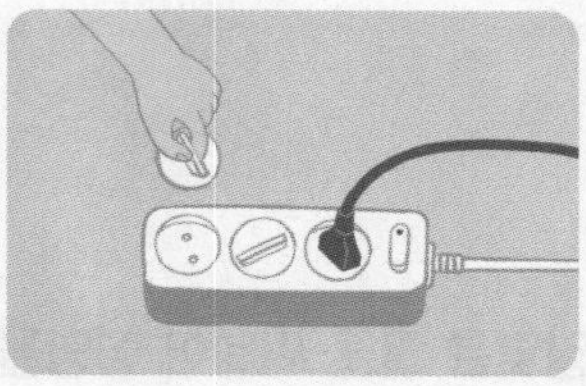
▲ 콘센트에 콘센트 안전 덮개를 씌웁니다.

2. 전기를 절약하는 방법 개념1

① 냉장고 안에 물건을 가득 넣지 않습니다.
② 사용하지 않는 전기 제품의 플러그를 뽑습니다. 전기 회로가 끊어지게 합니다.
③ 냉장고 문을 자주 여닫지 않고 사용 후 문을 바로 닫습니다.
④ 냉방이나 난방을 할 때는 적정한 실내 온도 범위 내에서 합니다. 개념2
⑤ 멀티 스위치형 콘센트를 사용하여 전기 제품을 사용하지 않을 때는 스위치를 끕니다.

▲ 냉장고 안에 물건을 가득 넣지 않습니다.

▲ 사용하지 않는 전기 제품의 플러그를 뽑습니다.

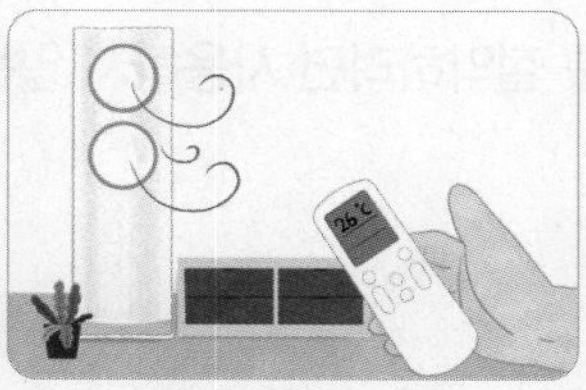
▲ 실내 적정 온도를 유지합니다.

3. 전기를 안전하게 사용하고 절약해야 하는 까닭

① 전기를 위험하게 사용하면 감전되거나 화재가 발생할 수 있습니다.
② 전기를 절약하지 않으면 자원이 낭비되고 환경 문제가 발생할 수 있습니다.

개념1 전기를 절약하기 위해 사용하는 제품

• 발광 다이오드[LED]등: 일반 전구보다 전기를 적게 사용하여 전기를 절약할 수 있습니다.

• 시간 조절 콘센트: 원하는 시간이 되면 자동으로 전원을 차단하여 전기를 절약할 수 있습니다.

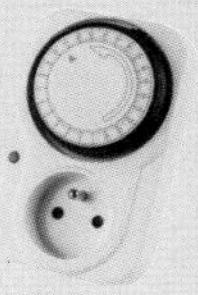

개념2 계절별 실내 적정 온도

• 여름철: 24 ℃~26 ℃
• 겨울철: 20 ℃

핵심 개념 되짚어 보기

전기를 안전하게 사용하고 절약해야 합니다.

기본 문제로 익히기

◎ 정답과 해설 ● 3쪽

핵심 체크

● **전기를 안전하게 사용하고 절약하는 방법**

전기를 ❶ ☐☐하게 사용하는 방법	• 젖은 손으로 플러그를 만지지 않습니다. • 전선이 가구 밑에 깔리지 않도록 합니다. • 한 멀티탭에 플러그를 너무 많이 연결하지 않습니다. • 콘센트에 먼지가 끼거나 물이 닿지 않게 콘센트 안전 덮개를 씌웁니다. • 플러그를 뽑을 때에는 줄을 잡아당기지 않고 플러그의 머리 부분을 잡고 뽑습니다.
전기를 ❷ ☐☐하는 방법	• 냉장고 안에 물건을 가득 넣지 않습니다. • 사용하지 않는 전기 제품의 플러그를 뽑습니다. • 냉장고 문을 자주 여닫지 않고 사용 후 문을 바로 닫습니다. • 냉방이나 난방을 할 때는 적정한 실내 온도 범위 내에서 합니다. • 멀티 스위치형 콘센트를 사용하여 전기 제품을 사용하지 않을 때는 스위치를 끕니다.

● **전기를 안전하게 사용하고 절약해야 하는 까닭:** 전기를 위험하게 사용하면 감전되거나 화재가 발생할 수 있고, 전기를 절약하지 않으면 자원이 ❸ ☐☐되고 환경 문제가 발생할 수 있기 때문입니다.

Step 1

(   ) 안에 알맞은 말을 써넣어 설명을 완성하거나 설명이 옳으면 ○, 틀리면 ×에 ○표 해 봅시다.

1 멀티탭 한 개에 많은 플러그를 한꺼번에 꽂아 사용하면 전기를 안전하게 사용할 수 있습니다. (○ , ×)

2 전기를 절약하려면 사용하지 않는 전기 제품은 (   ) 두어야 합니다.

3 전기는 우리 생활을 편리하게 해 주지만, 위험하게 사용하면 감전되거나 화재가 발생할 수 있습니다. (○ , ×)

Step 2

1 다음 중 전기를 올바르게 사용하고 있는 경우는 어느 것입니까? ( )

① 

▲ 물 묻은 손으로 플러그를 만진다.

② 

▲ 플러그의 머리 부분을 잡고 플러그를 뽑는다.

③ 

▲ 전선을 길게 늘어트린다.

④ 

▲ 물에 젖은 물체를 전기 제품에 걸쳐 놓는다.

2 다음 보기 에서 전기 절약과 전기 안전을 위해 우리가 지켜야 할 일이 아닌 것을 모두 골라 기호를 써 봅시다.

보기
㉠ 전선으로 장난치지 않는다.
㉡ 외출할 때에는 전등을 켜 둔다.
㉢ 젖은 손으로 전기 제품을 만진다.
㉣ 컴퓨터를 사용하지 않을 때에는 전원을 끈다.

( )

3 오른쪽 콘센트에서 플러그를 뽑을 때 잡아야 하는 부분을 골라 기호를 써 봅시다.

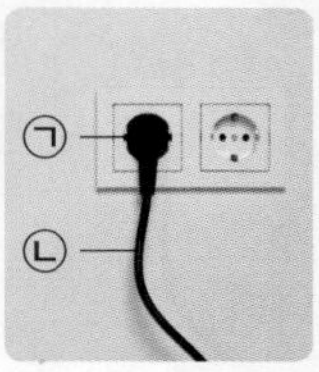

( )

4 다음 그림에서 전기를 위험하게 사용하는 모습을 세 가지 찾아 ○표 해 봅시다.

5 다음 중 전기를 절약하는 방법으로 옳지 않은 것은 어느 것입니까? ( )

① 외출할 때는 전등은 끈다.
② 에어컨을 켤 때에는 창문을 닫는다.
③ 냉장고에 음식을 가득 채우지 않는다.
④ 사용하지 않는 전기 제품이라도 항상 켜 놓는다.
⑤ 난방기를 사용할 때 실내 적정 온도에 맞게 설정한다.

6 다음 ( ) 안에 들어갈 말을 써 봅시다.

빈 교실의 전등을 끄고, 일반 전구 대신 발광 다이오드[LED]등을 사용하면 ( )을/를 절약할 수 있다.

( )

4 전자석의 성질과 이용

탐구로 시작하기

❶ 전자석 만들기

실험 동영상

탐구 과정

❶ 둥근머리 [1]볼트에 종이테이프를 감습니다.
❷ 과정 ❶의 볼트에 에나멜선을 한 방향으로 촘촘하게 감습니다. 이때 에나멜선 양쪽 끝부분을 5 cm 정도 남깁니다.
❸ 에나멜선 양쪽 끝부분을 사포로 문질러 겉면을 벗겨 냅니다.
❹ 에나멜선 양쪽 끝부분을 전기 회로에 연결하여 전자석을 완성합니다.

❷ 전자석의 특징 알아보기

실험 동영상

탐구 과정 및 결과

❶ 전기 회로에서 스위치를 닫기 전과 닫은 후에 전자석의 끝부분을 철 클립에 가까이 가져가면 철 클립이 어떻게 되는지 관찰해 봅시다.

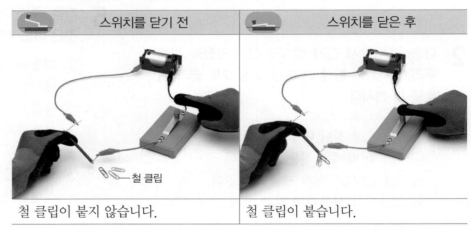

스위치를 닫기 전	스위치를 닫은 후
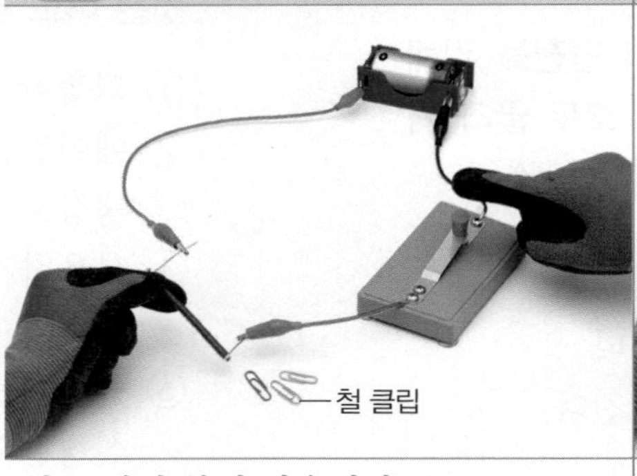	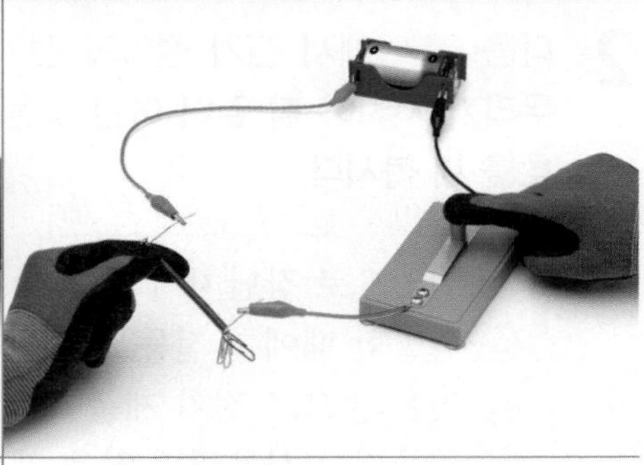
철 클립이 붙지 않습니다.	철 클립이 붙습니다.

철 클립 대신 침핀이나 일정한 길이로 자른 빵 끈을 사용할 수도 있어요.

❷ 전기 회로에 일렬로 연결된 전지의 개수를 달리하고 스위치를 닫을 때 전자석의 끝부분에 붙는 철 클립의 개수를 세어 봅시다.

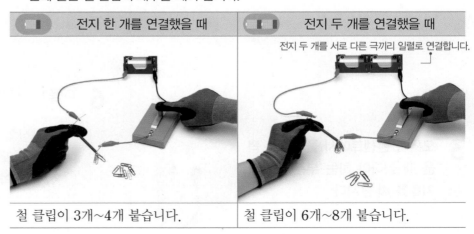

전지 한 개를 연결했을 때	전지 두 개를 연결했을 때
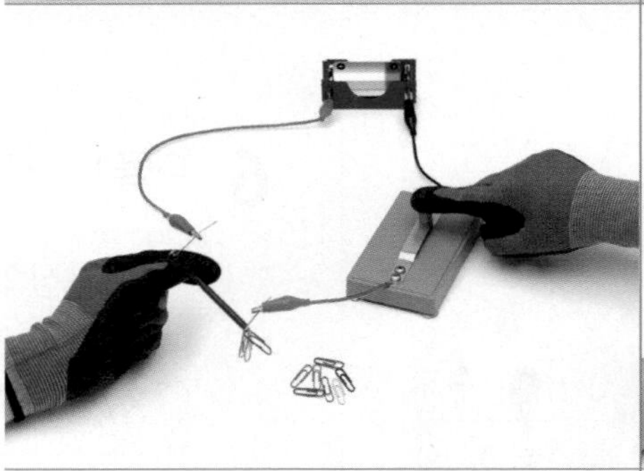	전지 두 개를 서로 다른 극끼리 일렬로 연결합니다. 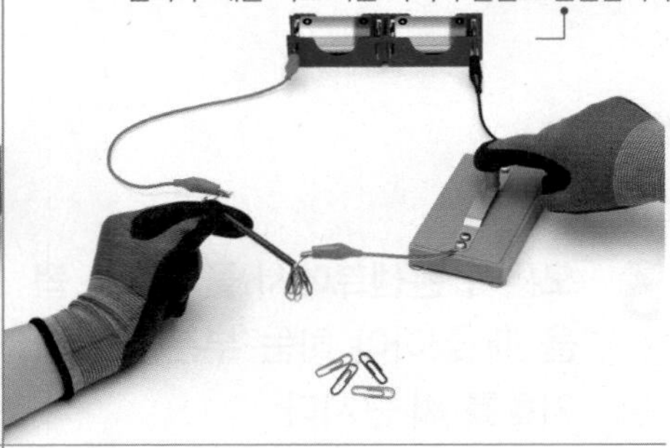
철 클립이 3개~4개 붙습니다.	철 클립이 6개~8개 붙습니다.

용어 돋보기

❶ **볼트(bolt)**
두 물체를 죄거나 붙이는 데 쓰는 육각이나 사각의 머리를 가진 나사

❸ 전자석의 양쪽 끝부분에 각각 나침반을 놓습니다. 전지의 연결 방향을 바꾸고 스위치를 닫을 때 나침반 바늘이 어떻게 움직이는지 관찰해 봅시다.

전지의 연결 방향을 바꾸기 전	전지의 연결 방향을 바꾼 후

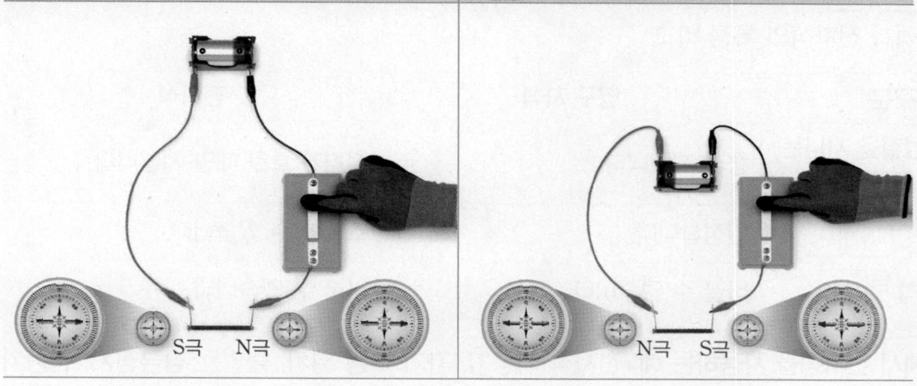

전지의 연결 방향을 바꾸면 나침반 바늘이 가리키는 방향이 바뀝니다.

❹ 과정 ❶~❸에서 알게 된 전자석의 특징을 막대자석(영구 자석)의 특징과 비교해 봅시다.

① 막대자석과 달리 전자석은 전기가 흐를 때만 자석의 성질을 지닙니다.
② 막대자석과 달리 전자석은 서로 다른 극끼리 일렬로 연결한 전지의 개수가 많을수록 세기가 커집니다.
③ 막대자석과 달리 전자석은 전지의 연결 방향을 바꾸어 극을 바꿀 수 있습니다.

개념 이해하기

1. 전자석의 특징

① **전자석**: 전기가 흐를 때만 자석의 성질을 지니는 자석
② **❷영구 자석과 전자석의 특징 비교**

구분	영구 자석	전자석
자석의 성질을 지니는 경우	항상 지닙니다.	전기가 흐를 때만 지닙니다.
자석의 세기	일정합니다.	조절할 수 있습니다.
자석의 극	바꿀 수 없습니다.	바꿀 수 있습니다.

2. 일상생활에서 전자석을 사용하는 예 (개념1)

전자석 기중기	전자석을 사용하여 무거운 철제품을 다른 장소로 쉽게 옮깁니다.
자기 부상 열차	전자석을 사용하여 열차가 선로 위에서 움직입니다.
출입문 잠금장치	전자석을 사용하여 출입문을 열고 닫습니다.
선풍기	전자석을 사용한 전동기의 회전으로 선풍기에서 바람을 내보냅니다. (개념2)
스피커	전자석을 사용하여 스피커에서 소리를 냅니다.

개념1 일상생활에서 전자석을 사용하는 예

▲ 전자석 기중기

▲ 자기 부상 열차

▲ 출입문 잠금장치

개념2 전자석을 사용하는 전동기
물체를 진동하게 하거나 회전하게 하는 전동기에 전자석의 성질이 사용됩니다. 전동기는 선풍기, 세탁기 등을 동작시킵니다.

용어 돋보기
❷ 영구(永 길다, 久 길다)
어떤 상태가 시간상으로 무한히 이어지는 것

핵심 개념 되짚어 보기

전기가 흐를 때만이겠지!
어때? 자석하고 같지?

전자석은 전기가 흐를 때에만 자석의 성질을 지닙니다. 전자석은 극을 바꿀 수 있고, 세기를 조절할 수 있습니다.

기본 문제로 익히기

○ 정답과 해설 ● 4쪽

핵심 체크

● **전자석의 특징**

• ❶ □□□: 전기가 흐를 때만 자석의 성질을 지니는 자석

• 영구 자석과 전자석의 특징 비교

구분	영구 자석	전자석
자석의 성질을 지니는 경우	항상 지닙니다.	전기가 흐를 때만 지닙니다.
자석의 ❷ □□	일정합니다.	조절할 수 있습니다.
자석의 ❸ □	바꿀 수 없습니다.	바꿀 수 있습니다.

● **일상생활에서 전자석을 사용하는 예**: 전자석 기중기, 자기 부상 열차, 출입문 잠금장치, 선풍기 등에 ❹ □□□을 사용합니다.

Step 1

( ) 안에 알맞은 말을 써넣어 설명을 완성하거나 설명이 옳으면 ○, 틀리면 ×에 ○표 해 봅시다.

1 (　　　　　)은/는 전기가 흐를 때만 자석의 성질을 지니는 자석입니다.

2 전기 회로의 스위치를 닫고 전자석의 끝부분을 철 클립에 가까이 가져가면 철 클립이 전자석에 붙지 않습니다. (○ , ×)

3 전자석의 (　　　　　)은/는 서로 다른 극끼리 일렬로 연결한 전지의 개수를 달리하여 조절할 수 있습니다.

4 전자석에 연결된 전지의 연결 방향을 바꾸면 전자석의 (　　　　　)이/가 바뀝니다.

5 전자석 기중기를 사용하면 무거운 철제품을 전자석에 붙여 다른 장소로 쉽게 옮길 수 있습니다. (○ , ×)

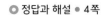

Step 2

1 단원

1 다음은 전자석의 끝부분을 철 클립에 가까이 가져간 모습입니다. ㉠과 ㉡ 중 전자석에 전기가 흐르는 것을 골라 기호를 써 봅시다.

㉠ 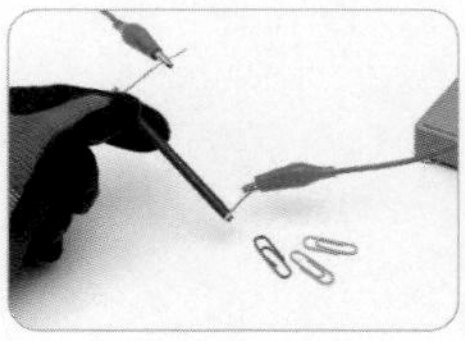 ㉡ 

(　　　　　　　)

2 다음과 같이 전기 회로의 스위치를 닫고 전자석의 끝부분을 철 클립에 가까이 가져갔을 때, 전자석에 철 클립이 붙는 개수를 비교하여 ◯ 안에 >, =, <를 써 봅시다.

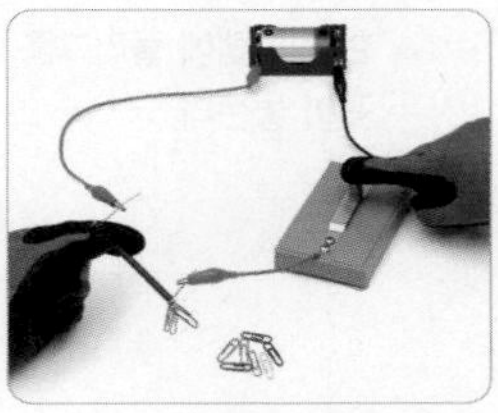
▲ 전지 한 개를 연결할 때

◯

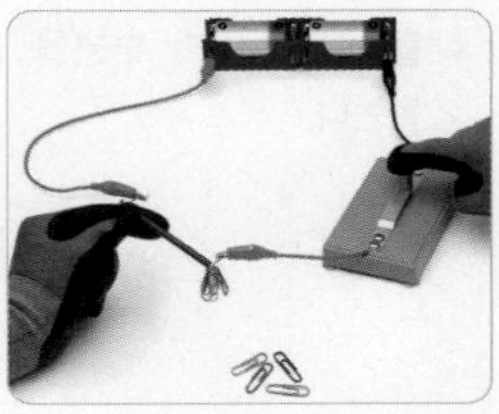
▲ 전지 두 개를 서로 다른 극끼리 일렬로 연결할 때

3 전자석의 극을 바꾸는 방법으로 옳은 것을 보기 에서 골라 기호를 써 봅시다.

보기
㉠ 전지의 연결 방향을 달리한다.
㉡ 스위치를 열어 전기 회로를 끊는다.
㉢ 전지를 서로 다른 극끼리 일렬로 한 개 더 연결한다.

(　　　　　　　)

4 전자석에 대한 설명으로 옳은 것을 두 가지 골라 써 봅시다. (　　,　　)

① 자석의 극이 일정하다.
② 전자석의 세기는 조절할 수 없다.
③ 전지의 연결 방향이 바뀌면 극도 바뀐다.
④ 전기가 흐를 때만 자석의 성질을 지닌다.
⑤ 서로 다른 극끼리 일렬로 연결된 전지의 개수를 다르게 해도 전자석의 세기는 일정하다.

5 다음 보기 에서 영구 자석과 전자석의 성질을 옳게 설명한 것을 골라 기호를 써 봅시다.

보기
㉠ 전자석과 영구 자석은 모두 세 종류의 극이 있다.
㉡ 영구 자석과 달리 전자석은 세기를 조절할 수 있다.
㉢ 영구 자석은 전기가 흐를 때만 자석의 성질을 지닌다.
㉣ 전자석은 전지의 극을 반대로 연결해도 극이 일정하다.

(　　　　　　　)

6 다음 중 우리 생활에 전자석을 사용한 예로 옳지 않은 것은 어느 것입니까? (　　　)

① 
▲ 전자석 기중기

② 
▲ 자기 부상 열차

③ 
▲ 출입문 잠금장치

④ 
▲ 나침반

❸ 전기 안전과 전기 절약

1 다음 중 전기를 절약한 사람은 누구입니까? (   )

① 밝은 낮에도 전등을 켜 놓은 재현
② 전선을 잡아당겨 플러그를 뽑은 윤경
③ 빈 방에 전등을 켜 놓고 학교에 간 민수
④ 물 묻은 손으로 깜박거리는 형광등을 만진 희주
⑤ 사용하지 않는 컴퓨터의 플러그를 뽑아 놓은 승아

2 전기를 안전하게 사용하는 모습을 골라 기호를 써 봅시다.

㉠

▲ 젖은 손으로 플러그를 만진다.

㉡

▲ 플러그의 머리 부분을 잡고 뽑는다.

㉢
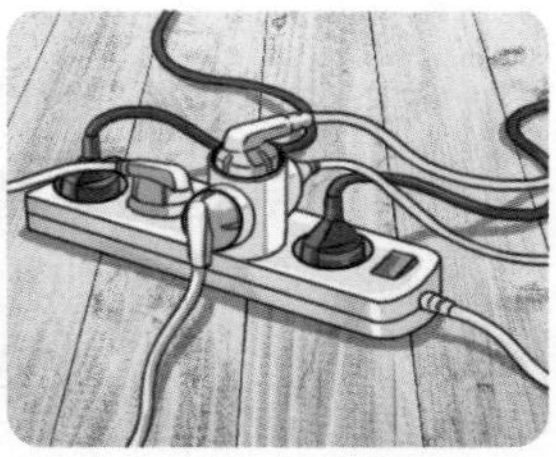
▲ 한 멀티탭에 플러그를 여러 개 꽂아 놓는다.

(   )

3 다음 제품을 사용할 때 좋은 점으로 옳은 것은 어느 것입니까? (   )

- 발광 다이오드[LED]등
- 움직임을 감지하여 자동으로 켜지는 전등
- 원하는 시간이 되면 자동으로 전원이 차단되는 시간 조절 콘센트

① 화재를 예방할 수 있다.
② 전기를 절약할 수 있다.
③ 화려한 빛을 얻을 수 있다.
④ 감전 사고를 예방할 수 있다.
⑤ 전기 사고 시 경고음이 나게 할 수 있다.

4 전기를 절약하는 방법으로 옳은 것을 두 가지 골라 써 봅시다. (,)

① 냉장고에 음식을 가득 채운다.
② 발광 다이오드[LED]등 대신 일반 전구를 사용한다.
③ 외출하기 전에 사용하지 않는 전등이 있는지 확인하여 끈다.
④ 사용하지 않더라도 전기 제품의 플러그는 되도록 빼지 않는다.
⑤ 멀티 스위치형 콘센트를 활용하여 사용하지 않는 전기 제품의 스위치를 끈다.

❹ 전자석의 성질과 이용

5 다음과 같이 전자석이 연결된 전기 회로에 서로 다른 극끼리 일렬로 연결한 전지의 개수를 늘릴 때 나타나는 변화는 어느 것입니까? ( )

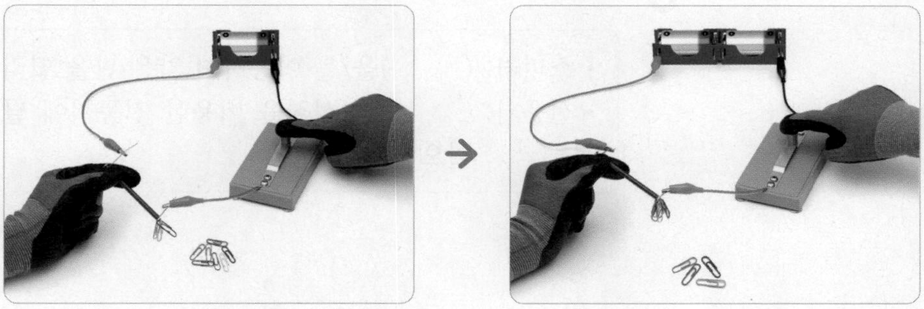

① 전자석의 크기가 커진다.
② 전자석의 세기가 커진다.
③ 전자석의 양쪽 극이 반대로 바뀐다.
④ 전자석에 붙는 철 클립의 개수가 줄어든다.
⑤ 전자석이 철로 된 물체를 끌어당기는 힘이 약해진다.

6 오른쪽은 전자석의 양끝에 나침반을 놓고 스위치를 닫은 모습입니다. ㉠과 ㉡ 중 N극을 골라 기호를 써 봅시다.

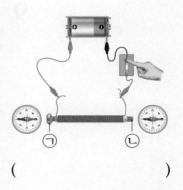

( )

7 다음 중 막대자석과 전자석에 대한 설명으로 옳은 것은 어느 것입니까? (　　　)

① 막대자석의 극은 바꿀 수 있다.
② 전자석은 세기를 조절할 수 있다.
③ 자석의 극이 일정한 것은 전자석이다.
④ 막대자석은 전기가 흐를 때에만 자석의 성질을 지닌다.
⑤ 전자석은 전기가 흐르지 않아도 자석의 성질을 지니는 영구 자석이다.

8 다음 (　　) 안에 공통으로 들어갈 말을 써 봅시다.

• 스피커: (　　　)을/를 이용하여 얇은 판을 떨리게 해 소리를 발생시킨다.
• 선풍기: (　　　)의 성질을 이용한 전동기에 날개를 부착해 회전시켜 바람을 일으킨다.

(　　　　　　　　)

9 오른쪽은 전자석을 이용한 출입문 잠금장치입니다. 이 장치에 사용된 전자석의 특징은 어느 것입니까? (　　　)

① 자석의 극을 바꿀 수 있다.
② 자석의 크기를 바꿀 수 있다.
③ 자석의 모양을 바꿀 수 있다.
④ 자석의 세기를 조절할 수 있다.
⑤ 전기가 흐를 때만 자석의 성질을 지닌다.

탐구 서술형 문제

서술형 길잡이

❶ 전기를 절약하지 않으면 자원이 □□되고 환경 문제가 발생할 수 있습니다.

❷ 냉방 기구를 사용할 때에는 문을 닫아야 전기를 □□할 수 있습니다.

10 전기를 낭비하는 모습을 골라 기호를 쓰고, 전기를 절약하는 방법으로 고쳐 써 봅시다.

▲ 문을 연 채로 냉방 기구를 틀어 놓는다.

▲ 낮에는 전등을 끈다.

▲ 냉방 기구를 틀 때는 실내 적정 온도를 유지한다.

❶ □□□은 전기가 흐를 때만 자석의 성질을 지닙니다.

❷ 전기 회로에 서로 다른 극끼리 일렬로 연결된 전지의 개수로 전자석의 □□를 조절할 수 있습니다.

11 다음은 전자석의 끝부분을 철 클립에 가까이 가져갔을 때의 모습입니다. 이를 통해 알 수 있는 전자석의 성질을 두 가지 써 봅시다.

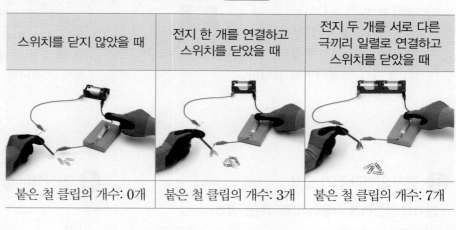

스위치를 닫지 않았을 때	전지 한 개를 연결하고 스위치를 닫았을 때	전지 두 개를 서로 다른 극끼리 일렬로 연결하고 스위치를 닫았을 때
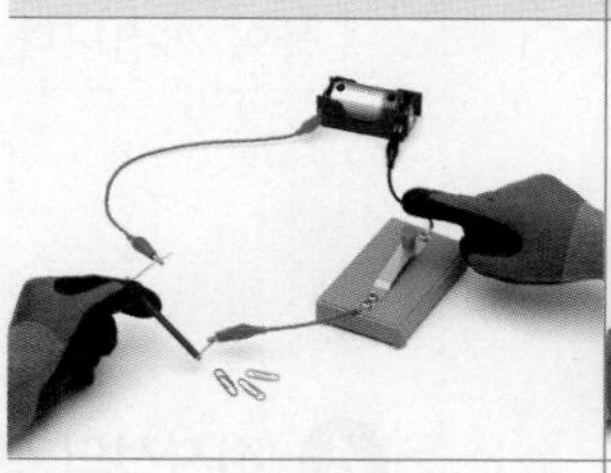	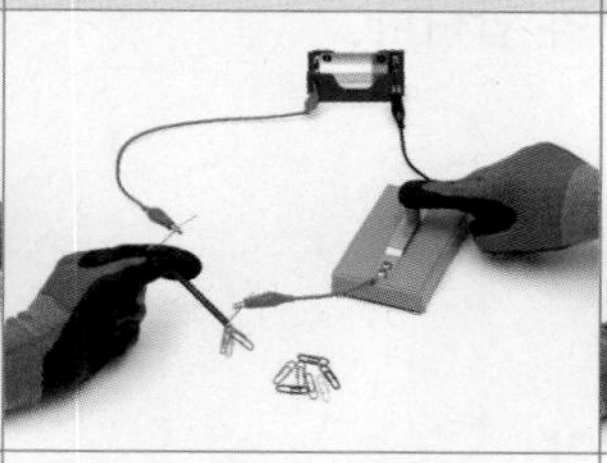	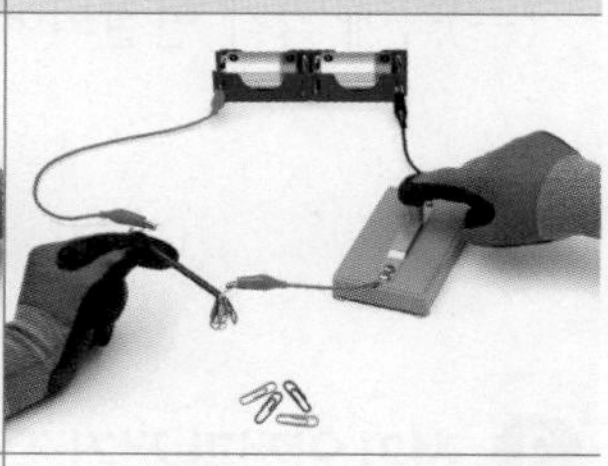
붙은 철 클립의 개수: 0개	붙은 철 클립의 개수: 3개	붙은 철 클립의 개수: 7개

❶ 전자석 □□□는 무거운 철제품을 옮기는 데 사용합니다.

❷ 전자석은 전기가 흐를 때만 □□의 성질을 지녀 철로 된 물체를 끌어당깁니다.

12 오른쪽 전자석 기중기는 철로 된 물체를 들어올려 다른 장소로 옮깁니다. 이때 사용된 전자석의 성질은 무엇인지 써 봅시다.

단원 정리하기

정답과 해설 • 5쪽

1 전구에 불이 켜지는 조건

- ❶ ______ : 여러 가지 전기 부품을 연결하여 전기가 흐르도록 한 것
- **여러 가지 전기 부품의 역할**

전구	❷ ______
 전기가 흐르면 빛이 납니다.	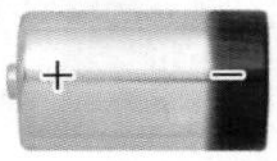 전기 에너지를 공급합니다.
집게 달린 전선	**스위치**
 집게로 전기 부품들을 서로 연결합니다.	 전기 회로를 이어 주거나 끊어 줍니다.

- **전기 회로에서 전구에 불이 켜지는 조건:** 전지, 전구, 전선이 끊기지 않게 연결되고, ❸ ______ 의 양쪽 끝부분이 전지의 (+)극과 전지의 (−)극에 각각 연결되어야 합니다.

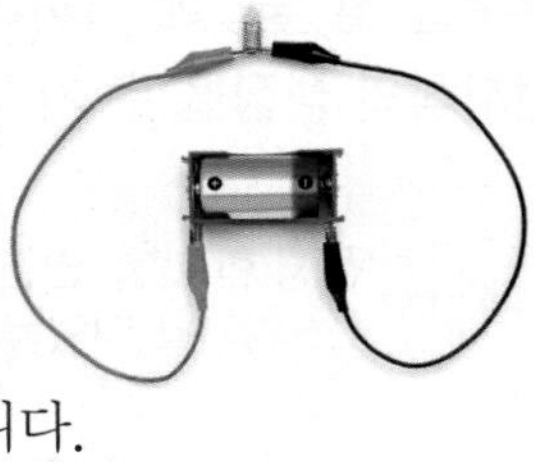

2 전구의 연결 방법에 따른 전구의 밝기 비교하기

- **전구의 연결 방법**

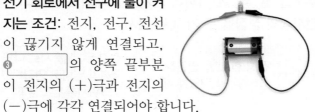

전구의 ❹ ______	전구의 ❺ ______
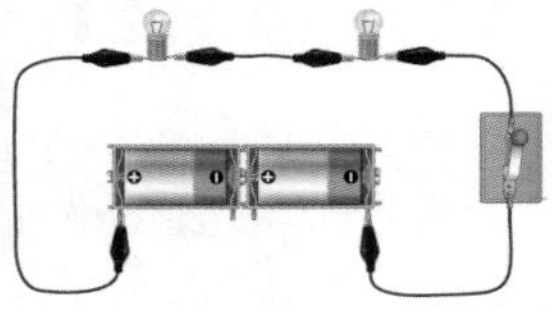	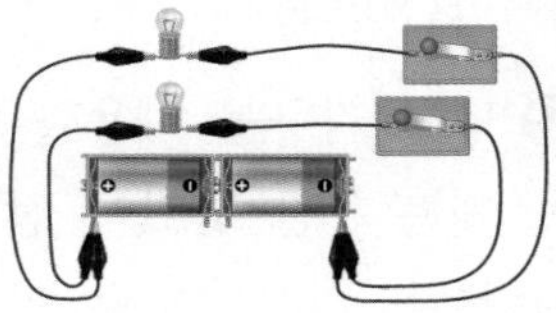
전구 두 개 이상을 한 줄로 연결하는 방법	전구 두 개 이상을 여러 개의 줄에 나누어 한 개씩 연결하는 방법
직렬연결한 전구의 밝기 < 병렬연결한 전구의 밝기	

- **전구의 연결 방법에 따른 전기 에너지 소비량:** 전구를 병렬연결할 때가 직렬연결할 때보다 전구의 밝기가 밝으므로 전기 에너지가 더 ❻ ______ 소비됩니다.
- **전구의 연결 방법에 따른 특징**

전구의 직렬연결	전구의 병렬연결
전기 회로에서 전구 한 개를 빼내면 나머지 전구의 불이 꺼집니다.	전기 회로에서 전구 한 개를 빼내도 나머지 전구의 불이 켜져 있습니다.

3 전기 안전과 전기 절약

- **전기를 안전하게 사용하고 절약하는 방법**

전기를 ❼ ______ 하게 사용하는 방법	• 젖은 손으로 플러그를 만지지 않습니다. • 한 멀티탭에 플러그를 너무 많이 연결하지 않습니다. • 플러그를 뽑을 때에는 줄을 잡아당기지 않고 플러그의 머리 부분을 잡고 뽑습니다.
전기를 ❽ ______ 하는 방법	• 사용하지 않는 전기 제품의 플러그를 뽑습니다. • 냉장고 문을 자주 여닫지 않고 사용 후 문을 바로 닫습니다. • 냉방이나 난방을 할 때는 적정한 실내 온도 범위 내에서 합니다.

4 전자석의 성질과 이용

- ❾ ______ : 전기가 흐를 때만 자석의 성질을 지니는 자석
- **영구 자석과 전자석의 특징 비교**

영구 자석	전자석
• 자석의 성질을 항상 지닙니다. • 자석의 세기가 항상 같습니다. • 자석의 극을 바꿀 수 없습니다.	• 전기가 흐를 때만 자석의 성질을 지닙니다. • 자석의 세기를 조절할 수 있습니다. • 자석의 극을 바꿀 수 있습니다.

- **일상생활에서 전자석을 사용하는 예:** 전자석 기중기, 자기 부상 열차, 출입문 잠금장치, 선풍기, 스피커 등에 전자석을 사용합니다.

단원 마무리 문제

(맞은 개수 개)

○ 정답과 해설 ● 5쪽

1 오른쪽 전기 부품에 대한 설명으로 옳지 않은 것을 두 가지 골라 써 봅시다. (,)

① 전구이다.
② 빛을 낼 수 있다.
③ ㉠에서 빛이 난다.
④ 전기 회로에 전기 에너지를 공급한다.
⑤ 필라멘트를 통해 전기가 흐르면 꼭지에서 빛이 난다.

2 다음 물체들의 공통점으로 옳은 것은 어느 것입니까? ( )

▲ 전구 끼우개

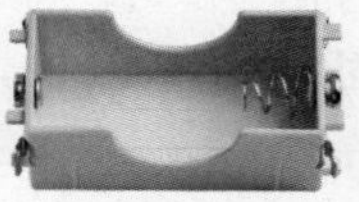
▲ 전지 끼우개

▲ 집게 달린 전선

① (+)극과 (−)극이 있다.
② 전기가 흐르면 빛이 난다.
③ 금속으로만 이루어져 있다.
④ 전기가 흐르지 않는 물체이다.
⑤ 전기 회로를 만들 때 다른 전기 부품을 쉽게 연결할 수 있게 한다.

3 다음 전기 부품의 특징을 선으로 연결해 봅시다.

(1) 
▲ 전지
• • ㉠ 집게를 이용해 전기 부품들을 연결한다.

(2) 
▲ 전구
• • ㉡ 전기 회로에 전기 에너지를 공급한다.

(3) 
▲ 집게 달린 전선
• • ㉢ 전기가 흐르면 빛이 난다.

중요

4 다음 설명에 해당하는 것을 골라 기호를 써 봅시다.

• 전지, 전구, 전선이 끊기지 않고 연결되어 있다.
• 전구의 양쪽 끝부분이 전지의 (+)극과 전지의 (−)극에 각각 연결되어 있다.

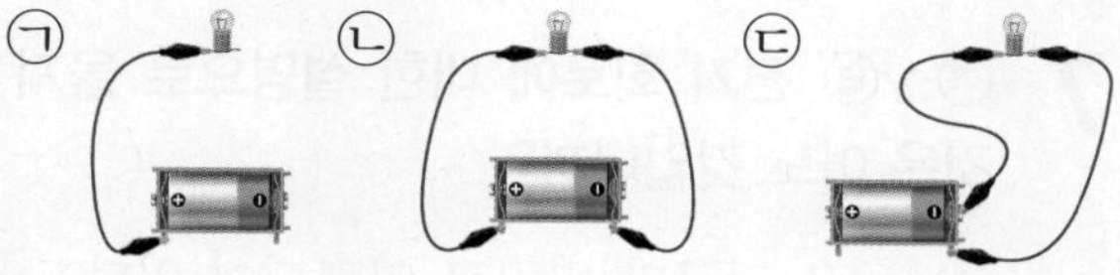

( )

서술형

5 다음 표를 통해 알 수 있는 전기 회로에서 전구에 불이 켜지는 조건을 써 봅시다.

전구에 불이 켜짐.	전구에 불이 켜지지 않음.
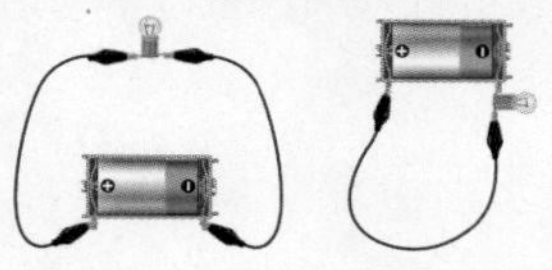	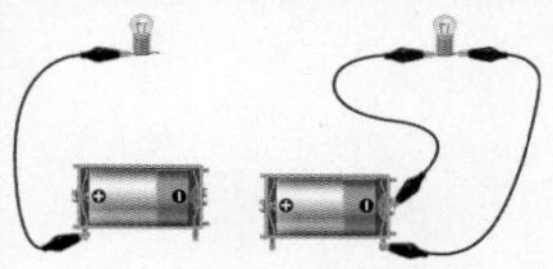

____

____

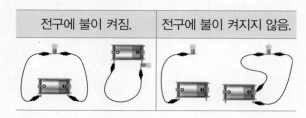

6 (가) 전기 회로의 스위치를 닫았을 때에 대한 설명으로 옳은 것을 두 가지 골라 써 봅시다. (,)

(가)
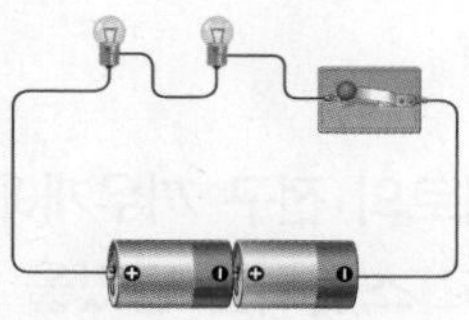

(나)
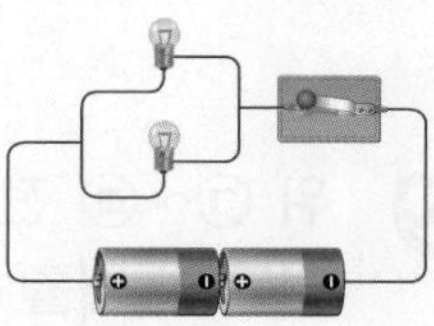

① 전구에 모두 불이 켜진다.
② 전구의 밝기가 (나)의 전구와 비슷하다.
③ 전구의 밝기가 (나)의 전구보다 어둡다.
④ 한 전구의 불이 꺼지면 나머지 전구의 불이 깜박거린다.
⑤ 한 전구의 불이 꺼져도 나머지 전구의 불은 꺼지지 않는다.

[7~9] 다음은 여러 가지 전기 회로입니다.

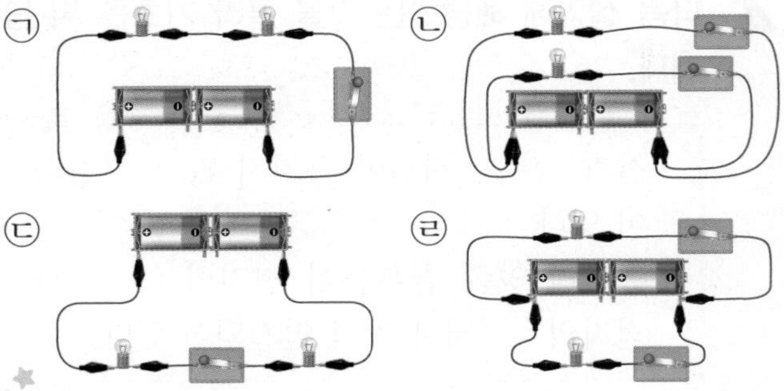

중요

7 **㉠~㉣ 전기 회로에 대한 설명으로 옳지 않은 것은 어느 것입니까?** (　　　)

① ㉡은 전구가 병렬로 연결되어 있다.
② ㉠과 ㉣은 전구를 연결한 방법이 같다.
③ ㉢은 전구 두 개를 한 줄로 연결하였다.
④ ㉡과 ㉣은 전구의 밝기가 서로 비슷하다.
⑤ ㉠의 전구는 ㉡의 전구보다 전구의 밝기가 어둡다.

8 **위 전기 회로의 스위치를 모두 닫았을 때, 전구의 밝기가 어두운 것을 두 가지 골라 기호를 써 봅시다.**

(　　　　　　　　　)

9 **위 ㉠~㉣ 전기 회로의 전구 끼우개에 연결된 전구 한 개를 빼내고 스위치를 닫았을 때, 나머지 전구에 대한 설명으로 옳은 것은 어느 것입니까?** (　　　)

① ㉠은 나머지 전구에 불이 켜진다.
② ㉡은 나머지 전구에 불이 켜진다.
③ ㉢은 나머지 전구의 불이 더 밝아진다.
④ ㉣은 나머지 전구에 불이 계속 깜박거린다.
⑤ ㉡과 ㉣은 나머지 전구의 불이 어두워진다.

10 **(　　) 안에 공통으로 들어갈 말을 써 봅시다.**

> 전구의 (　　　)연결에서는 한 전구의 불이 꺼져도 나머지 전구의 불이 꺼지지 않는다. 따라서 일부만 불이 켜진 장식용 나무의 불이 켜진 전구와 불이 꺼진 전구는 (　　　)로 연결되어 있다.

(　　　　　　　　　)

11 **전기를 위험하게 사용하거나 낭비했을 때 일어나는 일을 옳게 말한 사람의 이름을 써 봅시다.**

> • 민서: 지구 자원을 낭비하게 돼.
> • 호준: 환경 오염을 줄일 수 있지.
> • 준우: 감전 사고를 예방할 수 있어.
> • 채영: 화재가 일어나는 것을 막을 수 있지.

(　　　　　　　　　)

중요

12 **다음 중 전기 절약과 전기 안전을 습관화하기 위해 지켜야 할 일로 옳지 않은 것은 어느 것입니까?** (　　　)

① 컴퓨터 게임하는 시간을 늘린다.
② 사용하지 않는 전기 제품은 꺼 둔다.
③ 전기가 낭비되는 곳이 있는지 점검한다.
④ 전기 난로 근처에서 장난을 치지 않는다.
⑤ 외출할 때 전등이 켜져 있는지 확인하고 끈다.

13 **오른쪽 콘센트 안전 덮개에 대한 설명으로 옳은 것을 두 가지 골라 써 봅시다.** (　　,　　)

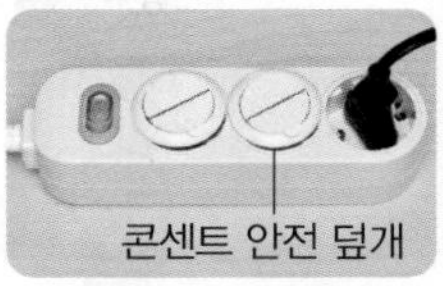

① 사람의 움직임을 감지한다.
② 전기 안전을 위한 제품이다.
③ 감전 사고를 예방할 수 있다.
④ 전기 낭비를 예방할 수 있다.
⑤ 정한 시간이 되면 전원이 차단된다.

14 전기를 낭비하는 모습을 골라 기호를 써 봅시다.

▲ ㉠ 사용하지 않는 전기 제품의 플러그 뽑아 놓기

▲ ㉡ 냉장고 문을 열어 놓고 물 마시기

(　　　　　　　　)

중요

15 다음 중 전기를 안전하게 사용하는 방법으로 옳은 것은 어느 것입니까? (　　　)

① 전선으로 장난을 친다.
② 전선을 복잡하게 꼬아 놓는다.
③ 물 묻은 손으로 플러그를 뽑는다.
④ 전선을 잡아당겨 플러그를 뽑는다.
⑤ 전열 기구를 사용하지 않을 때에는 플러그를 뽑아 놓는다.

16 다음은 공통적으로 무엇을 절약하기 위해 사용하는 제품인지 써 봅시다.

- 사람의 움직임을 감지하는 전등
- 원하는 시간이 되면 자동으로 전원이 차단되는 시간 조절 콘센트
- 스마트폰 애플리케이션을 통해 무선으로 전기를 켜고 끌 수 있는 스마트 플러그

(　　　　　　　　)

서술형

17 다음 두 물체의 차이점을 자석의 성질과 관련지어 써 봅시다.

▲ 나침반　　　▲ 자기 부상 열차

중요

18 다음과 같이 장치한 뒤, 스위치를 닫지 않았을 때와 닫았을 때 전자석의 끝부분을 철 클립에 각각 가까이 가져간 결과로 옳은 것은 어느 것입니까? (　　　)

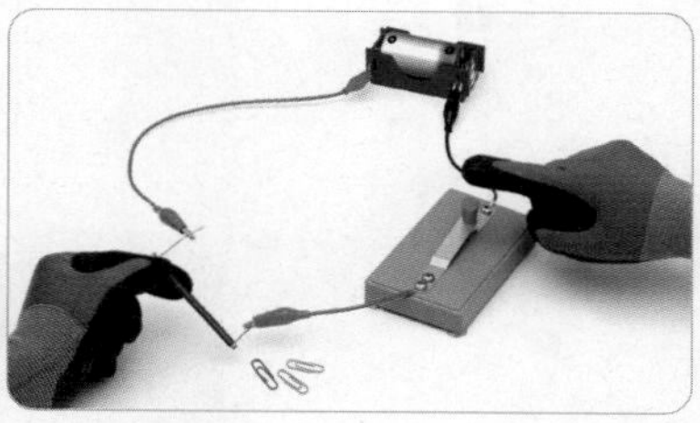

① 스위치를 닫으면 철 클립이 전자석에 붙는다.
② 스위치를 닫으면 철 클립이 전자석에서 멀어진다.
③ 스위치를 닫았다가 열면 철 클립의 색깔이 변한다.
④ 스위치를 닫았다가 열면 철 클립이 전자석에 더 많이 붙는다.
⑤ 스위치를 닫았을 때와 열었을 때 전자석에 붙는 철 클립의 개수는 같다.

19 막대자석과 전자석의 성질을 옳게 선으로 연결해 봅시다.

(1) 막대자석 •　　　• ㉠ 자석의 세기를 조절할 수 있다.

(2) 전자석 •　　　• ㉡ 자석의 극이 일정하다.

　　　　　　　　• ㉢ 전기가 흐를 때에만 자석의 성질을 지닌다.

20 다음 중 우리 생활에 전자석을 사용한 예로 옳지 않은 것은 어느 것입니까? (　　　)

① 세탁기　② 스피커
③ 선풍기　④ 자석 필통
⑤ 전자석 기중기

가로 세로 용어 퀴즈

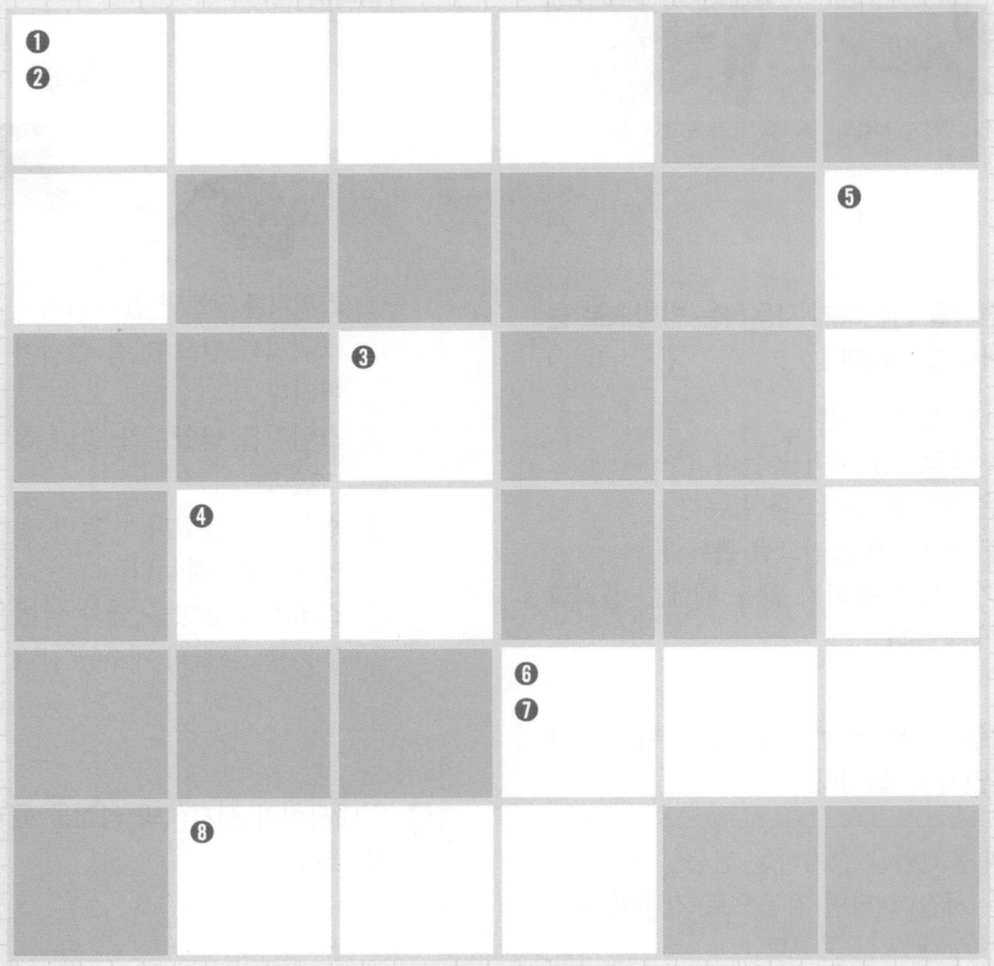

정답과 해설 • 6쪽

가로 퀴즈

❶ 여러 가지 전기 부품을 연결하여 전기가 흐르도록 한 것

❹ 전구 두 개 이상을 여러 개의 줄에 나누어 한 개씩 연결하는 방법을 전구의 ○○연결이라고 합니다.

❻ 전기가 흐를 때만 자석의 성질을 지니는 자석

❽ 두 개의 전구를 병렬연결하면 직렬연결할 때보다 전기 ○○○가 많이 소비됩니다.

세로 퀴즈

❷ 전기가 흐르면 불이 켜지는 전기 부품

❸ 전구 두 개 이상을 한 줄로 연결하는 방법을 전구의 ○○연결이라고 합니다.

❺ 자석의 성질을 항상 지니는 자석

❼ 전기 회로에 전기 에너지를 공급하는 전기 부품

2

계절의 변화

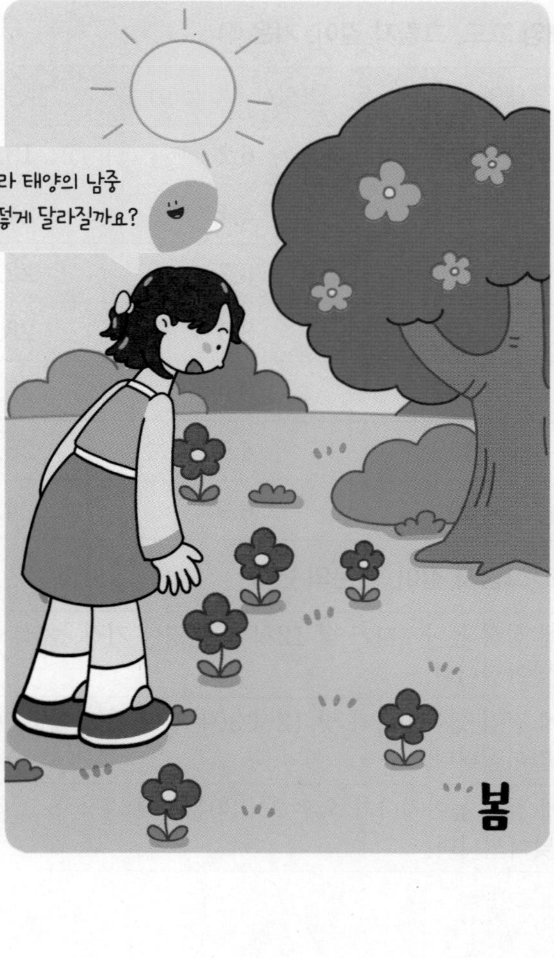
계절에 따라 태양의 남중 고도는 어떻게 달라질까요?
봄

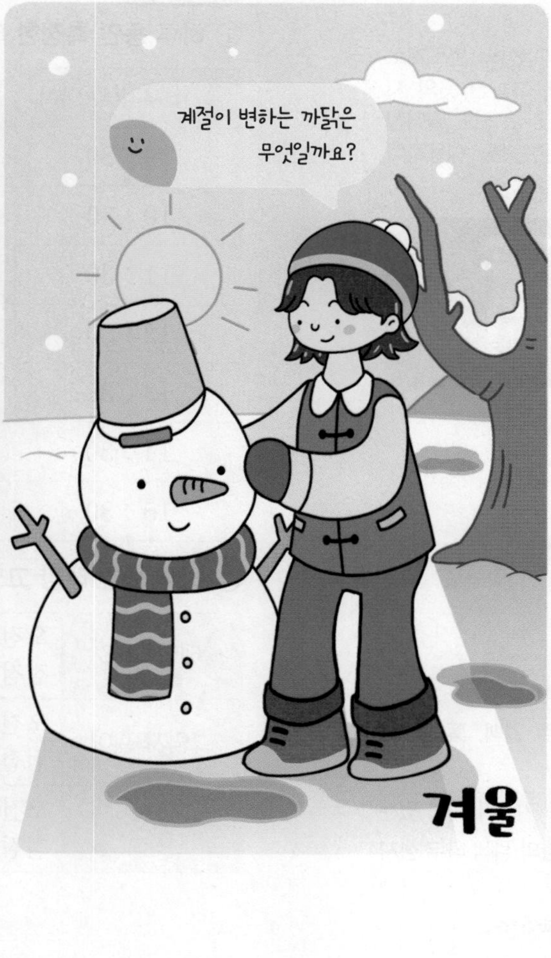
계절이 변하는 까닭은 무엇일까요?
겨울

1 하루 동안 태양 고도, 그림자 길이, 기온의 관계

탐구로 시작하기

하루 동안 태양 고도, 그림자 길이, 기온 측정하기

실험 동영상

탐구 과정

❶ 햇빛이 잘 드는 편평한 곳에 태양 고도 측정기를 놓습니다.

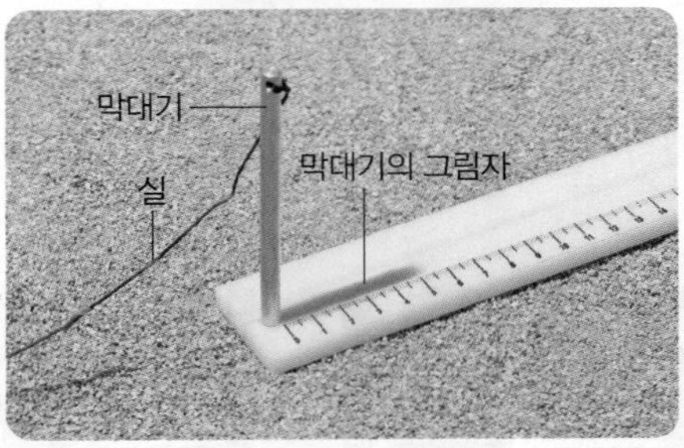

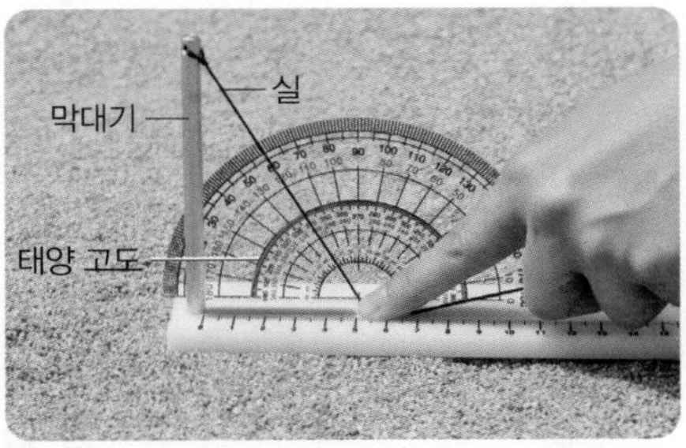

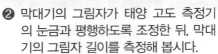

❷ 막대기의 그림자가 태양 고도 측정기의 눈금과 평행하도록 조정한 뒤, 막대기의 그림자 길이를 측정해 봅시다.

❸ 실을 막대기의 그림자 끝에 맞춘 뒤, 그림자와 실이 이루는 각을 측정해 봅시다. (→ 태양 고도)

❹ 같은 시각에 기온을 측정해 봅시다. 개념1

❺ 하루 동안 일정한 시간 간격으로 태양 고도, 그림자 길이, 기온을 측정해 봅시다.

실을 막대기의 그림자 끝에 맞추기 위해 잡아당길 때 막대기가 휘어지지 않도록 주의해요.

탐구 결과

① 하루 동안 측정한 태양 고도, 그림자 길이, 기온 예

측정 시각(시 : 분)	태양 고도(°)	그림자 길이(cm)	기온(℃)
9 : 30	33	6.2	19.8
10 : 30	42	4.4	21.4
11 : 30	47	3.7	22.6
12 : 30	49	3.5	23.9
13 : 30	46	3.9	25.0
14 : 30	39	4.9	25.2
15 : 30	30	6.9	24.2

② 하루 동안 태양 고도, 그림자 길이, 기온의 변화

태양 고도	오전에 점점 높아지다가 낮 12시 30분경에 가장 높고, 이후에는 점점 낮아집니다.
그림자 길이	오전에 점점 짧아지다가 낮 12시 30분경에 가장 짧고, 이후에는 점점 길어집니다.
기온	오전에 점점 높아지다가 오후 2시 30분경에 가장 높고, 이후에는 점점 낮아집니다.

개념1 기온을 측정하는 방법

기온은 [1]백엽상의 온도계로 측정하거나, 그늘진 곳의 지표면에서 1.5 m 정도 떨어진 높이에서 온도계를 이용하여 측정합니다.

▲ 백엽상

용어 돋보기

❶ 백엽상(百 일백, 葉 잎, 箱 상자)

기상 관측용 기구가 들어 있는 작은 집 모양의 흰색 나무 상자

개념 이해하기

1. 태양 고도 개념 2

① **태양 고도**: 태양이 지표면과 이루는 각으로, 태양이 떠 있는 높이는 태양 고도로 나타낼 수 있습니다.

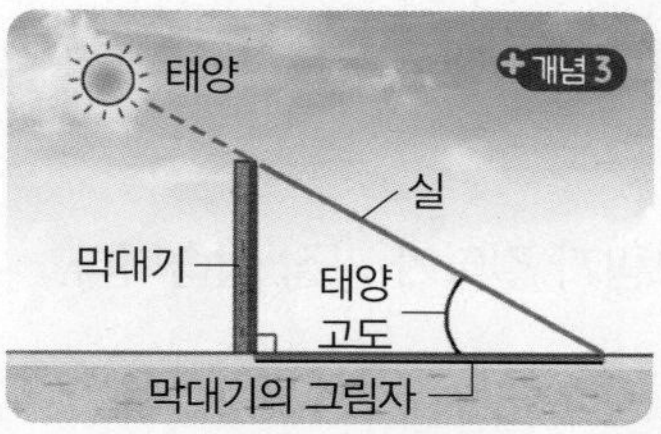

태양 고도를 측정하는 방법

실을 연결한 막대기를 지표면에 수직으로 세우고 실을 막대기의 그림자 끝에 맞춘 뒤, 막대기의 그림자와 실이 이루는 각을 측정합니다.

② **태양의 남중 고도**: 하루 중 태양이 정남쪽에 위치했을 때 태양이 남중했다고 하고, 이때 태양의 고도를 태양의 남중 고도라고 합니다.

- 낮 12시 30분경에 태양이 남중합니다.
- 태양이 남중했을 때 하루 중 태양 고도가 가장 높고, 그림자 길이가 가장 짧습니다. (그림자는 정북쪽을 향합니다.)

2. 하루 동안 태양 고도, 그림자 길이, 기온의 관계

① **하루 동안 태양 고도, 그림자 길이, 기온 그래프**

꺾은선그래프로 나타내면 시간의 흐름에 따른 측정값의 변화를 알아보기 편리합니다.

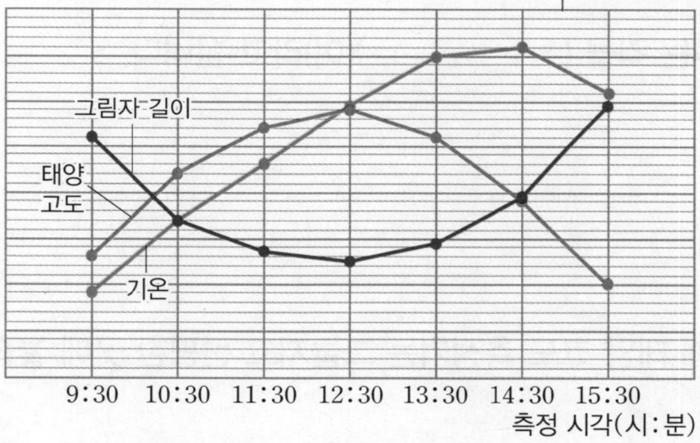

- **태양 고도 그래프와 모양이 비슷한 그래프**: 기온 그래프
- **태양 고도 그래프와 모양이 다른 그래프**: 그림자 길이 그래프

② **하루 동안 태양 고도, 그림자 길이, 기온의 관계 알아보기**

태양 고도가 높아지면	태양 고도가 낮아지면
↓	↓
그림자 길이는 짧아지고, 기온은 높아집니다.	그림자 길이는 길어지고, 기온은 대체로 낮아집니다.

③ **하루 중 기온이 가장 높은 시각이 태양이 남중한 시각(태양 고도가 가장 높은 시각)보다 약 두 시간 뒤인 까닭**: 태양에 의해 지표면이 데워져 공기의 온도가 높아지는 데 시간이 걸리기 때문입니다.

개념 2 하루 동안 태양의 위치 변화

태양이 동쪽에서 떠서 남쪽을 지나 서쪽으로 지면서 하루 동안 태양 고도가 계속 달라집니다.

개념 3 막대기의 길이에 따른 태양 고도의 변화

막대기의 길이가 길어지면 그림자의 길이도 길어지므로, 막대기의 길이를 길게 하거나 짧게 해도 태양 고도는 일정합니다.

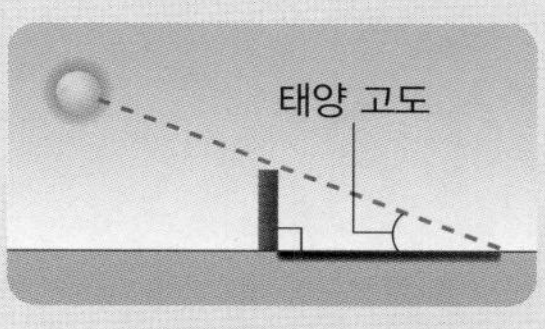

▲ 막대기의 길이가 짧을 때

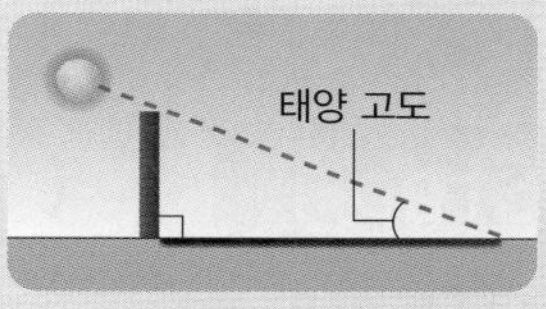

▲ 막대기의 길이가 길 때

핵심 개념 되짚어 보기

하루 동안 태양 고도가 높아지면 그림자 길이는 짧아지고 기온은 높아집니다.

기본 문제로 익히기

정답과 해설 • 6쪽

핵심 체크

- **태양 고도:** ❶ [ ][ ]이 지표면과 이루는 각
- **태양 고도를 측정하는 방법:** 실을 연결한 막대기를 지표면에 수직으로 세우고 실을 막대기의 그림자 끝에 맞춘 뒤, 막대기의 그림자와 실이 이루는 각을 측정합니다.
- **태양의 남중 고도**
  - 태양이 정남쪽에 위치했을 때 태양이 ❷ [ ][ ]했다고 하고, 이때 태양의 고도를 태양의 남중 고도라고 합니다.
  - 태양이 남중했을 때 하루 중 태양 고도가 가장 ❸ [ ]고, 그림자 길이가 가장 짧습니다.
- **하루 동안 태양 고도, 그림자 길이, 기온의 관계**

태양 고도와 그림자 길이의 관계	태양 고도가 높아지면 그림자 길이는 ❹ [ ][ ]집니다.
태양 고도와 기온의 관계	• 태양 고도가 높아지면 기온은 ❺ [ ][ ]집니다. • 지표면이 데워져 공기의 온도가 높아지는 데 시간이 걸리므로 기온이 가장 높은 시각은 태양이 남중한 시각보다 약 두 시간 뒤입니다.

Step 1

(　　) 안에 알맞은 말을 써넣어 설명을 완성하거나 설명이 옳으면 ○, 틀리면 ×에 ○표 해 봅시다.

1 태양이 지표면과 이루는 각을 (　　　　　　)(이)라고 합니다.

2 태양 고도를 측정할 때 태양 고도 측정기는 그늘지고 편평한 곳에 놓습니다.
(○ , ×)

3 태양이 남중했을 때 하루 중 그림자 길이가 가장 (　　　　　　).

4 하루 중 태양 고도가 가장 높은 시각과 기온이 가장 높은 시각은 차이가 납니다.
(○ , ×)

Step 2

1 다음은 태양 고도를 측정하는 모습입니다. ㉠~㉢ 중 태양 고도를 나타내는 것을 골라 기호를 써 봅시다.

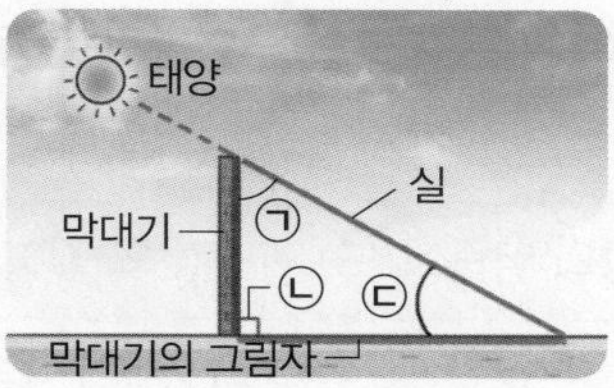

( )

2 다음은 하루 동안 태양의 위치 변화를 나타낸 것입니다. 태양이 ㉠에 위치할 때 태양의 고도를 무엇이라고 하는지 써 봅시다.

( )

3 태양이 남중했을 때에 대한 설명으로 옳지 <u>않은</u> 것을 보기 에서 골라 기호를 써 봅시다.

보기
㉠ 낮 12시 30분경이다.
㉡ 하루 중 태양 고도가 가장 높다.
㉢ 하루 중 그림자 길이가 가장 길다.

( )

[4~6] 다음은 하루 동안 태양 고도, 그림자 길이, 기온의 변화를 나타낸 그래프입니다.

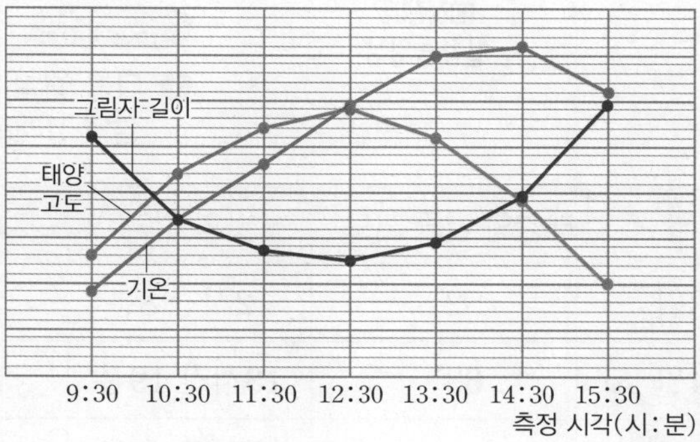

4 다음은 위 그래프에 대한 설명입니다. ( ) 안의 알맞은 말에 ○표를 해 봅시다.

태양 고도 그래프와 모양이 비슷한 그래프는 (그림자 길이 , 기온) 그래프이다.

5 위 그래프를 볼 때, 하루 중 그림자 길이가 가장 짧은 때는 언제입니까? ( )

① 9시 30분경
② 11시 30분경
③ 12시 30분경
④ 14시 30분경
⑤ 15시 30분경

6 위 그래프로 알 수 있는 점으로 옳은 것은 어느 것입니까? ( )

① 태양 고도와 기온은 관계가 없다.
② 태양 고도가 높아지면 기온은 낮아진다.
③ 태양 고도는 그림자 길이와 관계가 없다.
④ 태양 고도, 그림자 길이, 기온은 항상 일정하다.
⑤ 태양 고도가 높아지면 그림자 길이는 짧아진다.

2 계절별 태양의 남중 고도, 낮과 밤의 길이, 기온 변화

탐구로 시작하기

실험 동영상

계절별 태양의 남중 고도, 낮의 길이, 기온 자료 해석하기

탐구 과정

❶ 다음 월별 태양의 남중 고도, 낮의 길이, 기온 자료를 투명한 모눈종이에 각각 다른 색깔의 그래프로 나타내 봅시다.

월	태양의 남중 고도	낮의 길이	기온(℃)	월	태양의 남중 고도	낮의 길이	기온(℃)
3월	52°	12시간 8분	7.1	9월	52°	12시간 9분	20.0
4월	63°	13시간 19분	14.3	10월	40°	10시간 56분	18.3
5월	72°	14시간 19분	17.2	11월	32°	9시간 59분	9.7
6월	75°	14시간 45분	24.2	12월	29°	9시간 33분	4.1
7월	72°	14시간 20분	28.1	1월	32°	9시간 57분	0.7
8월	63°	13시간 21분	26.2	2월	40°	10시간 56분	1.0

* 2019년~2020년 서울특별시 기준(출처: 한국천문연구원, 기상청)

❷ 그래프를 보고 계절별 태양의 남중 고도, 낮의 길이, 기온을 비교해 봅시다.

❸ 세 그래프를 서로 겹쳐 보고 계절에 따른 태양의 남중 고도와 낮의 길이, 기온의 관계를 이야기해 봅시다.

탐구 결과

① **계절별 태양의 남중 고도, 낮의 길이, 기온의 변화**

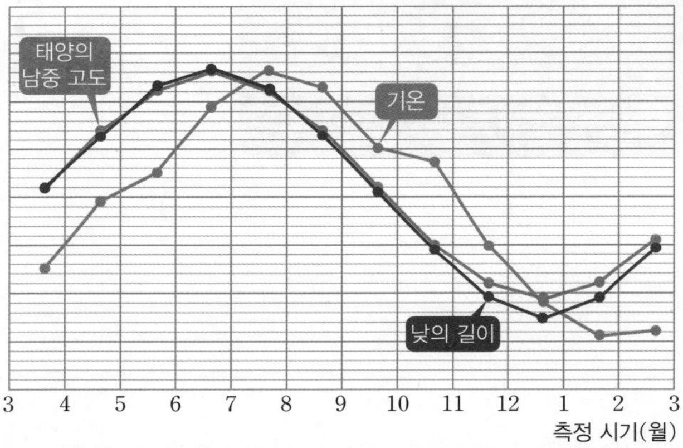

구분	태양의 남중 고도	낮의 길이	기온
가장 높은(긴) 계절	여름	여름	여름
가장 낮은(짧은) 계절	겨울	겨울	겨울

② **계절별 태양의 남중 고도, 낮의 길이, 기온의 관계**

태양의 남중 고도가 높아질수록
↓
낮의 길이는 길어지고,
기온은 대체로 높아집니다.

태양의 남중 고도가 낮아질수록
↓
낮의 길이는 짧아지고,
기온은 대체로 낮아집니다.

3월~5월은 봄,
6월~8월은 여름,
9월~11월은 가을,
12월~2월은
겨울이에요.

개념 이해하기

1. 계절별 태양의 남중 고도, 낮과 밤의 길이, 기온의 변화 개념1

태양의 남중 고도	기온
여름에 가장 높고, 겨울에 가장 낮습니다.	여름에 가장 높고, 겨울에 가장 낮습니다.
낮의 길이	**밤의 길이**
여름에 가장 길고, 겨울에 가장 짧습니다.	여름에 가장 짧고, 겨울에 가장 깁니다.

• 밤의 길이 변화는 낮의 길이 변화와 반대로 나타납니다.

2. 계절에 따른 태양의 남중 고도와 낮의 길이, 기온의 관계

① 계절에 따른 태양의 남중 고도와 낮의 길이, 기온의 관계 개념2

태양의 남중 고도와 낮의 길이의 관계	태양의 남중 고도와 기온의 관계
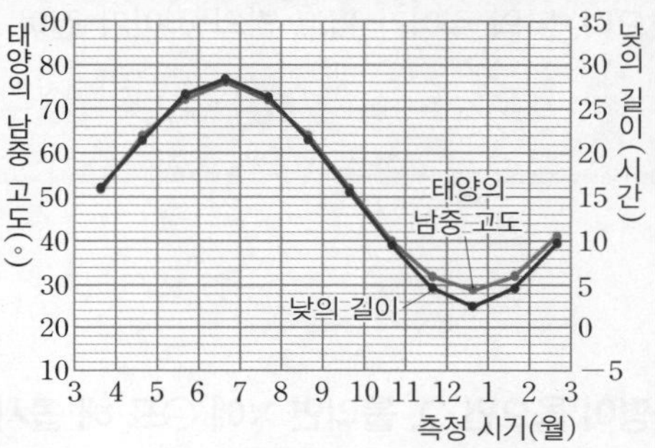	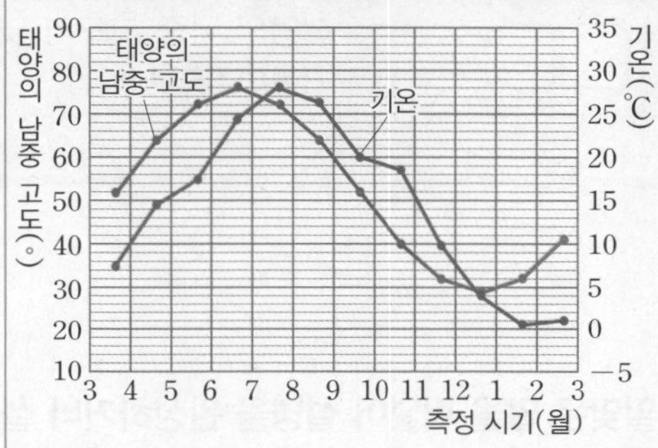
태양의 남중 고도가 높아질수록 낮의 길이가 길어집니다.	태양의 남중 고도가 높아질수록 기온이 대체로 높아집니다.

② 태양의 남중 고도가 가장 높은 때(6월)와 기온이 가장 높은 때(7월)는 차이가 납니다. ➜ 지표면이 데워져 공기의 온도가 높아지는 데 시간이 걸리기 때문입니다.

3. 계절별 태양의 남중 고도에 따른 낮과 밤의 길이와 기온의 변화

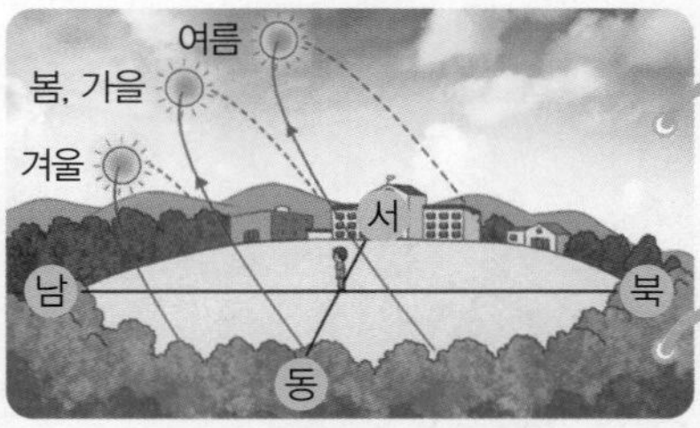

▲ 계절별 태양의 위치 변화

• 태양의 남중 고도는 여름에 가장 높고 겨울에 가장 낮습니다.
• 봄과 가을에는 태양의 남중 고도가 여름과 겨울의 중간 정도입니다.

여름	태양의 남중 고도가 높으며, 낮의 길이가 길고 밤의 길이가 짧으며, 기온은 높습니다.
겨울	태양의 남중 고도가 낮으며, 낮의 길이가 짧고 밤의 길이가 길며, 기온은 낮습니다.

개념1 계절에 따라 태양의 남중 고도와 낮의 길이가 달라진 상황

• 태양의 남중 고도: 여름에는 태양의 남중 고도가 높기 때문에 낮에 햇빛이 교실 안까지 들어오지 않지만, 겨울에는 태양의 남중 고도가 낮기 때문에 낮에 햇빛이 교실 안까지 들어옵니다.

• 낮의 길이: 여름에는 낮의 길이가 길기 때문에 저녁 6시에 밖이 밝지만, 겨울에는 낮의 길이가 짧기 때문에 저녁 6시에 밖이 어둡습니다.

개념2 오늘(9월)과 비교하여 한 달 뒤 태양의 남중 고도, 낮의 길이, 기온 예상하기

태양의 남중 고도는 낮아지고, 낮의 길이는 짧아지며, 기온은 낮아질 것입니다.

핵심 개념 되짚어 보기

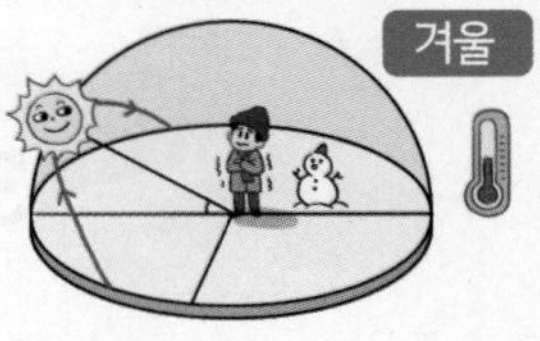

태양의 남중 고도는 여름에 가장 높고 겨울에 가장 낮으며, 태양의 남중 고도가 높아질수록 낮의 길이는 길어지고 기온은 높아집니다.

기본 문제로 익히기

○ 정답과 해설 ● 7쪽

핵심 체크

● 계절별 태양의 남중 고도, 낮의 길이, 기온 자료 해석하기

태양의 남중 고도	여름에 가장 높고, 겨울에 가장 낮습니다.
낮의 길이	여름에 가장 길고, 겨울에 가장 짧습니다.
기온	여름에 가장 ❶ ☐고, 겨울에 가장 ❷ ☐습니다.

● 계절별 태양의 남중 고도와 낮의 길이, 기온의 관계

태양의 남중 고도가 ❸ ☐☐질수록 → 낮의 길이는 길어집니다. / 기온은 대체로 높아집니다.

● 계절별 태양의 남중 고도, 낮과 밤의 길이, 기온의 변화

❹ ☐☐	태양의 남중 고도가 높으며, 낮의 길이가 길고 밤의 길이가 짧으며, 기온이 높습니다.
❺ ☐☐	태양의 남중 고도가 낮으며, 낮의 길이가 짧고 밤의 길이가 길며, 기온이 낮습니다.

Step 1

(   ) 안에 알맞은 말을 써넣어 설명을 완성하거나 설명이 옳으면 ○, 틀리면 ×에 ○표 해 봅시다.

1 태양의 남중 고도는 봄부터 겨울까지 계속 높아집니다. (○ , ×)

2 낮의 길이가 가장 긴 계절은 (   )입니다.

3 여름에서 겨울로 갈수록 기온은 점점 낮아집니다. (○ , ×)

4 태양의 남중 고도가 높아질수록 기온은 대체로 (   )집니다.

Step 2

1 다음 월별 태양의 남중 고도를 나타낸 그래프를 보고, 태양의 남중 고도가 가장 높은 계절은 언제인지 써 봅시다.

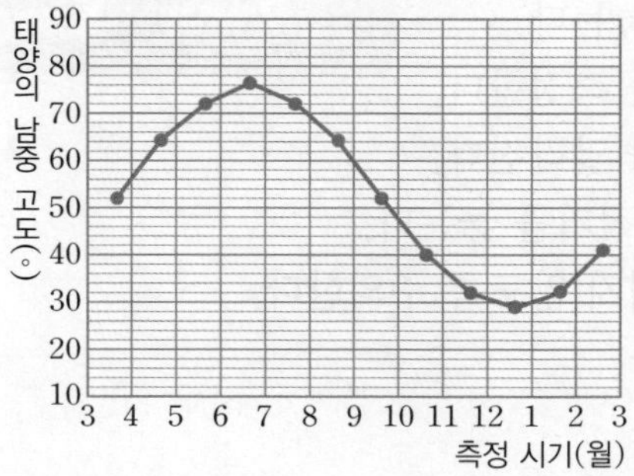

( )

2 다음 월별 낮의 길이를 나타낸 그래프를 볼 때, 낮의 길이가 가장 짧은 때는 언제입니까? ( )

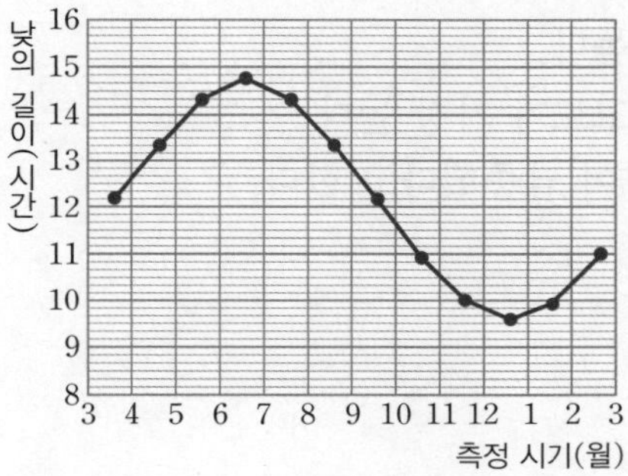

① 3월 ② 6월 ③ 8월
④ 10월 ⑤ 12월

3 다음은 위 **1**, **2**번 그래프를 비교하여 알 수 있는 점입니다. ( ) 안에 들어갈 알맞은 말을 써 봅시다.

태양의 남중 고도가 높아질수록 낮의 길이는 ( ).

( )

4 계절에 따른 태양의 남중 고도와 기온의 관계에 대한 설명으로 옳은 것을 보기 에서 골라 기호를 써 봅시다.

보기
㉠ 태양의 남중 고도가 높아질수록 기온은 대체로 낮아진다.
㉡ 태양의 남중 고도가 높아질수록 기온은 대체로 높아진다.
㉢ 태양의 남중 고도가 높아져도 기온은 변하지 않는다.

( )

[5~6] 다음은 계절별 하루 동안 태양의 위치 변화를 나타낸 것입니다.

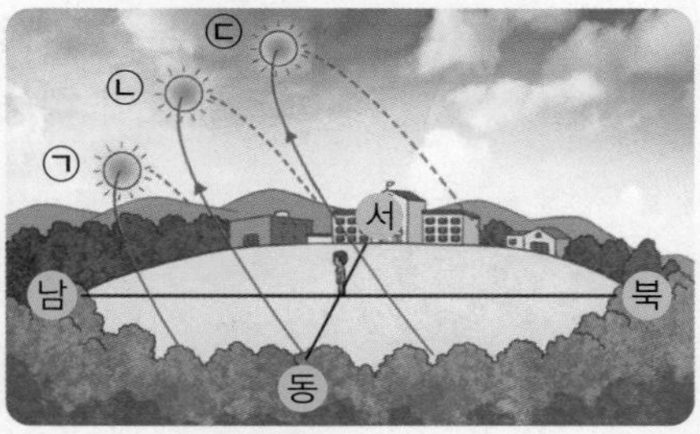

5 위 ㉠~㉢ 중 태양의 남중 고도가 가장 높은 계절에 태양의 위치 변화를 골라 기호를 써 봅시다.

( )

6 위 ㉠~㉢ 중 겨울에 태양의 위치 변화를 나타낸 것을 골라 기호를 써 봅시다.

( )

실력 문제로 다잡기 (2. 계절의 변화 ❶~❷)

❶ 하루 동안 태양 고도, 그림자 길이, 기온의 관계

1 하루 동안 태양 고도의 변화를 알아보기 위해 오른쪽과 같이 태양 고도 측정기로 태양 고도를 측정하려고 합니다. 이 실험에 대한 설명으로 옳지 <u>않은</u> 것은 어느 것입니까? ( )

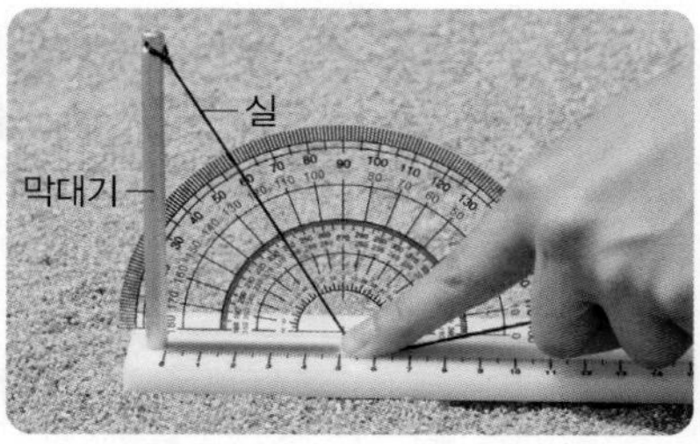

① 편평한 곳에 태양 고도 측정기를 놓는다.
② 일정한 시간 간격으로 태양 고도를 측정한다.
③ 막대기의 길이에 따라 태양 고도가 달라진다.
④ 햇빛이 잘 드는 곳에 태양 고도 측정기를 놓는다.
⑤ 실을 잡아당길 때 막대기가 휘어지지 않도록 주의한다.

2 태양 고도에 대한 설명으로 옳지 <u>않은</u> 것은 어느 것입니까? ( )

① 태양이 지표면과 이루는 각이다.
② 하루 동안 태양 고도는 계속 달라진다.
③ 아침보다 점심 때 태양 고도가 더 높다.
④ 하루 중 태양이 남중했을 때 태양 고도가 가장 높다.
⑤ 태양이 정동쪽에 위치했을 때 태양이 남중했다고 한다.

3 다음은 어느 날 하루 동안 태양 고도를 측정한 결과입니다. 이날 태양의 남중 고도는 얼마입니까? ( )

측정 시각(시 : 분)	태양 고도(°)	측정 시각(시 : 분)	태양 고도(°)
10 : 30	44	13 : 30	49
11 : 30	50	14 : 30	42
12 : 30	52	15 : 30	33

① 33° ② 42° ③ 49°
④ 50° ⑤ 52°

[4~5] 오른쪽은 하루 동안 태양 고도, 그림자 길이, 기온을 측정하여 나타낸 그래프입니다.

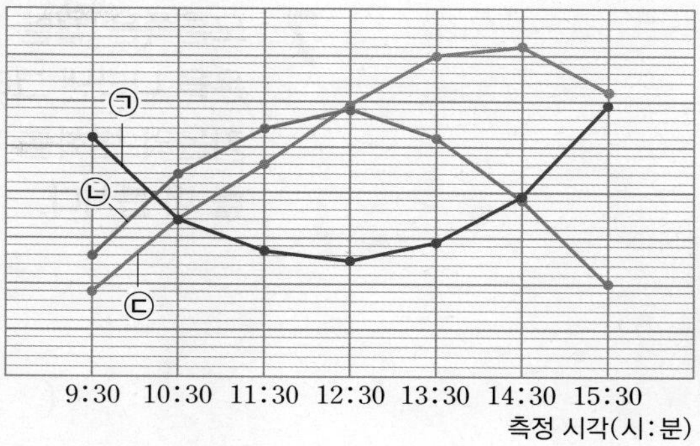

4 위 그래프에서 태양 고도, 그림자 길이, 기온의 변화를 나타내는 것의 기호를 각각 써 봅시다.

태양 고도	그림자 길이	기온
(1)	(2)	(3)

5 위 그래프를 보고 알 수 있는 점으로 옳은 것은 어느 것입니까? ( )

① 기온은 낮 12시 30분경에 가장 높다.
② 기온은 태양 고도의 영향을 받지 않는다.
③ 오전에는 태양 고도가 높아지고 기온이 낮아진다.
④ 태양 고도가 가장 높은 때 그림자 길이가 가장 짧다.
⑤ 태양 고도와 그림자 길이 그래프는 모양이 비슷하다.

❷ 계절별 태양의 남중 고도, 낮과 밤의 길이, 기온 변화

6 계절별 태양의 남중 고도와 낮의 길이에 대한 설명으로 옳은 것을 보기 에서 모두 골라 기호를 써 봅시다.

보기
㉠ 낮의 길이는 항상 일정하다.
㉡ 가을에는 낮의 길이가 여름과 겨울의 중간 정도이다.
㉢ 태양의 남중 고도가 높아지면 낮의 길이는 짧아진다.
㉣ 태양의 남중 고도가 가장 높은 계절에 낮의 길이가 가장 길다.

( )

7 오른쪽은 월별 태양의 남중 고도와 기온을 나타낸 그래프입니다. ㉠과 ㉡ 중 기온의 변화를 나타낸 것을 골라 기호를 써 봅시다.

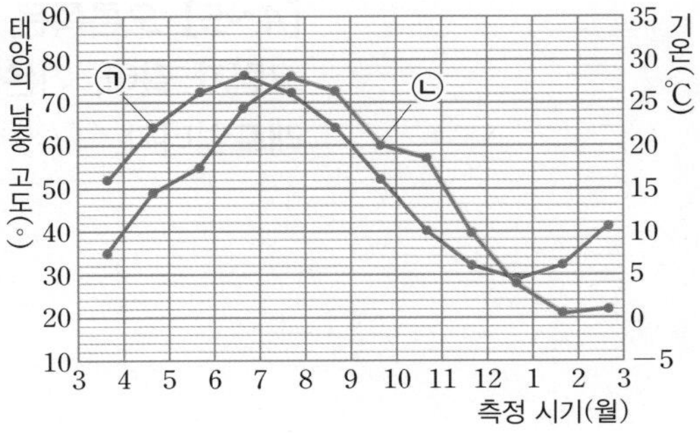

( )

8 오른쪽은 계절별 하루 동안 태양의 위치 변화를 나타낸 것입니다. 태양의 위치가 ㉠~㉢과 같이 변하는 계절에 대해 옳게 말한 친구의 이름을 써 봅시다.

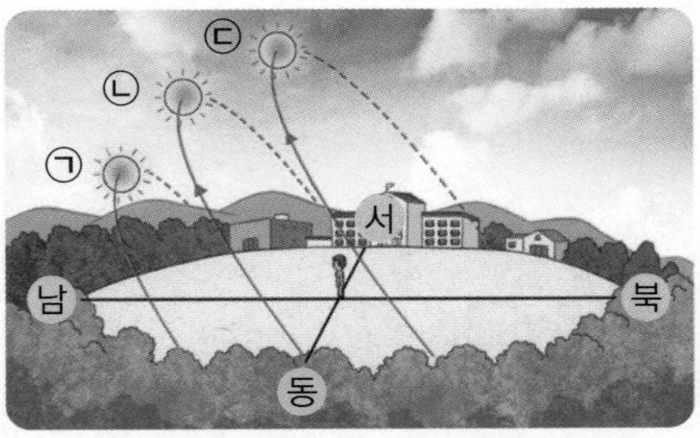

- 은주: ㉠은 봄과 가을이야.
- 유민: ㉠은 ㉡보다 기온이 높은 계절이야.
- 진경: ㉢은 낮의 길이가 가장 긴 계절이야.

( )

9 오늘이 9월 25일이라면, 오늘과 비교하여 한 달 뒤 태양의 남중 고도와 낮의 길이 변화를 옳게 짝 지은 것은 어느 것입니까? ( )

	태양의 남중 고도	낮의 길이
①	변화 없다.	변화 없다.
②	낮아진다.	짧아진다.
③	낮아진다.	길어진다.
④	높아진다.	짧아진다.
⑤	높아진다.	길어진다.

탐구 서술형 문제

서술형 길잡이

❶ 태양이 지표면과 이루는 각을 태양 □□ 라고 합니다.

❷ 태양 고도는 실을 연결한 막대기를 지표면에 수직으로 세우고 막대기의 □□□ 끝과 □이 이루는 각을 측정하여 알 수 있습니다.

10 오른쪽과 같이 장치하고 막대기의 그림자와 실이 이루는 각을 측정하였습니다.

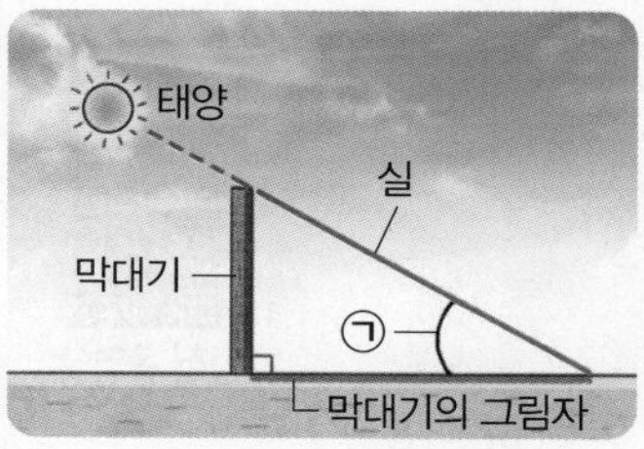

(1) ㉠은 무엇을 나타내는지 써 봅시다.

( )

(2) ㉠의 크기에 따라 막대기의 그림자 길이는 어떻게 되는지 써 봅시다.

❶ 태양 고도가 높아지면 기온은 □□집니다.

❷ 기온이 가장 높은 시각은 태양 고도가 가장 높은 시각보다 약 □ 시간 뒤입니다.

11 오른쪽은 하루 동안 태양 고도와 기온을 측정하여 나타낸 그래프입니다. 기온이 가장 높은 시각과 태양이 남중한 시각이 일치하지 않는 까닭을 써 봅시다.

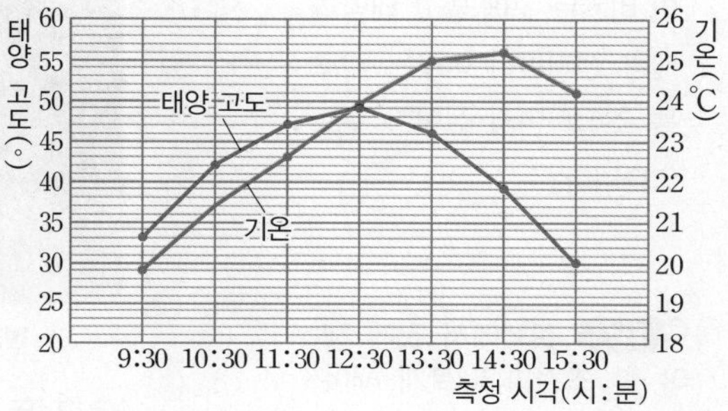

❶ 태양의 남중 고도가 가장 높은 계절은 □□입니다.

❷ 낮의 길이가 가장 긴 계절은 □□입니다.

12 다음은 월별 태양의 남중 고도와 낮의 길이를 나타낸 그래프입니다. 이를 통해 알 수 있는 태양의 남중 고도와 낮의 길이의 관계를 써 봅시다.

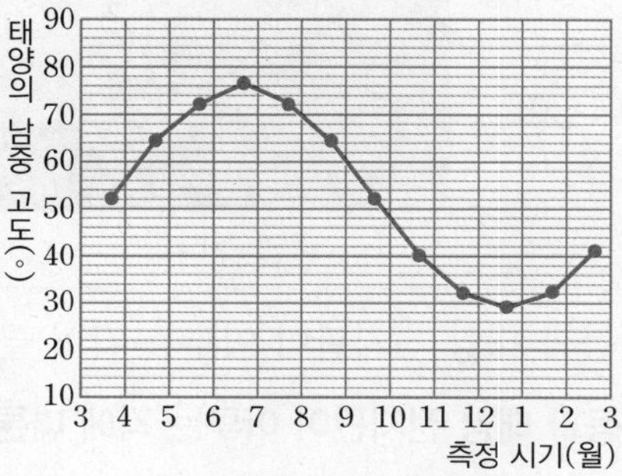

▲ 월별 태양의 남중 고도

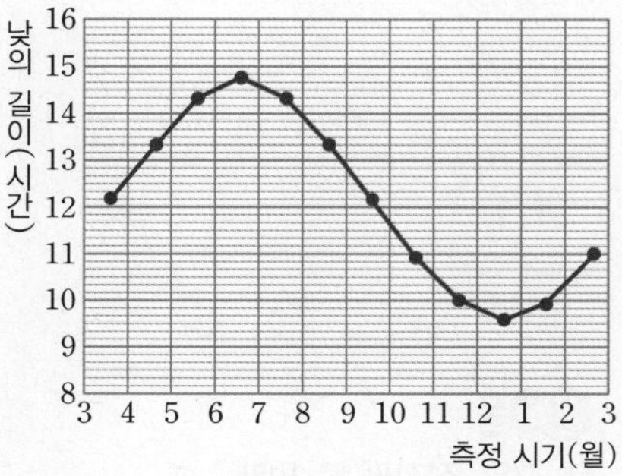

▲ 월별 낮의 길이

3 태양의 남중 고도에 따라 기온이 달라지는 까닭

탐구로 시작하기

태양의 남중 고도에 따른 태양 에너지양 비교하기

탐구 과정 개념1

❶ [1]태양 전지판과 소리 발생기를 연결한 뒤, 두꺼운 종이 두 장에 각각 태양 전지판, 소리 발생기, 수수깡을 붙입니다.

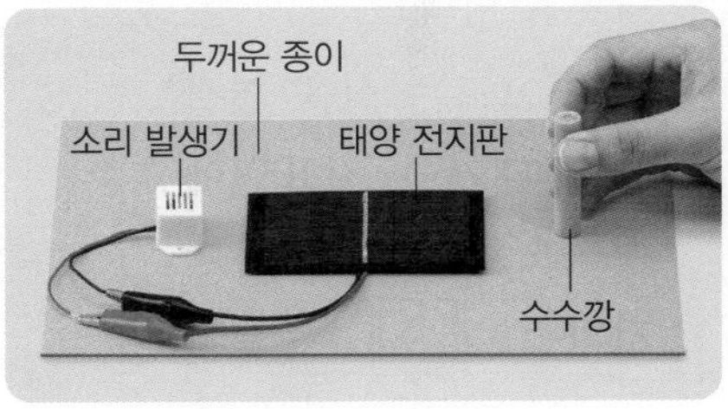

❷ 전등과 태양 전지판이 이루는 각을 하나는 크게 하고, 다른 하나는 작게 하여 전등을 설치합니다.

❸ 전등와 태양 전지판 사이의 거리가 25 cm가 되도록 조절합니다.

❹ 전등을 켜고 수수깡의 그림자 길이와 소리 발생기에서 나는 소리의 크기를 비교해 봅시다.

▲ 전등과 태양 전지판이 이루는 각이 클 때

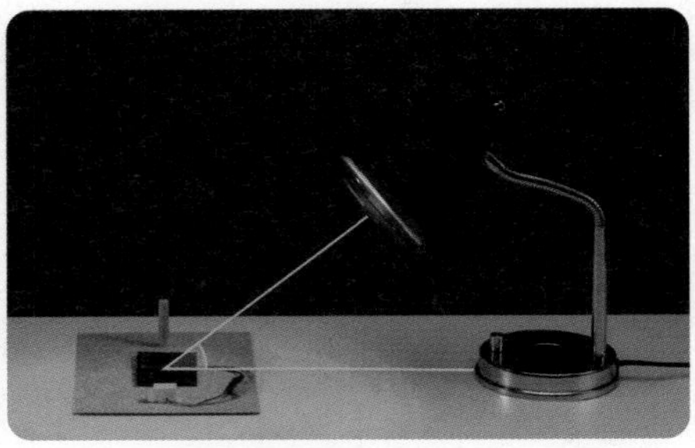

▲ 전등과 태양 전지판이 이루는 각이 작을 때

❺ 전등과 태양 전지판이 이루는 각에 따라 소리 발생기에서 나는 소리의 크기가 다른 까닭을 이야기해 봅시다.

탐구 결과

① **전등과 태양 전지판이 이루는 각에 따른 수수깡의 그림자 길이 비교**

구분	전등과 태양 전지판이 이루는 각이 클 때	전등과 태양 전지판이 이루는 각이 작을 때
수수깡의 그림자 길이	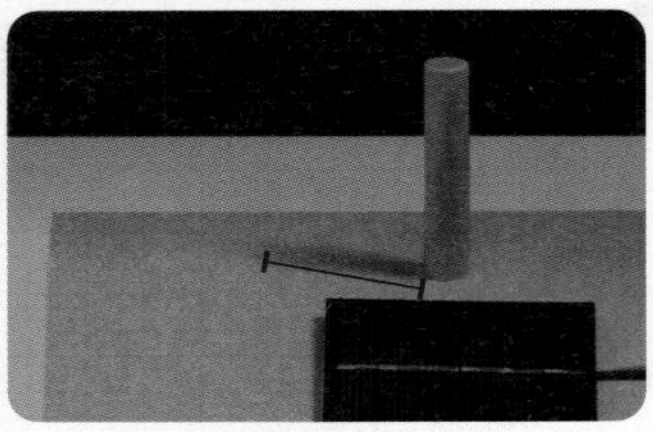 짧습니다.	 깁니다.

➜ 전등과 태양 전지판이 이루는 각이 클수록 그림자 길이가 짧습니다.

② **전등과 태양 전지판이 이루는 각에 따른 소리의 크기 비교**

구분	전등과 태양 전지판이 이루는 각이 클 때	전등과 태양 전지판이 이루는 각이 작을 때
소리의 크기	큽니다.	작습니다.

➜ 전등과 태양 전지판이 이루는 각이 클수록 소리가 크게 납니다.

실험 동영상

또 다른 방법!

- 태양 전지판에 소리 발생기 대신 프로펠러 모터를 연결하여 프로펠러의 회전 빠르기를 비교할 수도 있습니다.
- 태양 전지판에 전등을 비추는 대신 태양 전지판을 햇빛이 비치는 곳에 놓고 태양과 태양 전지판이 이루는 각도를 조절하면서 실험할 수도 있습니다.

개념1 실험에서 같게 해야 할 조건과 다르게 해야 할 조건

- 같게 해야 할 조건: 전등의 종류, 전등을 비추는 시간, 전등과 태양 전지판 사이의 거리 등
- 다르게 해야 할 조건: 전등과 태양 전지판이 이루는 각

용어 돋보기

❶ 태양 전지판(電 번개, 池 연못, 板 널빤지)
태양으로부터 오는 빛에너지를 직접 전기 에너지로 바꾸는 판 모양의 장치

③ **전등과 태양 전지판이 이루는 각에 따라 소리의 크기가 다른 까닭:** 전등과 태양 전지판이 이루는 각이 클수록 태양 전지판이 받는 에너지양이 많기 때문입니다. └• 태양 전지판의 온도도 더 높아집니다.

전등과 태양 전지판이 이루는 각이 클 때	태양 전지판이 받는 에너지양이 더 많기 때문에 소리가 더 크게 납니다.
전등과 태양 전지판이 이루는 각이 작을 때	태양 전지판이 받는 에너지양이 더 적기 때문에 소리가 더 작게 납니다.

개념 이해하기

1. 태양의 남중 고도에 따른 태양 에너지양과 기온의 변화

① **태양의 남중 고도에 따른 태양 에너지양 비교** 개념2

태양의 남중 고도가 높아질 때	태양의 남중 고도가 낮아질 때
일정한 면적의 지표면이 받는 태양 에너지양이 많아집니다.	일정한 면적의 지표면이 받는 태양 에너지양이 적어집니다.

② **계절에 따라 기온이 달라지는 까닭:** 계절에 따라 태양의 남중 고도가 달라져 일정한 면적의 지표면에 도달하는 태양 에너지양이 달라지기 때문입니다.

태양의 남중 고도가 높아집니다. → 일정한 면적의 지표면에 ❷도달하는 태양 에너지양이 많아집니다. → 지표면이 많이 데워집니다. → 기온이 높아집니다.

태양의 남중 고도가 낮아집니다. → 일정한 면적의 지표면에 도달하는 태양 에너지양이 적어집니다. → 지표면이 적게 데워집니다. → 기온이 낮아집니다.

2. 계절별 태양의 남중 고도에 따른 기온의 변화

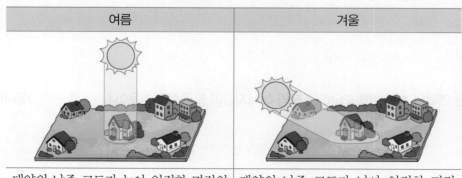

여름	겨울

태양의 남중 고도가 높아 일정한 면적의 지표면에 도달하는 태양 에너지양이 많습니다. → 기온이 높습니다.	태양의 남중 고도가 낮아 일정한 면적의 지표면에 도달하는 태양 에너지양이 적습니다. → 기온이 낮습니다.

개념2 태양의 남중 고도와 지표면이 받는 에너지양의 관계
태양의 남중 고도가 높을수록 같은 양의 태양 에너지가 도달하는 면적이 좁아집니다. 지표면에 도달하는 태양 에너지양은 같으므로, 태양의 남중 고도가 높을 때 일정한 면적의 지표면에 더 많은 양의 태양 에너지가 도달합니다.

용어 돋보기
❷ 도달(到 이르다, 達 다다르다)
목표로 정한 것이나 어떤 수준에 다다르는 것

핵심 개념 되짚어 보기

여름에는 태양의 남중 고도가 높아 기온이 높고, 겨울에는 태양의 남중 고도가 낮아 기온이 낮습니다.

기본 문제로 익히기

정답과 해설 • 8쪽

핵심 체크

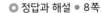

- **전등과 태양 전지판이 이루는 각에 따른 그림자 길이와 소리의 크기 비교**

구분	그림자 길이	소리의 크기
전등과 태양 전지판이 이루는 각이 클 때	짧습니다.	큽니다.
전등과 태양 전지판이 이루는 각이 작을 때	깁니다.	작습니다.

➜ 전등과 태양 전지판이 이루는 각이 클수록 태양 전지판이 받는 에너지양이 많아 소리가 크게 납니다.

- **계절에 따라 기온이 달라지는 까닭:** 태양의 남중 고도가 달라져 일정한 면적의 지표면에 도달하는 ❶☐☐ 에너지양이 달라지기 때문입니다.

- **계절별 태양의 남중 고도에 따른 기온의 변화**

여름	태양의 남중 고도가 ❷☐습니다.	➜	일정한 면적의 지표면에 도달하는 태양 에너지양이 ❸☐습니다.	➜	기온이 높습니다.
겨울	태양의 남중 고도가 ❹☐습니다.	➜	일정한 면적의 지표면에 도달하는 태양 에너지양이 ❺☐습니다.	➜	기온이 낮습니다.

Step 1

(　　) 안에 알맞은 말을 써넣어 설명을 완성하거나 설명이 옳으면 ○, 틀리면 ×에 ○표 해 봅시다.

1 전등과 태양 전지판이 이루는 각이 클수록 그림자 길이는 짧아집니다. (○ , ×)

2 태양의 남중 고도가 높아질수록 일정한 면적의 지표면에 도달하는 태양 에너지양이 (　　　　　)집니다.

3 일정한 면적의 지표면에 도달하는 태양 에너지양이 많을수록 기온이 (　　　　　)집니다.

4 겨울보다 여름에 일정한 면적의 지표면에 도달하는 태양 에너지양이 적습니다. (○ , ×)

Step 2

[1~3] 다음과 같이 태양 전지판과 소리 발생기를 연결한 뒤, 전등과 태양 전지판이 이루는 각을 다르게 하여 전등을 비추었습니다.

▲ 전등과 태양 전지판이 이루는 각이 클 때

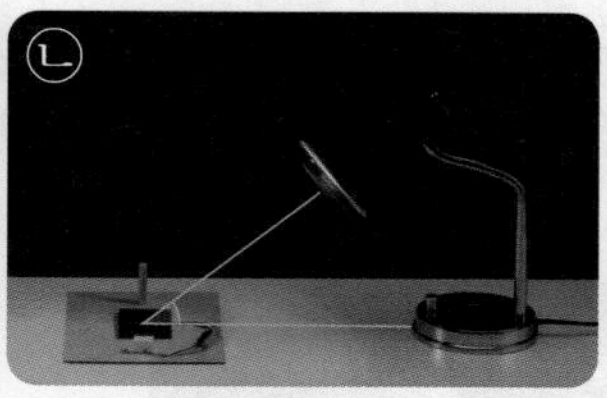

▲ 전등과 태양 전지판이 이루는 각이 작을 때

1 위 실험은 태양의 남중 고도에 따른 태양 에너지양을 비교하는 실험입니다. 전등이 실제 자연에서 나타내는 것은 무엇인지 써 봅시다.

( )

2 위 실험 결과 ㉠과 ㉡ 중 소리 발생기에서 소리가 더 크게 나는 경우를 골라 기호를 써 봅시다.

( )

3 다음은 위 실험으로 알 수 있는 점입니다. ( ) 안의 알맞은 말에 ○표를 해 봅시다.

> 태양의 남중 고도가 (낮을수록 , 높을수록) 일정한 면적의 지표면에 도달하는 태양 에너지양이 많아진다.

4 계절에 따라 기온이 달라지는 까닭으로 옳은 것은 어느 것입니까? ( )

① 태양의 온도가 달라지기 때문이다.
② 태양의 크기가 달라지기 때문이다.
③ 태양의 남중 고도가 달라지기 때문이다.
④ 태양과 지구 사이의 거리가 달라지기 때문이다.
⑤ 태양에서 나오는 에너지양이 달라지기 때문이다.

[5~6] 다음은 서로 다른 계절에 태양이 남중했을 때 햇빛이 지표면에 도달하는 모습입니다.

㉠

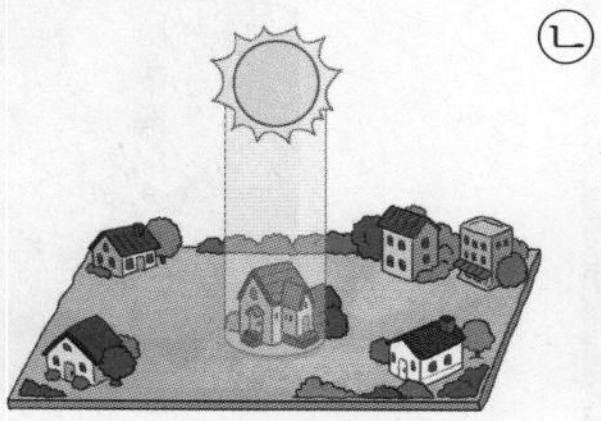

㉡

5 위 ㉠과 ㉡ 중 일정한 면적의 지표면에 도달하는 태양 에너지양이 더 많은 계절의 모습을 골라 기호를 써 봅시다.

( )

6 위 ㉠과 ㉡ 계절의 기온을 비교하여 ( ) 안에 >, =, <를 써 봅시다.

㉠ ( ) ㉡

4 계절의 변화가 생기는 까닭

탐구로 시작하기

지구본의 자전축 기울기에 따른 태양의 남중 고도 비교하기

탐구 과정 개념1

❶ 지구본의 우리나라 위치에 태양 고도 측정기를 붙입니다.

❷ 지구본의 ❶자전축을 기울이지 않고 수직으로 맞춘 뒤, 전등에서 30 cm 정도 떨어진 지점에 지구본을 놓습니다.

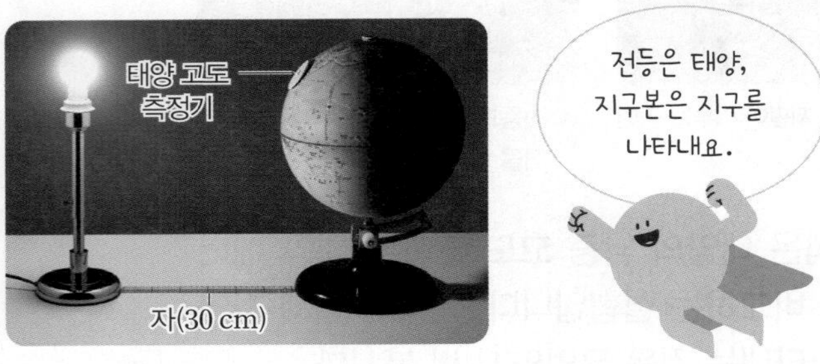

❸ 전등을 중심으로 지구본을 시계 반대 방향으로 ❷공전시키면서 (가), (나), (다), (라) 위치에서 태양의 남중 고도를 측정해 봅시다. 개념2
(• 태양 고도 측정기가 항상 전등을 바라보게 하고 공전시킵니다.)

❹ 지구본의 자전축을 23.5° 기울인 뒤, 전등을 중심으로 지구본을 시계 반대 방향으로 공전시키면서 (가), (나), (다), (라) 위치에서 태양의 남중 고도를 측정해 봅시다.

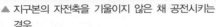

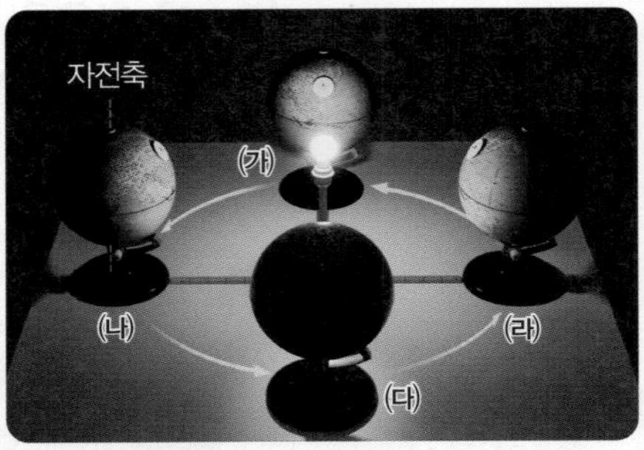

▲ 지구본의 자전축을 기울이지 않은 채 공전시키는 경우

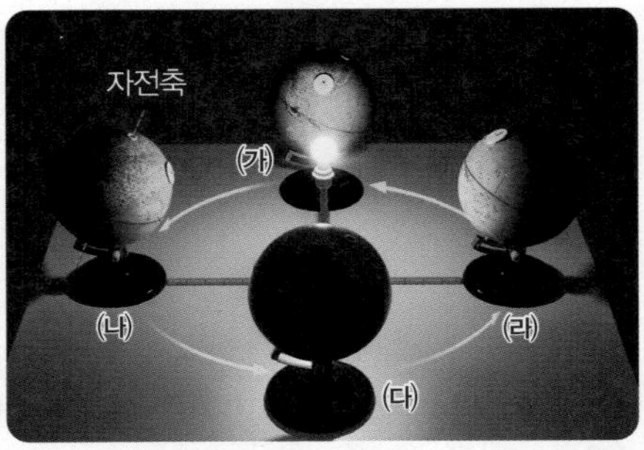

▲ 지구본의 자전축을 기울인 채 공전시키는 경우

❺ 지구본의 자전축을 기울이지 않은 채 공전시킬 때와 기울인 채 공전시킬 때 태양의 남중 고도를 비교해 봅시다.

❻ 실험 결과를 바탕으로 계절의 변화가 생기는 까닭을 추리해 봅시다.

탐구 결과

① **지구본의 자전축을 기울이지 않은 채 공전시킬 때와 기울인 채 공전시킬 때 (가)~(라) 위치에서 측정한 태양의 남중 고도**

지구본의 자전축을 기울이지 않은 채 공전시킬 때		지구본의 자전축을 기울인 채 공전시킬 때	
지구본의 위치	태양의 남중 고도	지구본의 위치	태양의 남중 고도
(가)	52°	(가)	52°
(나)	52°	(나)	76°
(다)	52°	(다)	52°
(라)	52°	(라)	29°

실험 동영상

개념1 실험에서 같게 해야 할 조건과 다르게 해야 할 조건
- 같게 해야 할 조건: 지구본과 전등 사이의 거리, 전등의 높이, 태양 고도 측정기를 붙인 위치 등
- 다르게 해야 할 조건: 지구본의 자전축 기울기

개념2 태양 고도 측정기 읽는 방법 예

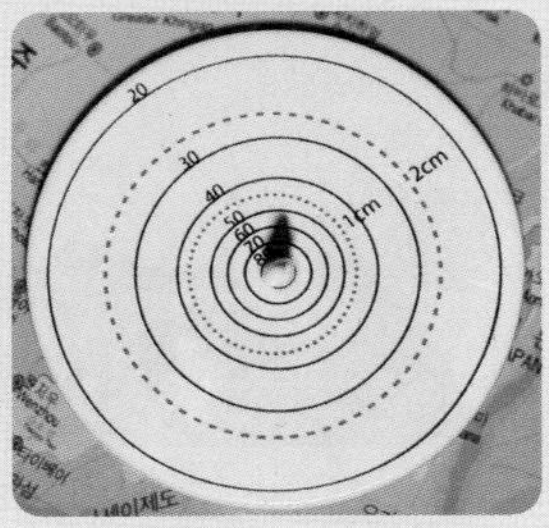

그림자 끝이 50°를 조금 넘으므로 태양의 남중 고도를 52°로 어림할 수 있습니다.

용어 돋보기

❶ **자전축(自 스스로, 轉 회전, 軸 굴대)**
천체가 자전할 때에 중심이 되는 축

❷ **공전(公 공변되다, 轉 회전)**
다른 천체의 둘레를 주기적으로 회전하는 것

② **지구본의 자전축을 기울이지 않은 경우와 기울인 경우 태양의 남중 고도 비교하기**

지구본의 자전축을 기울이지 않은 경우	지구본의 위치가 달라져도 태양의 남중 고도가 달라지지 않습니다.
지구본의 자전축을 기울인 경우	지구본의 위치에 따라 태양의 남중 고도가 달라집니다.

③ **실험 결과를 통해 알게 된 점:** 지구의 자전축이 일정한 방향으로 기울어진 채 태양 주위를 공전하기 때문에 지구의 위치에 따라 태양의 남중 고도가 달라집니다.

개념 이해하기

1. 계절의 변화가 생기는 까닭

① 지구의 자전축이 일정한 방향으로 기울어진 채 태양 주위를 공전하기 때문에 계절의 변화가 생깁니다.

지구의 자전축이 일정한 방향으로 기울어진 채 태양 주위를 공전합니다. → 지구의 위치에 따라 태양의 남중 고도가 달라집니다. → 지구의 위치에 따라 일정한 면적의 지표면이 받는 태양 에너지양이 달라집니다. → 계절의 변화가 생깁니다.

② **지구의 자전축이 수직이거나 지구가 태양 주위를 공전하지 않는다면 생길 수 있는 현상:** 태양의 남중 고도가 변하지 않으므로 계절의 변화가 생기지 않을 것입니다.

2. 지구의 위치에 따른 우리나라(❸북반구)의 계절 변화 (개념 3, 4)

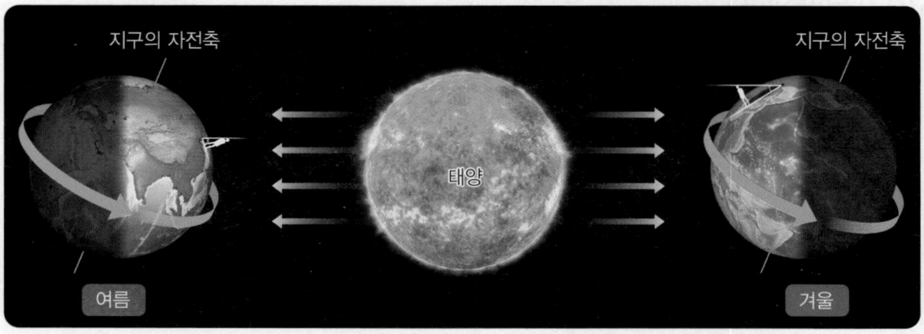

여름	구분	겨울
높습니다.	태양의 남중 고도	낮습니다.
깁니다.	낮의 길이	짧습니다.
많습니다.	일정한 면적의 지표면이 받는 태양 에너지양	적습니다.
높습니다.	기온	낮습니다.

개념 3 지구의 위치에 따른 계절의 변화(북반구)

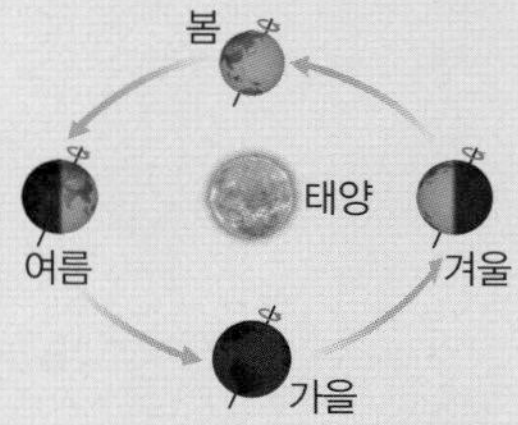

여름에 북반구는 태양 쪽으로 기울어져 있어 태양의 남중 고도가 높고, 겨울에 북반구는 태양 반대쪽으로 기울어져 있어 태양의 남중 고도가 낮습니다.

개념 4 남반구의 계절

북반구와 남반구의 계절은 반대로 나타납니다. 따라서 우리나라가 있는 북반구가 여름일 때 남반구는 겨울이고, 북반구가 겨울일 때 남반구는 여름입니다.

용어 돋보기

❸ **북반구(北 북녘, 半 반, 球 공)**
적도를 기준으로 지구를 둘로 나누었을 때의 북쪽 부분

핵심 개념 되짚어 보기

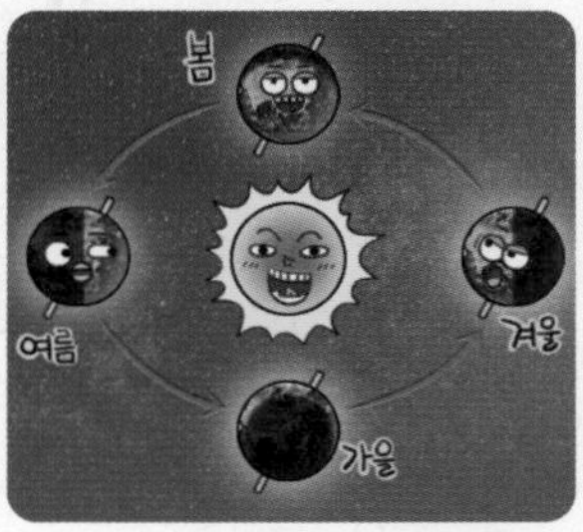

지구의 자전축이 일정한 방향으로 기울어진 채 태양 주위를 공전하기 때문에 태양의 남중 고도가 달라져 계절의 변화가 생깁니다.

기본 문제로 익히기

정답과 해설 • 9쪽

핵심 체크

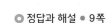

- 지구본의 자전축 ❶ □□□에 따른 태양의 남중 고도 변화

지구본의 자전축을 기울이지 않은 채 공전시킬 때	지구본의 자전축을 기울인 채 공전시킬 때
지구본의 위치가 달라져도 태양의 남중 고도가 달라지지 않습니다.	지구본의 위치에 따라 태양의 남중 고도가 달라집니다.

➜ 지구의 자전축이 일정한 방향으로 기울어진 채 태양 주위를 공전하기 때문에 지구의 위치에 따라 태양의 ❷ □□ □□가 달라집니다.

- 계절의 변화가 생기는 까닭

지구의 자전축이 일정한 방향으로 ❸ □□□□ 채 태양 주위를 공전합니다. ➜ 지구의 위치에 따라 태양의 남중 고도가 달라집니다. ➜ 지구의 위치에 따라 일정한 면적의 지표면이 받는 태양 에너지양이 달라집니다. ➜ 계절의 변화가 생깁니다.

여름	겨울
태양의 남중 고도가 높아 일정한 면적의 지표면에 도달하는 태양 에너지양이 많으므로 기온이 ❹ □습니다.	태양의 남중 고도가 낮아 일정한 면적의 지표면에 도달하는 태양 에너지양이 적으므로 기온이 ❺ □습니다.

Step 1

(   ) 안에 알맞은 말을 써넣어 설명을 완성하거나 설명이 옳으면 ○, 틀리면 ×에 ○표 해 봅시다.

1 지구본의 자전축을 기울이지 않은 채 전등 주위를 공전시키면 지구본의 위치에 따라 태양의 남중 고도가 달라집니다. (○ , ×)

2 지구의 자전축은 기울어져 있습니다. (○ , ×)

3 지구의 자전축이 일정한 방향으로 기울어진 채 태양 주위를 (   )하기 때문에 계절의 변화가 생깁니다.

4 여름에는 태양의 남중 고도가 (   )고, 겨울에는 태양의 남중 고도가 (   )습니다.

Step 2

[1~2] 오른쪽과 같이 태양 고도 측정기를 붙인 지구본의 자전축을 기울이지 않은 채 전등을 중심으로 지구본을 공전시켰습니다.

1 위 실험에 대한 설명으로 옳지 않은 것을 보기 에서 골라 기호를 써 봅시다.

보기
㉠ 지구본을 시계 방향으로 공전시킨다.
㉡ 지구본과 전등 사이의 거리는 같게 한다.
㉢ 태양 고도 측정기가 항상 전등을 바라보게 하고 지구본을 공전시킨다.

( )

2 다음은 위 실험 결과입니다. ( ) 안의 알맞은 말에 ○표를 해 봅시다.

지구본의 위치에 따라 태양의 남중 고도가 (달라진다 , 달라지지 않는다).

3 오른쪽과 같이 지구본의 자전축을 기울인 채 전등을 중심으로 공전시키면서 태양의 남중 고도를 측정하였습니다. 지구본이 어느 위치에 있을 때 태양의 남중 고도가 가장 높습니까? ( )

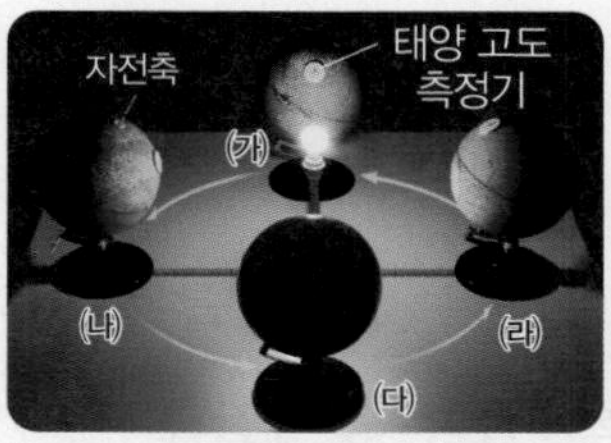

① (가)
② (나)
③ (다)
④ (라)
⑤ 태양의 남중 고도는 항상 같다.

4 앞의 1~3번 실험 결과로 보아, 태양의 남중 고도에 영향을 주는 것은 어느 것입니까? ( )

① 전등의 밝기
② 지구본의 크기
③ 지구본의 종류
④ 지구본의 자전축 기울기
⑤ 지구본과 전등 사이의 거리

5 계절의 변화가 생기는 까닭을 옳게 말한 친구의 이름을 써 봅시다.

- 연우: 지구의 자전축이 기울어진 채 자전하기 때문이야.
- 소은: 지구의 자전축이 일정한 방향으로 기울어진 채 태양 주위를 공전하기 때문이야.
- 서진: 지구의 자전축이 기울어지지 않은 채 태양 주위를 공전하기 때문이야.

( )

6 다음 ㉠과 ㉡ 중 우리나라가 겨울일 때 지구의 위치를 골라 기호를 써 봅시다.

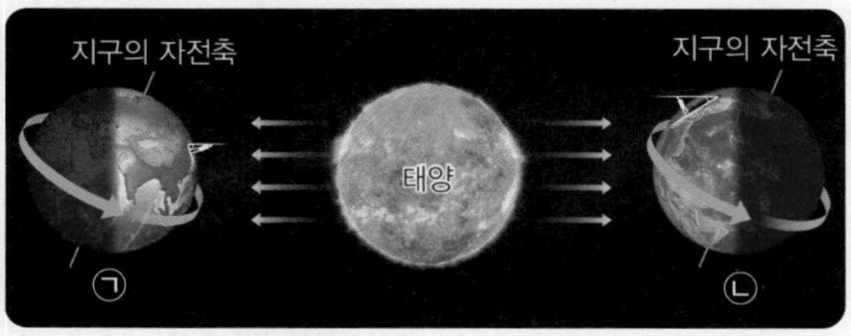

( )

2 단원

[1~3] 다음은 태양의 남중 고도에 따라 기온이 달라지는 까닭을 알아보는 실험입니다.

태양 전지판과 소리 발생기를 연결한 뒤, 전등과 태양 전지판이 이루는 각을 다르게 하면서 소리 발생기에서 나는 소리의 크기를 비교합니다.

㉠
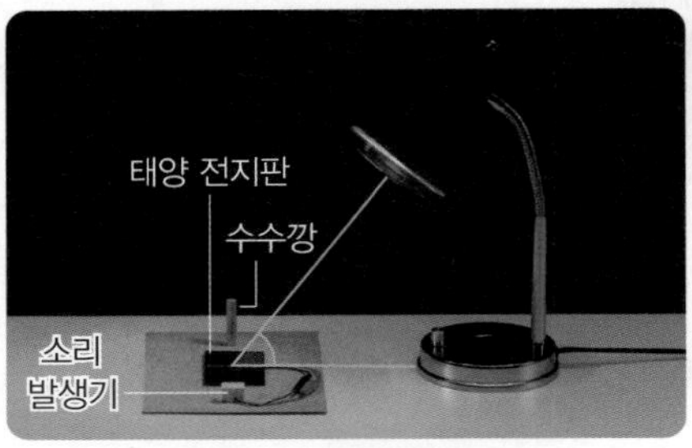

▲ 전등과 태양 전지판이 이루는 각이 클 때

㉡
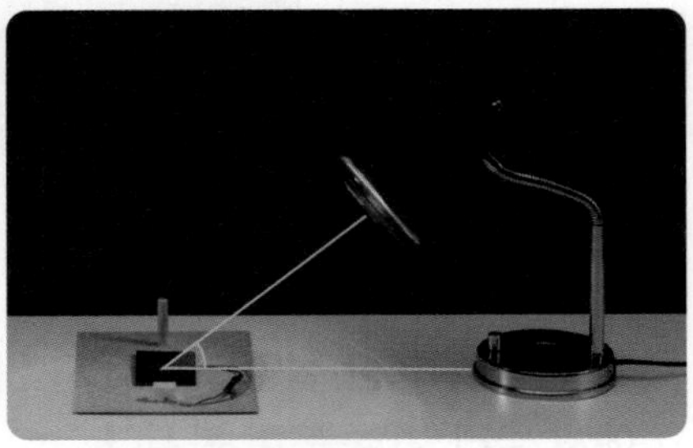
▲ 전등과 태양 전지판이 이루는 각이 작을 때

③ 태양의 남중 고도에 따라 기온이 달라지는 까닭

1 위 실험에 대한 설명으로 옳지 않은 것은 어느 것입니까? (　　　)

① 전등은 태양을 나타낸다.
② 태양 전지판은 지표면을 나타낸다.
③ 전등과 태양 전지판 사이의 거리는 같게 한다.
④ ㉠보다 ㉡에서 더 작은 소리가 난다.
⑤ ㉠과 ㉡의 태양 전지판에 도달하는 에너지양은 같다.

2 위 ㉠과 ㉡ 중 겨울에 해당하는 경우를 골라 기호를 써 봅시다.

(　　　　　　　　)

3 위 실험을 통해 알 수 있는 점으로 옳은 것은 어느 것입니까? (　　　)

① 태양의 남중 고도가 높을수록 기온은 낮아진다.
② 태양의 남중 고도와 관계없이 기온은 일정하다.
③ 계절에 따라 태양의 크기가 달라지기 때문에 기온이 변한다.
④ 계절에 따라 지구와 태양 사이의 거리가 달라지기 때문에 기온이 변한다.
⑤ 태양의 남중 고도가 높아지면 일정한 면적의 지표면에 도달하는 태양 에너지양이 많아진다.

4 오른쪽은 서로 다른 계절에 태양의 남중 고도를 나타낸 것입니다. 계절이 ㉠에서 ㉡으로 변할 때에 대해 옳게 말한 친구의 이름을 써 봅시다.

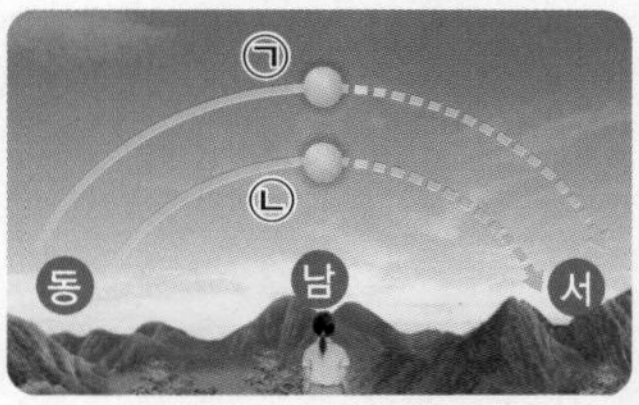

- 채윤: 기온이 높아져.
- 준영: 낮의 길이가 짧아져.
- 연진: 일정한 면적의 지표면에 도달하는 태양 에너지양은 변하지 않아.

(　　　　　　　　　　)

[5~6] 다음은 지구본에 태양 고도 측정기를 붙인 뒤, 지구본의 자전축을 기울이지 않은 경우와 기울인 경우 지구본을 공전시키며 태양의 남중 고도를 측정하는 실험입니다.

㉠
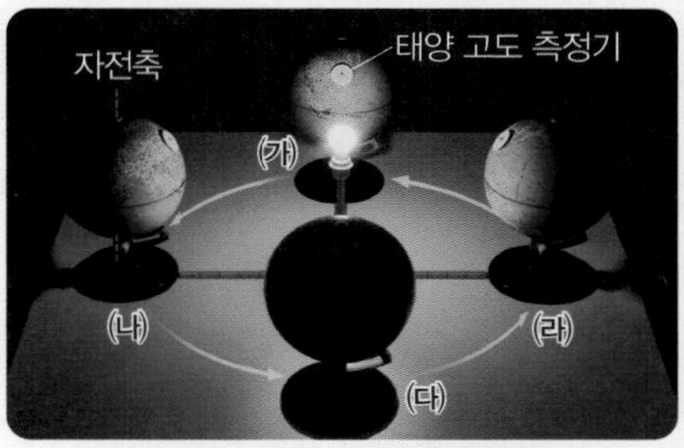

▲ 지구본의 자전축을 기울이지 않은 경우

㉡
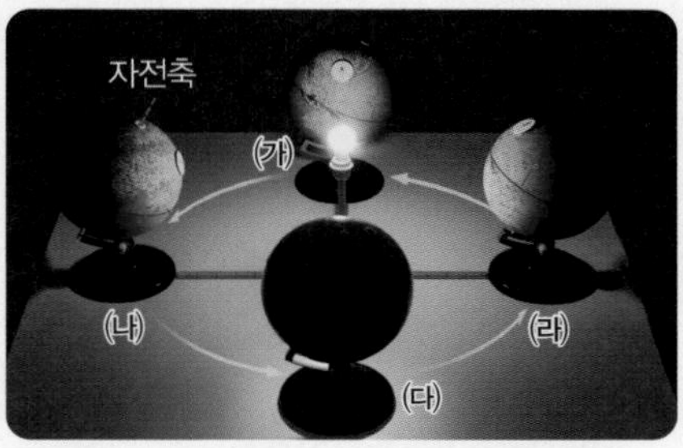

▲ 지구본의 자전축을 기울인 경우

④ 계절의 변화가 생기는 까닭

5 위 실험에서 다르게 한 조건은 어느 것입니까? (　　　)

① 지구본의 크기
② 지구본의 자전축 기울기
③ 지구본을 공전시키는 방향
④ 전등과 지구본 사이의 거리
⑤ 태양 고도 측정기를 붙인 위치

6 위 실험 ㉠과 ㉡에서 각각 지구본을 (가)에서 (나) 위치로 공전시킬 때 태양의 남중 고도의 변화를 옳게 짝 지은 것은 어느 것입니까? (　　　)

	①	②	③	④	⑤
㉠	낮아진다.	낮아진다.	높아진다.	변화 없다.	변화 없다.
㉡	낮아진다.	높아진다.	낮아진다.	높아진다.	낮아진다.

7 지구의 자전축이 수직인 채 태양 주위를 공전한다면 우리나라에서 나타날 수 있는 현상을 보기 에서 모두 골라 기호를 써 봅시다.

보기
㉠ 계절의 변화가 생긴다.
㉡ 낮의 길이가 항상 같다.
㉢ 태양의 남중 고도가 일정하다.
㉣ 지구의 위치에 따라 기온이 달라진다.

( )

[8~9] 다음은 지구가 태양 주위를 공전하는 모습입니다.

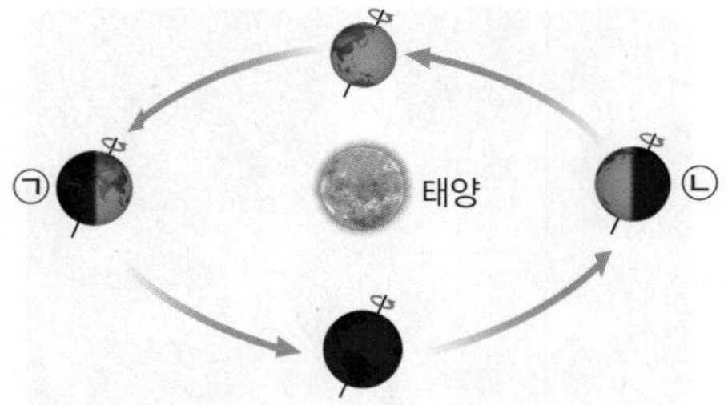

8 지구가 ㉠에 위치할 때 우리나라에서 나타나는 현상으로 옳은 것은 어느 것입니까? ( )

① 가을이다.
② 기온이 가장 높다.
③ 태양의 남중 고도가 가장 낮다.
④ 낮의 길이가 밤의 길이보다 짧다.
⑤ 일정한 면적의 지표면에 도달하는 태양 에너지양이 가장 적다.

9 지구가 ㉡에 위치할 때 북반구에 위치한 우리나라와 남반구에서의 계절을 각각 써 봅시다.

(1) 우리나라에서의 계절: ( )
(2) 남반구에서의 계절: ( )

탐구 서술형 문제

서술형 길잡이

❶ 오른쪽 실험에서 전등과 태양 전지판이 이루는 각은 태양의 □□ □□에 해당합니다.

❷ 일정한 면적의 지표면에 도달하는 태양 에너지양이 □을수록 기온이 높아집니다.

10 오른쪽과 같이 장치하고 전등과 태양 전지판이 이루는 각을 다르게 하였더니, 전등과 태양 전지판이 이루는 각이 클수록 소리 발생기에서 소리가 크게 났습니다. 이 실험으로 알 수 있는 태양의 남중 고도와 일정한 면적의 지표면이 받는 태양 에너지양의 관계를 써 봅시다.

___

___

❶ 지구본의 자전축을 기울이지 않은 채 전등을 중심으로 지구본을 공전시키면 지구본의 위치에 따라 태양의 남중 고도는 □□합니다.

❷ 지구의 자전축이 일정한 방향으로 기울어진 채 태양 주위를 공전하기 때문에 지구의 위치에 따라 태양의 □□ □□가 달라져 계절의 변화가 생깁니다.

11 오른쪽과 같이 지구본의 자전축을 기울인 채 전등을 중심으로 지구본을 공전시키면서 태양의 남중 고도를 측정하였습니다.

(1) 실험 결과 지구본의 위치에 따라 태양의 남중 고도는 어떻게 되는지 써 봅시다.

( )

(2) 위 실험을 통해 알 수 있는 계절의 변화가 생기는 까닭을 써 봅시다.

___

___

❶ 여름에 태양의 남중 고도가 □고, 겨울에 태양의 남중 고도가 □습니다.

❷ 태양의 남중 고도가 높은 계절에 기온이 □습니다.

12 다음과 같이 지구가 ㉠과 ㉡에 위치할 때 우리나라에서 태양의 남중 고도와 기온을 비교하여 써 봅시다.

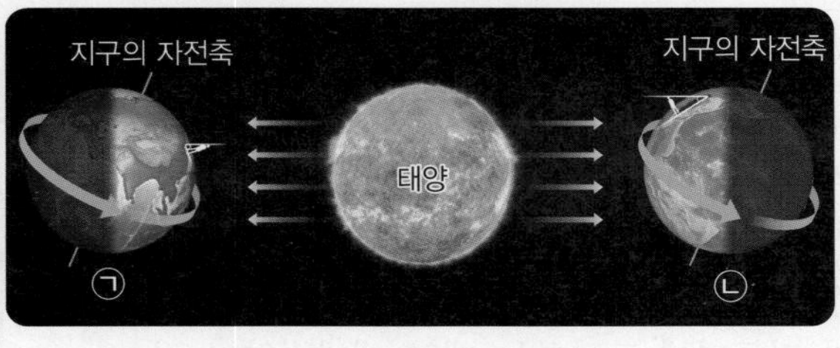

___

___

단원 정리하기

정답과 해설 ● 10쪽

1 하루 동안 태양 고도, 그림자 길이, 기온의 관계

- **태양 고도**: 태양이 지표면과 이루는 각
- **태양의 남중 고도**: 태양이 정남쪽에 위치(남중)했을 때 태양의 고도

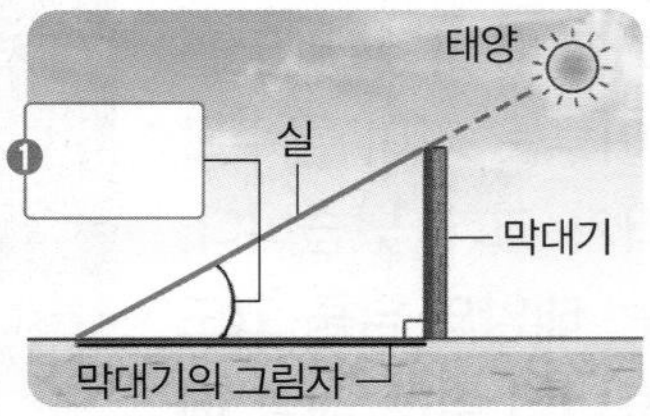

- **하루 동안 태양 고도, 그림자 길이, 기온의 관계**

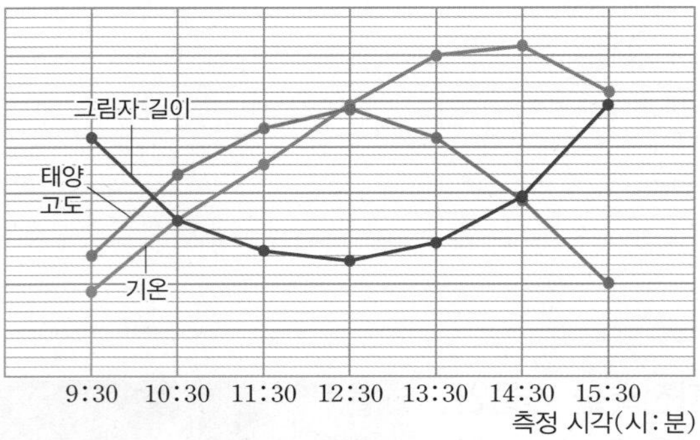

태양 고도가 높아지면 그림자 길이는 ❷ (　　) 지고 기온은 ❸ (　　) 집니다.

2 계절별 태양의 남중 고도, 낮의 길이, 기온 변화

- **월별 태양의 남중 고도와 낮의 길이, 기온의 관계**

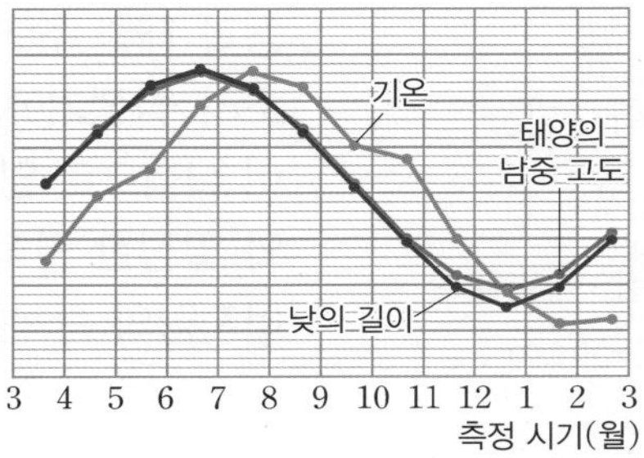

태양의 남중 고도가 높아지면 낮의 길이는 길어지고 기온은 대체로 높아집니다.

- **여름과 겨울에 태양의 남중 고도, 낮의 길이, 기온 변화**

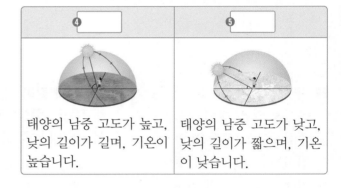

❹ (　　)	❺ (　　)
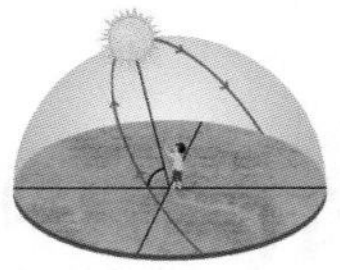	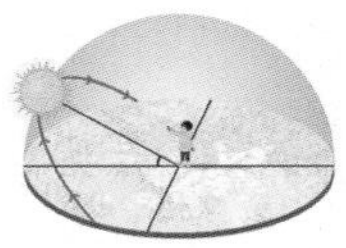
태양의 남중 고도가 높고, 낮의 길이가 길며, 기온이 높습니다.	태양의 남중 고도가 낮고, 낮의 길이가 짧으며, 기온이 낮습니다.

3 태양의 남중 고도에 따라 기온이 달라지는 까닭

- **전등과 태양 전지판이 이루는 각을 다르게 하여 소리 발생기에서 나는 소리의 크기 비교하기**

전등과 태양 전지판이 이루는 각이 ❻ (　　) 때	전등과 태양 전지판이 이루는 각이 ❼ (　　) 때
태양 전지판이 받는 에너지양이 많아 소리가 크게 납니다.	태양 전지판이 받는 에너지양이 적어 소리가 작게 납니다.

- **계절에 따라 기온이 달라지는 까닭**: 계절에 따라 태양의 ❽ (　　) 가 달라져 일정한 면적의 지표면에 도달하는 태양 에너지양이 달라지기 때문입니다.

여름	태양의 남중 고도가 높으므로 일정한 면적의 지표면에 도달하는 태양 에너지양이 많아 기온이 높습니다.
겨울	태양의 남중 고도가 낮으므로 일정한 면적의 지표면에 도달하는 태양 에너지양이 적어 기온이 낮습니다.

4 계절의 변화가 생기는 까닭

- **지구본의 자전축 기울기에 따른 태양의 남중 고도 변화**

자전축이 ❾ (　　) 경우	자전축이 ❿ (　　) 경우
지구본의 위치에 따라 태양의 남중 고도가 달라지지 않습니다.	지구본의 위치에 따라 태양의 남중 고도가 달라집니다.

- **계절의 변화가 생기는 까닭**: 지구의 자전축이 일정한 방향으로 기울어진 채 태양 주위를 공전하기 때문입니다.
➜ 지구의 위치에 따라 태양의 남중 고도가 달라지므로 계절의 변화가 생깁니다.

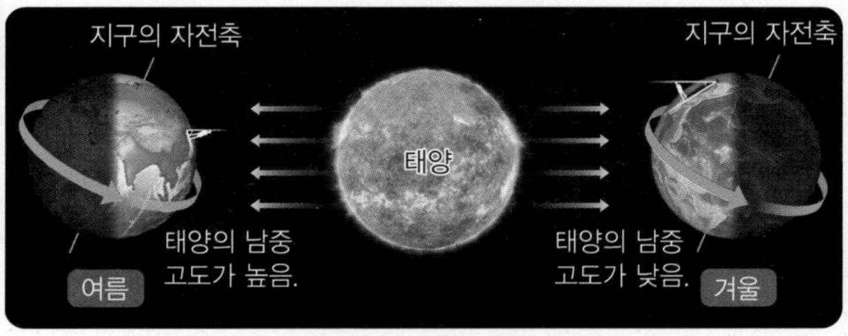

▲ 지구의 위치에 따라 우리나라의 계절이 변하는 까닭

단원 마무리 문제

(맞은 개수 개)

◎ 정답과 해설 ● 10쪽

1 다음 ㉠과 ㉡ 중 태양 고도가 더 높은 경우를 골라 기호를 써 봅시다.

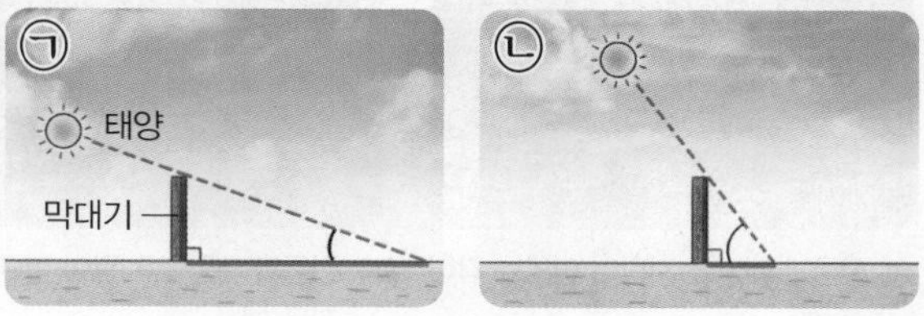

( )

2 하루 동안 태양 고도, 그림자 길이, 기온을 측정하는 방법으로 옳은 것을 보기 에서 골라 기호를 써 봅시다.

보기
㉠ 기온은 햇빛이 비치는 곳에 온도계를 놓고 측정한다.
㉡ 편평한 곳에 태양 고도 측정기를 놓고 태양 고도를 측정한다.
㉢ 태양 고도, 그림자 길이, 기온은 서로 다른 시각에 각각 측정한다.

( )

중요

3 다음의 ㉠과 같이 하루 중 태양이 정남쪽에 위치할 때에 대한 설명으로 옳지 않은 것은 어느 것입니까? ( )

① 태양이 남중했다고 한다.
② 하루 중 태양 고도가 가장 낮다.
③ 하루 중 그림자 길이가 가장 짧다.
④ 우리나라에서는 낮 12시 30분경이다.
⑤ 이때의 고도를 태양의 남중 고도라고 한다.

4 오전 10시 30분에 태양 고도와 그림자 길이를 측정하고 한 시간 뒤 다시 측정하면, 태양 고도와 그림자 길이는 어떻게 변하는지 써 봅시다.

(1) 태양 고도: ( )
(2) 그림자 길이: ( )

[5~6] 다음은 하루 동안 태양 고도, 그림자 길이, 기온의 변화를 나타낸 그래프입니다.

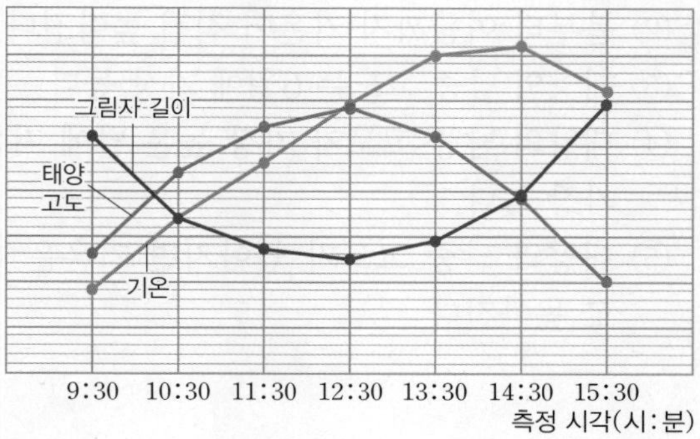

5 위 그래프를 보고 하루 중 기온이 가장 높은 때는 언제인지 써 봅시다.

( )

중요 서술형

6 태양 고도가 높아지면 그림자 길이와 기온은 어떻게 변하는지 써 봅시다.

7 다음 ( ) 안에 들어갈 알맞은 말을 각각 써 봅시다.

낮의 길이가 가장 긴 계절은 (㉠)이고, 가장 짧은 계절은 (㉡)이다.

㉠: ( ) ㉡: ( )

중요

8 다음은 월별 태양의 남중 고도와 기온을 나타낸 그래프입니다. 이에 대한 설명으로 옳지 않은 것은 어느 것입니까? (　　　)

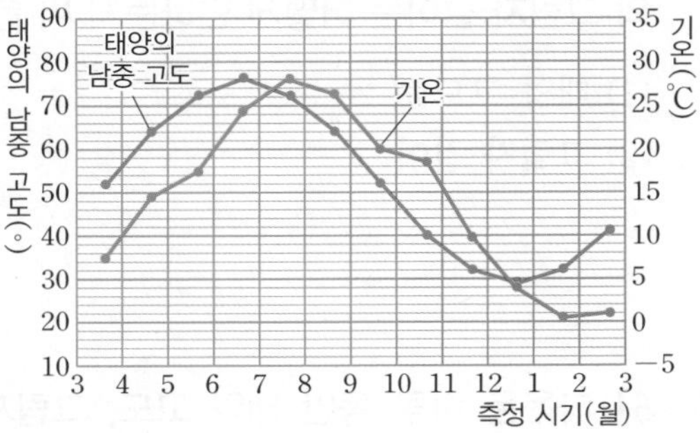

① 기온은 여름에 가장 높다.
② 봄부터 여름까지 기온이 점점 높아진다.
③ 태양의 남중 고도는 6월에 가장 높다.
④ 태양의 남중 고도가 가장 높은 달에 기온이 가장 높다.
⑤ 태양의 남중 고도가 높아지면 기온은 대체로 높아진다.

[9~10] 다음은 계절별 하루 동안 태양의 위치 변화를 나타낸 것입니다.

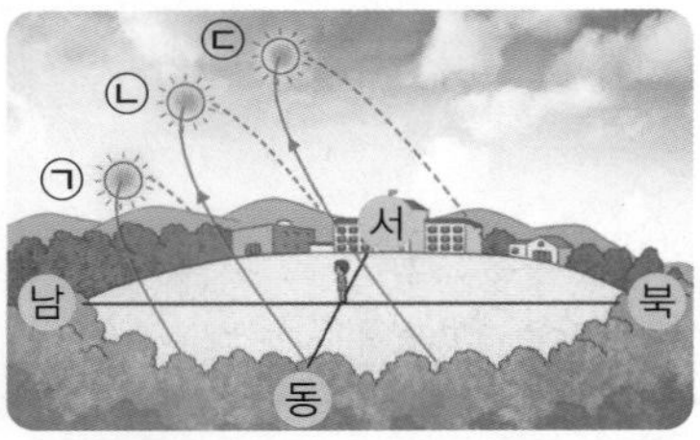

9 위 ㉠~㉢ 중 여름에 태양의 위치 변화를 나타낸 것을 골라 기호를 써 봅시다.

(　　　　　　　　　)

10 위 ㉠에 해당하는 계절에 대한 설명으로 옳은 것은 어느 것입니까? (　　　)

① 봄이다.
② 기온이 가장 낮다.
③ 낮의 길이가 가장 길다.
④ 밤의 길이가 가장 짧다.
⑤ 태양의 남중 고도가 가장 높다.

[11~12] 다음은 태양의 남중 고도에 따른 태양 에너지양을 비교하는 실험입니다.

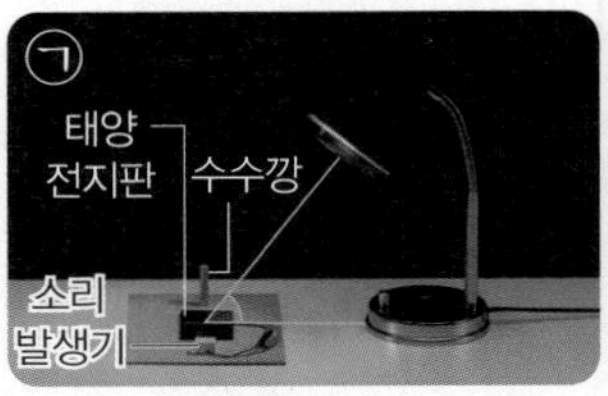

▲ 전등과 태양 전지판이 이루는 각이 클 때

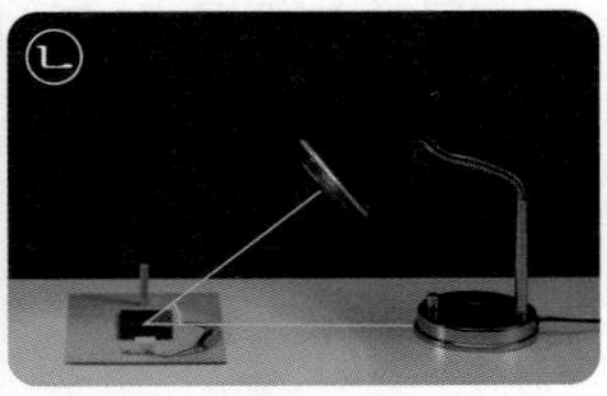

▲ 전등과 태양 전지판이 이루는 각이 작을 때

11 위 실험에서 전등과 태양 전지판이 이루는 각은 실제 자연에서 무엇을 나타내는지 써 봅시다.

(　　　　　　　　　)

서술형

12 위 실험 결과 ㉠과 ㉡의 경우 소리 발생기에서 나는 소리의 크기를 비교하여 써 봅시다.

중요

13 계절에 따라 기온이 달라지는 것과 가장 관계 깊은 것은 어느 것입니까? (　　　)

① 그림자 길이
② 지구의 크기
③ 태양의 크기
④ 태양의 남중 고도
⑤ 태양과 지구 사이의 거리

[14~15] 다음은 여름과 겨울에 태양이 남중했을 때 햇빛이 지표면에 도달하는 모습을 순서에 관계없이 나타낸 것입니다.

㉠ ㉡

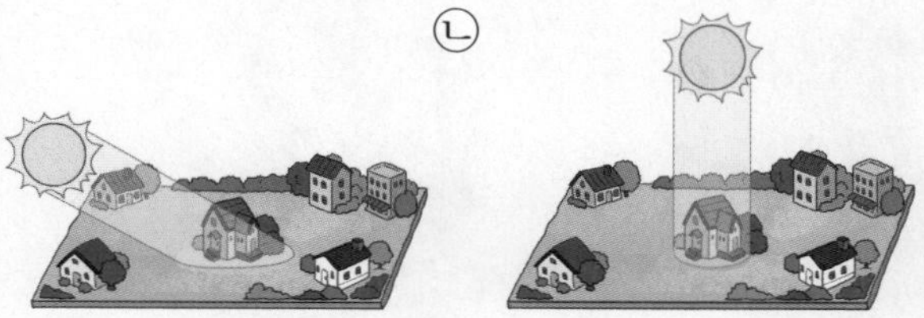

14 위 ㉠과 ㉡의 계절을 각각 써 봅시다.

㉠: ( ) ㉡: ( )

서술형

15 위 ㉠과 ㉡ 중 기온이 더 높은 것의 기호와 그 까닭을 지표면에 도달하는 태양 에너지양과 관련지어 써 봅시다.

[16~17] 다음과 같이 지구본의 자전축 기울기를 다르게 하여 지구본을 공전시키면서 태양의 남중 고도를 측정하였습니다.

㉠

▲ 지구본의 자전축을 기울이지 않은 경우

㉡

▲ 지구본의 자전축을 기울인 경우

중요

16 위 ㉠과 ㉡ 중 지구본의 위치에 따라 태양의 남중 고도가 달라지는 경우를 골라 기호를 써 봅시다.

( )

17 앞의 실험 결과를 통해 ㉠과 ㉡ 중 계절의 변화가 생기는 경우를 골라 기호를 써 봅시다.

( )

중요

18 지구의 자전축이 기울어진 채 태양 주위를 공전하기 때문에 나타나는 현상으로 옳은 것은 어느 것입니까? ( )

① 낮과 밤이 생긴다.
② 기온이 항상 일정하다.
③ 계절이 변하지 않는다.
④ 낮과 밤의 길이가 달라진다.
⑤ 태양의 남중 고도가 변하지 않는다.

19 다음 ㉠과 ㉡ 중 우리나라에서 태양의 남중 고도가 높을 때 지구의 위치를 골라 기호를 써 봅시다.

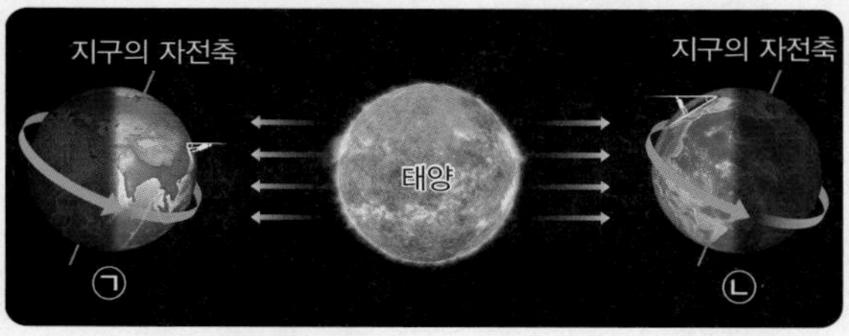

( )

20 다음 ㉠~㉣ 중 우리나라가 여름일 때 지구의 위치를 골라 기호를 써 봅시다.

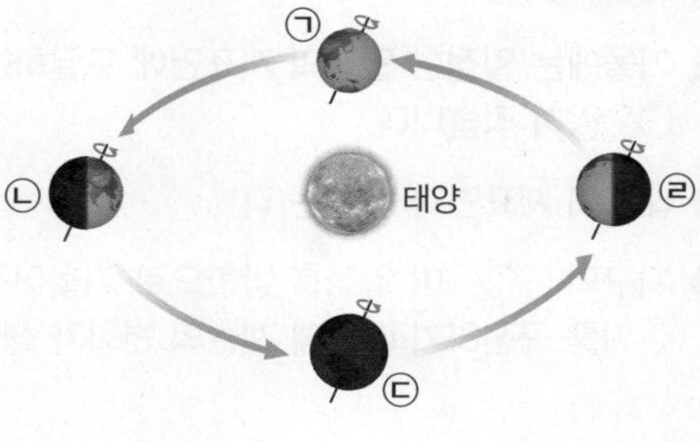

( )

2 단원

가로 세로 용어 퀴즈

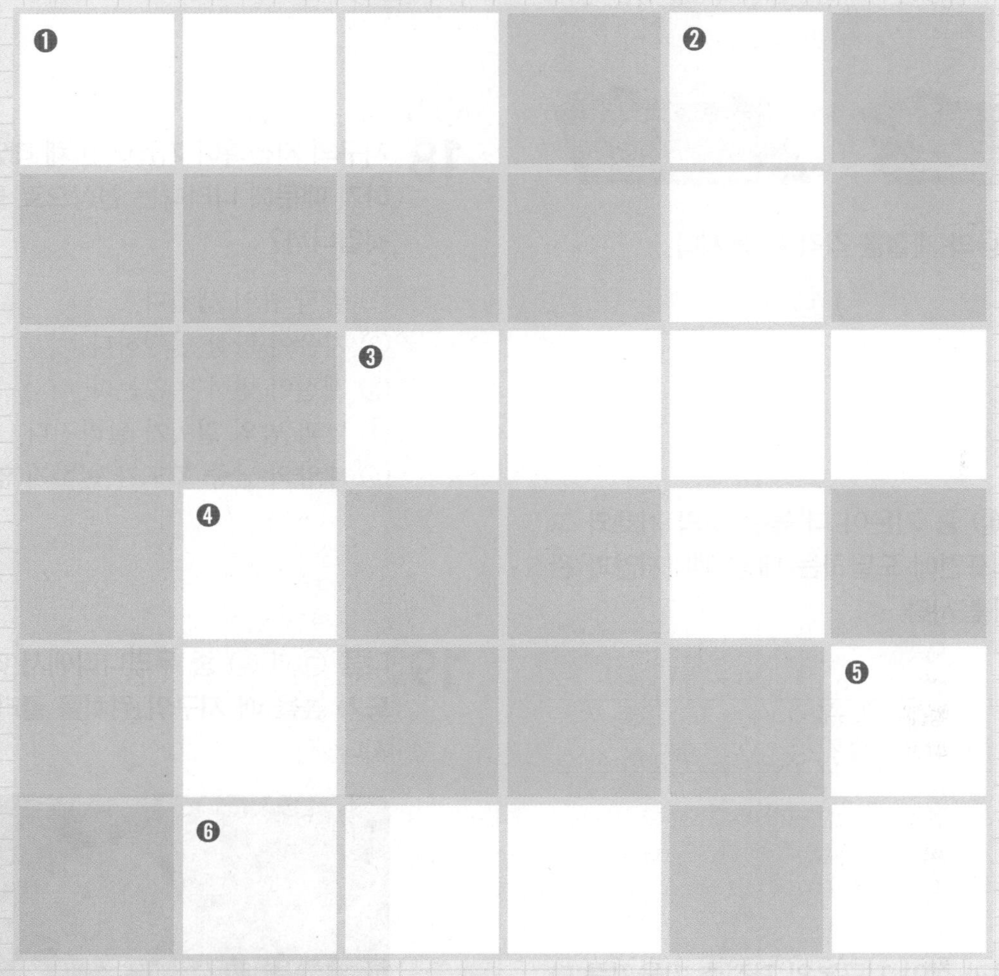

정답과 해설 • 11쪽

가로 퀴즈

❶ 겨울에는 일정한 면적의 지표면에 도달하는 태양 ○○○양이 적습니다.

❸ 태양이 지표면과 이루는 각

❻ 지구의 ○○○이 일정한 방향으로 기울어진 채 태양 주위를 공전하기 때문에 계절의 변화가 생깁니다.

세로 퀴즈

❷ 태양의 ○○ ○○는 하루 중 태양이 정남쪽에 위치했을 때 태양의 고도입니다.

❹ 하루 동안 ○○○의 길이는 오전에 점점 짧아지다가 낮 12시 30분경에 가장 짧고, 이후에는 점점 길어집니다.

❺ ○○은 낮의 길이가 가장 길고 기온이 가장 높은 계절입니다.

3

연소와 소화

1 물질이 탈 때 나타나는 현상

탐구로 시작하기

○ 물질이 탈 때 나타나는 현상 관찰하기

탐구 과정

❶ 초에 불을 붙인 뒤 초가 탈 때 나타나는 현상을 관찰합니다. → 불꽃의 모양, 밝기, 따뜻한 정도 등을 관찰합니다.

❷ 알코올램프에 불을 붙인 뒤 알코올이 탈 때 나타나는 현상을 관찰합니다.

❸ 초와 알코올이 탈 때 나타나는 현상을 관찰한 결과를 그림과 글로 나타내 봅니다.

주변을 어둡게 하면 초와 알코올이 타는 모습을 더 잘 관찰할 수 있어요.

▲ 초가 타는 모습

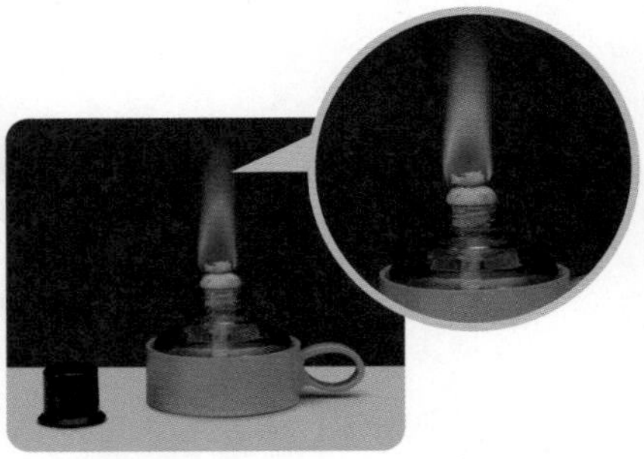
▲ 알코올이 타는 모습

➕ 또 다른 방법!

적외선 온도계를 이용하여 초와 알코올이 타기 전과 탈 때 주변의 같은 지점의 온도를 측정하여 온도 변화를 확인할 수도 있습니다.

➔ 초와 알코올이 탈 때 주변의 온도가 높아집니다. 이 결과를 통해 초와 알코올이 탈 때 열이 발생한다는 것을 알 수 있습니다.

탐구 결과

① 초가 타는 모습 관찰 결과

초가 타는 모습

- 불꽃 주변이 밝습니다.
- 손을 가까이 하면 따뜻합니다.
- 불꽃 모양이 길쭉합니다.
- ❶심지 주변의 초가 녹습니다.
- 촛농이 흘러내리기도 합니다.

② 알코올이 타는 모습 관찰 결과

알코올이 타는 모습

- 불꽃 주변이 밝습니다.
- 손을 가까이 하면 따뜻합니다.
- 불꽃이 크고, 모양이 길쭉합니다.

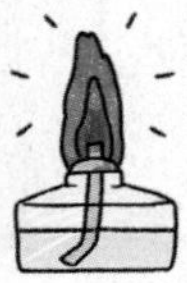

③ 초와 알코올이 탈 때 나타나는 공통적인 현상

- 불꽃 주변이 밝습니다.
- 불꽃에 손을 가까이 하면 따뜻합니다.

용어 돋보기

❶ 심지
초에 불을 붙이기 위해 꼬아서 꽂은 실이나 헝겊

개념 이해하기

1. 초와 알코올이 탈 때 나타나는 현상

구분	초가 탈 때 개념1	알코올이 탈 때
불꽃의 모양, 밝기, 색깔	 • 불꽃 모양이 위아래로 길쭉합니다. • 불꽃의 위치에 따라 밝기가 다릅니다. • 불꽃의 색깔은 노란색, 붉은색 등 다양합니다.	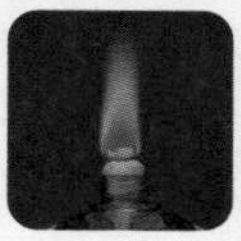 • 불꽃 모양이 위아래로 길쭉합니다. • 불꽃의 위치에 따라 밝기가 다릅니다. • 불꽃의 색깔은 푸른색, 붉은색 등 다양합니다.
불꽃 주변의 밝기	불꽃 주변이 밝습니다.	불꽃 주변이 밝습니다.
손을 가까이 했을 때 느낌	손이 따뜻해집니다. 개념2	손이 따뜻해집니다.
시간에 따라 변하는 모습	• 초가 녹아 촛농이 흘러내립니다. • 흘러내린 촛농이 굳어 고체가 됩니다. • 초의 길이가 짧아집니다.	알코올의 양이 줄어듭니다.
그 밖에 관찰한 것	• 심지 주변의 초가 녹아 심지 주변이 움푹 팹니다. • 불꽃이 바람에 흔들립니다. • 불꽃 끝부분에서 흰 연기가 납니다.	불꽃이 바람에 흔들립니다.

2. 물질이 탈 때 나타나는 공통적인 현상

① 물질이 탈 때 빛과 열이 발생합니다. → 주변의 온도가 높아집니다.
② 불꽃 주변이 밝고 따뜻해집니다. → 빛과 열이 발생하기 때문입니다.
③ 물질의 양이 변합니다. → 초가 탈 때 초의 길이가 짧아지고, 알코올이 탈 때 알코올의 양이 줄어듭니다.

3. 물질이 탈 때 발생하는 빛과 열을 이용하는 예 개념3

빛을 이용하는 예	 생일 케이크에 초를 꽂고 불을 붙입니다.	 캠핑장에서 장작불을 피워 주변을 밝게 합니다.	 어두운 밤 강물 위에 뜬 ❷유등이 밝게 빛납니다. → 유등 속에 촛불이 있기 때문입니다.
열을 이용하는 예	 가스를 태워 요리할 때 이용합니다.	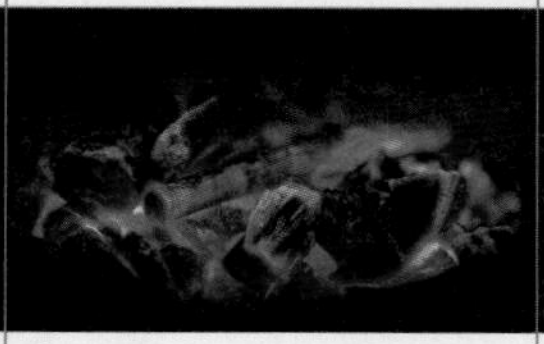 ❸숯불을 이용하여 고기를 굽습니다. → 숯이 탈 때는 불꽃이 생기지 않지만 빛과 열이 발생합니다.	 나무를 태워 생기는 열로 난방을 합니다.

개념1 기체 상태로 타는 초
심지 근처에서 불꽃에 의해 고체인 초가 녹아 액체가 됩니다. 액체가 된 초는 심지에서 뜨거운 불꽃에 의해 기체로 변하여 기체 상태로 탑니다.

개념2 불꽃에 손을 가까이 했을 때의 느낌
뜨거운 공기는 위로 이동하므로 불꽃의 윗부분이 아랫부분이나 옆 부분보다 더 뜨겁습니다. → 불꽃에 손을 너무 가까이 하거나 불꽃의 위쪽에서 관찰하지 않아야 합니다.

개념3 물질이 탈 때 발생하는 빛과 열을 이용하는 또 다른 예
• 정전일 때 촛불을 켜서 주변을 밝게 합니다. → 빛 이용
• 물질이 탈 때 발생하는 여러 가지 색깔의 빛으로 불꽃놀이를 합니다. → 빛 이용
• 석유를 태워 발생하는 열로 난방을 합니다. → 열 이용

용어 돋보기
❷ 유등
강물 위에 띄우는 등불
❸ 숯
나무를 가마에 넣어 구워 낸 검은 덩어리의 연료

핵심 개념 되짚어 보기

물질이 탈 때는 빛과 열이 발생하여 주변이 밝고 따뜻해집니다.

기본 문제로 익히기

정답과 해설 • 12쪽

핵심 체크

● 초와 알코올이 탈 때 나타나는 현상

초가 탈 때	알코올이 탈 때
• 불꽃 주변이 ❶ ☐ 습니다. • 손을 가까이 하면 따뜻합니다. • 불꽃 모양이 길쭉합니다. • 초의 길이가 짧아집니다.	• 불꽃 주변이 밝습니다. • 손을 가까이 하면 ❷ ☐☐ 합니다. • 불꽃이 크고, 모양이 길쭉합니다. • 알코올의 양이 줄어듭니다.

● 물질이 탈 때 나타나는 공통적인 현상

• 불꽃 주변이 밝습니다.
• 불꽃에 손을 가까이 하면 따뜻합니다.

➜ 물질이 탈 때 ❸ ☐ 과 열이 발생합니다.

● 물질이 탈 때 발생하는 빛과 열을 이용하는 예

❹ ☐ 을 이용하는 예	❺ ☐ 을 이용하는 예
• 생일 케이크에 초를 꽂고 불을 붙입니다. • 캠핑장에서 장작불을 피워 주변을 밝게 합니다.	• 가스를 태워 요리할 때 이용합니다. • 숯불을 이용하여 고기를 굽습니다.

Step 1

(　) 안에 알맞은 말을 써넣어 설명을 완성하거나 설명이 옳으면 ○, 틀리면 ×에 ○표 해 봅시다.

1 초의 불꽃 모양은 위아래로 길쭉합니다. (○ , ×)

2 물질이 탈 때 (　　　　)이/가 발생하기 때문에 불꽃 주변이 밝고, (　　　　)이/가 발생하기 때문에 불꽃에 손을 가까이 하면 따뜻합니다.

3 알코올램프에 불을 붙이고 시간이 지나도 알코올의 양은 변하지 않습니다. (○ , ×)

4 가스레인지의 가스를 태워 요리할 때 이용하는 것은 물질이 탈 때 발생하는 (　　　　) 을/를 이용하는 예입니다.

Step 2

[1~2] 오른쪽과 같이 초에 불을 붙인 뒤 초가 탈 때 나타나는 현상을 관찰하였습니다.

1 위 실험에서 알아보려는 것은 어느 것입니까? (　　　)

① 불을 끄는 방법
② 물질의 색깔 변화
③ 물질의 무게 변화
④ 물질이 탈 때 나타나는 현상
⑤ 물질에 불을 붙이는 데 걸리는 시간

2 위 초가 탈 때 나타나는 현상을 관찰한 내용으로 옳지 않은 것은 어느 것입니까? (　　　)

① 불꽃 주변이 밝다.
② 불꽃 모양이 길쭉하다.
③ 심지 주변의 초가 녹는다.
④ 촛농이 흘러내리기도 한다.
⑤ 손을 가까이 하면 차가운 느낌이 든다.

3 오른쪽과 같이 알코올램프에 불을 붙인 뒤 알코올이 탈 때 나타나는 현상을 관찰한 내용을 옳게 설명한 친구의 이름을 써 봅시다.

- 선아: 불꽃 주변이 어두워.
- 민수: 불꽃이 크고 모양이 길쭉해.
- 유라: 빛을 내지만 열을 내지는 않아.

(　　　　　　　)

4 다음은 초와 알코올램프에 불을 붙이기 전과 불을 끈 후 초의 길이와 알코올의 양의 변화에 대한 설명입니다. (　　) 안의 알맞은 말에 각각 ○표 해 봅시다.

- 초가 탈 때 초의 길이는 ㉠ (점점 길어진다 , 점점 짧아진다 , 변하지 않는다).
- 알코올램프에서 알코올이 탈 때 알코올의 양은 ㉡ (점점 늘어난다 , 점점 줄어든다 , 변하지 않는다).

5 초와 알코올이 탈 때 나타나는 공통적인 현상으로 옳지 않은 것을 보기 에서 골라 기호를 써 봅시다.

보기
㉠ 빛과 열을 내면서 탄다.
㉡ 불꽃 주변이 어두워진다.
㉢ 불꽃 주변이 따뜻해진다.

(　　　　　　　)

6 오른쪽과 같이 캠핑장에서 장작불을 피워 다음과 같이 이용할 때 관련된 것끼리 선으로 연결해 봅시다.

(1) 주변을 밝게 한다. • 　　　　• ㉠ 물질이 탈 때 발생하는 열을 이용한다.

(2) 냄비의 물을 끓인다. • 　　　　• ㉡ 물질이 탈 때 발생하는 빛을 이용한다.

2 물질이 탈 때 필요한 것(1)

실험 동영상

고체에서 열의 이동을 떠올려 보면, 철판을 가열할 때 열은 온도가 높은 철판에서 온도가 낮은 성냥의 머리 부분과 나무 부분으로 이동해요.

탐구로 시작하기

불을 직접 붙이지 않고 물질 태워 보기

탐구 과정

❶ [1]가열 장치 위에 철판을 놓고 성냥의 머리 부분을 올려놓습니다.

❷ 철판을 가열하면서 성냥의 머리 부분의 변화를 관찰합니다. → 철판을 가열하면 철판의 온도가 점점 높아집니다.

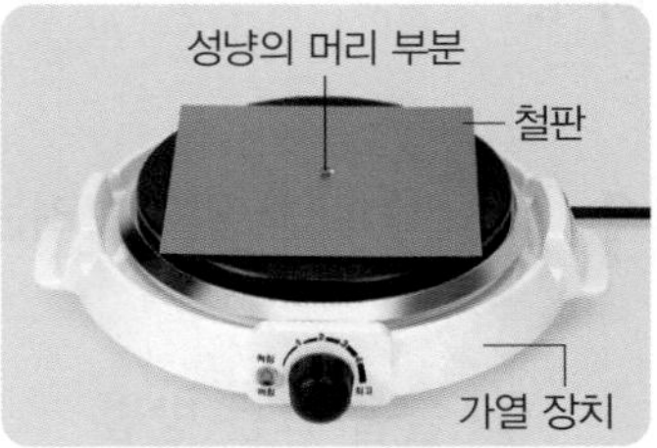

❸ 가열 장치 위에 철판을 놓고 성냥의 머리 부분과 나무 부분을 철판 가운데로부터 같은 거리에 올려놓습니다.

❹ 철판을 가열하면서 성냥의 머리 부분과 나무 부분의 변화를 관찰합니다.

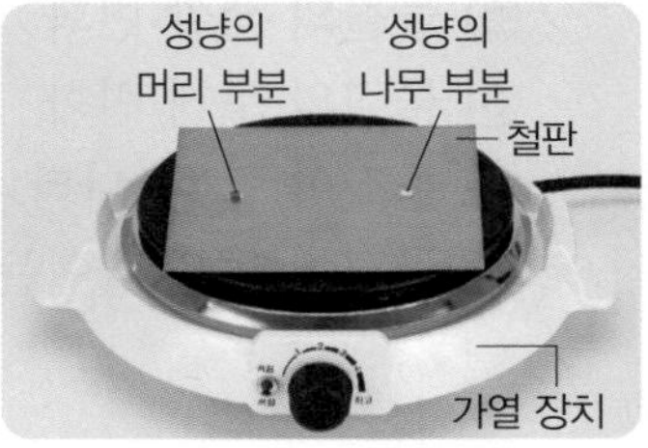

탐구 결과

① 성냥의 머리 부분을 올려놓은 철판을 가열하는 경우

➜
- 불꽃이 일어나 성냥의 머리 부분이 탑니다.
- 불을 직접 붙이지 않아도 성냥의 머리 부분이 타는 까닭: 철판이 뜨거워지면서 성냥의 머리 부분의 온도가 높아져 타기 시작하는 온도에 도달하기 때문입니다.
- 알 수 있는 사실: 물질에 직접 불을 붙이지 않아도 물질을 가열하여 온도를 높이면 물질이 탈 수 있습니다.

② 성냥의 머리 부분과 나무 부분을 올려놓은 철판을 가열하는 경우 (개념1)

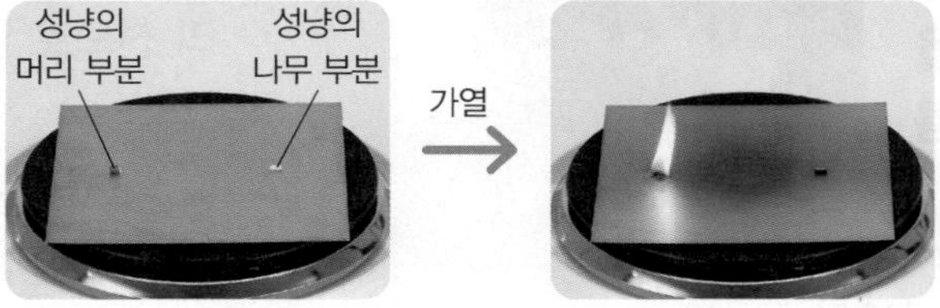

나무 부분은 오랜 시간 가열해야 불이 붙고, 색깔만 검게 변하기도 합니다.

➜
- 성냥의 머리 부분에 먼저 불이 붙고 나무 부분에 불이 붙습니다.
- 성냥의 머리 부분에 먼저 불이 붙는 까닭: 성냥의 머리 부분이 나무 부분보다 타기 시작하는 온도가 낮기 때문입니다.
- 알 수 있는 사실: 물질마다 타기 시작하는 온도가 다릅니다.

개념1 가열 장치로 성냥의 머리 부분과 향을 가열하는 경우

가열 장치 위에 철판을 놓고 성냥의 머리 부분과 향을 철판 가운데로부터 같은 거리에 올려놓은 뒤 철판을 가열하면 성냥의 머리 부분에 먼저 불이 붙습니다.

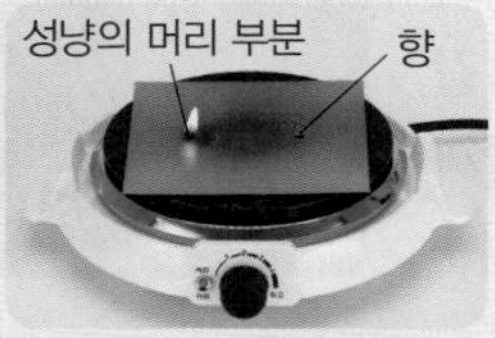

향은 오랫동안 가열해야 불이 붙거나 불이 붙는 것을 확인하지 못할 수도 있습니다.

용어 돋보기

❶ 가열(加 더하다, 熱 따뜻하다)
어떤 물질에 열을 가하는 것

개념 이해하기

1. 불을 직접 붙이지 않고 물질 태워 보기

① 물질에 직접 불을 붙이지 않아도 물질을 가열하여 온도를 높이면 물질이 탈 수 있습니다.

> 예 성냥의 머리 부분 태우기
> 성냥의 머리 부분을 철판에 올려놓고 철판을 가열하여 온도를 높이면 불을 직접 붙이지 않아도 성냥의 머리 부분이 탑니다.

② **물질이 타는 데 필요한 조건**: 물질이 타려면 물질의 온도가 일정 온도 이상이 되어야 합니다.

2. 발화점

① **발화점**: 물질이 불에 직접 닿지 않아도 타기 시작하는 온도 (개념 2)

② **발화점의 특징**

- 물질이 타려면 물질의 온도가 발화점 이상이 되어야 합니다.
- 물질에 따라 발화점이 다릅니다. ➜ 물질마다 불이 붙는 데 걸리는 시간이 다릅니다.
- 발화점이 낮은 물질은 쉽게 불이 붙고, 발화점이 높은 물질은 쉽게 불이 붙지 않습니다. → 발화점이 낮은 물질일수록 낮은 온도에서 불이 붙기 때문입니다.

> 예 성냥의 머리 부분과 나무 부분 태우기
> 성냥의 머리 부분과 나무 부분을 철판에 올려놓고 철판을 가열하면 성냥의 머리 부분에 먼저 불이 붙습니다. → 성냥의 머리 부분의 온도가 나무 부분의 온도보다 먼저 발화점 이상이 됩니다.
> ➜ 성냥의 머리 부분이 나무 부분보다 발화점이 낮아 쉽게 불이 붙습니다. (개념 3)

3. 불을 직접 붙이지 않고 물질을 태우는 예

성냥

성냥의 머리 부분과 성냥갑을 ❷마찰하면 온도가 발화점 이상으로 높아져 불이 붙습니다.

볼록 렌즈

볼록 렌즈로 종이에 햇빛을 모으면 햇빛이 모이는 지점의 온도가 높아져 종이가 탑니다.

부싯돌 (불을 일으키는 데 사용되는 돌)

부싯돌에 쇳조각을 마찰하면 불꽃이 생기며, 이 불꽃으로 나뭇가지나 종이 등을 태웁니다.

➜ 불을 직접 붙이지 않아도 물질의 온도가 발화점 이상으로 높아지면 물질이 탈 수 있습니다.

3 단원

개념 2 물이 들어 있는 우유갑 가열하여 물 끓이기
우유갑에 들어 있는 물이 가열에 의해 모두 증발할 때까지 우유갑의 온도가 발화점에 도달하지 않으므로 우유갑이 타지 않고 물이 끓습니다.

이와 같은 까닭으로 조리용 종이 그릇에 라면을 끓여도 종이 그릇은 불이 붙지 않고 라면을 끓일 수 있습니다.

개념 3 성냥의 머리 부분이 나무 부분보다 쉽게 불이 붙는 까닭

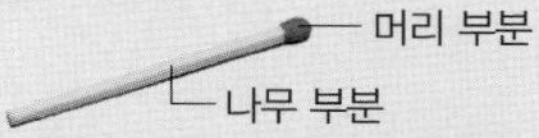

성냥의 머리 부분에는 발화점이 낮은 물질이 발라져 있어 작은 마찰에도 쉽게 불이 붙을 수 있기 때문입니다. 성냥의 나무 부분은 발화점이 높아 불이 붙는 데 시간이 훨씬 더 오래 걸립니다.

용어 돋보기

❷ 마찰(摩 문지르다, 擦 비비다)
두 물체를 서로 닿게 하여 비비는 것

핵심 개념 되짚어 보기

물질에 불을 직접 붙이지 않아도 물질의 온도가 발화점 이상으로 높아지면 물질이 탈 수 있으며, 물질에 따라 발화점이 다릅니다.

기본 문제로 익히기

◎ 정답과 해설 ● 12쪽

핵심 체크

● **불을 직접 붙이지 않고 물질 태워 보기**

성냥의 머리 부분을 철판에 올려놓고 가열하기	성냥의 머리 부분과 나무 부분을 철판에 올려놓고 가열하기
	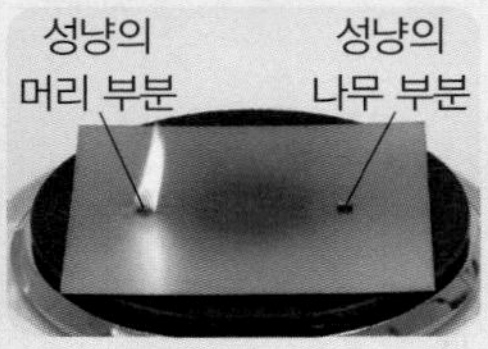
성냥의 머리 부분에 불이 붙습니다.	성냥의 ❶ □□ 부분에 먼저 불이 붙습니다.

➜ • 물질에 직접 불을 붙이지 않아도 물질을 가열하여 ❷ □□를 높이면 물질이 탈 수 있습니다.
• 물질마다 타기 시작하는 온도가 ❸ □□니다.

● ❹ □□□: 물질이 불에 직접 닿지 않아도 타기 시작하는 온도
• 물질이 타려면 물질의 온도가 발화점 이상이 되어야 합니다.
• 물질에 따라 발화점이 다릅니다.
• 발화점이 ❺ □을수록 쉽게 불이 붙습니다.

● **불을 직접 붙이지 않고 물질을 태우는 예:** 성냥, 볼록 렌즈, 부싯돌

➜ **물질이 타는 데 필요한 조건:** 불을 직접 붙이지 않아도 물질의 온도가 ❻ □□□ 이상으로 높아지면 물질이 탈 수 있습니다.

Step 1

(　　) 안에 알맞은 말을 써넣어 설명을 완성하거나 설명이 옳으면 ○, 틀리면 ×에 ○표 해 봅시다.

1 가열 장치 위에 철판을 놓고 성냥의 머리 부분을 올려놓은 뒤 철판을 가열하면 철판이 점점 뜨거워지면서 성냥의 머리 부분에 불이 붙습니다. (○ , ×)

2 가열 장치 위에 철판을 놓은 뒤 철판의 가운데로부터 같은 거리에 놓고 가열했을 때 성냥의 나무 부분은 머리 부분보다 쉽게 불이 붙습니다. (○ , ×)

3 물질이 불에 직접 닿지 않아도 타기 시작하는 온도를 (　　　　　　)(이)라고 합니다.

4 성냥의 머리 부분과 성냥갑을 마찰하면 온도가 (　　　　　　) 이상으로 높아져 불이 붙습니다.

5 볼록 렌즈로 햇빛을 모으면 직접 불을 붙이지 않고도 물질을 태울 수 있습니다. (○ , ×)

Step 2

[1~2] 다음과 같이 가열 장치 위에 철판을 놓고 성냥의 머리 부분을 올려놓은 뒤 철판을 가열했습니다.

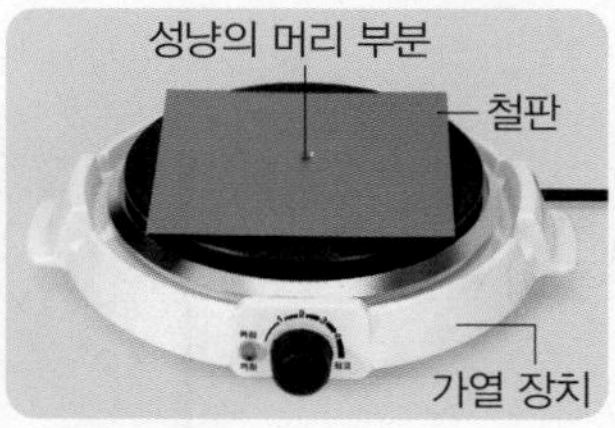

1 위 실험에서 성냥의 머리 부분의 변화로 옳은 것을 보기 에서 골라 기호를 써 봅시다.

보기
㉠ 불이 붙는다.
㉡ 아무런 변화가 없다.
㉢ 불이 붙지 않고 검은색으로 변한다.

( )

2 위 1번 답과 같은 결과가 나타난 까닭으로 옳은 것은 어느 것입니까? ( )

① 철판이 차가워지기 때문이다.
② 성냥의 머리 부분이 차가워지기 때문이다.
③ 성냥의 머리 부분의 온도가 높아지기 때문이다.
④ 성냥의 머리 부분의 온도가 낮아지기 때문이다.
⑤ 철판과 성냥의 머리 부분의 온도가 변하지 않기 때문이다.

3 다음과 같이 가열 장치 위에 철판을 놓고 성냥의 머리 부분(㉠)과 나무 부분(㉡)을 철판 가운데로부터 같은 거리에 올려놓은 뒤 철판을 가열했을 때 먼저 불이 붙는 것의 기호를 써 봅시다.

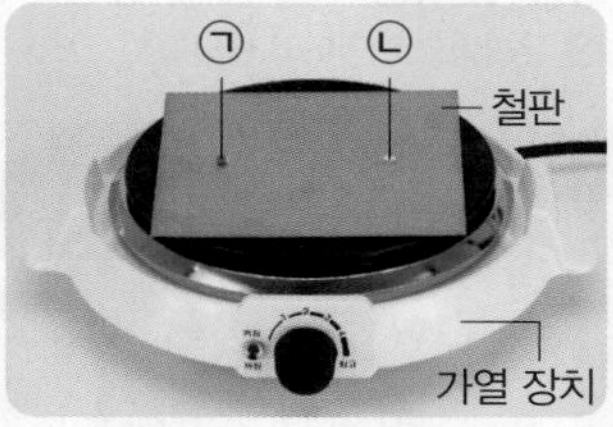

( )

4 다음 ( ) 안에 공통으로 들어갈 말로 옳은 것은 어느 것입니까? ( )

- 물질이 불에 직접 닿지 않아도 타기 시작하는 온도를 ( )(이)라고 한다.
- 물질이 타려면 온도가 ( ) 이상이 되어야 한다.
- 물질마다 ( )이/가 다르다.

① 영점 ② 검지관 ③ 받침점
④ 발화점 ⑤ 소화전

5 가열 장치 위에 철판을 놓고 성냥의 머리 부분과 향을 철판 가운데로부터 같은 거리에 올려놓은 뒤 철판을 가열했을 때 성냥의 머리 부분에 먼저 불이 붙었습니다. 발화점을 비교하여 ( ) 안에 >, =, < 중 알맞은 것을 써 봅시다.

성냥의 머리 부분 ( ) 향

6 불을 직접 붙이지 않고 물질을 태우는 방법을 옳게 설명한 친구의 이름을 모두 써 봅시다.

- 현진: 종이에 볼록 렌즈로 햇빛을 모으면 돼.
- 규원: 성냥의 머리 부분을 성냥갑에 마찰하면 돼.
- 나윤: 모래가 담긴 상자를 햇빛이 뜨거운 낮에 운동장에 놓아두면 돼.

( )

3 물질이 탈 때 필요한 것(2)

탐구로 시작하기

❶ 초가 탈 때 필요한 기체 알아보기 – 크기가 다른 아크릴 통을 이용한 실험

탐구 과정

❶ 초 두 개에 불을 붙입니다.

❷ 촛불의 크기가 비슷해질 때까지 기다린 뒤 크기가 다른 투명한 아크릴 통으로 동시에 덮고 촛불이 타는 시간을 비교합니다.

탐구 결과

① **촛불이 타는 시간 비교**

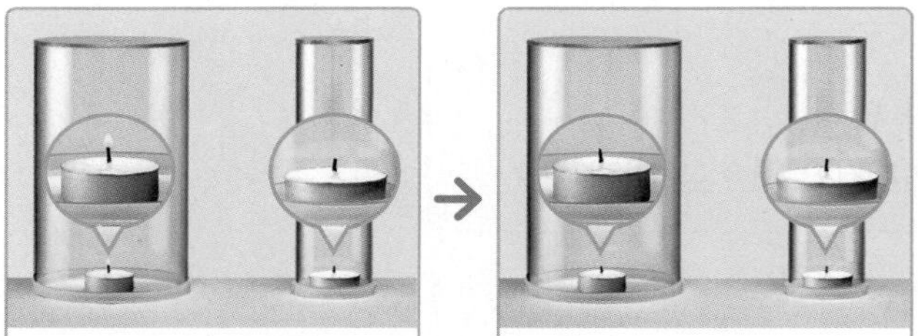

크기가 작은 아크릴 통 안에 있는 촛불이 먼저 꺼집니다.	크기가 큰 아크릴 통 안에 있는 촛불이 나중에 꺼집니다.

공기 속에 포함된 산소는 다른 물질이 타는 것을 돕는 성질이 있다는 것을 떠올려 보아요.

➜ 크기가 작은 아크릴 통 안에 있는 초보다 큰 아크릴 통 안에 있는 초가 더 오래 탑니다.

② **촛불을 아크릴 통으로 덮으면 촛불이 꺼지는 까닭:** 초가 타면서 아크릴 통 안 산소를 사용하여 산소가 부족해지기 때문입니다.

③ **크기가 큰 아크릴 통 안 촛불이 더 오래 타는 까닭:** 크기가 작은 아크릴 통보다 큰 아크릴 통 안에 들어 있는 공기의 양이 더 많아 산소의 양이 더 많기 때문입니다. (공기는 산소를 포함한 여러 가지 기체의 혼합물이므로 공기의 양이 많을수록 산소의 양이 많습니다.)

④ **알 수 있는 것:** 초가 타려면 공기 중의 산소가 필요합니다.

실험 동영상

⊕또 다른 방법!

기체 채취기와 기체 검지관을 이용하여 초가 타기 전과 타고 난 후 비커 안의 산소 비율을 측정하여 비교할 수 있습니다.

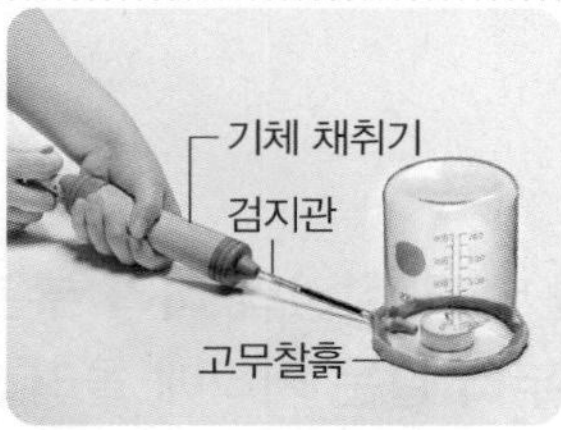

초가 타기 전 비커 안 산소 비율: 약 21%

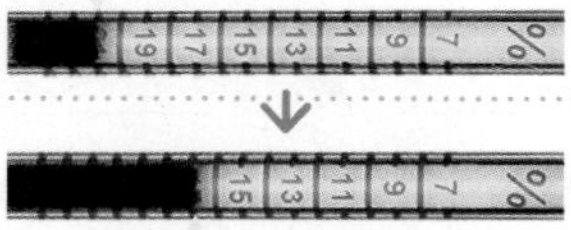

초가 타고 난 후 비커 안 산소 비율: 약 17%

➜ 초가 타기 전보다 타고 난 후의 산소 비율이 줄어든 것으로 보아 초가 탈 때 산소가 사용된다는 것을 알 수 있습니다.

❷ 초가 탈 때 필요한 기체 알아보기 – 산소를 발생시켜 비교하는 실험

실험 동영상

탐구 과정

❶ 초에 불을 붙이고 유리병으로 덮은 뒤 촛불이 타는 시간을 측정합니다.

❷ 비커에 묽은 과산화 수소수와 이산화 망가니즈를 넣습니다.

❸ 초에 불을 붙이고 초와 과정 ❷의 비커를 유리병으로 함께 덮은 뒤 촛불이 타는 시간을 측정합니다. (과정 ❶과 ❸에서 크기가 같은 유리병으로 덮어야 합니다.)

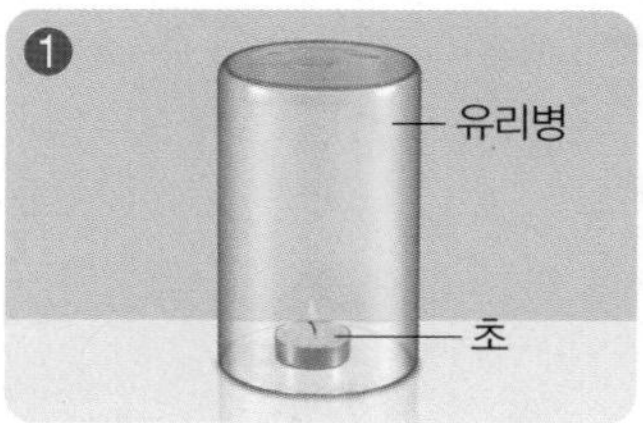

탐구 결과

① 촛불이 타는 시간 비교

구분	일정 시간이 지난 뒤의 변화	촛불이 타는 시간
유리병 안에 불을 붙인 초만 넣을 때	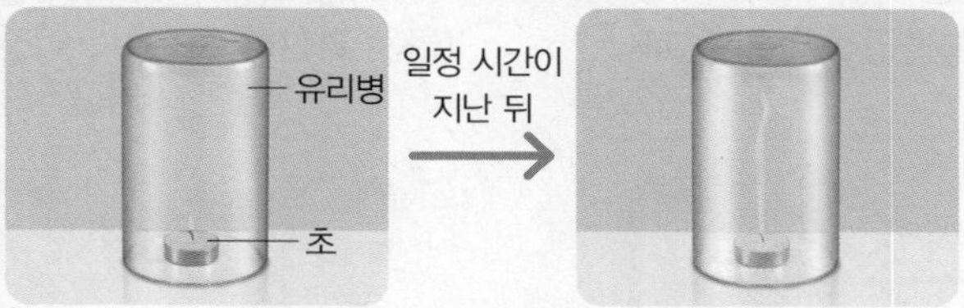	32초
	촛불이 금방 꺼집니다. ➔ 초가 타면서 유리병 안 산소를 사용하여 산소가 부족하기 때문입니다.	
유리병 안에 불을 붙인 초와 (묽은 과산화 수소수+이산화 망가니즈)가 담긴 비커를 넣을 때	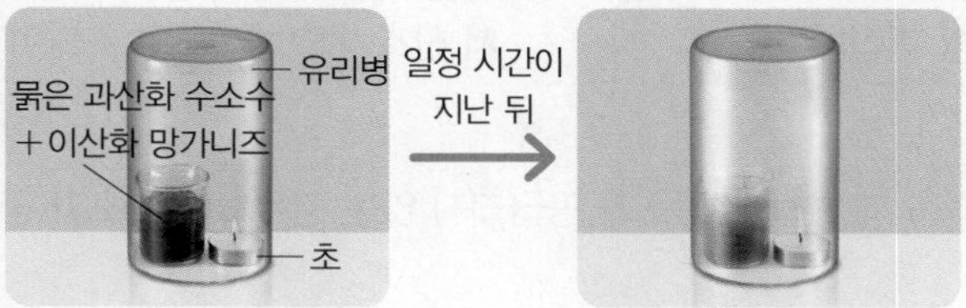	2분 55초
	촛불이 더 오래 탑니다. ➔ 묽은 과산화 수소수와 이산화 망가니즈가 만나서 산소가 발생하기 때문입니다. 개념1	

➔ 불을 붙인 초만 유리병으로 덮는 것보다 묽은 과산화 수소수와 이산화 망가니즈를 넣은 비커와 불을 붙인 초를 함께 덮으면 비커에서 산소가 발생하여 촛불이 더 오래 탑니다.

② **알 수 있는 것:** 초가 타려면 산소가 필요합니다.

개념1 묽은 과산화 수소수와 이산화 망가니즈의 반응

묽은 과산화 수소수와 이산화 망가니즈가 만나면 산소가 발생합니다. 이때 비커에 묽은 과산화 수소수를 너무 많이 넣으면 산소가 많이 발생하여 거품이 흘러넘칠 수 있고, 너무 적게 넣으면 산소가 충분히 발생하지 않을 수 있으므로 적당한 양을 넣어야 합니다.

개념2 물질이 타는 데 필요한 산소를 공급하는 예

불을 붙일 때 부채질을 하거나 바람을 불어 넣는 까닭은 산소를 잘 공급하기 위해서입니다.

- 장작불이 꺼지려고 할 때 부채질을 하면 공기 중의 산소가 더 많이 공급되어 불이 잘 붙습니다.
- 숯불 구이용 통에 공기 구멍을 만들거나 숯불에 ❶풀무로 공기를 불어 넣으면 공기 중의 산소가 더 많이 공급되어 숯이 더 잘 탑니다.

개념 이해하기

1. 물질이 타는 데 필요한 기체

① 물질이 타려면 산소가 필요합니다.

② 탈 물질이 있고, 온도가 발화점 이상이라도 산소가 부족하면 물질이 타지 못합니다.

예 산소가 충분하면 초가 모두 없어질 때까지 연소하지만 산소가 부족하면 초가 남아 있더라도 촛불이 꺼집니다.

2. 연소

① **연소:** 물질이 산소와 빠르게 반응하여 빛과 열을 내는 현상

② **연소의 조건**

- 탈 물질이 필요합니다.
- 온도가 발화점 이상이 되어야 합니다.
- 산소가 필요합니다. 개념2

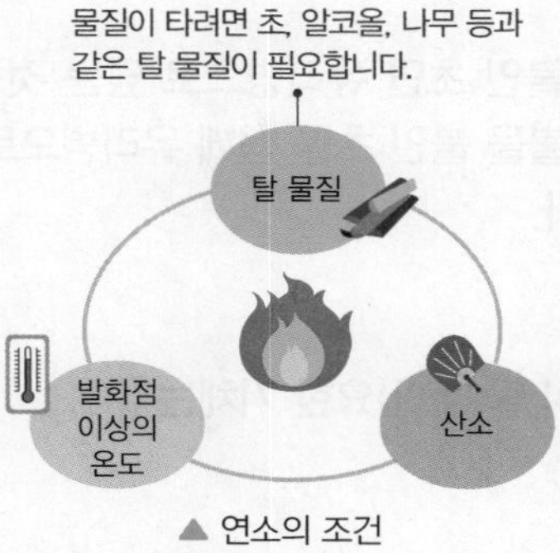

▲ 연소의 조건

③ 연소의 세 가지 조건을 모두 만족해야 연소가 일어나며, 세 가지 조건 중 한 가지라도 없으면 연소가 일어나지 않습니다.

용어 돋보기

❶ **풀무**

불을 피울 때 바람을 일으키는 기구

핵심 개념 되짚어 보기

물질이 타려면 산소가 필요합니다.

기본 문제로 익히기

정답과 해설 • 13쪽

핵심 체크

- 물질이 타는 데 필요한 기체: ❶ □□

㉡ 초가 탈 때 필요한 기체 알아보기

유리병 안에 불을 붙인 초만 넣을 때	유리병 안에 불을 붙인 초와 (묽은 과산화 수소수＋이산화 망가니즈)가 담긴 비커를 넣을 때
	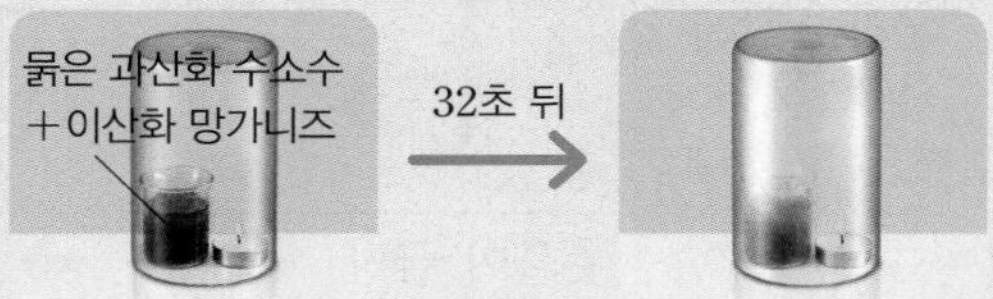
초가 타면서 유리병 안 산소를 사용하여 산소가 부족하므로 촛불이 금방 꺼집니다.	묽은 과산화 수소수와 이산화 망가니즈가 만나서 산소가 발생하므로 촛불이 더 오래 탑니다.

- 촛불을 유리병으로 덮을 때 촛불에 산소가 공급되지 않는 경우보다 산소가 공급되면 촛불이 더 ❷ □□ 탑니다.
- 초가 타기 위해 필요한 기체는 ❸ □□입니다.

- 연소
- ❹ □□: 물질이 산소와 빠르게 반응하여 빛과 열을 내는 현상
- 연소의 조건: 탈 물질, 발화점 이상의 온도, ❺ □□

Step 1

( ) 안에 알맞은 말을 써넣어 설명을 완성하거나 설명이 옳으면 ○, 틀리면 ×에 ○표 해 봅시다.

1 촛불을 아크릴 통으로 덮은 뒤 시간이 지나면 촛불이 꺼집니다. (○ , ×)

2 크기가 큰 아크릴 통보다 크기가 작은 아크릴 통으로 덮은 촛불이 더 오래 탑니다. (○ , ×)

3 불을 붙인 초만 유리병으로 덮는 것보다 묽은 과산화 수소수와 이산화 망가니즈를 넣은 비커와 불을 붙인 초를 함께 유리병으로 덮으면 (   )이/가 발생하여 촛불이 더 오래 탑니다.

4 물질이 탈 때 필요한 기체는 (   )입니다.

5 연소의 세 가지 조건 중 한 가지만 있으면 연소가 일어납니다. (○ , ×)

Step 2

1 다음은 오른쪽과 같이 초 두 개에 불을 붙이고 크기가 다른 아크릴 통으로 촛불을 동시에 덮었을 때에 대한 설명입니다. ( ) 안에 들어갈 말을 각각 써 봅시다.

> (가)와 (나) 중 촛불이 먼저 꺼지는 것은 (㉠)이다. 그 까닭은 아크릴 통 안에 들어 있는 공기의 양이 더 적어 초가 탈 때 필요한 (㉡)의 양이 더 적기 때문이다.

㉠: (　　　　　) ㉡: (　　　　　)

[2~4] 다음과 같이 ㉠은 불을 붙인 초만 유리병으로 덮고, ㉡은 묽은 과산화 수소수와 이산화 망가니즈가 담긴 비커와 불을 붙인 초를 함께 유리병으로 덮은 뒤 변화를 관찰했습니다.

㉠

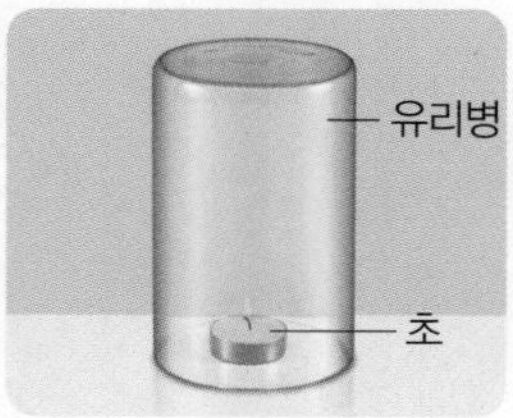

㉡

2 위 ㉠과 ㉡ 중 촛불이 먼저 꺼지는 것을 골라 기호를 써 봅시다.

(　　　　　)

3 위 **2**번과 같이 답한 까닭을 옳게 설명한 친구의 이름을 써 봅시다.

> - 연아: ㉠의 유리병 안에 산소가 부족하기 때문이야.
> - 주현: ㉡의 초의 크기가 ㉠의 초보다 더 크기 때문이야.
> - 태형: ㉡의 유리병의 온도가 ㉠의 유리병보다 더 낮기 때문이야.

(　　　　　)

4 다음은 앞의 실험으로 알 수 있는 사실입니다. ( ) 안에 알맞은 기체는 어느 것입니까? (　　　　　)

> 초와 같은 물질이 타려면 (　　　)이/가 필요하다.

① 산소　② 질소　③ 수소
④ 수증기　⑤ 이산화 탄소

5 연소에 대한 설명으로 옳은 것을 보기 에서 골라 기호를 써 봅시다.

> 보기
> ㉠ 물질이 연소할 때 빛과 열이 발생한다.
> ㉡ 물질이 이산화 탄소와 빠르게 반응하는 현상이다.
> ㉢ 산소가 부족해도 초가 남아 있으면 초가 계속 연소한다.

(　　　　　)

6 연소가 일어나기 위해 필요한 조건끼리 옳게 짝지은 것은 어느 것입니까? (　　　　　)

① 물, 산소
② 수소, 탈 물질
③ 물, 탈 물질, 이산화 탄소
④ 산소, 탈 물질, 발화점 이상의 온도
⑤ 물, 이산화 탄소, 발화점 이상의 온도

❶ 물질이 탈 때 나타나는 현상

1 다음과 같이 초와 알코올램프에 불을 붙인 뒤 초와 알코올이 탈 때 나타나는 현상을 관찰한 결과로 옳은 것은 어느 것입니까? ( )

▲ 초가 타는 모습

▲ 알코올이 타는 모습

① 초와 알코올의 색깔이 달라진다.
② 초의 심지 주변은 초가 뭉쳐 볼록하게 올라온다.
③ 알코올은 불꽃 주변에 손을 가까이 하면 서늘하다.
④ 초의 불꽃 주변은 밝지만 알코올의 불꽃 주변은 어둡다.
⑤ 초의 길이는 짧아지고, 알코올램프 속 알코올의 양은 줄어든다.

2 물질이 타면서 발생하는 빛과 열을 이용하는 예가 아닌 것은 어느 것입니까? ( )

① 숯불을 이용하여 고기를 굽는다.
② 손전등으로 어두운 길을 비춘다.
③ 가스레인지의 불로 찌개를 끓인다.
④ 아궁이에서 나무를 태워 난방을 한다.
⑤ 모닥불을 피워 주위를 따뜻하게 한다.

❷ 물질이 탈 때 필요한 것(1)

[3~4] 오른쪽과 같이 가열 장치 위에 철판을 놓고 성냥의 머리 부분과 나무 부분을 철판의 가운데로부터 같은 거리에 올려놓은 뒤 철판을 가열하였습니다.

3 철판을 가열할 때 일어나는 변화로 옳은 것을 보기 에서 골라 기호를 써 봅시다.

보기
㉠ 철판은 점점 차가워진다.
㉡ 성냥의 머리 부분과 나무 부분의 온도가 높아진다.
㉢ 성냥의 나무 부분에 먼저 불이 붙은 뒤 성냥의 머리 부분에 불이 붙는다.

( )

정답과 해설 ● 13쪽

4 앞의 실험 결과로 알 수 있는 사실로 옳은 것을 두 가지 골라 써 봅시다. (　　,　　)

① 물질마다 발화점이 다르다.
② 물질에 직접 불을 붙여야만 물질이 탄다.
③ 물질의 온도를 발화점 아래로 낮추면 물질이 탄다.
④ 성냥의 머리 부분이 나무 부분보다 발화점이 높다.
⑤ 직접 불을 붙이지 않아도 물질을 가열하여 온도를 높이면 물질이 탈 수 있다.

5 오른쪽과 같이 볼록 렌즈로 종이에 햇빛을 모으면 종이가 타는 까닭으로 옳은 것은 어느 것입니까? (　　)

① 볼록 렌즈에 불이 붙어 있기 때문이다.
② 볼록 렌즈의 온도가 점점 낮아지기 때문이다.
③ 햇빛이 모이는 지점의 온도가 발화점보다 낮아졌기 때문이다.
④ 햇빛이 모이는 지점의 온도가 발화점 이상으로 높아졌기 때문이다.
⑤ 햇빛이 모이는 지점의 발화점이 점점 낮아져 쉽게 불이 붙기 때문이다.

❸ 물질이 탈 때 필요한 것(2)

6 오른쪽과 같이 초 두 개에 불을 붙이고 촛불의 크기가 비슷해질 때까지 기다린 뒤 크기가 다른 투명한 아크릴 통으로 촛불을 동시에 덮었습니다. 이 실험에 대한 설명으로 옳은 것은 어느 것입니까? (　　)

① 초의 크기에 따라 초가 타는 시간을 비교하는 실험이다.
② ㉠ 아크릴 통과 ㉡ 아크릴 통의 촛불이 동시에 꺼진다.
③ ㉠ 아크릴 통보다 ㉡ 아크릴 통 안 산소의 양이 더 많다.
④ ㉠ 아크릴 통보다 ㉡ 아크릴 통 안 공기의 양이 더 많다.
⑤ 이 실험으로 공기(산소)의 양은 초가 타는 시간에 영향을 준다는 것을 알 수 있다.

7 **물질이 타는 데 필요한 기체를 알아보기 위해 다음과 같이 ㉠은 불을 붙인 초만 유리병으로 덮고, ㉡은 묽은 과산화 수소수와 이산화 망가니즈가 담긴 비커와 불을 붙인 초를 함께 유리병으로 덮은 뒤 변화를 관찰했습니다. 이 실험에 대해 옳게 설명한 친구의 이름을 써 봅시다.**

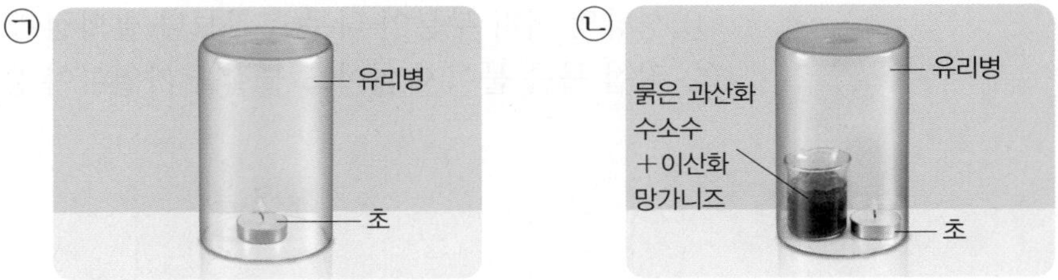

- 소원: ㉠의 촛불이 더 오래 타.
- 다경: ㉠과 ㉡에서 유리병의 크기를 다르게 해서 실험해야 해.
- 주호: 이 실험으로 물질이 타는 데 산소가 필요하다는 것을 알 수 있어.
- 정아: 묽은 과산화 수소수와 이산화 망가니즈가 만나서 발생한 기체와 탈 물질만 있어도 연소가 일어나.

( )

8 **산소에 대한 설명으로 옳지 않은 것은 어느 것입니까?** ( )

① 산소는 물질이 탈 때 필요한 기체이다.
② 공기의 양이 많으면 산소의 양이 많다.
③ 산소를 모은 집기병에 향불을 넣으면 불꽃이 꺼진다.
④ 산소가 부족하면 탈 물질이 남아 있더라도 물질이 더 이상 타지 않는다.
⑤ 촛불을 비커로 덮으면 초가 타고 난 뒤 비커 안의 산소 비율이 줄어든다.

9 **오른쪽과 같이 점화기로 초에 불을 붙였습니다. 이 실험에 대한 설명으로 옳지 않은 것은 어느 것입니까?** ( )

① 탈 물질은 초이다.
② 초가 연소할 때 빛과 열이 발생한다.
③ 초가 공기 중의 산소와 빠르게 반응한다.
④ 점화기의 불꽃이 발화점 이상의 온도로 만들어 준다.
⑤ 점화기로 불을 붙이지 않아도 초와 산소만 있으면 연소가 일어난다.

탐구 서술형 문제

서술형 길잡이

❶ 초가 탈 때 손을 가까이 하면 손이 □□해집니다.
❷ 가스레인지의 가스가 탈 때 불꽃 주변의 밝기가 □□니다.

10 오른쪽과 같이 초와 가스레인지의 가스가 탈 때 나타나는 공통적인 현상을 두 가지 써 봅시다.

▲ 초

▲ 가스레인지의 가스

❶ 연소의 조건은 탈 물질, □□□ 이상의 온도, 산소입니다.
❷ 물질이 불에 직접 닿지 않아도 타기 시작하는 온도를 □□□이라고 합니다.

11 오른쪽과 같이 가열 장치 위에 철판을 놓고 성냥의 머리 부분을 올려놓은 뒤 철판을 가열하였더니 불꽃이 일어나 성냥의 머리 부분이 탔습니다.

(1) 위 실험에서 성냥의 머리 부분이 타는 까닭을 연소의 조건과 관련지어 써 봅시다.

(2) 위 실험으로 알 수 있는 사실을 써 봅시다.

❶ □□의 조건은 탈 물질, 발화점 이상의 온도, 산소입니다.
❷ □□가 충분하면 초가 없어질 때까지 연소하지만 □□가 부족하면 초가 남아 있더라도 촛불이 꺼집니다.

12 오른쪽과 같이 ㉠은 불을 붙인 초만 유리병으로 덮고, ㉡은 묽은 과산화 수소수와 이산화 망가니즈가 담긴 비커와 불을 붙인 초를 함께 유리병으로 덮은 뒤 변화를 관찰했습니다.

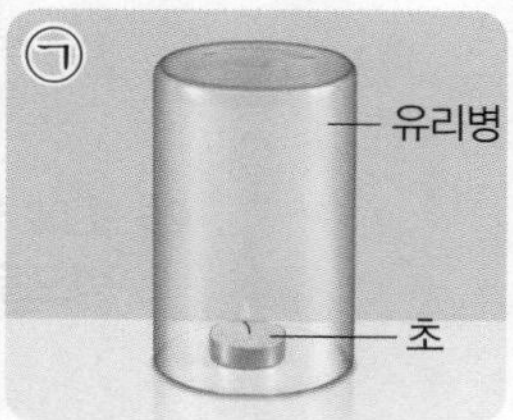

(1) ㉠과 ㉡ 중 촛불이 타는 시간이 더 긴 것을 골라 기호를 써 봅시다.

( )

(2) (1)과 같이 답한 까닭을 연소의 조건과 관련지어 써 봅시다.

4 물질이 연소한 후에 생기는 물질

탐구로 시작하기

❶ 푸른색 염화 코발트 종이의 변화로 물질이 연소한 후 생기는 물질 확인하기

실험 동영상

탐구 과정

① 유리병의 안쪽 벽면에 셀로판테이프로 푸른색 염화 코발트 종이를 붙입니다. 개념1
② 초에 불을 붙인 뒤 유리병으로 덮습니다.
③ 촛불이 꺼지면 푸른색 염화 코발트 종이의 색깔 변화를 관찰합니다.

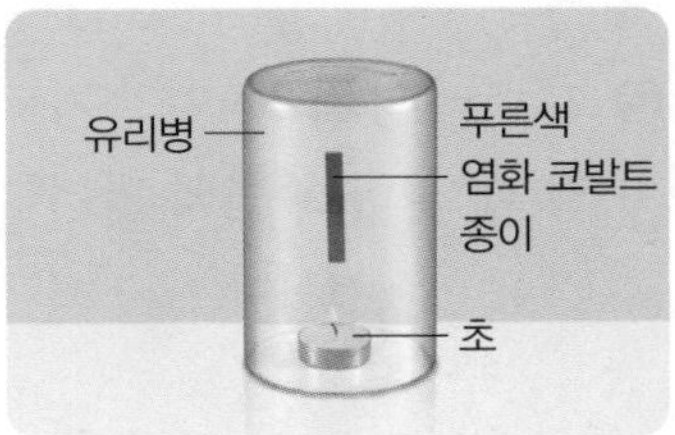

개념1 푸른색 염화 코발트 종이를 사용할 때 주의할 점
푸른색 염화 코발트 종이는 꼭 핀셋으로 집습니다. 그 까닭은 손의 땀과 같은 수분에 의해 푸른색 염화 코발트 종이의 색깔이 변할 수 있기 때문입니다.

탐구 결과

푸른색 염화 코발트 종이의 변화		알 수 있는 사실
 푸른색 염화 코발트 종이가 붉게 변합니다.	→	초가 연소하면 물이 ❶생성된다는 것을 알 수 있습니다.

❷ 석회수의 변화로 물질이 연소한 후 생기는 물질 확인하기

실험 동영상

탐구 과정

① 초에 불을 붙인 뒤 집기병으로 덮습니다.

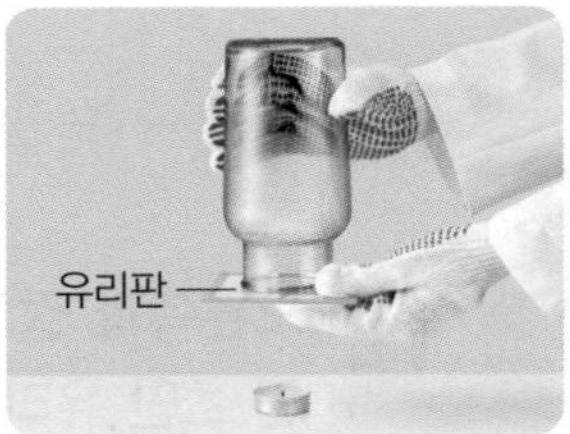

② 촛불이 꺼지면 집기병 입구를 유리판으로 막습니다.

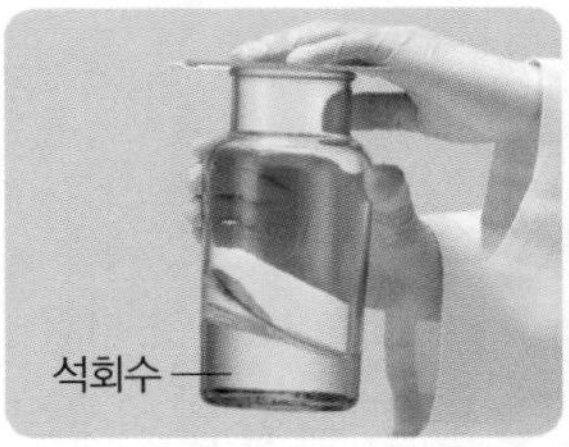

③ 집기병에 석회수를 넣고 집기병을 흔들면서 변화를 관찰합니다.

집기병 뒤에 검은색 종이를 대면 석회수의 변화를 더 잘 관찰할 수 있습니다.

탐구 결과

석회수의 변화		알 수 있는 사실
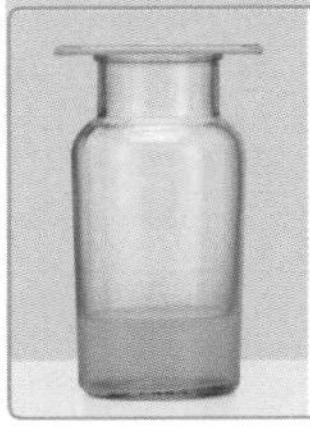 석회수가 뿌옇게 흐려집니다.	→	초가 연소하면 이산화 탄소가 생성된다는 것을 알 수 있습니다.

용어 돋보기
❶ 생성(生 낳다, 成 이루다)
이전에 없었던 어떤 사물이나 성질이 새롭게 나타나는 것

개념 이해하기

1. 초가 연소할 때 생성되는 물질

① 푸른색 염화 코발트 종이와 석회수의 성질

푸른색 염화 코발트 종이	석회수

물에 닿으면 붉게 변합니다.	무색투명한 석회수가 이산화 탄소와 만나면 뿌옇게 됩니다.

② 초가 연소할 때 생성되는 물질을 확인하는 방법

푸른색 염화 코발트 종이의 변화	석회수의 변화
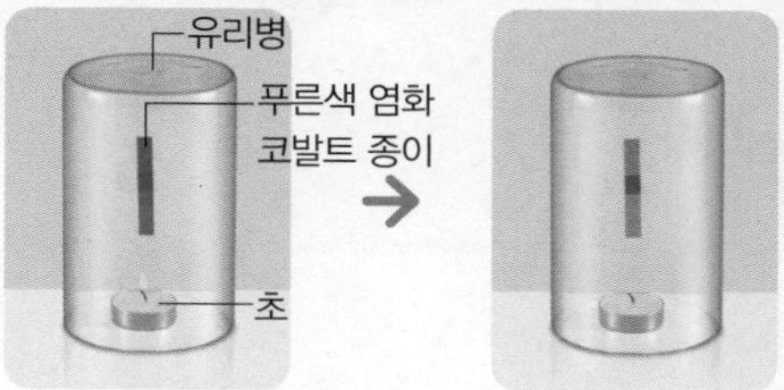	
푸른색 염화 코발트 종이가 붉게 변합니다. ➜ 생성되는 물질: 물	석회수가 뿌옇게 흐려집니다. ➜ 생성되는 물질: 이산화 탄소

③ 초가 연소할 때 생성되는 물질: 물, 이산화 탄소 개념2

▲ 초가 연소할 때 생성되는 물질

④ 초가 연소하면 초의 길이가 점점 짧아지는 까닭: 초가 연소하면서 물과 이산화 탄소가 생성되기 때문입니다.

2. 물질이 연소할 때 생성되는 물질 개념3

• 자동차 연료가 연소할 때 생성되는 물질: 자동차는 연료를 연소하면서 움직이는데, 이때 수증기와 이산화 탄소를 포함한 기체를 내놓습니다.

① 물질이 연소하면 연소 전과는 다른 새로운 물질이 생성됩니다. ➜ 연소 전의 물질은 연소 후에 다른 물질로 변합니다.

② **알코올램프에서 알코올이 연소할 때 생성되는 물질**: 알코올이 연소하면 초가 연소했을 때와 마찬가지로 물과 이산화 탄소가 생성됩니다.

---

3 단원

개념2 초가 탈 때 생성되는 물질
초가 탈 때는 [2]그을음이 생기기도 합니다. 그을음이 생기는 것은 산소가 충분히 공급되지 않아 초가 완전히 연소되지 않았기 때문에 나타나는 현상입니다. 따라서 그을음은 초가 연소할 때 생성되는 물질이 아닙니다.

개념3 물질이 연소할 때 생성되는 물질
모든 물질이 연소하면 물과 이산화 탄소가 생성되는 것은 아닙니다. 물질을 이루고 있는 성분에 따라 연소할 때 생성되는 물질이 달라질 수 있습니다.
예 철 솜이 연소하면 초나 알코올이 연소했을 때와 다르게 산화 철이라는 물질이 생성됩니다.

용어 돋보기
❷ 그을음
어떤 물질이 불에 탈 때 연기에 섞여 나오는 먼지 모양의 검은 가루

핵심 개념 되짚어 보기

초가 연소하면 물과 이산화 탄소가 생성됩니다.

기본 문제로 익히기

정답과 해설 • 14쪽

핵심 체크

- **푸른색 염화 코발트 종이와 석회수의 성질**
  - 푸른색 염화 코발트 종이: ❶ ☐ 에 닿으면 붉게 변합니다.
  - 석회수: 무색투명한 석회수가 ❷ ☐☐☐ ☐☐ 와 만나면 뿌옇게 됩니다.
- **초가 연소할 때 생성되는 물질**: 물, 이산화 탄소

구분	❸ ☐ 의 생성 확인	❹ ☐☐☐ ☐☐ 의 생성 확인
실험 방법	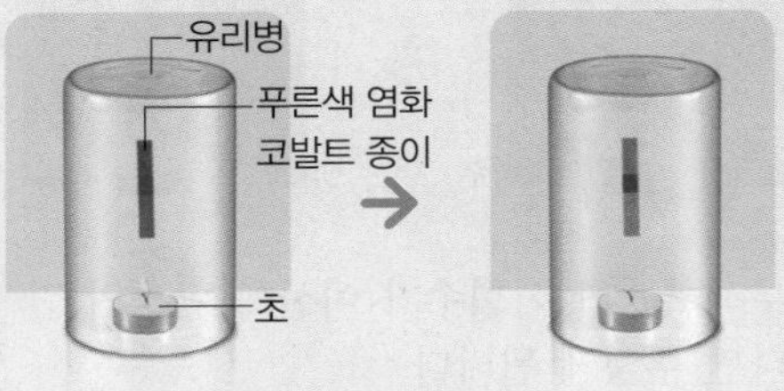	
결과	푸른색 염화 코발트 종이가 붉게 변합니다.	석회수가 뿌옇게 흐려집니다.

- **물질이 연소할 때 생성되는 물질**: 물질이 연소하면 연소 전과는 다른 ❺ ☐☐☐ 물질이 생성됩니다.

  예 초와 알코올이 연소하면 물과 이산화 탄소가 생성됩니다.

Step 1

( ) 안에 알맞은 말을 써넣어 설명을 완성하거나 설명이 옳으면 ○, 틀리면 ×에 ○표 해 봅시다.

1 초가 연소할 때 생성되는 물을 확인할 때 석회수를 이용합니다. (○ , ×)

2 석회수는 (   )와/과 만나면 뿌옇게 흐려집니다.

3 초가 연소할 때 생성되는 물질은 물과 (   )입니다.

4 초가 연소하면 초가 다른 물질로 변하기 때문에 초의 길이가 점점 짧아집니다. (○ , ×)

5 알코올이 연소할 때 생성되는 물질은 물과 산소입니다. (○ , ×)

Step 2

[1~2] 오른쪽과 같이 안쪽 벽면에 푸른색 염화 코발트 종이를 붙인 유리병으로 촛불을 덮었습니다.

1 촛불이 꺼진 뒤 푸른색 염화 코발트 종이의 변화로 옳은 것을 보기 에서 골라 기호를 써 봅시다.

보기
㉠ 길이가 짧아진다.
㉡ 두께가 두꺼워진다.
㉢ 색깔이 붉게 변한다.
㉣ 색깔이 검게 변한다.

( )

2 위 1번 답과 같은 실험 결과로 알 수 있는 초가 연소한 후 생성되는 물질을 써 봅시다.

( )

[3~4] 다음과 같이 촛불을 덮었던 집기병에 석회수를 붓고 집기병을 흔들었습니다.

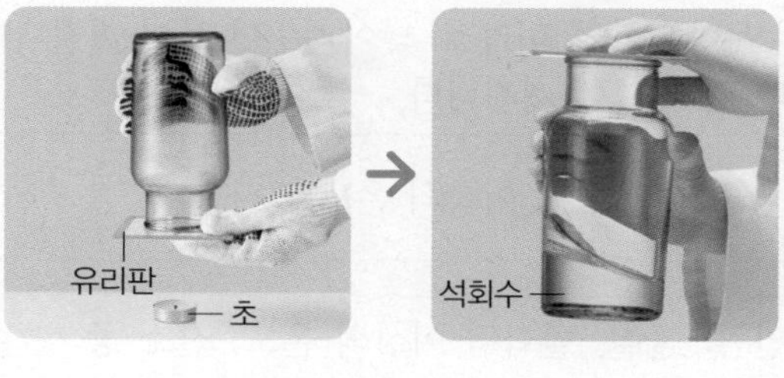

3 위 실험에서 나타나는 변화로 옳은 것은 어느 것입니까? ( )

① 석회수가 끓어오른다.
② 석회수가 붉게 변한다.
③ 석회수가 파랗게 변한다.
④ 석회수가 뿌옇게 흐려진다.
⑤ 석회수가 서로 엉겨 딱딱하게 굳는다.

4 앞의 3번 답과 같은 실험 결과로 알 수 있는 사실은 어느 것입니까? ( )

① 초가 연소하면 물이 생긴다.
② 초가 연소하면 열이 생긴다.
③ 초가 연소하면 산소가 생긴다.
④ 초가 연소하면 그을음이 생긴다.
⑤ 초가 연소하면 이산화 탄소가 생긴다.

5 다음은 초가 연소한 후에 길이가 짧아지는 까닭입니다. ( ) 안에 알맞은 물질끼리 옳게 짝지은 것은 어느 것입니까? ( )

초가 연소해서 ( )와/과 ( )(으)로 변했기 때문이다.

① 물, 산소
② 재, 연기
③ 그을음, 산소
④ 숯, 이산화 탄소
⑤ 물, 이산화 탄소

6 다음과 같이 초와 알코올이 연소할 때 생성되는 물질에 대해 옳게 설명한 친구의 이름을 써 봅시다.

▲ 초가 연소할 때

▲ 알코올이 연소할 때

- 정아: 초가 연소하면 산소가 생성돼.
- 민현: 알코올이 연소하면 이산화 탄소가 생성돼.
- 혜정: 초와 알코올이 연소할 때 생성되는 물질은 서로 달라.

( )

5 불을 끄는 다양한 방법

탐구로 시작하기

불을 끄는 방법 알아보기

탐구 과정

❶ 초에 불을 붙인 뒤 다음과 같은 방법으로 촛불을 끕니다.

❶ 핀셋으로 초의 심지를 집습니다.

❷ 분무기로 촛불에 물을 뿌립니다.

❸ 모래로 촛불을 덮습니다.

연소의 세 가지 조건인 탈 물질, 발화점 이상의 온도, 산소와 관련지어 촛불이 꺼지는 까닭을 생각해 보아요.

❷ 과정 ❶에서 촛불이 꺼진 까닭을 이야기해 봅니다.

❸ 일상생활에서 불을 끄는 방법을 연소의 조건과 관련지어 제안해 봅니다.

실험 동영상

또 다른 방법!

촛불을 끄는 다양한 방법을 생각해 보고, 그 방법대로 촛불을 끈 뒤 촛불이 꺼지는 까닭을 이야기해 볼 수도 있습니다.

탐구 결과

① **촛불이 꺼진 까닭**

촛불을 끄는 방법	핀셋으로 초의 심지 집기	분무기로 촛불에 물 뿌리기	모래로 촛불 덮기
촛불이 꺼진 까닭	핀셋으로 초의 심지를 집으면 탈 물질이 심지를 타고 올라가지 못해 불이 꺼집니다. 개념1	분무기로 촛불에 물을 뿌리면 온도가 발화점 아래로 낮아져 불이 꺼집니다.	모래로 촛불을 덮으면 산소가 ❶차단되어 불이 꺼집니다.
❷제거한 연소의 조건	탈 물질	발화점 이상의 온도	산소

➜ 불을 끄려면 연소의 조건인 탈 물질, 발화점 이상의 온도, 산소 중 한 가지 이상을 없애야 합니다.

개념1 초의 심지를 핀셋으로 집으면 촛불이 꺼지는 까닭

초는 기체 상태로 타는데, 초의 심지를 핀셋으로 집으면 액체 상태의 초가 심지를 타고 올라가지 못하므로 기체 상태로 변하지 못합니다. 그래서 탈 물질이 제거되어 불이 꺼집니다.

② **일상생활에서 불을 끄는 방법 제안하기**

- 가스레인지의 연료 조절 손잡이를 돌려 가스를 차단하면 불이 꺼집니다.
  ➜ 연소의 조건 중 탈 물질을 제거하여 불을 끄는 방법입니다.
- 불이 난 곳에 물을 뿌리면 불이 꺼집니다. ➜ 연소의 조건 중 발화점 이상의 온도를 제거하여 불을 끄는 방법입니다.
- 불이 난 곳에 두꺼운 담요를 덮으면 불이 꺼집니다. ➜ 연소의 조건 중 산소를 제거하여 불을 끄는 방법입니다.

용어 돋보기

❶ **차단(遮 가리다, 斷 끊다)**
다른 것과의 관계나 접촉을 막거나 끊는 것

❷ **제거(除 없애다, 去 버리다)**
없애 버리는 것

개념 이해하기

1. 소화

① **소화**: 불을 끄는 것

② **소화 방법**: 연소의 조건인 탈 물질, 발화점 이상의 온도, 산소 중 한 가지 이상의 조건을 없애면 불이 꺼집니다.

- 탈 물질을 제거합니다.
- 온도를 발화점 아래로 낮춥니다. ('발화점 미만'이라고도 합니다.)
- 산소를 차단합니다.

연소의 조건 중 한 가지만 없어도 불이 꺼져요.

2. 여러 가지 소화의 예 개념2 개념3

탈 물질 제거하기 (개념 4)	 가스레인지의 연료 조절 손잡이를 돌려 닫습니다. ➜ 가스가 차단되어 탈 물질이 제거되므로 불이 꺼집니다.	 촛불을 입으로 붑니다. ➜ 기체 상태의 초가 날아가 탈 물질이 제거되므로 불이 꺼집니다.
	• 핀셋으로 초의 심지를 집습니다. • 촛불의 심지를 가위로 자릅니다.	
온도를 발화점 아래로 낮추기 (온도를 발화점 미만으로 낮추기)	 불이 난 곳에 물을 뿌립니다.	 장작불에 물을 뿌립니다.
산소 차단하기	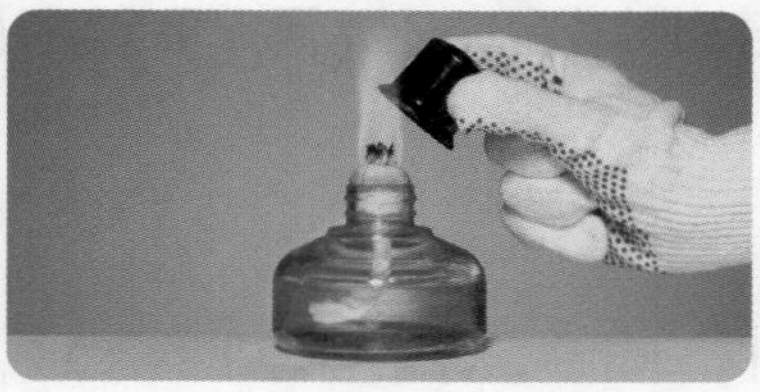 타고 있는 알코올램프에 뚜껑을 덮습니다. ➜ 산소가 공급되지 않으므로 불이 꺼집니다.	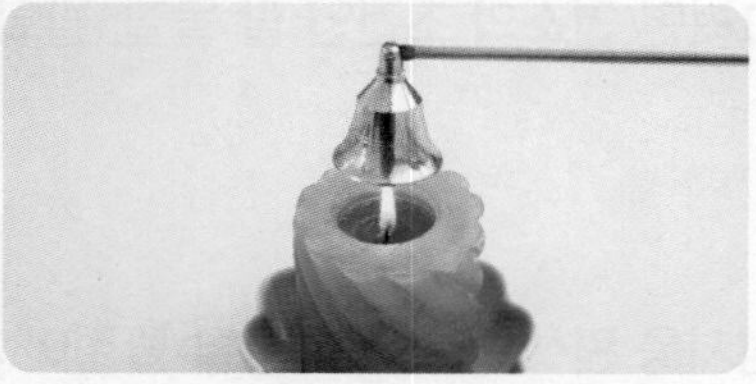 촛불을 끄는 도구로 촛불을 덮습니다. ➜ 촛불을 끄는 도구 안 산소가 없어지므로 불이 꺼집니다.
	• 촛불을 집기병으로 덮습니다. • 불이 난 곳에 두꺼운 담요를 덮습니다. • 불이 난 곳에 흙이나 모래를 뿌립니다. • 촛불에 드라이아이스를 가까이 가져갑니다. (드라이아이스는 고체 상태의 이산화 탄소이므로 이산화 탄소가 산소를 차단하여 불이 꺼집니다.)	

개념2 불을 끌 때 연소의 조건 중 두 가지를 한꺼번에 없애는 경우

촛불을 물수건으로 덮으면 산소가 차단되고, 온도가 발화점 아래로 낮아져 촛불이 꺼집니다.

개념3 장작불을 끄는 방법

- 탈 물질 제거하기: 장작불에서 나무를 꺼냅니다.
- 온도를 발화점 아래로 낮추기: 장작불에 물을 뿌립니다.
- 산소 차단하기: 장작불에 모래를 덮습니다.

개념4 향불에 부채질을 할 때

- 약하게 할 때: 산소가 공급되어 향불이 잘 탑니다.
- 세게 할 때: 탈 물질이 제거되어 향불이 꺼집니다.

핵심 개념 되짚어 보기

산소 막아!
탈 물질 없애!
발화점 아래로 온도 낮춰!

탈 물질을 제거하거나, 온도를 발화점 아래로 낮추거나, 산소를 차단하면 불이 꺼집니다.

기본 문제로 익히기

◎ 정답과 해설 ● 15쪽

핵심 체크

● 소화

- ❶ ☐☐: 불을 끄는 것
- 연소의 조건인 탈 물질, 발화점 이상의 온도, 산소 중 ❷ ☐ 가지 이상의 조건을 없애면 불이 꺼집니다.

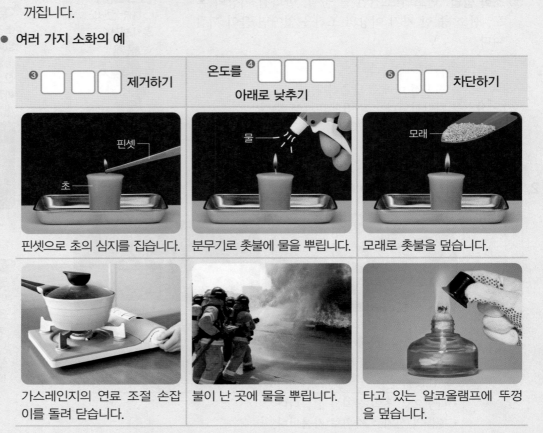

● 여러 가지 소화의 예

❸ ☐ ☐☐ 제거하기	온도를 ❹ ☐☐☐ 아래로 낮추기	❺ ☐☐ 차단하기

핀셋으로 초의 심지를 집습니다.	분무기로 촛불에 물을 뿌립니다.	모래로 촛불을 덮습니다.
		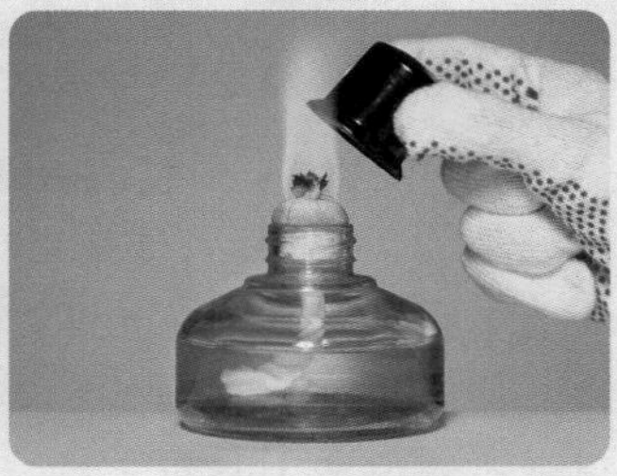
가스레인지의 연료 조절 손잡이를 돌려 닫습니다.	불이 난 곳에 물을 뿌립니다.	타고 있는 알코올램프에 뚜껑을 덮습니다.

Step 1

(　　) 안에 알맞은 말을 써넣어 설명을 완성하거나 설명이 옳으면 ○, 틀리면 ×에 ○표 해 봅시다.

1 불을 끄려면 연소의 조건인 탈 물질, 발화점 이상의 온도, 산소를 모두 없애야 합니다.
(○ , ×)

2 초의 심지를 핀셋으로 집으면 탈 물질이 제거되어 촛불이 꺼집니다. (○ , ×)

3 분무기로 촛불에 물을 뿌리면 온도가 (　　　　　) 아래로 낮아져 불이 꺼집니다.

4 타고 있는 알코올램프에 뚜껑을 덮어 불을 끄는 것은 연소의 조건 중 (　　　　　)을/를 제거하여 불을 끄는 방법입니다.

Step 2

1 다음 촛불을 끄는 방법과 관련된 촛불이 꺼진 까닭을 선으로 연결해 봅시다.

(1) 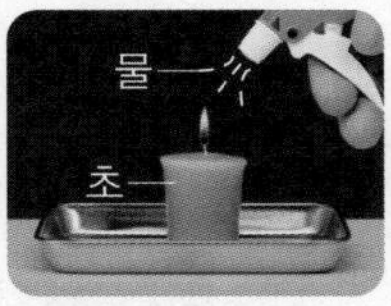

▲ 분무기로 촛불에 물 뿌리기
• • ㉠ 탈 물질이 없어졌다.

(2) 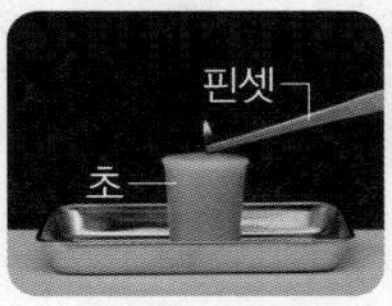

▲ 핀셋으로 초의 심지 집기
• • ㉡ 산소가 차단되었다.

(3) 

▲ 모래로 촛불 덮기
• • ㉢ 온도가 발화점 아래로 낮아졌다.

2 소화와 소화 방법에 대해 옳게 설명한 친구의 이름을 써 봅시다.

- 민정: 불을 끄는 것을 연소라고 해.
- 정훈: 탈 물질을 제거하면 불이 꺼져.
- 지후: 이산화 탄소를 차단하면 불이 꺼져.

( )

3 생활 속에서 탈 물질을 제거하여 불을 끄는 방법으로 옳은 것은 어느 것입니까? ( )

① 촛불에 물을 뿌린다.
② 장작불에 모래를 뿌린다.
③ 촛불을 집기병으로 덮는다.
④ 불이 난 곳에 두꺼운 담요를 덮는다.
⑤ 가스레인지의 연료 조절 손잡이를 돌려 닫는다.

4 다음은 오른쪽과 같이 촛불을 입으로 불어 끌 때 불이 꺼지는 까닭을 연소의 조건과 관련지어 설명한 것입니다. ( ) 안에 들어갈 말을 써 봅시다.

촛불을 입으로 불면 ( )이/가 제거되기 때문에 불이 꺼진다.

( )

5 온도를 발화점 아래로 낮추어 불을 끄는 방법으로 옳은 것을 보기 에서 골라 기호를 써 봅시다.

보기
㉠ 불이 난 곳에 물을 뿌린다.
㉡ 장작불에서 나무를 꺼낸다.
㉢ 촛불의 심지를 가위로 자른다.

( )

6 오른쪽과 같이 타고 있는 알코올램프에 뚜껑을 덮어 불을 끄는 방법에 대한 설명으로 옳은 것을 두 가지 골라 써 봅시다. (,)

① 탈 물질이 없어져서 불이 꺼진다.
② 산소가 공급되지 않아 불이 꺼진다.
③ 온도가 발화점 아래로 낮아져서 불이 꺼진다.
④ 물을 뿌려 불을 끄는 방법과 제거한 연소의 조건이 같다.
⑤ 모래를 뿌려 불을 끄는 방법과 제거한 연소의 조건이 같다.

6 화재 안전 대책

탐구로 시작하기

❶ 다양한 연소 물질에 의해 발생하는 화재 안전 대책 조사하기

탐구 과정 및 결과

다음 화재 상황을 화재의 원인이 된 연소 물질과 관련지어 이야기하고, 화재가 발생했을 때 적합한 소화 방법을 조사합니다.

구분	화재 상황	소화 방법
❶	불이 켜진 난로에 커튼이 닿아 커튼에 불이 붙었습니다.	• 물을 뿌립니다. • 모래를 덮습니다. • 소화기를 사용합니다.
❷	성냥으로 불장난을 하다가 종이와 나무 책상에 불이 붙었습니다.	
❸	요리를 하다가 식용유에 불이 붙었습니다.	• 모래를 덮습니다. • 소화기를 사용합니다.
❹	❶멀티탭에 전열 기구의 플러그가 너무 많이 꽂혀 있어 불이 붙었습니다.	

❷ 화재 안전 대책 토의하기

탐구 과정 및 결과

❶ 다음 화재 안전 대책 카드를 보고 옳은 행동은 ○표, 옳지 않은 행동은 ×표 합니다.

❷ 화재가 발생했을 때 안전하게 대처하는 방법을 각각 써 봅니다.

❶ **불을 발견하면** "불이야!"하고 외치고 화재경보기를 누른 뒤, 119에 신고합니다.

❷ **건물 밖으로 나갈 때에는** ❷승강기 대신 계단을 이용합니다.

❸ **연기가 많으면** 젖은 수건으로 코와 입을 막고 낮은 자세로 이동합니다.

❹ **아래쪽으로 내려갈 수 없으면** 옥상으로 대피한 뒤 구조를 요청합니다.

❺ **화재가 발생했을 때에는** ❸유도등의 표시를 따라 신속하게 대피합니다.

❻ **출구가 없으면** 연기가 들어오지 못하도록 옷이나 이불로 문틈을 막고 구조를 요청합니다.

스마트 기기로 연소 물질에 적합한 소화 방법을 조사할 때에는 소방청, 재난안전대책본부, 국가화재정보시스템 등의 누리집을 활용해요.

용어 돋보기

❶ 멀티탭
여러 개의 플러그를 꽂을 수 있게 만든 이동식 콘센트

❷ 승강기(昇 오르다, 降 내리다, 機 기계)
전기 등의 에너지를 사용하여 사람이나 물건을 아래위로 나르는 장치

❸ 유도등(誘 불러내다, 導 이끌다, 燈 등)
화재와 같은 비상시에 피난 경로를 알리는 장치

개념 이해하기

1. 연소 물질에 따른 소화 방법

① 연소 물질에 따라 소화 방법이 다릅니다.
② 화재가 발생하면 연소 물질에 따라 알맞은 방법으로 불을 꺼야 합니다.

전기에 의한 화재가 발생했을 때에는 전기 차단기를 내리고 소화기를 사용해 불을 끕니다.

구분	나무, 종이, 섬유에 일어난 화재	기름, 가스, 전기에 의한 화재
소화 방법	• 물을 뿌립니다. • 모래를 덮습니다. • 소화기를 사용합니다. └ 화재가 난 초기 단계에서 불을 끌 수 있는 도구로, 일반적으로 분말 소화기를 사용합니다.	• 모래를 덮습니다. • 소화기를 사용합니다. ➜ 물을 뿌리면 불이 더 크게 번지거나 감전될 수 있습니다. └ 기름, 가스에 의한 화재 └ 전기에 의한 화재

③ ❹분말 소화기 사용 방법 → 분말 소화기는 소화 분말이 타는 물질을 감싸면서 산소를 차단하여 불을 끕니다.

❶ 소화기를 불이 난 곳으로 옮깁니다. ❷ 소화기의 안전핀을 뽑습니다. ❸ 바람을 등지고 서서 소화기의 고무관을 잡고 불 쪽을 향합니다. ❹ 소화기의 손잡이를 움켜쥐고 소화 물질을 뿌려 불을 끕니다.

2. 화재 대처 방법

화재가 발생했을 때 대처하는 방법을 정확하게 알고 침착하게 행동합니다. 개념1 개념2

불을 발견하면 "불이야!"하고 외치고 화재경보기를 누른 뒤, 119에 신고합니다.

유도등의 표시를 따라 신속하게 대피합니다.

연기가 많으면 젖은 수건으로 코와 입을 막고 낮은 자세로 이동합니다.
└ 연기가 열에 의해 위로 올라가기 때문입니다.

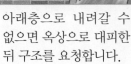

아래층으로 이동할 때에는 승강기 대신 계단을 이용합니다.
└ 승강기 통로로 연기가 모여 질식하거나 승강기에 갇힐 수 있기 때문입니다.

아래층으로 내려갈 수 없으면 옥상으로 대피한 뒤 구조를 요청합니다.

문손잡이가 뜨거우면 문을 열지 말고 다른 길을 찾습니다.
└ 손등을 문손잡이에 대어 보고 뜨겁지 않으면 문을 엽니다.

3 단원

개념1 화재 대처 방법
- 출구가 없으면 연기가 들어오지 못하도록 옷이나 이불로 문틈을 막고 구조를 요청합니다.
- 실내에 갇혀 있을 때에는 창문을 통해 소리를 치거나 수건 등을 흔들어 갇혀 있다는 것을 알립니다.

개념2 화재 발생에 대비하여 평소에 해야 할 일
- 화재가 발생하지 않도록 평소에 주의를 기울여야 합니다.
- 화재경보기, 소화기, 비상구, 소화전 등의 위치를 미리 알아둡니다.
- 화재경보기, 소화기, 소화전 등이 제대로 작동하는지 확인합니다.
- 비상구 앞에 물건이 쌓여 있거나 문이 잠겨 있지 않은지 미리 점검합니다.

용어 돋보기

❹ 분말(粉 가루, 末 끝)
딱딱한 물건을 보드라울 정도로 잘게 부수거나 갈아서 만든 것

핵심 개념 되짚어 보기

계단을 이용해서 대피하고 빨리 119에 신고하자!

화재가 발생하면 불이 난 것을 큰 소리로 알리고, 젖은 수건으로 코와 입을 막고 몸을 낮춰 건물 밖으로 신속하게 대피하며, 119에 신고합니다.

기본 문제로 익히기

○ 정답과 해설 ● 16쪽

핵심 체크

● **연소 물질에 따른 소화 방법**: 연소 물질에 따라 소화 방법이 다릅니다.

나무, 종이, 섬유에 일어난 화재	기름, 가스, 전기에 의한 화재
• ❶ ☐을 뿌립니다. • 모래를 덮습니다. • 소화기를 사용합니다.	• 모래를 덮습니다. • ❷ ☐☐☐를 사용합니다.

● **소화기 사용 방법**

소화기를 불이 난 곳으로 옮기기 → 소화기의 안전핀 뽑기 → 바람을 등지고 서서 소화기의 고무관을 잡고 불 쪽 향하기 → 소화기의 손잡이를 움켜쥐고 소화 물질을 뿌려 불끄기

● **화재 대처 방법**

• 불을 발견하면 주위에 알리고 ❸ ☐☐☐에 신고합니다.
• 연기가 많으면 젖은 수건으로 코와 입을 막고 ❹ ☐☐ 자세로 이동합니다.
• 아래층으로 이동할 때에는 승강기 대신 ❺ ☐☐을 이용합니다.
• 문손잡이가 뜨거우면 문을 열지 말고 다른 길을 찾습니다.

Step 1

( ) 안에 알맞은 말을 써넣어 설명을 완성하거나 설명이 옳으면 ○, 틀리면 ×에 ○표 해 봅시다.

1 화재가 발생했을 때 연소 물질에 관계없이 소화 방법이 같습니다. (○ , ×)

2 기름이 탈 때 모래를 덮거나 (   )을/를 사용하여 불을 끕니다.

3 화재가 발생하면 안전하게 대피하고 119에 신고하여 도움을 요청합니다. (○ , ×)

4 화재가 발생했을 때 연기가 많아도 똑바로 서서 천천히 이동하여 대피합니다.
(○ , ×)

5 화재가 발생했을 때 승강기 대신 (   )을/를 이용하여 아래층으로 내려갑니다.

Step 2

1 불이 붙었을 때 다음과 같은 방법을 모두 이용하여 불을 끌 수 있는 물질이 아닌 것을 보기 에서 골라 기호를 써 봅시다.

- 물을 뿌린다.
- 모래를 덮는다.
- 소화기를 사용한다.

보기 ㉠ 나무 ㉡ 기름 ㉢ 섬유 ㉣ 종이

( )

2 다음은 분말 소화기 사용 방법을 순서 없이 나열한 것입니다. 순서대로 기호를 써 봅시다.

㉠ 소화기의 안전핀을 뽑는다.
㉡ 소화기를 불이 난 곳으로 옮긴다.
㉢ 소화기의 손잡이를 움켜쥐고 소화 물질을 뿌려 불을 끈다.
㉣ 바람을 등지고 서서 소화기의 고무관을 잡고 불 쪽을 향한다.

( ) → ( ) → ( ) → ( )

3 화재가 발생한 것을 발견했을 때의 대처 방법을 옳게 설명한 친구의 이름을 모두 써 봅시다.

- 연수: 큰 소리로 "불이야!"라고 외쳐야 해.
- 해정: 112에 신고해서 도움을 요청해야 해.
- 윤아: 화재경보기를 눌러 불이 난 것을 주변 사람에게 알려야 해.

( )

4 화재가 발생했을 때 이동하는 방법으로 옳은 것을 골라 기호를 써 봅시다.

㉠

▲ 계단 대신 승강기로 이동한다.

㉡

▲ 연기가 많은 곳에서는 낮은 자세로 이동한다.

( )

5 화재가 발생하여 연기가 많이 날 때 대처 방법으로 가장 옳은 것은 어느 것입니까? ( )

① 휴지로 코를 막는다.
② 입으로만 숨을 쉰다.
③ 손으로 입을 막는다.
④ 마른 수건으로 입만 막는다.
⑤ 젖은 수건으로 코와 입을 막는다.

6 화재 발생에 대비하여 평소에 해야 할 일로 옳지 않은 것을 보기 에서 골라 기호를 써 봅시다.

보기
㉠ 화재가 발생하지 않도록 평소에 주의를 기울인다.
㉡ 화재경보기, 소화기, 비상구 등의 위치를 미리 알아둔다.
㉢ 비상구의 문을 잘 잠그고, 비상구 앞에 대피할 때 필요한 물건을 쌓아 둔다.

( )

❹ 물질이 연소한 후에 생기는 물질

[1~2] 다음은 초가 연소한 후에 생기는 물질을 알아보는 실험입니다.

(가) 초에 불을 붙이고 안쪽 벽면에 (㉠)을/를 붙인 유리병으로 덮은 뒤 촛불이 꺼졌을 때의 변화를 관찰한다.
(나) 초에 불을 붙여 집기병으로 덮고 촛불이 꺼지면 집기병 입구를 유리판으로 막은 뒤 집기병에 (㉡)을/를 부어 흔들면서 변화를 관찰한다.

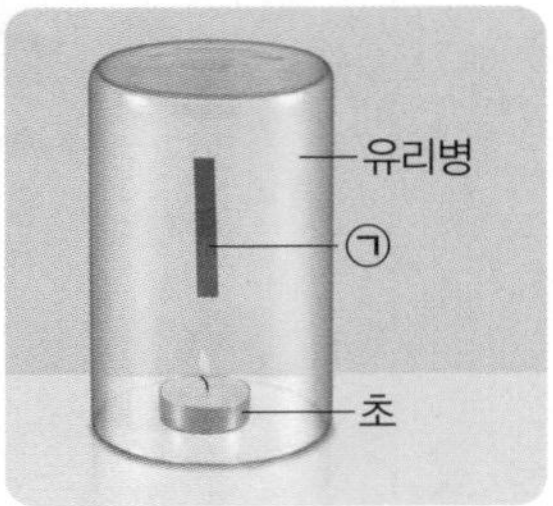

1 위 실험에서 ㉠과 ㉡은 각각 무엇인지 옳게 짝 지은 것은 어느 것입니까? ( )

	㉠	㉡		㉠	㉡
①	푸른색 리트머스 종이	물	②	푸른색 리트머스 종이	석회수
②	푸른색 리트머스 종이	알코올	④	푸른색 염화 코발트 종이	물
⑤	푸른색 염화 코발트 종이	석회수			

2 위 실험에 대한 설명으로 옳은 것은 어느 것입니까? ( )

① (가)에서 ㉠이 노란색으로 변한다.
② (나)에서 ㉡이 푸른색으로 변한다.
③ (가)에서 유리병 안 산소의 양이 더 많아진다.
④ (가)의 결과로 초가 연소한 후 물이 생기는 것을 알 수 있다.
⑤ (나)의 결과로 초가 연소한 후 산소가 생기는 것을 알 수 있다.

3 초가 연소한 후에 초의 길이가 짧아지는 까닭을 옳게 설명한 친구의 이름을 모두 써 봅시다.

- 재원: 초가 연소해서 새로운 물질이 생성되기 때문이야.
- 다인: 초가 연소해서 산소와 그을음으로 변하기 때문이야.
- 승민: 초가 연소해서 물과 이산화 탄소로 변하기 때문이야.
- 하진: 초가 연소해서 석회수로 변해 공기 중으로 날아가기 때문이야.

( )

❺ 불을 끄는 다양한 방법

[4~5] 다음은 불을 끄는 몇 가지 방법입니다.

㉠

▲ 불이 난 곳에 물을 뿌린다.

㉡
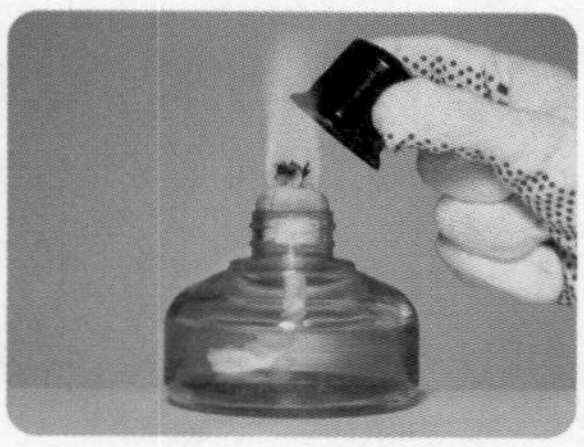
▲ 타고 있는 알코올램프에 뚜껑을 덮는다.

㉢

▲ 가스레인지의 연료 조절 손잡이를 돌려 닫는다.

4 위 불을 끄는 방법과 불이 꺼진 까닭을 옳게 짝 지은 것은 어느 것입니까? (　　　)

① ㉠ – 탈 물질이 없어졌기 때문이다.
② ㉡ – 산소가 차단되었기 때문이다.
③ ㉡ – 온도가 발화점 아래로 낮아졌기 때문이다.
④ ㉢ – 산소가 차단되었기 때문이다.
⑤ ㉢ – 온도가 발화점 아래로 낮아졌기 때문이다.

5 위 ㉠과 ㉡에서 각각 불이 꺼지는 까닭과 관련된 연소의 조건 두 가지를 모두 제거하여 촛불을 끄는 방법으로 옳은 것은 어느 것입니까? (　　　)

① 촛불을 입으로 불어 끈다.
② 촛불을 물수건으로 덮는다.
③ 촛불을 집기병으로 덮는다.
④ 핀셋으로 초의 심지를 집는다.
⑤ 분무기로 촛불에 물을 뿌린다.

6 불이 꺼지는 까닭이 나머지와 다른 하나는 어느 것입니까? (　　　)

① 불이 난 곳에 모래를 뿌린다.
② 촛불의 심지를 가위로 자른다.
③ 불이 난 곳에 두꺼운 담요를 덮는다.
④ 타고 있는 알코올램프에 뚜껑을 덮는다.
⑤ 촛불에 드라이아이스를 가까이 가져간다.

7 **연소 물질에 따라 불을 끄는 방법을 잘못 설명한 친구의 이름을 써 봅시다.**

- 종현: 종이에 불이 붙었을 때에는 물을 뿌려.
- 아륜: 기름에 불이 붙었을 때에는 모래를 덮어.
- 나영: 전기 기구에 불이 붙었을 때에는 물을 뿌리면 돼.
- 현조: 커튼에 불이 붙었을 때에는 소화기를 사용하면 돼.

( )

8 **다음과 같이 화재가 발생했을 때 젖은 수건으로 코와 입을 막는 까닭으로 옳은 것은 어느 것입니까?** ( )

① 빨리 이동하기 위해서
② 작은 불을 끄기 위해서
③ 화상을 입지 않기 위해서
④ 뜨거운 열을 피하기 위해서
⑤ 연기를 마시는 것을 피하기 위해서

9 **화재가 발생했을 때의 대처 방법으로 옳지 않은 것은 어느 것입니까?** ( )

① 비상구를 통해 대피한다.
② 안전하게 대피하고 119에 신고한다.
③ 화재경보기를 눌러 불이 난 것을 주변에 알린다.
④ 아래층에서 불이 나도 무조건 1층으로 내려간다.
⑤ 문손잡이가 뜨거우면 문을 열지 말고 다른 길을 찾는다.

탐구 서술형 문제

서술형 길잡이

❶ 푸른색 염화 코발트 종이는 □에 닿으면 붉게 변합니다.

❷ 석회수는 □□□□□와 만나면 뿌옇게 흐려집니다.

10 초와 알코올이 연소한 후에 공통으로 생기는 물질 두 가지를 쓰고, 이 두 가지 물질을 확인하는 방법을 각각 써 봅시다.

(1) 초와 알코올이 연소한 후에 공통으로 생기는 물질:

(,)

(2) 두 가지 물질을 확인하는 방법: ______________________

____

❶ □ □□이 제거되면 불이 꺼집니다.

❷ 가스레인지의 연료 조절 손잡이를 돌려 닫으면 □ □□인 가스가 차단되어 불이 꺼집니다.

11 오른쪽은 타고 있는 촛불을 끄기 위해 핀셋으로 초의 심지를 집는 모습입니다.

(1) 위에서 촛불이 꺼지는 까닭을 연소의 조건과 관련지어 써 봅시다.

____

____

(2) (1)에서 답한 것과 같은 까닭으로 불을 끄는 방법을 한 가지 써 봅시다.

____

____

❶ 화재가 발생하면 "□□□!"라고 큰 소리로 외쳐 주변에 알립니다.

❷ 화재가 발생했을 때 정전으로 □□□가 멈출 수 있으므로 □□으로 대피합니다.

12 다음은 화재가 발생했을 때의 대처 방법입니다. ㉠~㉢ 중 옳지 않은 것을 골라 기호를 쓰고, 옳게 고쳐 써 봅시다.

▲ 불을 발견하면 화재경보기를 눌러 불이 난 것을 주변에 알린다.

▲ 아래층으로 내려갈 수 없으면 옥상으로 대피해 구조를 요청한다.

▲ 승강기를 이용하여 빠르게 대피한다.

____

____

단원 정리하기

◎ 정답과 해설 • 17쪽

❶ 물질이 연소할 때 필요한 조건

• **물질이 탈 때 나타나는 공통적인 현상:** ❶ (　　　)과 ❷ (　　　)이 발생하고, 불꽃 주변이 밝고 따뜻해집니다.

▲ 초가 타는 모습

▲ 알코올이 타는 모습

• **연소:** 물질이 산소와 빠르게 반응하여 빛과 열을 내는 현상

• **연소의 조건:** 탈 물질, 발화점 이상의 온도, ❸ (　　　)

발화점 이상의 온도	물질에 불을 직접 붙이지 않아도 물질을 가열하여 발화점 이상으로 온도를 높이면 물질이 탈 수 있습니다.
산소	탈 물질이 있고, 온도가 발화점 이상이라도 산소가 부족하면 물질이 타지 못합니다.

❷ 물질이 연소한 후에 생기는 물질

• **초가 연소한 후에 생성되는 물질 알아보기**

생성되는 물질	확인 방법
❹ (　　　)	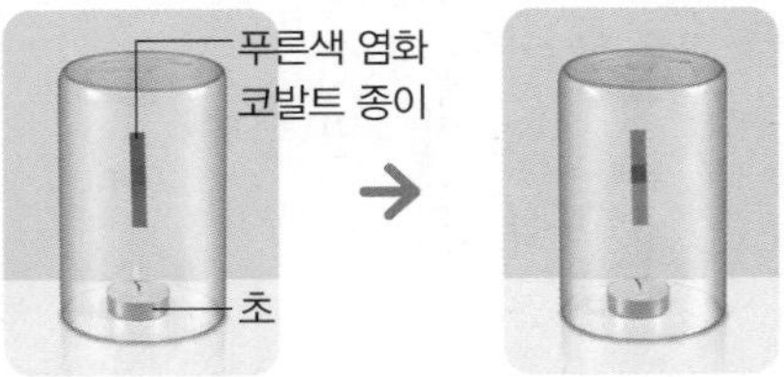 푸른색 염화 코발트 종이가 붉게 변합니다.
❺ (　　　)	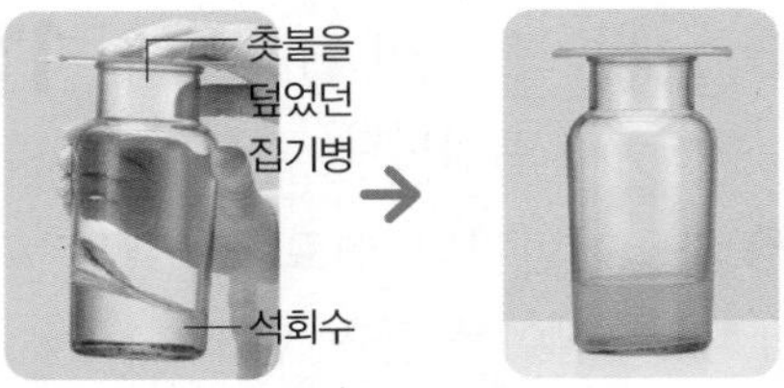 석회수가 뿌옇게 흐려집니다.

• **물질의 연소 전과 후 비교:** 물질이 연소하면 연소 전과는 다른 새로운 물질이 생성됩니다.

❸ 불을 끄는 방법

• ❻ (　　　): 불을 끄는 것 ➜ 연소의 조건 중 한 가지 이상의 조건을 없애면 불이 꺼집니다.

• **여러 가지 소화 방법**

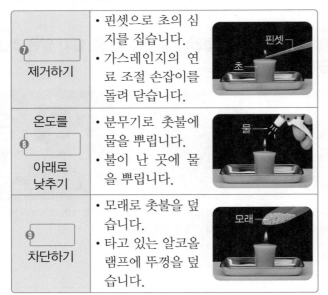

❼ (　　　) 제거하기	• 핀셋으로 초의 심지를 집습니다. • 가스레인지의 연료 조절 손잡이를 돌려 닫습니다.	
온도를 ❽ (　　　) 아래로 낮추기	• 분무기로 촛불에 물을 뿌립니다. • 불이 난 곳에 물을 뿌립니다.	
❾ (　　　) 차단하기	• 모래로 촛불을 덮습니다. • 타고 있는 알코올램프에 뚜껑을 덮습니다.	

❹ 화재 안전 대책

• **연소 물질에 따른 소화 방법**

나무, 종이, 섬유에 일어난 화재	❿ (　　　)을 뿌리거나 모래를 덮거나 소화기를 사용합니다.
기름, 가스, 전기에 의한 화재	모래를 덮거나 소화기를 사용합니다.

• **소화기 사용 방법:** 소화기를 불이 난 곳으로 옮기기 → 소화기의 안전핀 뽑기 → 바람을 등지고 서서 소화기의 고무관을 잡고 불 쪽 향하기 → 소화기의 손잡이를 움켜쥐고 소화 물질 뿌리기

• **화재가 발생했을 때 대처하는 방법**

• 불을 발견하면 "불이야!"하고 외치고 화재경보기를 누른 뒤, ⓫ (　　　)에 신고합니다.
• 연기가 많으면 젖은 수건으로 코와 입을 막고 낮은 자세로 이동합니다.
• 승강기 대신 ⓬ (　　　)을 이용하여 이동합니다.

단원 마무리 문제

(맞은 개수 　　　 개)

정답과 해설 ● 17쪽

1 오른쪽과 같이 초가 탈 때 나타나는 현상으로 옳은 것은 어느 것입니까? (　　)

① 불꽃 모양이 공처럼 둥글다.
② 초의 길이는 변하지 않는다.
③ 불꽃의 색깔은 푸른색으로 일정하다.
④ 불꽃 끝부분에서 붉은색 연기가 난다.
⑤ 심지 주변의 초가 녹아 심지 주변이 움푹 팬다.

중요

2 물질이 탈 때 나타나는 공통적인 현상으로 옳지 않은 것을 보기 에서 골라 기호를 써 봅시다.

보기
㉠ 불꽃 주변이 밝아진다.
㉡ 불꽃 주변이 따뜻해진다.
㉢ 물질이 빛과 열을 내면서 탄다.
㉣ 타고 있는 물질의 양은 변하지 않는다.

(　　)

3 우리 주변에서 물질이 타면서 발생하는 빛과 열을 이용하는 예가 아닌 것은 어느 것입니까? (　　)

① 
▲ 모닥불놀이

② 
▲ 가스레인지

③ 
▲ 형광등

④ 
▲ 아궁이

[4~5] 오른쪽과 같이 가열 장치 위에 철판을 놓고 성냥의 머리 부분을 올려놓은 뒤 철판을 가열했습니다.

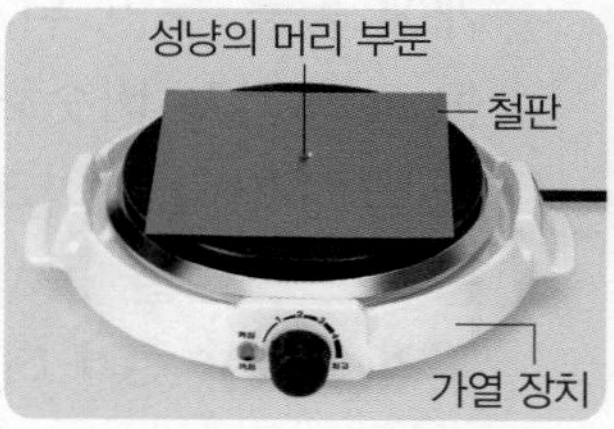

서술형

4 위 실험에서 가열 장치로 철판을 가열할 때 성냥의 머리 부분은 어떻게 변하는지 써 봅시다.

중요

5 위 실험으로 알 수 있는 물질이 타기 위한 조건은 무엇입니까? (　　)

① 탈 물질의 양 　② 이산화 탄소
③ 산소 차단하기 　④ 발화점 이상의 온도
⑤ 발화점 미만의 온도

6 발화점에 대해 옳게 설명한 친구의 이름을 써 봅시다.

- 지현: 모든 물질의 발화점이 같아.
- 지영: 물질이 불에 닿아 타기 시작하는 온도야.
- 현우: 발화점이 낮은 물질일수록 쉽게 불이 붙어.

(　　)

서술형

7 오른쪽과 같이 불을 직접 붙이지 않고 물질을 태울 수 있는 까닭을 연소의 조건과 관련지어 써 봅시다.

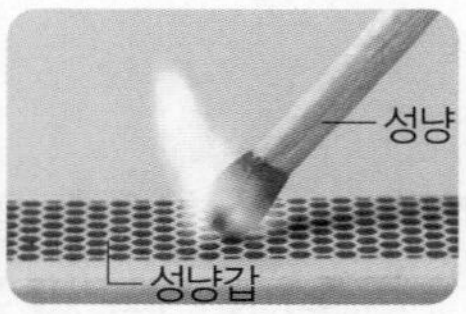

8 오른쪽과 같이 초 두 개에 불을 붙인 뒤 촛불의 크기가 비슷해질 때 크기가 다른 아크릴 통으로 촛불을 동시에 덮었습니다. 초가 더 오래 타는 것과 그 까닭을 옳게 짝 지은 것은 어느 것입니까? (　　　)

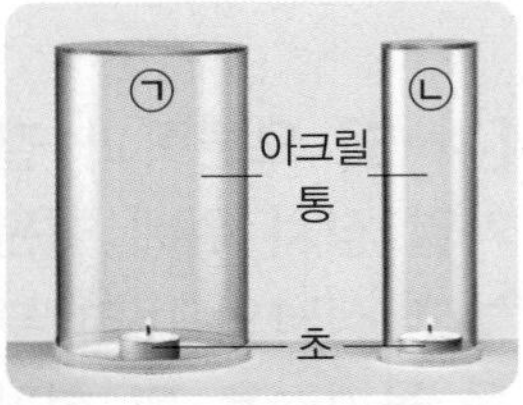

① ㉠, 아크릴 통 안에서 산소가 발생하기 때문
② ㉠, 아크릴 통 안의 산소의 양이 많기 때문
③ ㉡, 아크릴 통 안의 공기의 양이 많기 때문
④ ㉡, 아크릴 통 안의 산소를 많이 사용했기 때문
⑤ 같다, 아크릴 통 안의 산소의 양이 같기 때문

[9~10] 다음과 같이 (가)는 불을 붙인 초만 유리병으로 덮고, (나)는 묽은 과산화 수소수와 이산화 망가니즈가 담긴 비커와 불을 붙인 초를 함께 유리병으로 덮은 뒤 변화를 관찰했습니다.

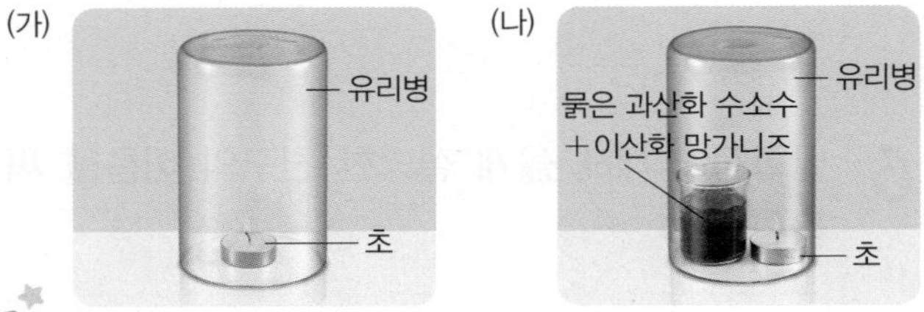

중요

9 다음은 위 실험에 대한 설명입니다. (　　) 안에 들어갈 말을 각각 써 봅시다.

> (가)와 (나) 중 촛불이 더 오래 타는 것은 (㉠)이다. 그 까닭은 유리병 안에서 (㉡)이/가 활발하게 발생하기 때문이다.

㉠: (　　　　　　) ㉡: (　　　　　　)

서술형

10 위 실험으로 알 수 있는 물질이 연소할 때 필요한 조건을 써 봅시다.

[11~13] 다음은 초의 연소와 관련된 실험입니다.

> (가) 안쪽 벽면에 푸른색 염화 코발트 종이를 붙인 유리병으로 불을 붙인 초를 덮은 뒤 푸른색 염화 코발트 종이의 색깔 변화를 관찰한다.
> (나) 불을 붙인 초를 덮었던 집기병에 석회수를 붓고 집기병을 흔든 뒤 석회수의 변화를 관찰한다.

11 위 실험에서 알아보려는 것은 무엇입니까? (　　　)

① 촛불을 끄는 방법
② 초가 연소하는 시간
③ 촛불을 끄는 데 걸리는 시간
④ 초가 연소한 후 생기는 물질
⑤ 초가 연소하는 데 필요한 조건

12 위 실험 결과에 대한 설명으로 옳은 것은 어느 것입니까? (　　　)

① (가)에서 유리병 안 촛불은 계속 탄다.
② (가)에서 푸른색 염화 코발트 종이가 사라진다.
③ (가)에서 푸른색 염화 코발트 종이가 붉게 변한다.
④ (나)에서 석회수가 푸른색으로 변한다.
⑤ (나)에서 석회수가 굳어서 고체가 된다.

중요

13 위 실험 (가)와 (나)의 결과를 통해 알 수 있는 초가 연소한 후 생기는 물질을 각각 써 봅시다.

(가): (　　　　　　) (나): (　　　　　　)

14 물질이 연소한 후 물질의 변화에 대한 설명으로 옳은 것을 보기 에서 골라 기호를 써 봅시다.

> 보기
> ㉠ 물질이 연소하면 새로운 물질이 생성된다.
> ㉡ 모든 물질이 연소한 후에는 물과 이산화 탄소가 생성된다.
> ㉢ 물질이 연소해도 연소 전의 물질이 변하지 않고 그대로 남아 있다.

(　　　　　　)

[15~16] 다음은 불을 끄는 여러 가지 방법입니다.

㉠

▲ 핀셋으로 촛불의 심지 집기

㉡

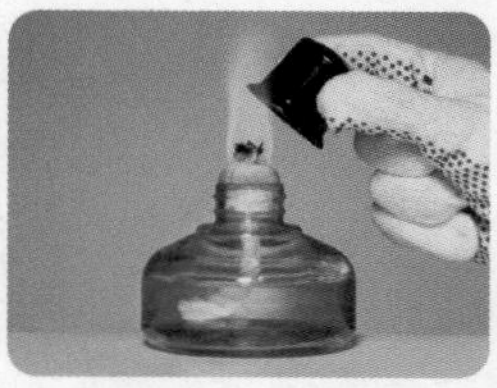

▲ 타고 있는 알코올램프에 뚜껑 덮기

㉢

▲ 모래로 촛불 덮기

㉣

▲ 분무기로 촛불에 물 뿌리기

15 **위 ㉠~㉣ 중 산소를 차단하여 불을 끄는 방법끼리 옳게 짝 지은 것은 어느 것입니까?** (   )

① ㉠, ㉡　② ㉠, ㉢　③ ㉠, ㉣
④ ㉡, ㉢　⑤ ㉠, ㉢, ㉣

16 **위 ㉠과 같은 연소의 조건을 없애 불을 끄는 방법을 옳게 설명한 친구의 이름을 써 봅시다.**

- 지아: 장작불에 물을 뿌려.
- 정훈: 촛불을 입으로 불어.
- 주현: 불이 난 곳에 흙을 뿌려.

(   )

중요

17 **불을 끄는 방법과 불이 꺼진 까닭을 잘못 짝 지은 것은 어느 것입니까?** (   )

① 촛불을 집기병으로 덮는다. – 산소 차단하기
② 불이 난 곳에 두꺼운 담요를 덮는다. – 산소 차단하기
③ 장작불에 물을 뿌린다. – 온도를 발화점 아래로 낮추기
④ 촛불의 심지를 가위로 자른다. – 온도를 발화점 아래로 낮추기
⑤ 가스레인지의 연료 조절 손잡이를 돌려 닫는다. – 탈 물질 제거하기

중요

18 **연소와 소화에 대한 설명으로 옳은 것은 어느 것입니까?** (   )

① 연소하는 물질에 관계없이 소화 방법은 모두 같다.
② 연소의 세 가지 조건 중 한 가지만 있어도 연소가 일어난다.
③ 연소의 조건은 탈 물질, 이산화 탄소, 발화점 이상의 온도이다.
④ 소화는 연소의 조건 중 한 가지 이상의 조건을 없애 불을 끄는 것이다.
⑤ 소화 방법은 탈 물질 제거하기, 온도를 발화점 아래로 낮추기, 산소 공급하기이다.

19 **기름에 붙은 불을 끄는 방법으로 옳은 것을 보기 에서 모두 골라 기호를 써 봅시다.**

보기
㉠ 물을 뿌린다.
㉡ 모래를 덮는다.
㉢ 소화기를 사용한다.

(   )

서술형

20 **다음은 화재가 발생했을 때의 대처 방법입니다. ㉠~㉤ 중 옳지 않은 것을 찾아 기호를 쓰고, 옳게 고쳐 써 봅시다.**

불을 발견하면 ㉠큰 소리로 "불이야!"하고 외치고 ㉡화재경보기를 눌러 불이 난 것을 주변에 알린 뒤, ㉢119에 신고해 도움을 요청한다. 건물 안에 연기가 많으면 ㉣마른 휴지로 코와 입을 막고 똑바로 서서 이동하며, ㉤계단을 이용하여 아래층으로 대피한다.

가로 세로 용어 퀴즈

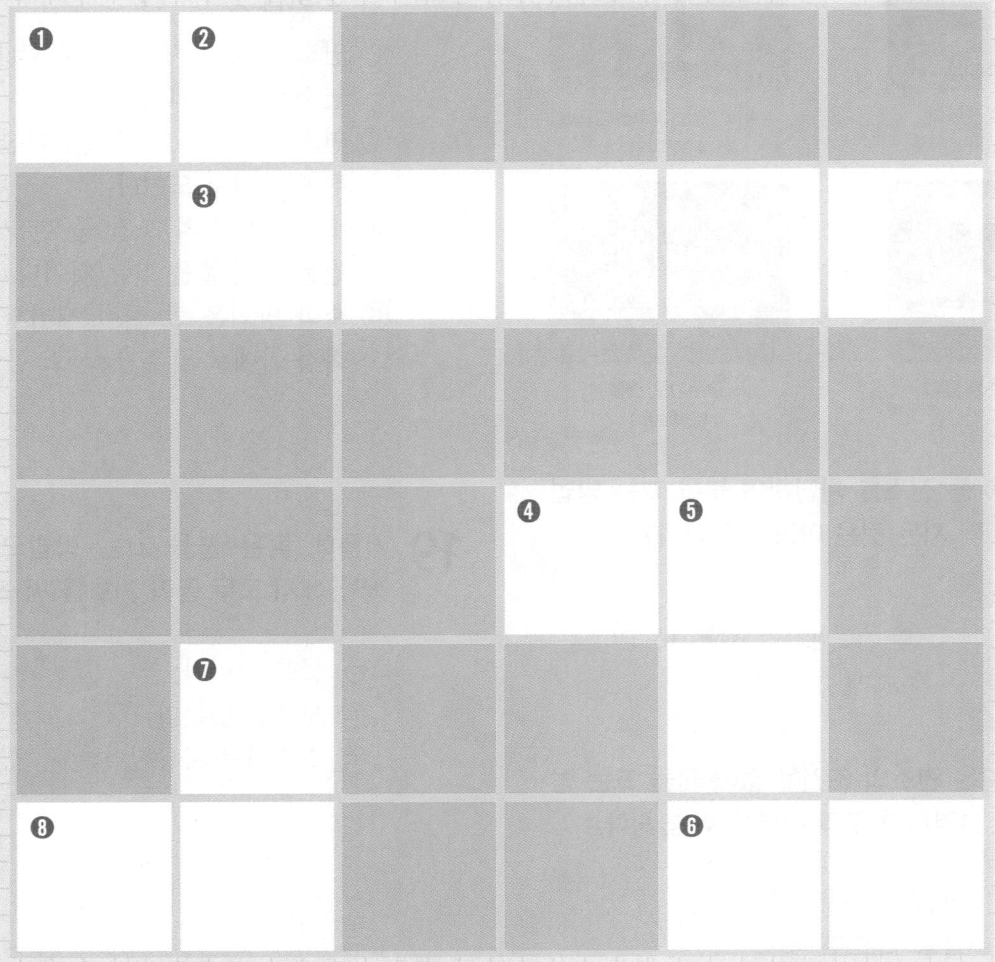

◎ 정답과 해설 • 18쪽

가로 퀴즈

❶ 물질이 산소와 빠르게 반응하여 빛과 열을 내는 현상

❸ 화재가 발생하면 ○○○○○를 누른 뒤 119에 신고합니다.

❹ 물질이 연소할 때 필요한 기체

❻ 초가 연소할 때 생기는 이산화 탄소의 물질의 상태는 ○○입니다.

❽ 모래로 촛불을 덮으면 산소가 ○○되어 불이 꺼집니다.

세로 퀴즈

❷ 연소의 세 가지 조건 중 한 가지 이상의 조건을 없애 불을 끄는 것을 ○○라고 합니다.

❺ 기름에 불이 붙었을 때는 모래를 덮거나 ○○○를 사용하여 불을 끕니다.

❼ 화재가 발생하면 승강기 대신 ○○을 이용하여 이동합니다.

4

우리 몸의 구조와 기능

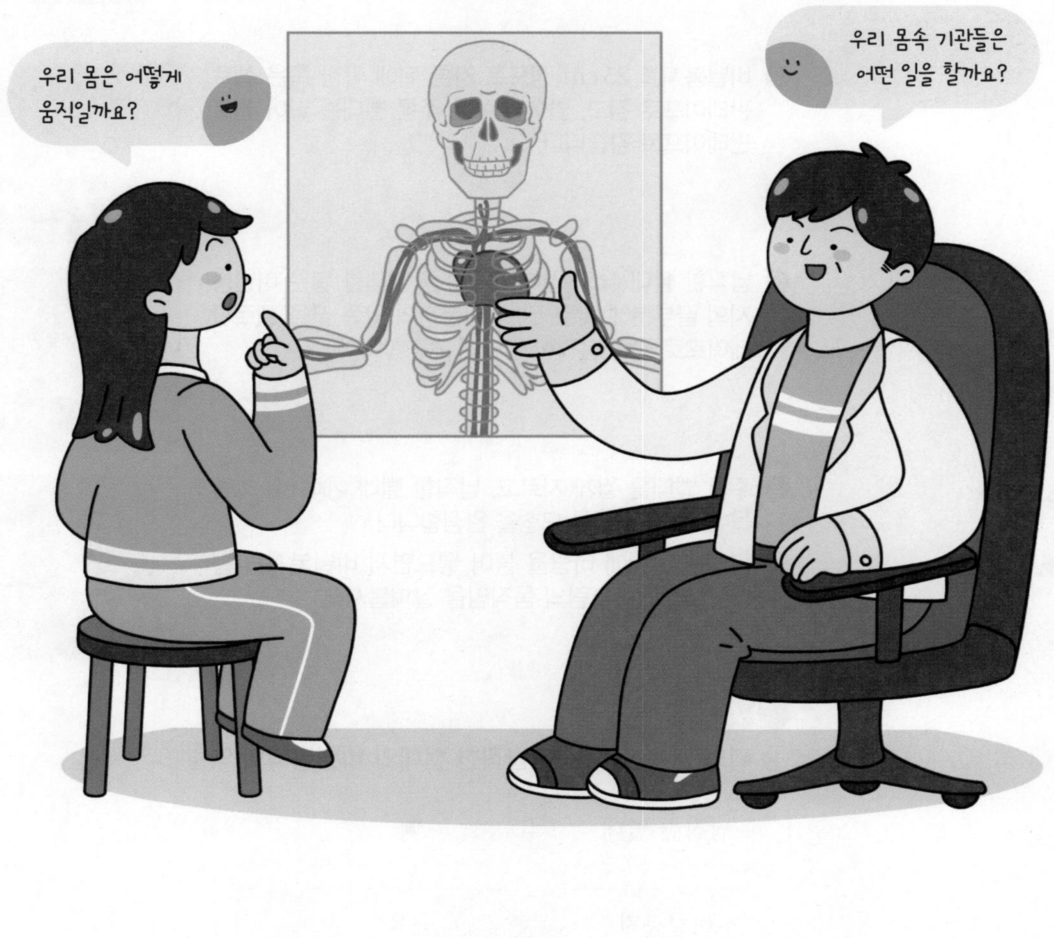

1 우리가 몸을 움직일 수 있는 까닭

탐구로 시작하기

❶ 팔을 움직이며 근육의 변화 관찰하기

탐구 과정 및 결과

자신의 팔을 구부렸다 폈다 하면서 다른 손으로 팔을 만져 근육의 변화를 관찰해 봅시다.

• 팔을 움직일 때 뼈 모양에는 변화가 없습니다.

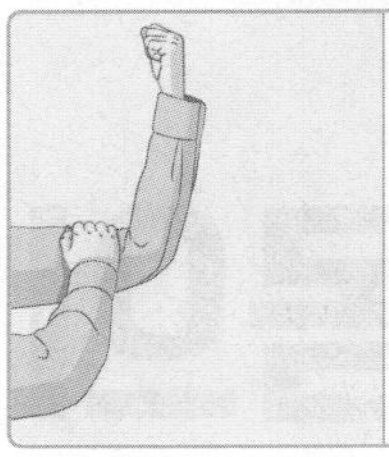

팔을 구부릴 때

팔 안쪽 근육이 볼록해지며, 근육이 짧아집니다.

팔을 펼 때

팔 안쪽 근육이 납작해지며, 근육이 길어집니다.

❷ 뼈와 근육 모형 만들기

실험 동영상

탐구 과정

❶ 납작한 빨대 두 개 ㉮, ㉯의 구멍 뚫린 부분을 할핀으로 연결합니다.

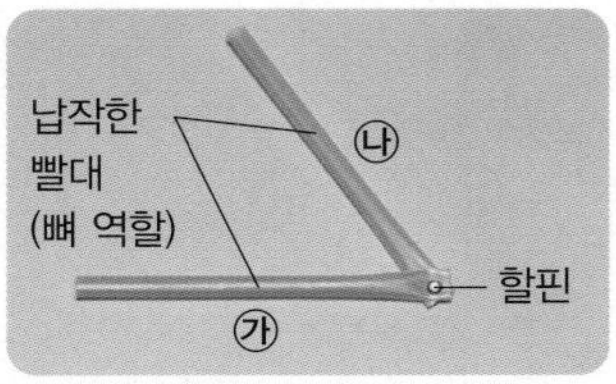

❷ 비닐봉지를 25 cm 정도로 자른 뒤에 막힌 쪽은 셀로판테이프로 감고, 벌어진 쪽은 주름 빨대를 넣어 셀로판테이프로 감습니다.

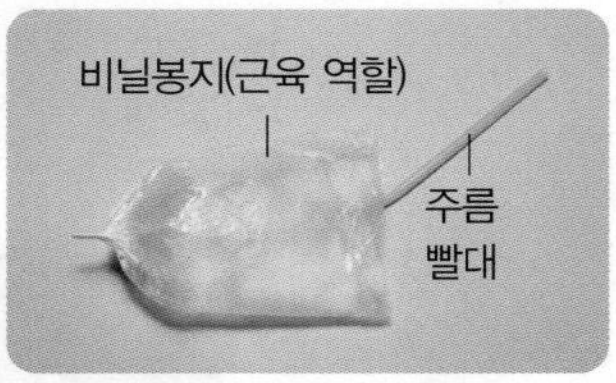

❸ 납작한 빨대 ㉯의 끝부분을 주름 빨대를 넣은 비닐봉지의 끝부분에 맞춘 뒤, 비닐봉지의 양쪽 끝을 셀로판테이프로 감아 납작한 빨대에 고정합니다.

❹ 주름 빨대를 짧게 자르고, 납작한 빨대 ㉮에 손 그림을 붙여 뼈와 근육 모형을 완성합니다.

❺ 완성된 모형에 바람을 불어 넣으면서 비닐봉지의 길이 변화와 손 그림의 움직임을 살펴봅시다.

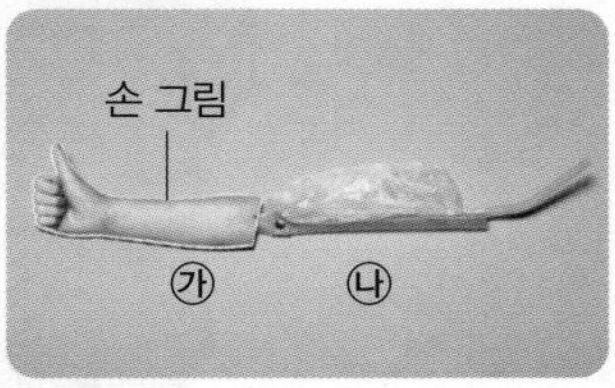

탐구 결과

① 뼈와 근육 모형에서 납작한 빨대와 비닐봉지의 역할

납작한 빨대	=	뼈
비닐봉지	=	근육

② 모형에 바람을 불어 넣었을 때 비닐봉지의 길이와 손 그림의 움직임 변화

바람을 불어 넣기 전	바람을 불어 넣은 후
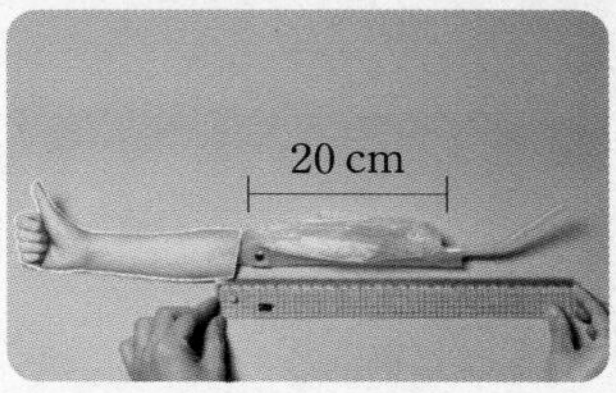	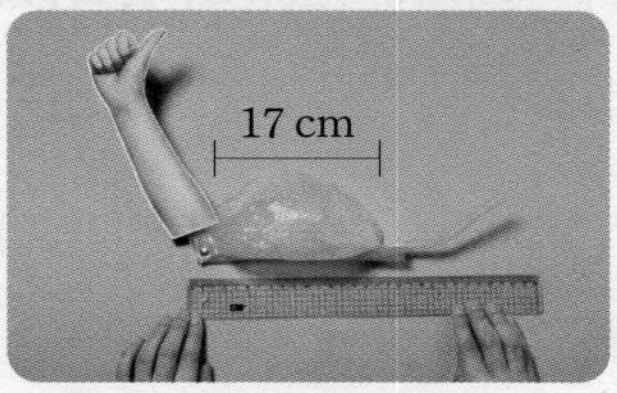

➜ 바람을 불어 넣으면 비닐봉지(근육 역할)가 부풀어 오르면서 비닐봉지의 길이가 줄어들고 납작한 빨대(뼈 역할)가 구부러져 손 그림이 올라갑니다.

③ **우리가 몸을 움직일 수 있는 까닭**: 비닐봉지가 부풀어 오르면서 길이가 줄어들어 납작한 빨대가 구부러지듯이, 우리 몸에서는 근육이 줄어들거나(수축) 늘어나면서(이완) 근육과 연결된 뼈를 움직여 몸이 움직입니다.
└• 실제 근육은 모형처럼 바람에 의해 움직이는 것이 아니라 몸속에서 만들어진 에너지에 의해 움직입니다.

개념 이해하기

1. 우리 몸속의 뼈와 근육

① **운동 ❶기관**: 몸속 기관 중 움직임에 관여하는 뼈와 근육을 말합니다.

② **뼈의 종류와 생김새**: 우리 몸을 이루는 뼈는 종류와 생김새가 다양하며, 움직임도 서로 다릅니다.

바가지처럼 둥근 모양입니다.		머리뼈
여러 개의 뼈가 좌우로 둥글게 연결되어 안쪽에 공간을 만듭니다.		갈비뼈
짧은뼈 여러 개가 기둥 모양으로 이어져 있습니다.		척추뼈
아래쪽 뼈는 긴뼈 두 개로 이루어져 있습니다.	길이가 깁니다.	팔뼈
	팔뼈보다 더 길고 굵습니다.	다리뼈

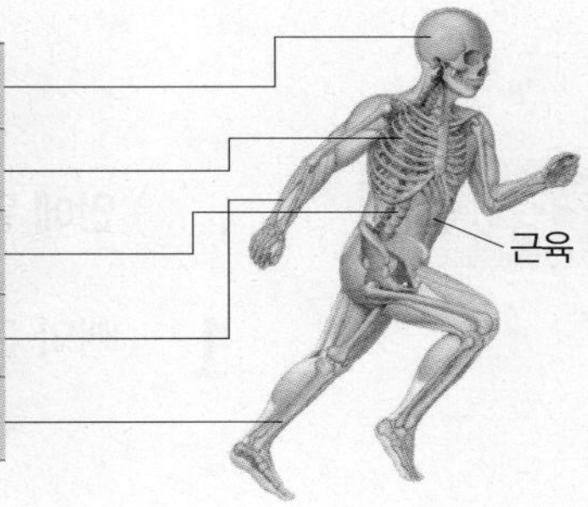

③ 뼈 주변을 근육이 둘러싸고 있습니다. ─• 뼈에 붙은 근육의 방향과 길이가 다양합니다.

2. 뼈와 근육이 하는 일 (개념1)

뼈	• 우리 몸의 형태를 만들고, 몸을 지탱합니다. • 심장과 폐, 뇌 등의 몸속 기관을 보호합니다.
근육	뼈에 연결되어 있어 몸을 움직일 수 있게 합니다.

➜ 우리 몸은 뼈와 근육이 있어서 다양한 자세로 움직일 수 있고, 물건을 들어 올릴 수 있습니다.

3. 우리 몸이 움직이는 원리

① 근육의 길이가 줄어들거나 늘어나면서 근육과 연결된 뼈를 움직여 몸을 움직일 수 있습니다.

② **팔을 구부리고 펴는 원리**
- 팔 안쪽 근육의 길이가 줄어들면 아래팔뼈가 올라와 팔이 구부러집니다.
- 팔 안쪽 근육의 길이가 늘어나면 아래팔뼈가 내려가 팔이 펴집니다.

개념1 자리에 앉아 기지개를 켤 때 우리 몸의 변화와 그 까닭

변화	• 두 팔이 위로 올라갑니다. • 어깨와 허리가 뒤로 넘어갑니다.
까닭	• 뼈와 근육이 있기 때문입니다. • 우리 몸이 여러 개의 뼈로 이루어져 있기 때문입니다.

4 단원

용어 돋보기

❶ **기관(器 그릇, 官 일)**
우리가 살아가는 데 필요한 일을 하는 몸속 부분

핵심 개념 되짚어 보기

우리가 몸을 움직일 수 있는 까닭은 뼈와 연결된 근육의 길이가 줄어들거나 늘어나면서 뼈가 움직이기 때문입니다.

기본 문제로 익히기

◎ 정답과 해설 ● 19쪽

핵심 체크

- **뼈와 근육 모형**: 비닐봉지(근육 역할)가 부풀어 오르면서 비닐봉지의 길이가 줄어들면 납작한 빨대(뼈 역할)가 구부러져 손 그림이 올라갑니다.
- **뼈의 종류와 생김새**

❶ □□뼈	바가지처럼 둥근 모양입니다.	
❷ □□뼈	여러 개의 뼈가 좌우로 둥글게 연결되어 안쪽에 공간을 만듭니다.	
❸ □□뼈	짧은뼈 여러 개가 기둥 모양으로 이어져 있습니다.	
팔뼈	아래쪽 뼈는 긴뼈 두 개로 이루어져 있습니다.	길이가 깁니다.
다리뼈		팔뼈보다 더 길고 굵습니다.

- **뼈와 근육이 하는 일**

❹ □	• 우리 몸의 형태를 만들고, 몸을 지탱합니다. • 심장과 폐, 뇌 등의 몸속 기관을 보호합니다.
❺ □□	뼈에 연결되어 있어 몸을 움직일 수 있게 합니다.

- **우리 몸이 움직이는 원리**: 근육의 길이가 줄어들거나 늘어나면서 근육과 연결된 뼈를 움직여 몸을 움직일 수 있습니다.

Step 1

(　　) 안에 알맞은 말을 써넣어 설명을 완성하거나 설명이 옳으면 ○, 틀리면 ×에 ○표 해 봅시다.

1 뼈와 근육 모형에서 비닐봉지는 뼈, 납작한 빨대는 근육 역할을 합니다. (○ , ×)

2 우리 몸속의 뼈 중 (　　　　　)은/는 짧은뼈 여러 개가 기둥 모양으로 이어져 있습니다.

3 뼈는 스스로 길이가 줄어들거나 늘어나면서 몸을 움직이게 합니다. (○ , ×)

4 팔 안쪽 근육의 길이가 줄어들면 아래팔뼈가 올라와 팔이 구부러집니다. (○ , ×)

Step 2

1 팔을 구부릴 때와 펼 때 근육의 변화에 대한 설명을 찾아 선으로 연결해 봅시다.

(1)	팔을 구부릴 때 •	• ㉠	팔 안쪽 근육이 볼록해진다.
(2)	팔을 펼 때 •	• ㉡	팔 안쪽 근육이 납작해진다.

[2~3] 다음은 뼈와 근육 모형입니다.

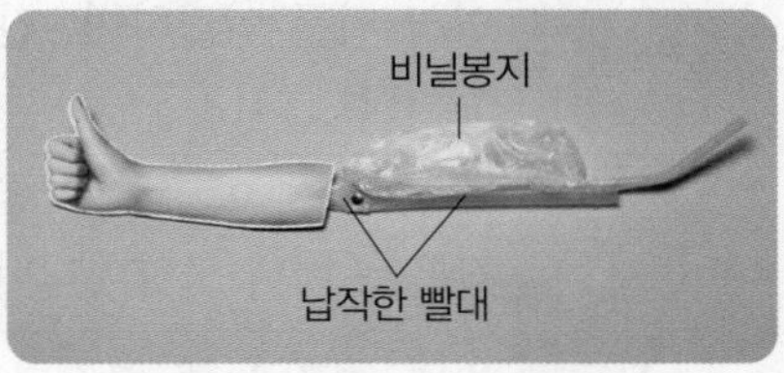

2 위 뼈와 근육 모형에서 비닐봉지와 납작한 빨대는 각각 우리 몸에서 어떤 역할을 하는지 써 봅시다.

(1) 비닐봉지: (　　　　　　　　　　)
(2) 납작한 빨대: (　　　　　　　　　　)

3 위 뼈와 근육 모형에 바람을 불어 넣었을 때의 변화로 옳은 것은 어느 것입니까? (　　　　)

① 비닐봉지가 오그라든다.
② 납작한 빨대가 구부러진다.
③ 비닐봉지의 길이가 늘어난다.
④ 납작한 빨대의 길이가 줄어든다.
⑤ 비닐봉지의 색깔이 검은색으로 변한다.

4 우리 몸속의 뼈에 대한 설명으로 옳지 않은 것은 어느 것입니까? (　　　　)

① 다리뼈는 팔뼈보다 더 짧고 가늘다.
② 머리뼈는 바가지처럼 둥근 모양이다.
③ 팔뼈의 아래쪽 뼈는 긴뼈 두 개로 이루어져 있다.
④ 척추뼈는 짧은뼈 여러 개가 기둥 모양으로 이어져 있다.
⑤ 갈비뼈는 좌우로 둥글게 연결되어 안쪽에 공간을 만든다.

5 오른쪽 우리 몸속의 뼈와 근육에 대해 잘못 말한 친구의 이름을 써 봅시다.

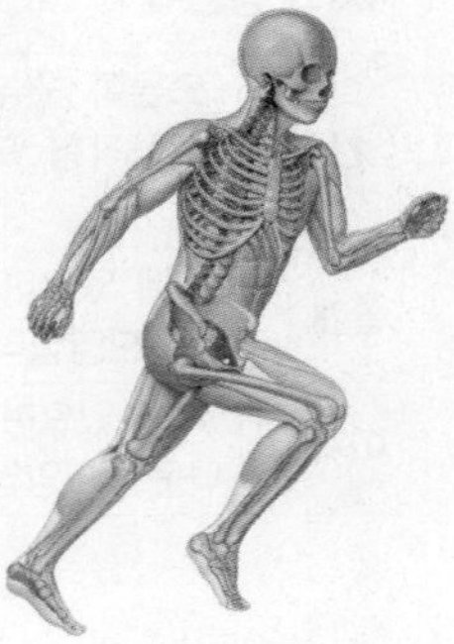

- 승윤: 뼈의 종류와 생김새는 모두 똑같아.
- 민주: 뼈는 심장과 폐, 뇌 등의 몸속 기관을 보호해.
- 시우: 근육의 길이가 줄어들거나 늘어나면서 몸을 움직일 수 있어.

(　　　　　　　　　　)

6 다음 (　　) 안에 들어갈 말을 각각 써 봅시다.

우리가 몸을 움직일 수 있는 까닭은 (㉠)의 길이가 줄어들거나 늘어나면서 (㉠)와/과 연결된 (㉡)이/가 움직이기 때문입니다.

㉠: (　　　　　　) ㉡: (　　　　　　)

2 음식물이 소화되는 과정

탐구로 시작하기

소화 기관의 위치와 생김새 알아보기

탐구 과정

❶ 소화 기관 모형을 관찰해 봅시다.
❷ 소화 기관의 종류와 위치를 알아봅시다.
❸ 인체 모형판에 소화 기관 붙임딱지를 붙여 봅시다.
❹ 소화 기관의 생김새를 이야기해 보고, 소화 기관의 종류, 위치, 생김새를 정리해 봅시다.

갈비뼈 필름을 살짝 들춰 그 사이에 소화 기관 그림을 붙입니다.

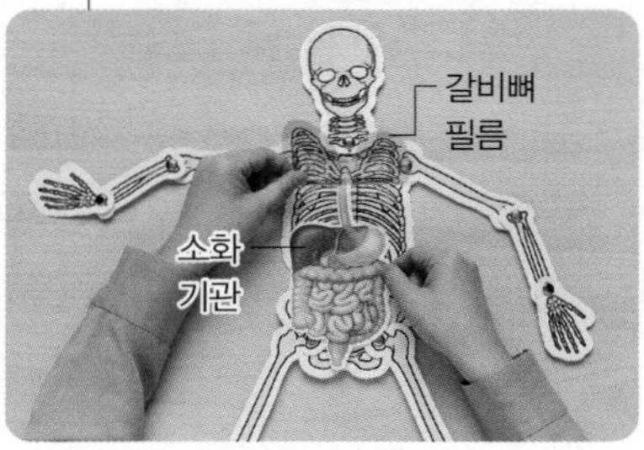

▲ 인체 모형판에 소화 기관 붙임딱지 붙이기

탐구 결과 개념1

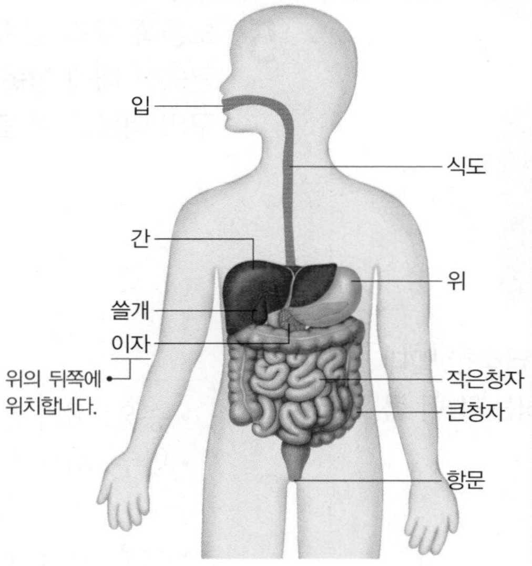

소화 기관	위치와 생김새
입	열고 닫을 수 있으며, 안에 이와 혀가 있습니다.
식도	입과 위를 연결하며, 긴 관 모양입니다.
위	식도와 작은창자를 연결하며, 작은 주머니 모양입니다.
작은창자	위와 큰창자를 연결하며, 길고 꼬불꼬불한 관 모양입니다.
큰창자	작은창자 주변을 감싸고 있으며, 굵은 관 모양입니다.
항문	큰창자에 연결되어 있으며, 구멍 모양입니다.

개념1 간, 쓸개, 이자의 위치와 생김새

간	배 오른쪽 윗부분에 있고 삼각형 모양입니다.
쓸개	간 뒤에 있으며 작은 주머니 모양입니다.
이자	위 뒤에 있으며 길쭉한 나뭇잎 모양입니다.

개념 이해하기

1. 소화와 소화 기관

① **소화**: 음식물 속의 ❶영양소를 몸속으로 흡수할 수 있도록 음식물을 잘게 쪼개는 과정
→ 음식물에서 우리가 살아가는 데 필요한 영양소를 얻습니다.

② **소화 기관**: 소화에 관여하는 기관

음식물이 지나가는 기관	입, 식도, 위, 작은창자, 큰창자, 항문
소화를 돕는 기관	간, 쓸개, 이자 → 간, 쓸개, 이자에는 음식물이 지나가지 않습니다.

용어 돋보기

❶ 영양소(營 경영하다, 養 기르다, 素 바탕)
생물이 살아가고 성장하는 데 필요한 에너지를 공급하는 영양분이 있는 물질

2. 소화 기관이 하는 일

① 우리가 먹은 음식물은 입, 식도, 위, 작은창자, 큰창자 순서로 이동하면서 소화됩니다.
② 소화 기관은 음식물을 잘게 쪼개고, 음식물 속의 영양소와 수분을 몸속으로 흡수한 뒤 남은 음식물 찌꺼기는 항문을 통해 몸 밖으로 배출합니다.
③ 간, 쓸개, 이자가 소화를 돕습니다.

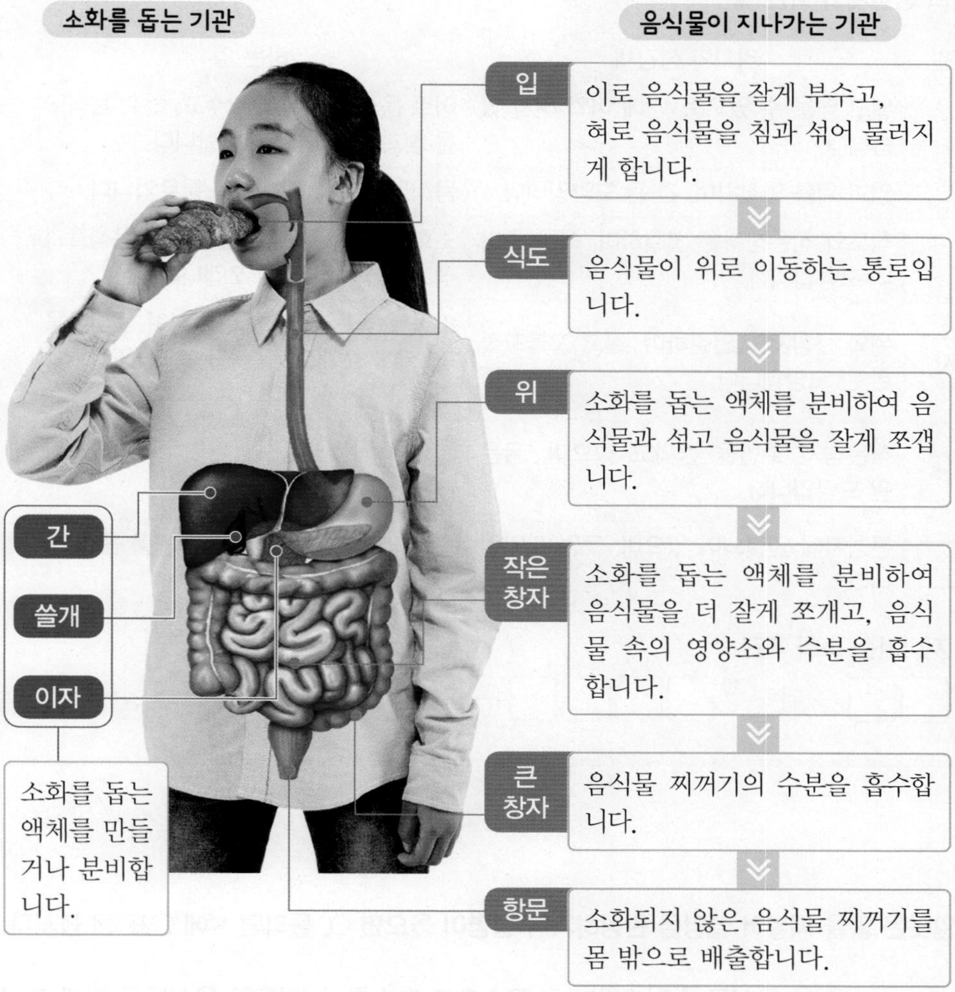

소화를 돕는 기관
음식물이 지나가는 기관
입
이로 음식물을 잘게 부수고, 혀로 음식물을 침과 섞어 물러지게 합니다.
식도
음식물이 위로 이동하는 통로입니다.
위
소화를 돕는 액체를 분비하여 음식물과 섞고 음식물을 잘게 쪼갭니다.
작은창자
소화를 돕는 액체를 분비하여 음식물을 더 잘게 쪼개고, 음식물 속의 영양소와 수분을 흡수합니다.
큰창자
음식물 찌꺼기의 수분을 흡수합니다.
항문
소화되지 않은 음식물 찌꺼기를 몸 밖으로 배출합니다.
간
쓸개
이자
소화를 돕는 액체를 만들거나 분비합니다.

3. 음식물이 소화되는 과정 개념2

음식물은 입에서 부서지고 식도를 통해 위로 이동하여 잘게 쪼개집니다.
→ 위에서 넘어온 음식물은 작은창자에서 더 잘게 쪼개지고 영양소와 수분이 흡수됩니다.
→ 큰창자를 지나면서 수분이 흡수되고 남은 음식물 찌꺼기는 항문을 통해 몸 밖으로 배출됩니다.

음식물이 지나가는 소화 기관

입 → 식도 → 위 → 작은창자 → 큰창자 → 항문

개념 2 평소보다 음식을 많이 먹었을 때 일어나는 소화 과정

- 위, 작은창자가 음식물을 더 잘게 쪼개는 데 시간이 오래 걸려 음식물의 소화가 늦어집니다.
- 항문에서 나오는 음식물 찌꺼기도 많아집니다.

핵심 개념 되짚어 보기

우리가 점점 쪼개지고 있어.

음식물은 '입 → 식도 → 위 → 작은창자 → 큰창자 → 항문'을 거치면서 잘게 쪼개져서 영양소와 수분이 몸속으로 흡수되고, 음식물 찌꺼기는 몸 밖으로 배출됩니다.

기본 문제로 익히기

◎ 정답과 해설 ● 19쪽

핵심 체크

- 소화: 음식물 속의 영양소를 몸속으로 흡수할 수 있도록 음식물을 잘게 쪼개는 과정
- 소화 기관
  - 음식물이 지나가는 기관: 입, 식도, 위, 작은창자, 큰창자, 항문
  - 소화를 돕는 기관: ❶ ☐, 쓸개, 이자
- 소화 기관의 생김새와 하는 일

소화 기관	위치와 생김새	하는 일
❷ ☐	열고 닫을 수 있으며, 안에 이와 혀가 있습니다.	이로 음식물을 잘게 부수고, 혀로 음식물을 침과 섞어 물러지게 합니다.
식도	입과 위를 연결하며, 긴 관 모양입니다.	음식물이 위로 이동하는 통로입니다.
위	식도와 작은창자를 연결하며, 작은 주머니 모양입니다.	소화를 돕는 액체를 분비하여 음식물과 섞고 음식물을 잘게 쪼갭니다.
작은창자	위와 큰창자를 연결하며, 길고 꼬불꼬불한 관 모양입니다.	소화를 돕는 액체를 분비하여 음식물을 더 잘게 쪼개고, 음식물 속의 영양소와 수분을 흡수합니다.
큰창자	작은창자 주변을 감싸고 있으며, 굵은 관 모양입니다.	음식물 찌꺼기의 ❸ ☐☐을 흡수합니다.
❹ ☐☐	큰창자에 연결되어 있으며, 구멍 모양입니다.	소화되지 않은 음식물 찌꺼기를 몸 밖으로 배출합니다.

- 음식물이 지나가는 소화 기관
  - 입 → ❺ ☐☐ → 위 → ❻ ☐☐☐☐ → 큰창자 → 항문

Step 1

(　　) 안에 알맞은 말을 써넣어 설명을 완성하거나 설명이 옳으면 ○, 틀리면 ×에 ○표 해 봅시다.

1 (　　　　　)은/는 음식물 속의 영양소를 몸속으로 흡수할 수 있도록 음식물을 잘게 쪼개는 과정입니다.

2 식도는 음식물이 (　　　　　)(으)로 이동하는 통로입니다.

3 위는 소화를 돕는 액체를 분비하여 음식물과 섞고 음식물을 잘게 쪼갭니다. (○ , ×)

4 큰창자는 작은 주머니 모양으로, 음식물 찌꺼기의 수분을 흡수합니다. (○ , ×)

Step 2

1 다음 (　) 안에 공통으로 들어갈 말을 써 봅시다.

> 소화란 음식물 속의 영양소를 몸속으로 흡수할 수 있도록 음식물을 잘게 쪼개는 과정을 말하며, 이러한 소화 과정에 관여하는 기관을 (　　)(이)라고 한다. (　　)에는 입, 식도, 위, 작은창자, 큰창자, 항문 등이 있다.

(　　　　　　)

2 소화 기관의 위치나 생김새에 대한 설명으로 옳지 않은 것은 어느 것입니까? (　　)

① 식도는 긴 관 모양이다.
② 위는 굵은 관 모양이다.
③ 항문은 큰창자에 연결되어 있다.
④ 작은창자는 꼬불꼬불한 관 모양이다.
⑤ 큰창자는 작은창자 주변을 감싸고 있다.

3 음식물이 지나가지 않고 소화를 돕는 기관을 보기 에서 모두 골라 기호를 써 봅시다.

> 보기
> ㉠ 위　　㉡ 간　　㉢ 항문
> ㉣ 쓸개　　㉤ 작은창자

(　　　　　　)

[4~5] 다음은 우리 몸속의 소화 기관을 나타낸 것입니다.

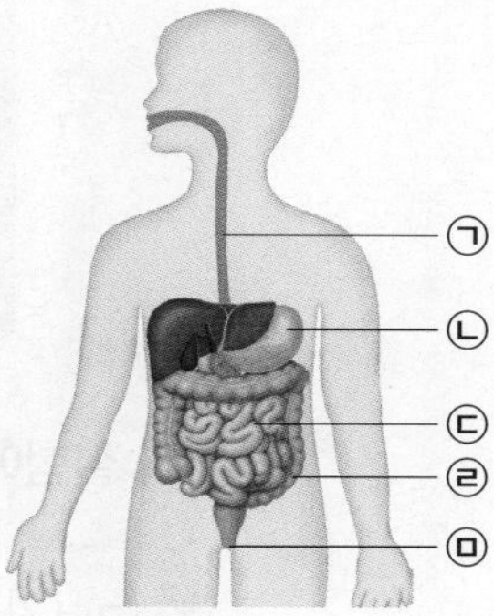

4 위 ㉠~㉤의 이름을 옳게 짝 지은 것은 어느 것입니까? (　　)

① ㉠- 위　　② ㉡ - 식도
③ ㉢ - 항문　　④ ㉣ - 큰창자
⑤ ㉤ - 작은창자

5 위 ㉠~㉤ 중 다음 설명에 해당하는 것을 골라 각각 기호를 써 봅시다.

(1) 음식물이 위로 이동하는 통로이다.
(　　)

(2) 음식물 속의 영양소와 수분을 흡수한다.
(　　)

6 다음은 음식물이 지나가는 소화 기관을 순서대로 나열한 것입니다. (　) 안에 들어갈 소화 기관의 이름을 각각 써 봅시다.

> 입 → 식도 → (㉠) →
> 작은창자 → 큰창자 → (㉡)

㉠: (　　　　　) ㉡: (　　　　　)

❶ 우리가 몸을 움직일 수 있는 까닭

[1~2] 다음은 뼈와 근육 모형에 바람을 불어 넣기 전과 불어 넣은 후의 모습을 순서 없이 나타낸 것입니다.

(가)

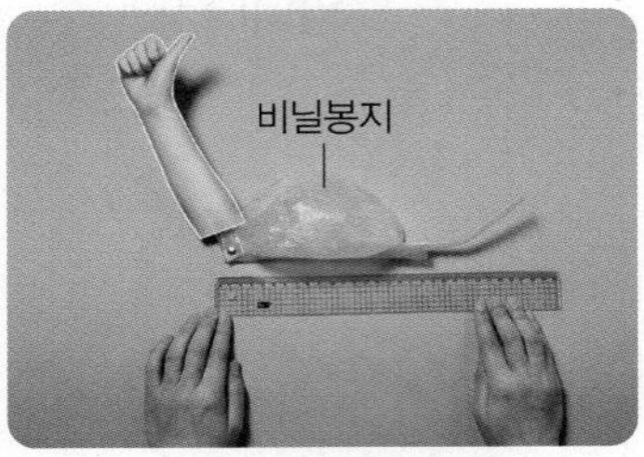

(나)

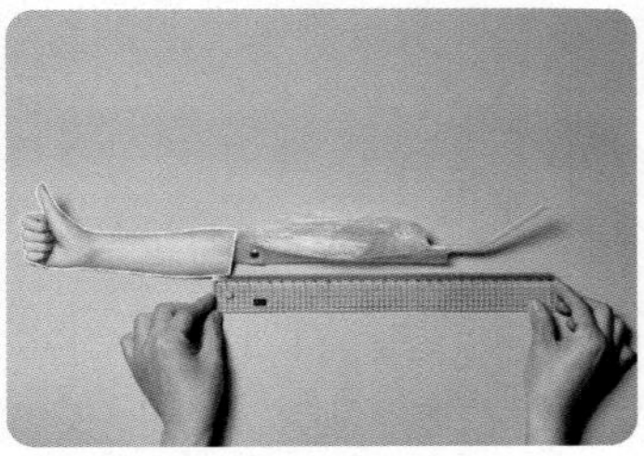

1 위 실험에 대한 설명으로 옳은 것을 보기 에서 골라 기호를 써 봅시다.

보기
㉠ (가)는 바람을 불어 넣기 전의 모습이다.
㉡ (가)와 (나)에서 측정한 비닐봉지의 길이는 다르다.
㉢ 바람을 불어 넣으면 납작한 빨대의 길이가 늘어나면서 비닐봉지가 부풀어 오른다.

( )

2 위 실험을 통해 알 수 있는 사실을 옳게 설명한 친구의 이름을 써 봅시다.

- 수연: 뼈의 종류를 알 수 있어.
- 도현: 근육의 생김새를 알 수 있어.
- 성철: 우리가 몸을 움직일 수 있는 까닭을 알 수 있어.

( )

3 오른쪽은 우리 몸속 여러 가지 뼈의 모습입니다. 다음 설명에 해당하는 뼈의 기호와 이름을 써 봅시다.

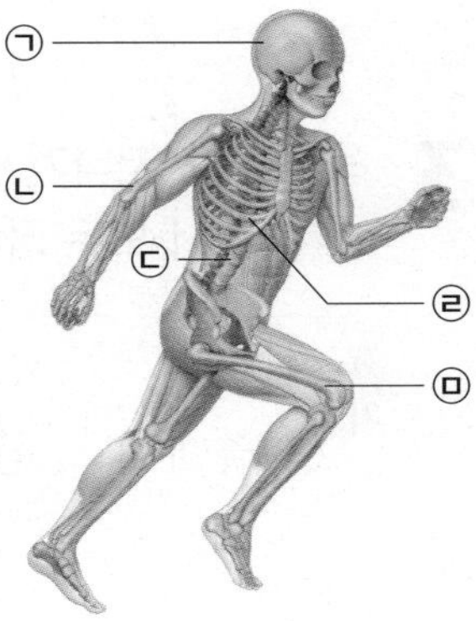

(1) 짧은뼈 여러 개가 기둥 모양으로 이어져 있다.
( )

(2) 여러 개의 뼈가 좌우로 둥글게 연결되어 안쪽에 공간을 만든다. ( )

정답과 해설 • 20쪽

4 뼈와 근육이 우리 몸에서 하는 일로 옳지 않은 것은 어느 것입니까? (　　　)

① 뼈는 뇌를 보호한다.
② 뼈는 몸의 형태를 만든다.
③ 근육은 심장, 폐 등의 몸속 기관을 보호한다.
④ 근육은 길이가 줄어들거나 늘어나면서 뼈를 움직이게 한다.
⑤ 우리 몸은 뼈와 근육이 있어서 다양한 자세로 움직일 수 있다.

4 단원

❷ 음식물이 소화되는 과정

5 다음 (　　) 안에 공통으로 들어갈 말을 써 봅시다.

• (　　　)은/는 음식물 속의 영양소를 몸속으로 흡수할 수 있도록 음식물을 잘게 쪼개는 과정이다.
• (　　　) 기관에는 입, 식도, 위, 작은창자, 큰창자 등이 있다.

(　　　　　　　　　　)

6 오른쪽은 우리 몸속의 소화 기관을 나타낸 것입니다. ㉠, ㉡에 대한 설명으로 옳은 것을 두 가지 골라 써 봅시다.

(　　,　　)

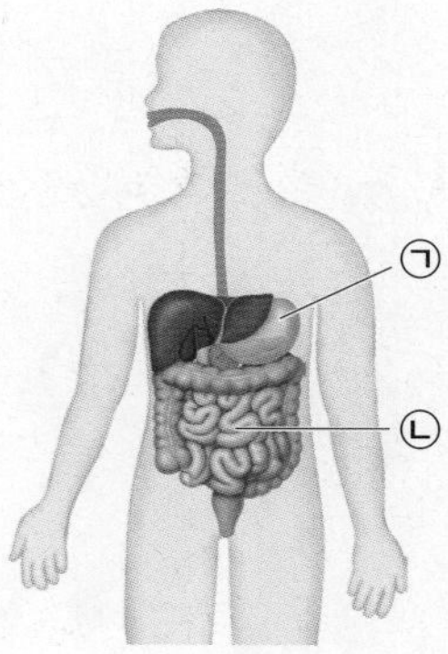

① ㉠은 간으로, 소화를 돕는 기관이다.
② ㉠은 이자로, 소화를 돕는 액체를 만든다.
③ ㉡은 작은창자로, 위와 큰창자를 연결한다.
④ ㉡은 큰창자로, 음식물 찌꺼기의 수분을 흡수한다.
⑤ ㉠과 ㉡은 소화를 돕는 액체를 분비하여 음식물을 잘게 쪼갠다.

[7~9] 오른쪽은 우리 몸속의 소화 기관을 나타낸 것입니다.

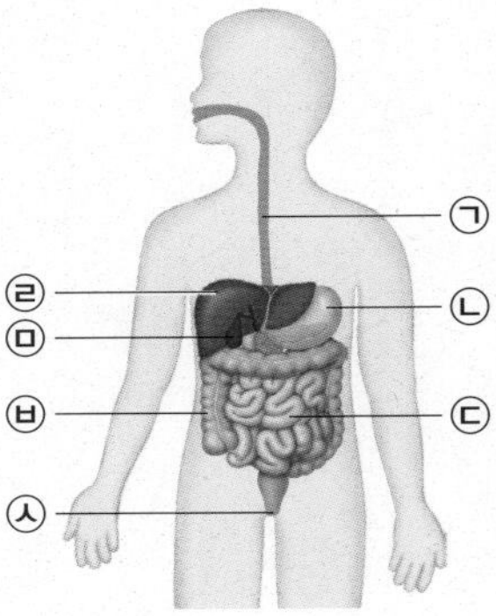

7 **오른쪽 ㉠~㉦에서 음식물이 지나가는 기관과 음식물이 지나가지 않지만 소화를 돕는 기관을 각각 모두 골라 기호를 써 봅시다.**

(1) 음식물이 지나가는 기관:
( )

(2) 음식물이 지나가지 않고 소화를 돕는 기관:
( )

8 **위 ㉥에 대한 설명으로 옳은 것을 두 가지 골라 써 봅시다.** (,)

① 굵은 관 모양이다.
② 입과 위를 연결한다.
③ 작은 주머니 모양이다.
④ 음식물 찌꺼기의 수분을 흡수한다.
⑤ 소화되지 않은 음식물 찌꺼기를 몸 밖으로 배출한다.

9 **위 ㉠~㉦ 중 우리가 먹은 음식물이 지나가는 소화 기관을 찾아 음식물이 이동하는 순서대로 기호를 써 봅시다.**

입 → ( ) → ( ) → ( ) → ( ) → ( )

탐구 서술형 문제

서술형 길잡이

❶ □와 □□은 우리 몸의 움직임에 관여하는 운동 기관입니다.

❷ □□은 길이가 줄어들거나 늘어나면서 뼈를 움직이게 합니다.

10 다음은 팔을 구부릴 때와 펼 때 뼈와 근육의 모습입니다.

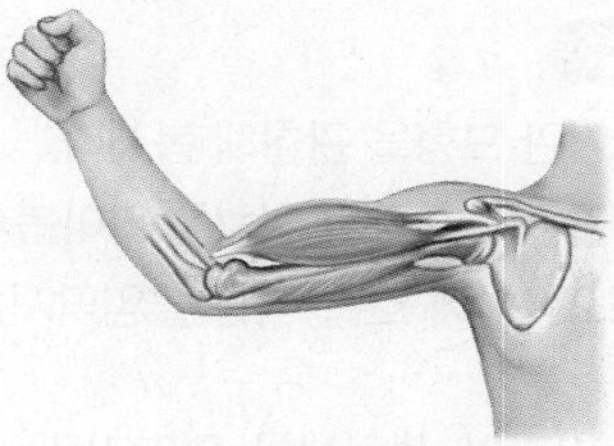

▲ 팔을 구부릴 때

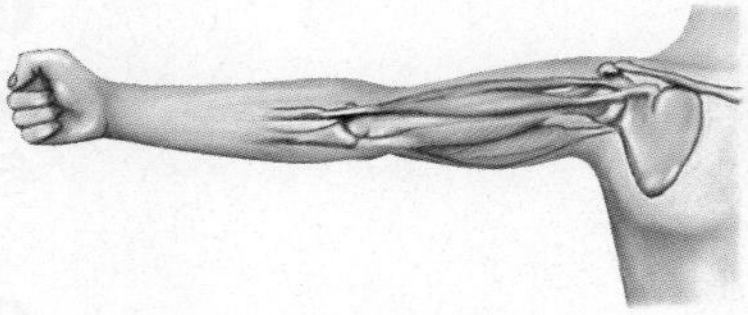

▲ 팔을 펼 때

위와 같이 우리가 몸을 움직일 수 있는 까닭을 써 봅시다.

____

____

❶ □□□는 □□보다 더 길고 굵습니다.

11 오른쪽은 우리 몸속 여러 가지 뼈의 모습입니다. ㉠, ㉡에 해당하는 뼈의 이름을 쓰고, 생김새의 공통점을 써 봅시다.

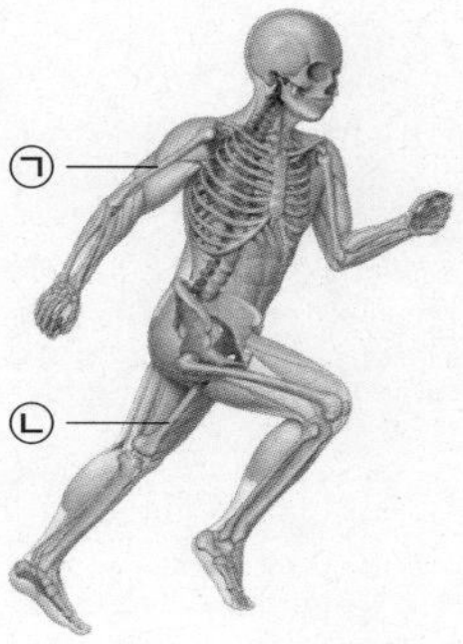

____

____

❶ □□ □□은 음식물 속의 영양소를 몸 속으로 흡수할 수 있도록 잘게 쪼개는 과정에 관여하는 기관입니다.

❷ □□□□는 위와 큰창자를 연결하며, 길고 꼬불꼬불한 관 모양입니다.

12 오른쪽은 우리 몸속의 소화 기관을 나타낸 것입니다.

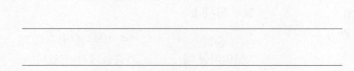

(1) ㉠의 이름: (   )

(2) ㉠이 하는 일을 써 봅시다.

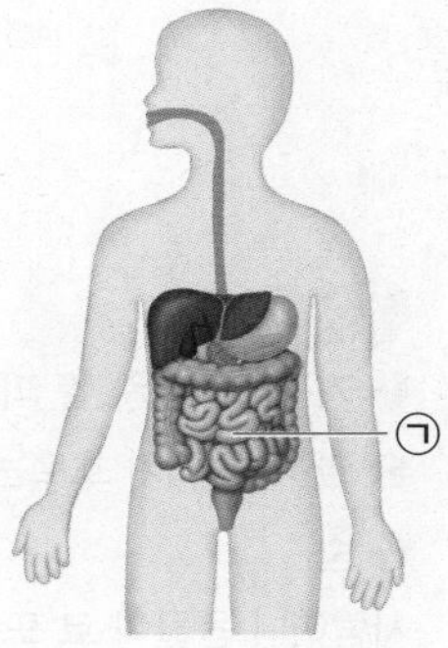

____

____

3 숨을 쉴 때 우리 몸에서 일어나는 일

탐구로 시작하기

❶ 호흡 기관의 위치와 생김새 알아보기

탐구 과정

❶ 호흡 기관 모형을 관찰해 봅시다.
❷ 호흡 기관의 종류와 위치를 알아봅시다.
❸ 인체 모형판에 호흡 기관 붙임딱지를 붙여 봅시다.
❹ 호흡 기관의 생김새를 이야기해 보고, 호흡 기관의 종류, 위치, 생김새를 정리해 봅시다.

호흡 기관 그림을 갈비뼈 필름 뒤에 붙여 갈비뼈가 호흡 기관을 감싸도록 합니다.

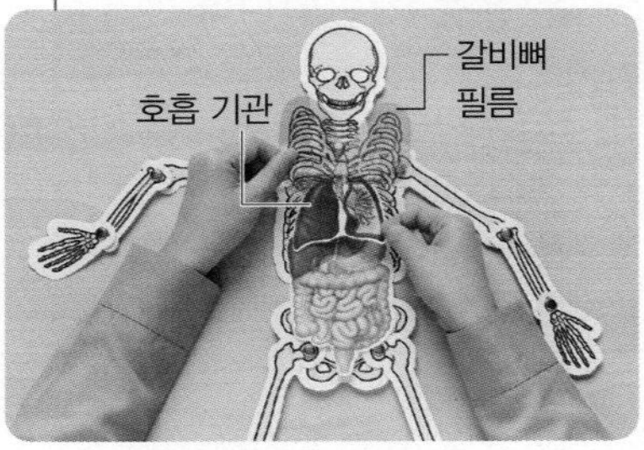

▲ 인체 모형판에 호흡 기관 붙임딱지 붙이기

탐구 결과

호흡 기관		위치와 생김새
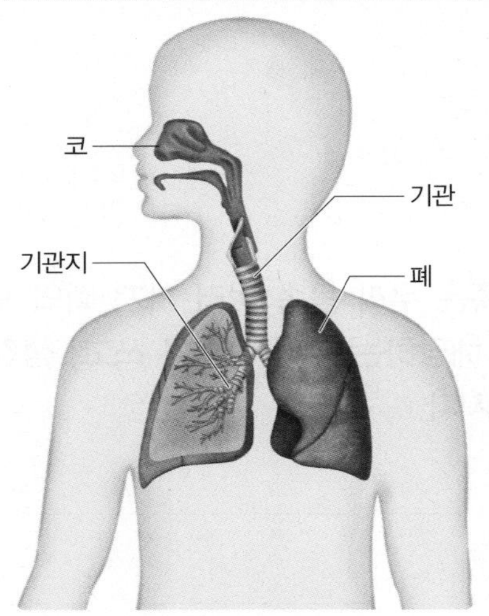	코	• 몸 밖의 얼굴 가운데에 있습니다. • 구멍 두 개가 뚫려 있고, 속에 털이 나 있습니다.
	[1]기관	코와 연결되어 있으며, 굵은 관 모양입니다.
	기관지	• 기관에서 갈라져 폐까지 연결됩니다. • 끝이 점점 가늘어지는 나뭇가지 모양입니다.
	폐	• 가슴 부분에 좌우 한 쌍이 있으며, 갈비뼈로 둘러싸여 있습니다. • 기관지와 연결되어 있으며, 주머니 모양입니다.

❷ [2]숨을 들이마시고 내쉴 때 우리 몸에서 나타나는 변화 관찰하기

탐구 과정 및 결과

가슴에 손을 얹고 깊게 호흡하면서 가슴의 변화를 관찰해 봅시다.

숨을 들이마실 때	가슴이 부풀어 오르고, 가슴둘레가 커집니다.
숨을 내쉴 때	가슴이 원래 위치로 돌아가고, 가슴둘레가 작아집니다.

용어 돋보기

❶ 기관(氣 기운, 管 피리)
숨 쉴 때 공기가 흐르는 관

❷ 숨
사람이나 동물이 코 또는 입으로 공기를 들이마시고 내쉬는 기운

개념 이해하기

1. 호흡과 호흡 기관

① **호흡**: 숨을 들이마시고 내쉬는 활동

② **호흡을 하는 까닭**: 호흡을 하면서 우리 몸에 필요한 산소를 얻고, 몸속에서 생긴 이산화 탄소를 몸 밖으로 내보냅니다. → 산소는 몸을 움직이거나 몸속 기관이 일을 하는 데 사용되며, 그 결과 이산화 탄소가 발생합니다.

③ **호흡 기관**: 호흡에 관여하는 기관으로, 코, 기관, 기관지, 폐 등이 있습니다.

공기에 섞여 있는
매연, 먼지 등이 호흡할 때
몸속으로 들어가기 때문에
공기를 깨끗하게
해야 해요.

2. 호흡 기관이 하는 일

① 숨을 들이마실 때에는 몸 밖의 공기가 코로 들어와서 기관, 기관지를 거쳐 폐로 들어갑니다.

② 폐에서는 공기 중의 산소를 흡수하고, 몸에서 생긴 이산화 탄소를 내보냅니다.
→ 폐에서 공기 속의 산소는 혈액으로 들어가고, 혈액 속의 이산화 탄소는 폐로 나옵니다.

③ 숨을 내쉴 때에는 폐 속의 공기가 기관지, 기관, 코를 거쳐 몸 밖으로 나갑니다. → 이러한 과정으로 이산화 탄소를 몸 밖으로 내보냅니다.

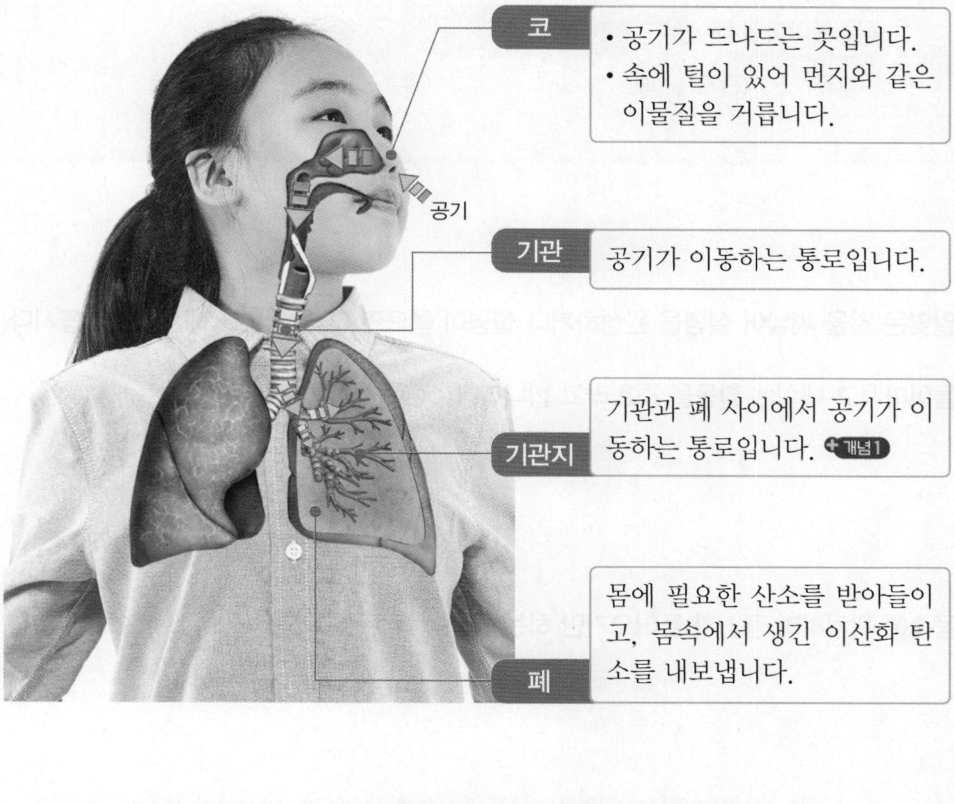

코
• 공기가 드나드는 곳입니다.
• 속에 털이 있어 먼지와 같은 이물질을 거릅니다.
공기
기관
공기가 이동하는 통로입니다.
기관지
기관과 폐 사이에서 공기가 이동하는 통로입니다. 개념1
폐
몸에 필요한 산소를 받아들이고, 몸속에서 생긴 이산화 탄소를 내보냅니다.

개념1 기관지의 생김새와 기능
기관지는 나뭇가지처럼 여러 갈래로 갈라져 있어 코로 들이마신 공기를 폐 전체에 잘 전달할 수 있습니다.

3. 숨을 들이마실 때와 내쉴 때 몸의 변화와 공기의 이동 경로

구분	숨을 들이마실 때	숨을 내쉴 때
몸의 변화	숨을 크게 들이마실수록 폐의 크기와 가슴둘레가 커집니다.	폐의 크기와 가슴둘레가 작아집니다.
공기의 이동 경로	코 → 기관 → 기관지 → 폐	폐 → 기관지 → 기관 → 코

핵심 개념 되짚어 보기

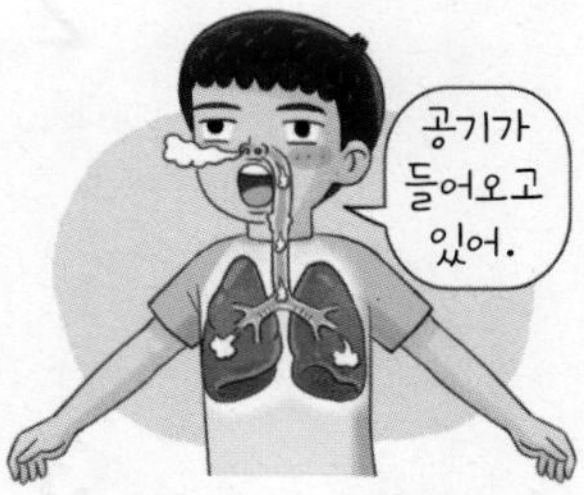

공기가 들어오고 있어.

숨을 들이마실 때는 몸 밖의 공기가 '코 → 기관 → 기관지 → 폐'로 들어오고, 숨을 내쉴 때는 공기가 '폐 → 기관지 → 기관 → 코'를 거쳐 몸 밖으로 나갑니다.

기본 문제로 익히기

정답과 해설 • 21쪽

핵심 체크

- ❶ ☐☐: 숨을 들이마시고 내쉬는 활동
- 호흡 기관의 생김새와 하는 일

호흡 기관	위치와 생김새	하는 일
코	몸 밖의 얼굴 가운데에 있고, 구멍 두 개가 뚫려 있습니다.	공기가 드나드는 곳으로, 속에 털이 있어 먼지와 같은 이물질을 거릅니다.
❷ ☐☐	코와 연결되어 있으며, 굵은 관 모양입니다.	공기가 이동하는 통로입니다.
❸ ☐☐☐	기관에서 갈라져 폐까지 연결되며, 나뭇가지 모양입니다.	기관과 폐 사이에서 공기가 이동하는 통로입니다.
❹ ☐	• 가슴 부분에 좌우 한 쌍이 있으며, 갈비뼈로 둘러싸여 있습니다. • 기관지와 연결되어 있으며, 주머니 모양입니다.	몸에 필요한 산소를 받아들이고, 몸 속에서 생긴 ❺ ☐☐☐ ☐☐를 내보냅니다.

- 호흡할 때 공기의 이동 경로

숨을 들이마실 때	숨을 내쉴 때
❻ ☐ → 기관 → 기관지 → 폐	폐 → 기관지 → 기관 → 코

Step 1 ( ) 안에 알맞은 말을 써넣어 설명을 완성하거나 설명이 옳으면 ○, 틀리면 ×에 ○표 해 봅시다.

1 숨을 들이마시고 내쉬는 활동을 소화라고 합니다. (○ , ×)

2 코는 몸속에 위치하며 공기가 들어오기만 하는 곳입니다. (○ , ×)

3 기관지는 (   )와/과 폐 사이에서 공기가 이동하는 통로입니다.

4 숨을 내쉴 때 폐의 크기와 가슴둘레가 작아집니다. (○ , ×)

Step 2

[1~2] 다음은 우리 몸속의 호흡 기관을 나타낸 것입니다.

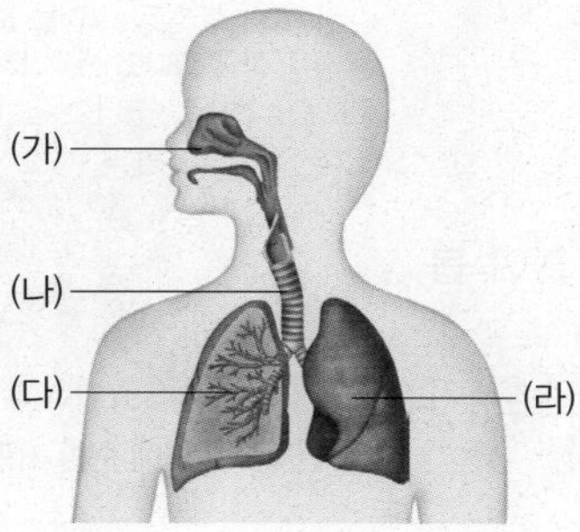

1 위 (가)~(라)의 이름을 선으로 연결해 봅시다.

(1) (가) •	• ㉠ 폐
(2) (나) •	• ㉡ 코
(3) (다) •	• ㉢ 기관지
(4) (라) •	• ㉣ 기관

2 위 (가)~(라) 중 다음 설명에 해당하는 기관을 골라 기호를 써 봅시다.

- 가슴 부분에 좌우 한 쌍이 있으며, 주머니 모양이다.
- 산소를 받아들이고, 이산화 탄소를 내보낸다.

(　　　　　　)

3 숨을 들이마시고 내쉴 때 우리 몸에서 나타나는 변화를 옳게 말한 친구의 이름을 써 봅시다.

- 아영: 숨을 들이마시면 가슴둘레가 커진다.
- 지원: 숨을 내쉬면 가슴이 부풀어 오른다.

(　　　　　　)

4 호흡 기관에 대한 설명으로 옳은 것은 어느 것입니까? (　　　)

① 코는 몸 안에 위치해 있다.
② 기관지는 굵은 관 모양이다.
③ 기관은 공기가 이동하는 통로이다.
④ 폐는 몸 밖에서 들어온 이산화 탄소를 받아들인다.
⑤ 숨을 내쉴 때 공기는 코 → 기관 → 기관지 → 폐의 순서로 이동한다.

5 다음은 숨을 들이마실 때 공기의 이동에 대한 설명입니다. (　　) 안의 알맞은 말에 ○표 해 봅시다.

숨을 들이마실 때 코로 들어온 공기는 기관, 기관지를 거쳐 폐로 들어가고, 우리 몸에 필요한 (산소 , 이산화 탄소)가 흡수된다.

6 다음은 숨을 내쉴 때 공기의 이동 경로를 나타낸 것입니다. (　　) 안에 들어갈 기관을 각각 써 봅시다.

폐 → (㉠) → (㉡) → 코

㉠: (　　　　　) ㉡: (　　　　　)

4 단원

4 우리 몸속을 이동하는 혈액

탐구로 시작하기

❶ [1]순환 기관의 위치, 생김새, 하는 일 알아보기

탐구 과정

❶ 순환 기관 모형을 관찰해 봅시다.

❷ 순환 기관의 종류와 위치를 알아봅시다.

❸ 인체 모형판에 순환 기관 붙임딱지를 붙여 봅시다.

❹ 순환 기관의 생김새를 이야기해 보고, 순환 기관의 생김새와 하는 일을 정리해 봅시다.

• 심장은 양쪽 폐 사이에 있지만 폐를 붙인 후 심장 그림을 붙이므로 폐 앞에 심장이 있다고 생각하지 않도록 합니다.

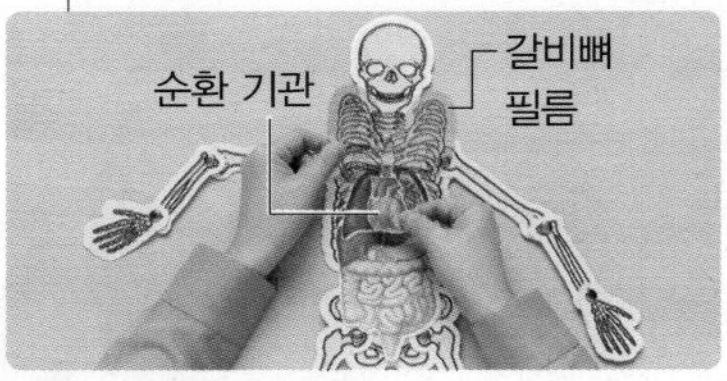

▲ 인체 모형판에 순환 기관 붙임딱지 붙이기

탐구 결과

순환 기관		위치, 생김새, 하는 일
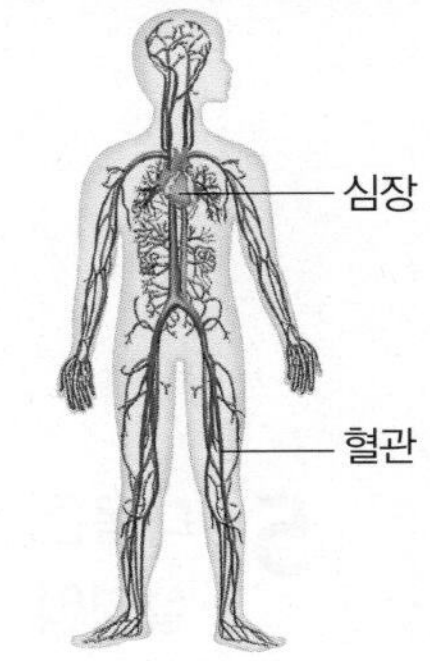	심장	• 가슴 중앙에서 왼쪽으로 약간 치우쳐 있습니다. • 자신의 주먹만 한 크기이고, 둥근 주머니 모양입니다. • 펌프 작용으로 혈액을 온몸으로 순환시킵니다.
	혈관	• 굵기가 다양한 긴 관이 복잡하게 얽힌 모양입니다. • 온몸에 퍼져 있습니다. 개념1 • 혈액이 온몸으로 이동하는 통로입니다.

개념1 혈관이 온몸에 퍼져 있는 까닭
우리 몸속 여러 기관은 혈액이 운반하는 산소와 영양소를 이용하여 생명 활동을 유지합니다. 따라서 몸속 여러 기관에 혈액을 보내려면 혈관이 온몸에 퍼져 있어야 합니다.

❷ 혈액 순환 모형실험 하기 – 고무풍선 이용

탐구 과정

❶ 붉은 색소 물이 담긴 두 개의 컵 중 하나에만 고무풍선을 씌웁니다.

❷ 고무관 두 개를 양쪽 컵에 넣습니다. 이때 고무관은 각각 서로 다른 컵의 물에 한쪽씩만 잠기도록 넣습니다.

❸ 컵에 씌운 고무풍선을 눌렀다 떼며 붉은 색소 물이 이동하는 모습을 관찰해 봅시다.

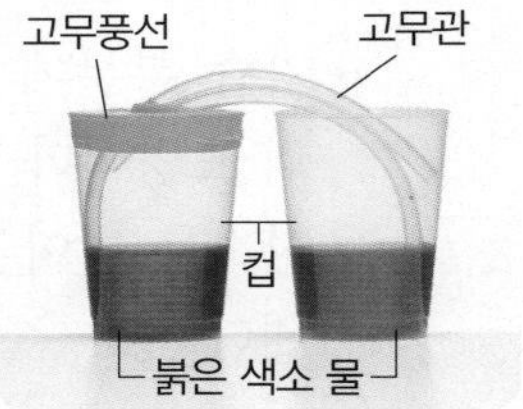

탐구 결과

① 모형의 각 부분이 나타내는 우리 몸의 부분

고무풍선을 씌운 컵	고무풍선을 씌우지 않은 컵	고무관	붉은 색소 물
심장	온몸	혈관	혈액

② 붉은 색소 물의 이동

고무풍선을 누를 때	고무풍선을 씌운 컵에 있는 붉은 색소 물이 고무관을 통해 고무풍선을 씌우지 않은 컵으로 이동합니다.
눌렀던 손을 떼었을 때	고무풍선을 씌우지 않은 컵에 있는 붉은 색소 물이 고무관을 통해 고무풍선을 씌운 컵으로 이동합니다.

용어 돋보기
❶ 순환(循 돌다, 環 고리)
주기적으로 되풀이하여 도는 것

③ **혈액 순환 모형실험과 순환 기관의 비교**

고무풍선을 씌운 컵의 붉은 색소 물이 고무관을 통해 고무풍선을 씌우지 않은 컵으로 나갔다가 다시 고무풍선을 씌운 컵으로 돌아오는 과정을 반복합니다.	➜	심장에서 나온 혈액이 혈관을 따라 온몸을 돌고, 다시 심장으로 돌아오는 과정을 반복합니다.

❸ 혈액 순환 모형실험 하기 – [2]주입기 이용

탐구 과정

❶ 물이 반 정도 담긴 수조에 붉은색 식용 색소를 넣어 녹입니다.

❷ 주입기로 붉은 색소 물을 한쪽 관으로 빨아들이고 다른 쪽 관으로 내보냅니다.

❸ 주입기의 펌프를 빠르게 누르거나 느리게 누르면서 붉은 색소 물이 이동하는 모습을 관찰해 봅시다.

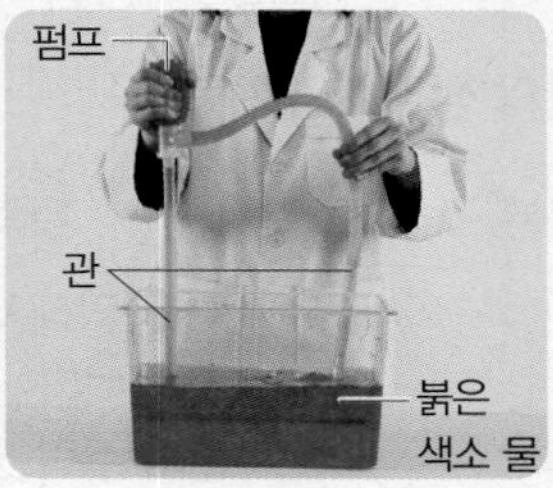

실험 동영상

탐구 결과

① **모형의 각 부분이 나타내는 우리 몸의 부분**

주입기의 펌프	주입기의 관	붉은 색소 물
심장	혈관	혈액

② **주입기의 펌프를 누르는 빠르기에 따른 붉은 색소 물의 이동 모습**

구분	붉은 색소 물이 이동하는 빠르기	붉은 색소 물의 이동량
펌프를 빠르게 누를 때	빨라집니다.	같은 시간 동안 이동하는 양이 많아집니다.
펌프를 느리게 누를 때	느려집니다.	같은 시간 동안 이동하는 양이 적어집니다.

개념2 심장이 멈추면 살 수 없는 까닭
혈액이 이동하지 못해 몸에 영양소와 산소를 공급하지 못하기 때문입니다.

용어 돋보기
❷ **주입(注 붓다, 入 들다)**
흘러 들어가도록 부어 넣는 것

개념 이해하기

1. 혈액 순환과 순환 기관

① **혈액 순환**: 혈액이 온몸을 도는 과정 ➜ 소화로 흡수한 영양소와 호흡으로 얻은 산소는 혈액에 의해 온몸으로 이동합니다.

② **순환 기관**: 혈액 순환에 관여하는 기관으로, 심장과 혈관이 있습니다.

③ **혈액 순환과 순환 기관**: 심장에서 나온 혈액은 혈관을 따라 이동하며, 온몸을 거친 다음 다시 심장으로 돌아오는 과정을 반복합니다. 개념2

심장에서 나온 혈액은 우리 몸에 필요한 영양소와 산소를 온몸으로 운반합니다.	순환 기관	이산화 탄소와 같이 몸속에서 생긴 필요 없는 물질을 몸 밖으로 내보낼 수 있도록 운반합니다.

④ **심장이 뛰는 속도와 혈액의 흐름**: 심장이 빠르게 뛰면 혈액이 빠르게 흐르고, 심장이 느리게 뛰면 혈액이 천천히 흐릅니다.

핵심 개념 되짚어 보기

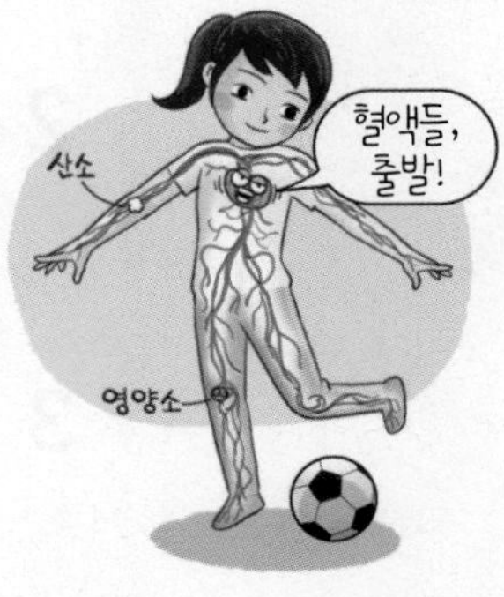

심장의 펌프 작용으로 심장에서 나온 혈액은 혈관을 따라 이동하면서 영양소와 산소를 온몸으로 운반합니다.

기본 문제로 익히기

◎ 정답과 해설 ● 21쪽

핵심 체크

● 혈액 순환 모형실험 하기

고무풍선 이용	고무풍선을 씌운 컵을 눌렀다 떼면 붉은 색소 물이 고무풍선을 씌우지 않은 컵으로 나갔다가 다시 고무풍선을 씌운 컵으로 돌아오는 과정을 반복합니다.
주입기 이용	펌프를 빠르게 누르면 붉은 색소 물이 빠르게 이동하고, 펌프를 느리게 누르면 붉은 색소 물이 느리게 이동합니다.

● 혈액 순환: ❶ □□이 온몸을 도는 과정 → 소화로 흡수한 영양소와 호흡으로 얻은 산소는 혈액을 통해 온몸으로 이동합니다.

● 순환 기관의 생김새와 하는 일

구분	위치와 생김새	하는 일
❷ □□	• 가슴 중앙에서 왼쪽으로 약간 치우쳐 있습니다. • 자신의 주먹만 한 크기이고, 둥근 주머니 모양입니다.	❸ □□ 작용으로 혈액을 온몸으로 순환시킵니다.
❹ □□	굵기가 다양한 긴 관이 복잡하게 얽힌 모양이고, 온몸에 퍼져 있습니다.	혈액이 온몸으로 이동하는 통로입니다.

● 혈액 순환과 순환 기관: 심장에서 나온 혈액은 혈관을 따라 이동하면서 영양소와 ❺ □□를 온몸으로 운반하고, 몸속에서 생긴 ❻ □□□ □□ 등도 몸 밖으로 내보낼 수 있도록 운반합니다.

Step 1

( ) 안에 알맞은 말을 써넣어 설명을 완성하거나 설명이 옳으면 ○, 틀리면 ×에 ○표 해 봅시다.

1 심장과 혈관은 순환 기관입니다. (○ , ×)

2 심장은 가슴 중앙에서 오른쪽으로 약간 치우쳐 있습니다. (○ , ×)

3 고무풍선을 이용한 혈액 순환 모형실험에서 고무풍선을 누르면 고무풍선을 씌운 컵에 있는 붉은 색소 물이 고무풍선을 씌우지 않은 컵으로 이동합니다. (○ , ×)

4 주입기를 이용한 혈액 순환 모형실험에서 주입기의 관은 우리 몸의 (   )와/과 같은 역할을 합니다.

Step 2

1 오른쪽은 우리 몸속의 순환 기관을 나타낸 것입니다. 각 기관의 이름을 선으로 연결해 봅시다.

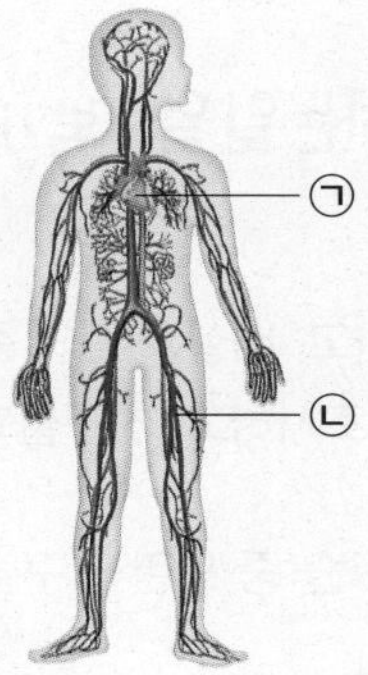

(1) ㉠ • • 혈관

(2) ㉡ • • 심장

2 심장과 혈관에 대한 설명으로 옳지 <u>않은</u> 것은 어느 것입니까? ( )

① 혈관은 몸의 중심에만 퍼져 있다.
② 혈관은 혈액이 온몸으로 이동하는 통로이다.
③ 심장은 펌프 작용으로 혈액을 온몸으로 순환시킨다.
④ 심장이 빠르게 뛰면 혈액이 이동하는 빠르기도 빨라진다.
⑤ 심장은 자신의 주먹만 한 크기이고, 둥근 주머니 모양이다.

3 다음 혈액 순환 과정을 알아보는 모형실험에 대한 설명으로 옳은 것을 보기 에서 골라 기호를 써 봅시다.

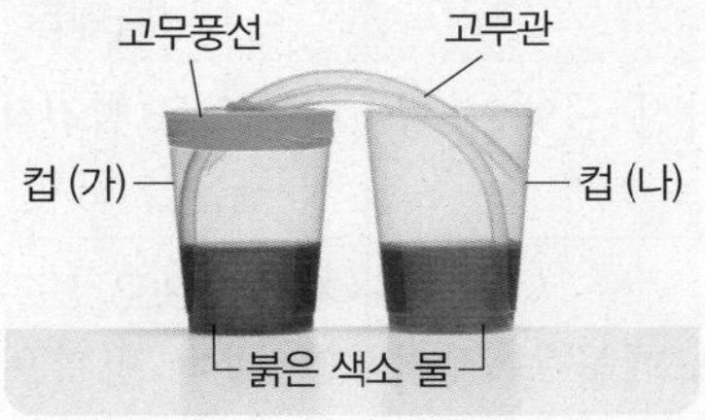

보기
㉠ 컵 (가)는 온몸에 해당한다.
㉡ 컵 (나)는 심장에 해당한다.
㉢ 고무풍선을 누르면 붉은 색소 물이 컵 (가)에서 컵 (나)로 이동한다.

( )

[4~5] 오른쪽은 주입기를 이용하여 붉은 색소 물을 빨아들이고 내보내는 모습입니다.

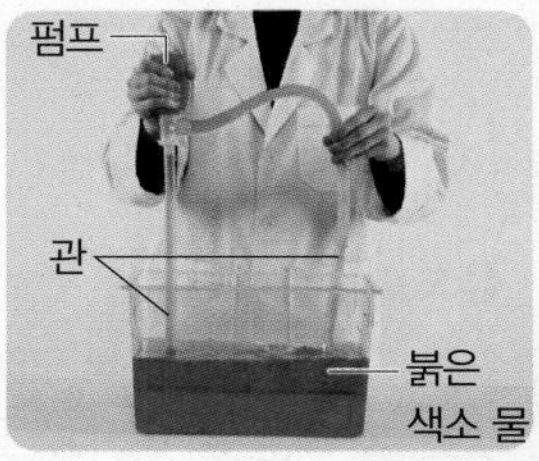

4 위 실험에서 주입기의 펌프와 관은 각각 우리 몸의 어떤 기관에 해당하는지 써 봅시다.

(1) 주입기의 펌프: ( )
(2) 주입기의 관: ( )

5 다음은 위 실험에서 주입기의 펌프를 빠르게 눌렀을 때 붉은 색소 물이 이동하는 모습을 설명한 것입니다. ( ) 안의 알맞은 말에 각각 ○표 해 봅시다.

주입기의 펌프를 빠르게 누르면 붉은 색소 물이 이동하는 빠르기는 (빨라지고 , 느려지고), 붉은 색소 물이 같은 시간 동안 이동하는 양은 (많아집니다 , 적어집니다).

6 혈액 순환과 순환 기관에 대한 설명으로 옳은 것을 보기 에서 골라 기호를 써 봅시다.

보기
㉠ 혈액은 영양소와 산소를 운반한다.
㉡ 심장에서 나온 혈액은 심장으로 돌아가지 않는다.
㉢ 혈액에서 우리 몸에 필요한 영양소를 직접 만든다.

( )

4 단원

5 우리 몸속의 노폐물을 내보내는 방법

탐구로 시작하기

배설 기관의 생김새와 하는 일 알아보기

탐구 과정

❶ 배설 기관 모형을 관찰하고, 배설 기관의 종류와 위치, 생김새를 알아봅시다.

❷ 배설 기관이 하는 일을 조사하고, 친구들과 배설 기관이 하는 일을 어떻게 나타낼지 생각해 봅시다.

❸ 빨간색 구슬과 노란색 구슬 중 노란색 구슬만 걸러 내는 배설 과정 역할놀이를 해 봅시다.

탐구 결과

① 배설 기관의 위치와 생김새

배설 기관		위치와 생김새
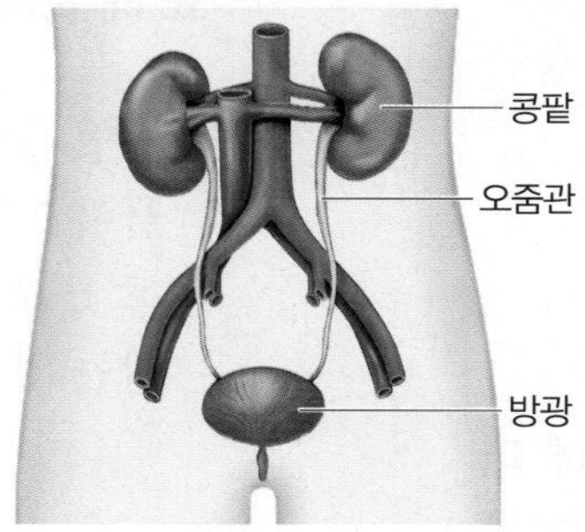	콩팥	등허리에 좌우로 한 쌍이 있고, 강낭콩 모양입니다.
	오줌관	콩팥에 연결되어 있으며, 긴 관 모양입니다.
	방광	오줌관에 연결되어 있으며, 작은 공 모양입니다.

② 배설 과정 역할놀이

기관	하는 일	나타내는 방법 예
콩팥으로 들어오는 혈액	❶노폐물이 많아진 혈액이 콩팥으로 갑니다.	콩팥으로 빨간색 구슬과 노란색 구슬을 모두 전달합니다.
콩팥	혈액에 있는 노폐물을 걸러 냅니다.	거름망으로 노란색 구슬을 걸러 내어 방광으로 전달하고, 빨간색 구슬은 콩팥에서 나가는 혈액으로 전달합니다.
콩팥에서 나가는 혈액	노폐물이 많이 걸러진 혈액이 콩팥에서 나옵니다.	콩팥에게서 빨간색 구슬만 전달받습니다.
방광	콩팥에서 걸러 낸 노폐물을 모아 두었다가 몸 밖으로 내보냅니다.	노란색 구슬을 받아서 모았다가 바구니가 차면 다른 곳에 버립니다.

또 다른 방법!

노란 색소 물에 붉은색 모래를 넣고 잘 섞은 후 비커에 걸쳐 놓은 거름망 위에 부어 봅시다.

- 노란 색소 물만 거름망을 통과하여 비커에 모이고, 붉은색 모래는 거름망 위에 남아 있습니다.
- 거름망은 콩팥, 노란 색소 물은 오줌(노폐물), 붉은색 모래는 혈액에 해당합니다.

용어 돋보기

❶ 노폐물(老 늙다, 廢 버리다, 物 물건)
생물의 몸속에서 생기는 필요 없는 물질

개념 이해하기

1. 배설과 배설 기관

① **노폐물의 생성**

우리 몸에서 영양소가 쓰이면서 몸에 필요 없는 노폐물이 생깁니다.	➜	노폐물은 혈액을 통해 이동하며, 우리 몸속에 쌓이면 몸에 해롭습니다.

② **배설**: 혈액에 있는 노폐물을 몸 밖으로 내보내는 과정

③ **배설 기관**: 배설에 관여하는 기관으로, 콩팥, 오줌관, 방광 등이 있습니다.

2. 배설 기관이 하는 일

① **노폐물이 몸 밖으로 나가는 과정**: 콩팥은 혈액에 있는 노폐물을 걸러 내어 오줌을 만들고, 오줌은 오줌관을 지나 방광에 모였다가 몸 밖으로 나갑니다.

② 노폐물이 걸러진 혈액은 다시 온몸으로 이동합니다.

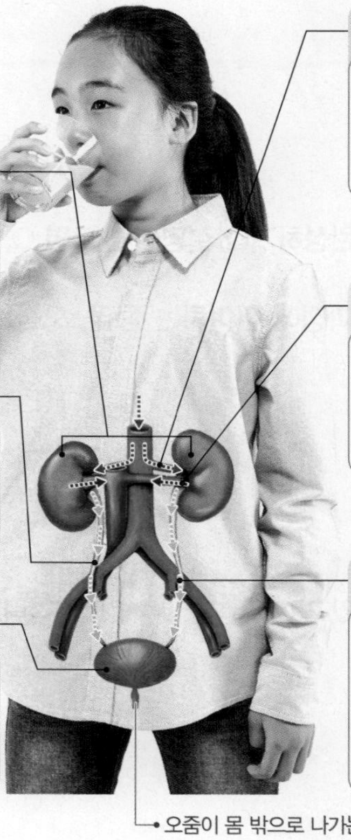

콩팥
혈액에 있는 노폐물을 걸러 내어 오줌을 만듭니다.

오줌관
콩팥에서 방광으로 오줌이 이동하는 통로입니다.

방광
오줌을 모았다가 일정한 양이 되면 몸 밖으로 내보냅니다. 개념1

노폐물이 많은 혈액
온몸을 돌아 노폐물이 많아진 혈액이 콩팥으로 운반됩니다.

노폐물이 걸러진 혈액
노폐물이 걸러진 혈액이 콩팥에서 나와 다시 순환합니다.

노폐물을 포함한 오줌
콩팥에서 걸러진 노폐물은 오줌이 되어 방광에 모였다가 몸 밖으로 나갑니다.

• 오줌이 몸 밖으로 나가는 통로인 요도입니다.

3. 콩팥이 기능을 제대로 하지 못할 때 우리 몸에서 일어날 수 있는 일

① 혈액에 있는 노폐물을 걸러 내지 못하고 몸속에 노폐물이 쌓여 병이 생길 수 있습니다.

② 몸에 노폐물이 쌓이면서 몸이 붓거나 오줌에 혈액이 섞여 나오기도 합니다.

개념1 우리 몸에 방광이 없다면 생길 수 있는 일
방광이 없다면 콩팥에서 만들어진 오줌이 바로바로 몸 밖으로 나와서 계속 화장실에 가야 할 것입니다.

핵심 개념 되짚어 보기

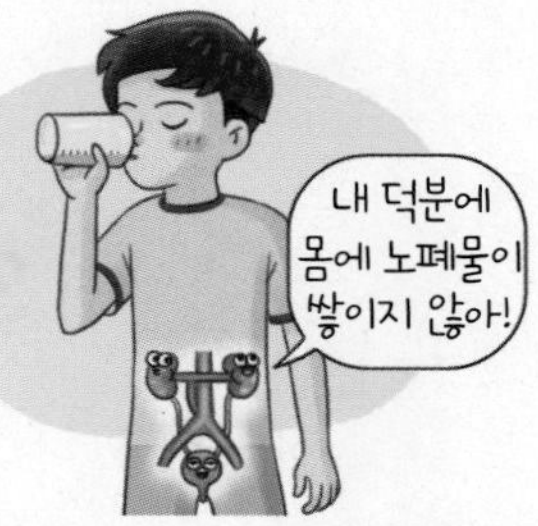

콩팥은 혈액에 있는 노폐물을 걸러 내며, 걸러진 노폐물은 방광에 모였다가 몸 밖으로 나갑니다.

기본 문제로 익히기

정답과 해설 • 22쪽

핵심 체크

- 배설과 배설 기관
  - ❶ ☐☐: 혈액에 있는 노폐물을 몸 밖으로 내보내는 과정
  - ❷ ☐☐ ☐☐: 배설에 관여하는 기관으로 콩팥, 오줌관, 방광 등이 있습니다.
- 배설 기관의 생김새와 하는 일

구분	위치와 생김새	하는 일
❸ ☐☐	등허리에 좌우로 한 쌍이 있고, 강낭콩 모양입니다.	혈액에 있는 노폐물을 걸러 내어 오줌을 만듭니다.
❹ ☐☐☐	콩팥에 연결되어 있으며, 긴 관 모양입니다.	콩팥에서 방광으로 오줌이 이동하는 통로입니다.
❺ ☐☐	오줌관에 연결되어 있으며, 작은 공 모양입니다.	오줌을 모았다가 일정한 양이 되면 몸 밖으로 내보냅니다.

- 노폐물이 몸 밖으로 나가는 과정
  - 콩팥에서 혈액의 노폐물을 걸러 내어 ❻ ☐☐을 만들고, 오줌은 오줌관을 지나 방광에 모였다가 몸 밖으로 나갑니다.

Step 1 (　) 안에 알맞은 말을 써넣어 설명을 완성하거나 설명이 옳으면 ○, 틀리면 ×에 ○표 해 봅시다.

1 혈액에 있는 노폐물을 내보내는 과정에 관여하는 콩팥, 오줌관, 방광 등을 (　　　　) 기관이라고 합니다.

2 콩팥은 등허리에 좌우로 한 쌍이 있고 (　　　　) 모양입니다.

3 노폐물이 걸러진 혈액은 콩팥에서 나와 다시 순환합니다. (○ , ×)

4 노폐물을 포함한 오줌은 콩팥에 모였다가 일정한 양이 되면 몸 밖으로 나갑니다. (○ , ×)

Step 2

1 배설 과정 역할놀이를 할 때 필요한 역할과 가장 거리가 먼 것은 어느 것입니까? (　　　)

① 콩팥 역할
② 방광 역할
③ 심장 역할
④ 콩팥에서 나가는 혈액 역할
⑤ 콩팥으로 들어오는 혈액 역할

2 배설 기관이 아닌 것을 골라 보기 에서 기호를 써 봅시다.

보기	㉠ 콩팥	㉡ 항문	㉢ 방광

(　　　　　　　　　)

[3~4] 다음은 우리 몸속의 배설 기관을 나타낸 것입니다.

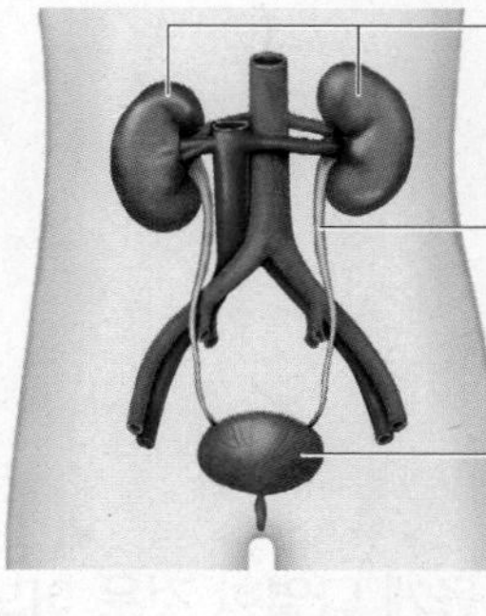

3 위 ㉠~㉢ 중 다음 설명에 해당하는 것을 골라 각각 기호와 이름을 써 봅시다.

(1) 오줌을 모았다가 몸 밖으로 내보낸다.
(　　　　　　　　　)

(2) 혈액 속 노폐물을 걸러 내어 오줌을 만든다.
(　　　　　　　　　)

4 앞의 ㉡이 하는 일에 대한 설명으로 옳은 것은 어느 것입니까? (　　　)

① 몸을 움직이게 한다.
② 몸에 있는 영양소를 흡수한다.
③ 혈액에 있는 노폐물을 걸러 낸다.
④ 이산화 탄소를 몸 밖으로 내보낸다.
⑤ 오줌이 방광으로 이동하는 통로이다.

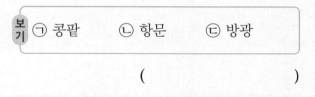

5 다음은 배설 기관이 하는 일에 대한 설명입니다. (　) 안에 들어갈 말을 각각 써 봅시다.

> 온몸을 돌아 (㉠)이/가 많아진 혈액은 콩팥을 거치면서 (㉠)이/가 걸러지고 다시 순환한다. 걸러진 (㉠)은/는 (㉡)이/가 되어 방광에 모였다가 일정한 양이 되면 몸 밖으로 나간다.

㉠: (　　　　　) ㉡: (　　　　　)

6 콩팥이 기능을 제대로 하지 못할 때 우리 몸에서 일어날 수 있는 일을 옳게 말한 친구의 이름을 써 봅시다.

> • 영훈: 혈액이 온몸을 순환하지 못해.
> • 지호: 혈액에 있는 노폐물을 걸러 내지 못해.
> • 재민: 숨을 잘 쉬지 못해 몸속에 산소가 부족해져.

(　　　　　　　　　)

③ 숨을 쉴 때 우리 몸에서 일어나는 일

[1~2] 다음은 우리 몸속의 호흡 기관을 나타낸 것입니다.

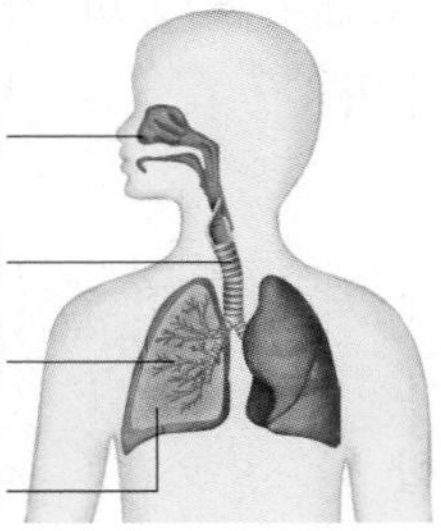

1 위 (가)~(라) 중 다음에서 설명하는 기관의 기호와 이름을 써 봅시다.

> 구멍 두 개가 뚫려 있고, 속에 털이 있어 먼지와 같은 이물질을 걸러 내는 일을 한다.

( )

2 위 (가)~(라)에 대한 설명으로 옳지 않은 것을 보기 에서 골라 기호를 써 봅시다.

> 보기
> ㉠ (가)는 공기가 드나드는 곳이다.
> ㉡ (나)는 혈액이 이동하는 통로이다.
> ㉢ (다)는 끝이 점점 가늘어지는 나뭇가지 모양이다.
> ㉣ (라)는 기관지와 연결되어 있으며 갈비뼈로 둘러싸여 있다.

( )

3 숨을 들이마실 때 공기의 이동 경로를 순서대로 옳게 나열한 것은 어느 것입니까? ( )

① 코 → 기관 → 기관지 → 폐
② 코 → 기관지 → 기관 → 폐
③ 폐 → 기관 → 기관지 → 코
④ 폐 → 기관지 → 기관 → 코
⑤ 폐 → 기관지 → 코 → 기관

4 **오른쪽은 우리 몸속의 순환 기관을 나타낸 것입니다. ㉠, ㉡에 대한 설명으로 옳은 것은 어느 것입니까?** (　　　)

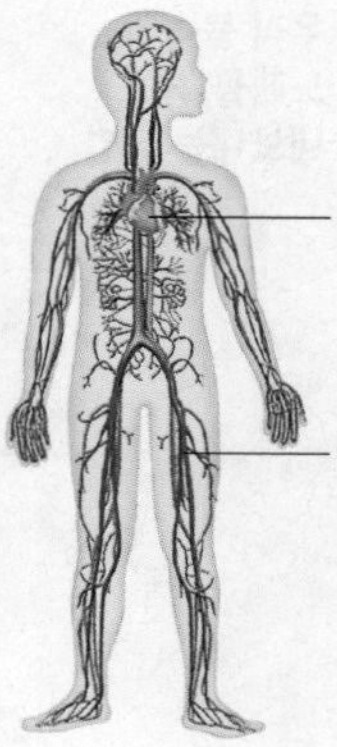

① ㉠은 혈관이다.
② ㉠은 자신의 주먹만 한 크기이다.
③ ㉡을 따라 이동하는 혈액은 산소만 운반한다.
④ ㉡은 펌프 작용으로 혈액을 온몸으로 순환시킨다.
⑤ ㉡은 혈액이 온몸으로 이동하는 통로이며, ㉠과 연결되어 있지 않다.

5 **심장이 멈추면 살 수 없는 까닭에 대해 옳게 말한 친구의 이름을 써 봅시다.**

- 혜연: 음식물을 잘게 쪼갤 수 없어.
- 유리: 몸속에 해로운 노폐물이 쌓일 수 있어.
- 하니: 혈액이 이동하지 못해 몸에 영양소와 산소를 공급할 수 없어.

(　　　　　　　　)

6 **다음은 혈액의 이동 과정을 설명한 것입니다. (　　) 안에 들어갈 알맞은 말을 각각 써 봅시다.**

(㉠)에서 나온 혈액은 혈관을 따라 이동하며, 우리 몸에 필요한 영양소와 (㉡)을/를 온몸으로 운반한다. 또 이산화 탄소와 같이 몸속에서 생긴 필요 없는 물질을 몸 밖으로 내보낼 수 있도록 운반한다.

㉠: (　　　　　　　　) ㉡: (　　　　　　　　)

❺ 우리 몸속의 노폐물을 내보내는 방법

7 **혈액을 나타내는 빨간색 구슬, 노폐물을 나타내는 노란색 구슬, 바구니를 이용하여 배설 과정 역할놀이를 할 때, 다음과 같이 표현해야 하는 친구는 누구입니까?**

( )

노란색 구슬을 모았다가 바구니가 차면 다른 곳에 버립니다.

① 콩팥 역할을 맡은 여빈
② 방광 역할을 맡은 준우
③ 심장 역할을 맡은 나은
④ 콩팥에서 나가는 혈액 역할을 맡은 영우
⑤ 콩팥으로 들어오는 혈액 역할을 맡은 한나

8 **오른쪽은 우리 몸속의 배설 기관을 나타낸 것입니다. ㉠, ㉡에 대한 설명으로 옳은 것을 두 가지 골라 써 봅시다.** (,)

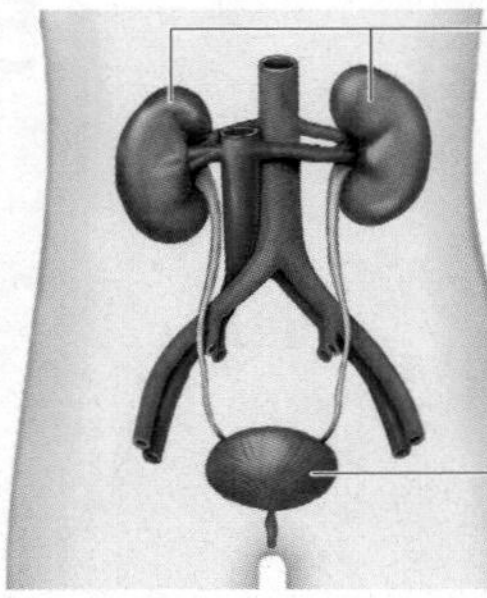

① ㉠은 방광이다.
② ㉠은 등허리에 좌우로 한 쌍이 있다.
③ ㉡은 오줌관에 연결되어 있으며, 강낭콩 모양이다.
④ ㉡은 혈액에 있는 노폐물을 걸러 내어 오줌을 만든다.
⑤ ㉡은 오줌을 모았다가 일정한 양이 되면 몸 밖으로 내보낸다.

9 **우리 몸속에서 노폐물을 걸러 내어 몸 밖으로 내보내는 과정에 맞게 순서대로 기호를 써 봅시다.**

㉠ 오줌을 몸 밖으로 내보낸다.
㉡ 오줌이 오줌관을 지나 방광에 모인다.
㉢ 온몸을 돌아 노폐물이 많아진 혈액이 콩팥으로 들어간다.
㉣ 콩팥에서 혈액에 있는 노폐물을 걸러 내어 오줌을 만든다.

( ) → ( ) → ( ) → ( )

탐구 서술형 문제

서술형 길잡이

❶ ☐☐☐는 나뭇가지처럼 생겼으며, 공기가 이동하는 통로입니다.

❷ 코를 통해 몸속으로 들어온 공기는 ☐☐, 기관지를 거쳐 ☐로 이동합니다.

10 오른쪽은 우리 몸속의 호흡 기관을 나타낸 것입니다. ㉠의 이름을 쓰고, ㉠이 여러 갈래로 갈라져 있어서 유리한 점을 써 봅시다.

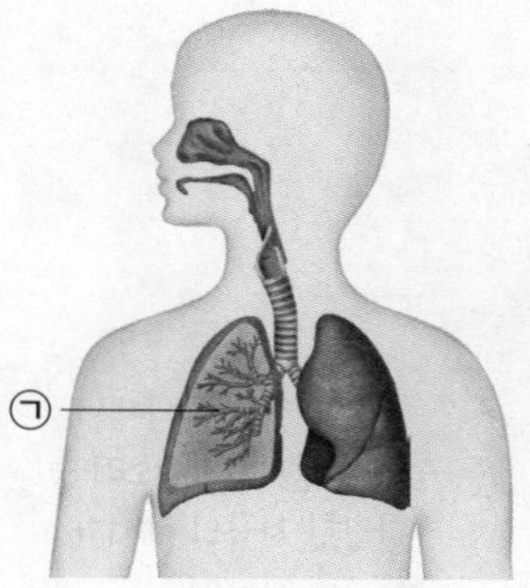

(1) 이름: (   )

(2) 여러 갈래로 갈라져 있어서 유리한 점:

❶ 고무풍선을 이용한 혈액 순환 모형에서 고무풍선을 씌운 컵은 우리 몸의 ☐☐, 씌우지 않은 컵은 ☐☐, 고무관은 ☐☐, 붉은 색소 물은 ☐☐ 역할을 합니다.

11 오른쪽은 고무풍선을 이용한 혈액 순환 모형입니다. 고무풍선을 눌렀다가 손을 떼었을 때 붉은 색소 물이 어떻게 이동하는지 쓰고, 실제 순환 기관에서 이루어지는 혈액 순환 과정을 써 봅시다.

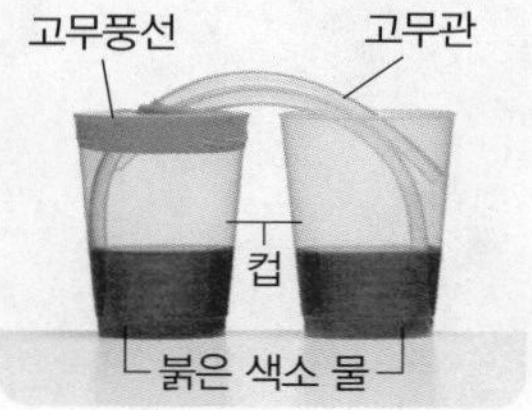

(1) 붉은 색소 물의 이동:

(2) 혈액 순환 과정:

❶ 우리 몸에서 영양소가 쓰이면서 몸에 필요 없는 ☐☐☐이 생깁니다.

❷ ☐☐ ☐☐은 혈액에 있는 노폐물을 몸 밖으로 내보내는 과정에 관여합니다.

12 우리 몸에서 노폐물이 몸 밖으로 나가는 과정을 오른쪽 배설 기관과 관련지어 써 봅시다.

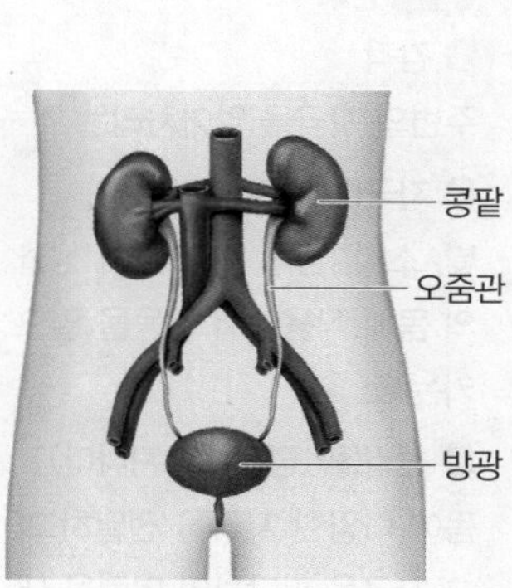

6 우리 몸에서 자극이 전달되고 반응하는 과정

탐구로 시작하기

❶ [1]감각 기관과 [2]자극이 전달되는 과정 알아보기

탐구 과정

❶ 우리 몸에서 감각 기관을 찾아보고, 감각 기관의 종류와 하는 일을 알아봅시다.

❷ 우리 몸이 자극을 받아들이고 전달하여 반응하는 과정을 조사해 봅시다.

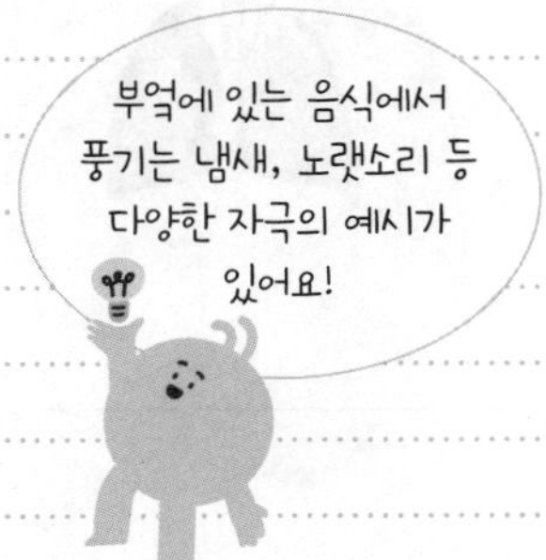

탐구 결과

① 감각 기관의 종류와 하는 일

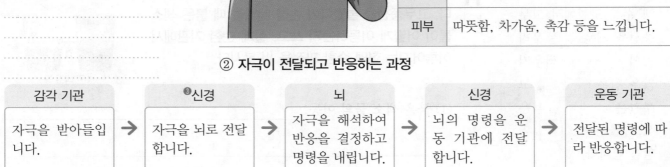

감각 기관	하는 일
눈	사물을 봅니다.
귀	소리를 듣습니다.
코	냄새를 맡습니다.
혀	맛을 느낍니다.
피부	따뜻함, 차가움, 촉감 등을 느낍니다.

② 자극이 전달되고 반응하는 과정

감각 기관		[3]신경		뇌		신경		운동 기관
자극을 받아들입니다.	→	자극을 뇌로 전달합니다.	→	자극을 해석하여 반응을 결정하고 명령을 내립니다.	→	뇌의 명령을 운동 기관에 전달합니다.	→	전달된 명령에 따라 반응합니다.

❷ 자극이 전달되고 반응하는 과정 역할놀이 하기

탐구 과정

❶ 모둠원끼리 각자 맡을 역할을 정하고 자극이 전달되고 반응하는 과정에 따라 순서대로 줄을 섭니다.

❷ 감각 기관을 맡은 친구가 종이를 하나 뽑아 상황을 읽습니다.

❸ 순서대로 역할에 맞게 자극이나 명령을 전달합니다.

❹ 운동 기관을 맡은 친구는 전달받은 대로 반응합니다.

용어 돋보기

❶ 감각
주변의 자극을 알아차리는 것

❷ 자극(刺 찌르다, 戟 창)
빛, 소리, 냄새 등과 같이 생물의 몸에 작용해서 반응을 일으키는 것

❸ 신경(神 정신, 經 지나다)
몸에 다양한 자극을 전달하고, 그 자극을 판단하여 명령을 내리는 일과 관련이 있는 부분

탐구 결과

예 신나는 노래가 들리는 상황

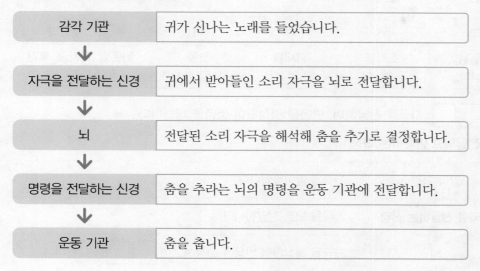

감각 기관	귀가 신나는 노래를 들었습니다.
↓	
자극을 전달하는 신경	귀에서 받아들인 소리 자극을 뇌로 전달합니다.
↓	
뇌	전달된 소리 자극을 해석해 춤을 추기로 결정합니다.
↓	
명령을 전달하는 신경	춤을 추라는 뇌의 명령을 운동 기관에 전달합니다.
↓	
운동 기관	춤을 춥니다.

개념1 사람의 신경계

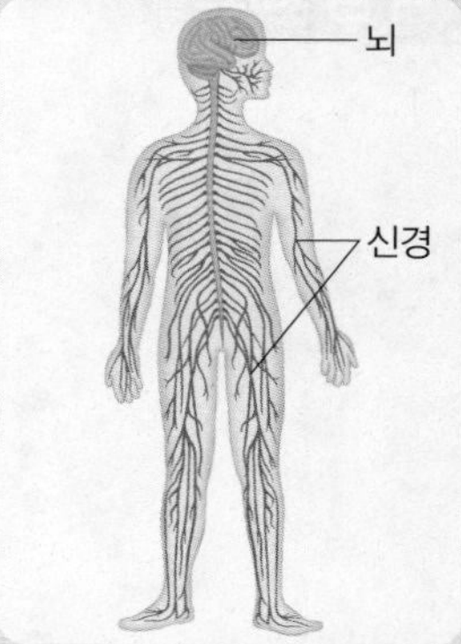

- 신경계는 온몸에 퍼져 있습니다.
- 신경계는 뇌와 신경 등으로 이루어져 있습니다.

개념 이해하기

1. 감각 기관과 신경계

① **감각 기관**: 자극을 받아들이는 기관으로 눈, 귀, 코, 혀, 피부가 있습니다.
② **신경계**: 자극을 전달하며, 반응을 결정하여 명령을 내립니다. 개념1

2. 자극이 전달되고 반응하는 과정 개념2

감각 기관 → 자극을 전달하는 신경 → 뇌 → 명령을 전달하는 신경 → 운동 기관

예 **날아오는 공을 볼 때 자극이 전달되고 반응하는 과정**

❷ 자극을 전달하는 신경이 눈에서 받아들인 자극을 뇌로 전달합니다.

❹ 명령을 전달하는 신경이 공을 잡으라는(공을 피하라는) 명령을 운동 기관으로 전달합니다.

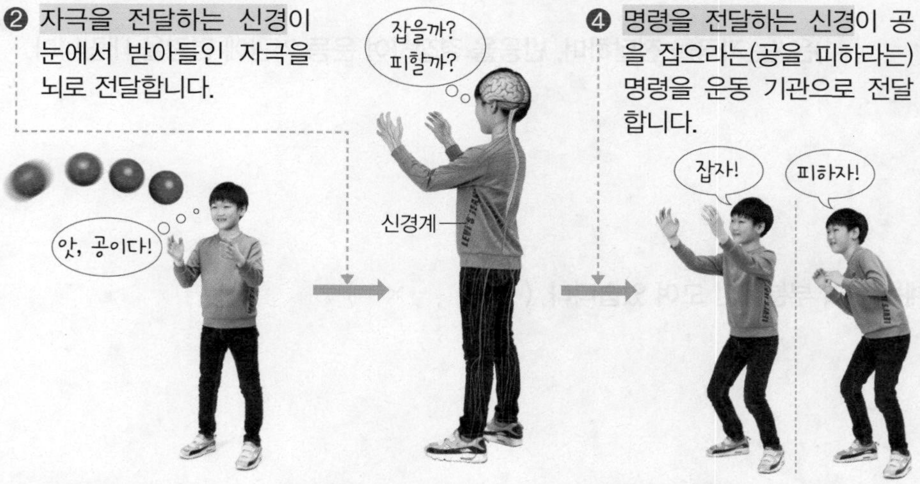

❶ 감각 기관에서 공이 날아오는 것을 봅니다.
❸ 뇌는 공을 잡을지 피할지 결정합니다.
❺ 운동 기관은 뇌가 명령한 대로 반응합니다.

개념2 신경계에서 자극이나 명령을 전달하지 못할 때 일어날 수 있는 일

자극이 제대로 전달되지 못하면 행동을 결정할 수 없으며, 운동 명령이 제대로 전달되지 못하면 몸을 제대로 움직일 수 없습니다.

핵심 개념 되짚어 보기

우리 몸에서 자극이 전달되고 반응하는 과정은 '감각 기관 → 자극을 전달하는 신경 → 뇌 → 명령을 전달하는 신경 → 운동 기관'입니다

기본 문제로 익히기

정답과 해설 • 23쪽

핵심 체크

- 감각 기관: ❶ ☐☐을 받아들이는 기관

눈	귀	코	혀	❷ ☐☐
사물을 봅니다.	소리를 듣습니다.	냄새를 맡습니다.	맛을 느낍니다.	따뜻함, 차가움, 촉감 등을 느낍니다.

- ❸ ☐☐☐: 자극을 전달하며, 반응을 결정하여 명령을 내립니다.
- **자극이 전달되고 반응하는 과정**

감각 기관 ↓	자극을 받아들입니다.
자극을 전달하는 신경 ↓	자극을 뇌로 전달합니다.
뇌 ↓	자극을 해석하여 반응을 결정하고 ❹ ☐☐을 내립니다.
명령을 전달하는 신경 ↓	뇌의 명령을 ❺ ☐☐ ☐☐에 전달합니다.
운동 기관	전달된 명령에 따라 ❻ ☐☐합니다.

Step 1 **( ) 안에 알맞은 말을 써넣어 설명을 완성하거나 설명이 옳으면 ○, 틀리면 ×에 ○표 해 봅시다.**

1 (　　　　　)은/는 자극을 받아들이는 기관입니다.

2 (　　　　　)은/는 자극을 전달하며, 반응을 결정하여 운동 기관에 명령을 내립니다.

3 신경계는 머리 부분에만 모여 있습니다. (○ , ×)

4 날아오는 공을 볼 때 자극을 받아들이는 감각 기관은 눈입니다. (○ , ×)

Step 2

1 감각 기관이 아닌 것을 보기 에서 모두 골라 기호를 써 봅시다.

보기 ㉠ 눈	㉡ 귀	㉢ 코
㉣ 이자	㉤ 피부	㉥ 기관지

( )

2 각 감각 기관이 하는 일을 찾아 선으로 연결해 봅시다.

(1) 귀 · · ㉠ 소리를 들을 수 있다.

(2) 코 · · ㉡ 냄새를 맡을 수 있다.

3 다음은 신나는 노래가 들리는 상황에서 자극이 전달되고 반응하는 과정 역할놀이를 할 때, 한 친구가 담당한 역할이 하는 일입니다. 이 역할로 알맞은 것은 어느 것입니까? ( )

> 전달된 소리 자극을 해석해 춤을 추겠다고 결정한다.

① 뇌
② 운동 기관
③ 감각 기관
④ 자극을 전달하는 신경
⑤ 명령을 전달하는 신경

4 감각 기관과 신경계에 대한 설명으로 옳지 않은 것은 어느 것입니까? ( )

① 신경계는 온몸에 퍼져 있다.
② 감각 기관은 자극을 받아들인다.
③ 감각 기관에는 눈, 귀, 코, 혀, 피부가 있다.
④ 피부로 따뜻함, 차가움, 촉감 등을 느낄 수 있다.
⑤ 신경계는 자극을 전달하지만 반응을 결정하는 일에는 관여하지 않는다.

5 다음은 자극이 전달되고 반응하는 과정을 나타낸 것입니다. ( ) 안에 공통으로 들어갈 말을 써 봅시다.

> 감각 기관 → 자극을 전달하는 ( ) → 뇌 → 명령을 전달하는 ( ) → 운동 기관

( )

6 다음 ( ) 안에 알맞은 말에 각각 ○표 해 봅시다.

> 날아오는 공을 보고 잡을 때, 날아오는 공의 모습은 (반응 , 자극)이고, 공을 잡는 것은 (반응 , 자극)이다.

4 단원

7 운동할 때 우리 몸에서 나타나는 변화

탐구로 시작하기

❶ 운동할 때 몸에 나타나는 변화 알아보기

땀이 나면 체온이 다시 낮아질 수 있기 때문에 운동 직후에 바로 체온을 측정해요!

탐구 과정

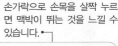

손가락으로 손목을 살짝 누르면 맥박이 뛰는 것을 느낄 수 있습니다.

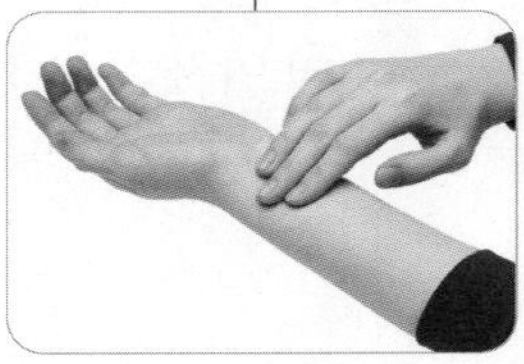

▲ 맥박 수 측정

❶ 운동하기 전 안정된 상태에서 체온과 1분 동안 [1]맥박 수를 측정합니다. → 심장이 뛰는 것은 맥박으로 알 수 있습니다.

❷ 1분 동안 제자리 달리기를 한 직후에 체온과 1분 동안 맥박 수를 측정합니다.

❸ 5분 동안 휴식을 취한 후 체온과 1분 동안 맥박 수를 측정합니다.

❹ 과정 ❶~❸에서 측정한 결과를 그래프로 나타내 봅시다.

❺ 운동할 때 우리 몸에서 변화가 나타나는 까닭을 우리 몸의 기관과 관련지어 이야기해 봅시다.

탐구 결과

① 운동하기 전, 운동한 직후, 운동하고 5분 휴식 후의 체온과 맥박 수 예

구분	운동 전	운동 직후	휴식
체온(℃)	36.7	36.9	36.6
1분당 맥박 수(회)	65	104	69

② 측정한 결과를 나타낸 그래프 예 → 체온에 비해 맥박 수의 변화가 더 크게 나타납니다.

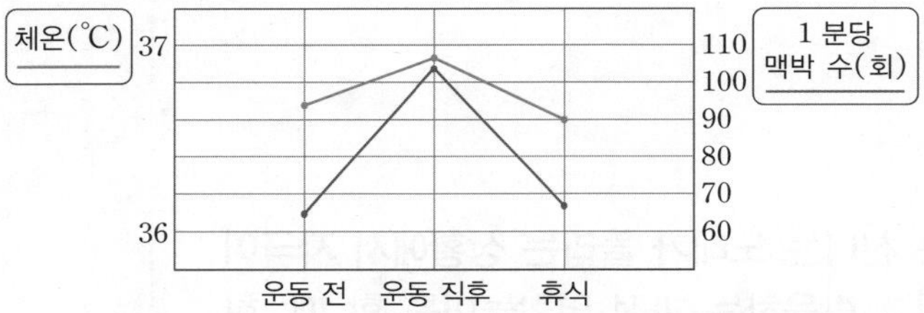

- 운동을 하면 체온이 올라가고 맥박 수가 증가합니다.
- 운동한 후 휴식을 취하면 체온과 맥박 수가 운동하기 전과 비슷해집니다.

③ 운동할 때 몸에서 변화가 나타나는 까닭과 우리 몸의 기관

운동 기관(뼈와 근육)	운동 기관이 움직이면서 열이 발생하여 체온이 높아집니다.
순환 기관	산소와 영양소가 많이 필요하므로 빠르게 산소와 영양소를 공급할 수 있도록 심장이 빠르게 뜁니다.
호흡 기관	산소가 많이 필요하므로 빠르게 산소를 흡수할 수 있도록 호흡이 빨라집니다.

용어 돋보기

❶ **맥박(脈 맥, 搏 치다)**
심장의 박동으로 심장에서 나오는 혈액이 동맥의 벽에 닿아서 생기는 주기적인 움직임

❷ 건강한 생활 방식 알아보기

탐구 과정

❶ 우리 몸의 각 기관에 문제가 있을 때 나타날 수 있는 질병을 친구들과 이야기해 봅시다.

❷ 질병을 예방할 수 있는 건강한 생활 방식을 조사해 봅시다.

탐구 결과

① 우리 몸의 각 기관과 관련된 다양한 질병 예

운동 기관	근육통, 골절	소화 기관	위장병, 변비
호흡 기관	비염, 감기, 천식	순환 기관	심장병, 고혈압
배설 기관	방광염	감각 기관	안구 건조증

② 질병을 예방할 수 있는 건강한 생활 방식 예 개념1

- 물을 충분히 마시기
- 규칙적으로 운동하기
- 하루에 20분 정도 햇볕을 쬐기
- 음식을 골고루 먹기
- 식사 후에 양치하기
- 손을 깨끗이 자주 씻기

개념 이해하기

1. 운동할 때 몸에 나타나는 변화와 우리 몸의 기관

① 운동할 때 몸에 나타나는 변화

운동을 하면 맥박과 호흡이 빨라지고 체온이 올라가 땀이 나는 것처럼 우리 몸의 어느 한 기관에 나타난 변화는 다른 기관에도 영향을 미칩니다.

↓

우리 몸을 이루는 여러 가지 기관은 서로 영향을 주고받으며 협력하여 일하기 때문입니다.

② 몸을 움직이기 위해 우리 몸의 각 기관이 하는 일 개념2

기관	하는 일
운동 기관	뼈와 근육의 작용으로 몸을 움직입니다. → 영양소와 산소를 이용하여 몸을 움직입니다.
소화 기관	음식물을 소화하여 영양소를 흡수합니다.
호흡 기관	우리 몸에 필요한 산소를 받아들이고 몸속에서 생긴 이산화 탄소를 몸 밖으로 내보냅니다.
순환 기관	혈액을 순환시켜 영양소와 산소를 온몸으로 운반하고, 이산화 탄소와 노폐물을 몸 밖으로 내보낼 수 있도록 운반합니다.
배설 기관	혈액에 있는 노폐물을 걸러 내어 몸 밖으로 내보냅니다.
감각 기관	주변의 다양한 자극을 받아들입니다.

➜ 우리가 건강하게 살아가려면 몸을 이루는 여러 기관이 조화를 이루어 각각의 기능을 잘 수행해야 합니다.

개념1 건강 박람회 홍보물 예

개념2 운동할 때 우리 몸의 여러 기관이 서로 어떻게 관련되어 있는지 알아보기

- 운동 기관을 움직이는 데 필요한 영양소는 소화 기관에서 받아들이고, 산소는 호흡 기관에서 받아들입니다.
- 몸에 들어온 영양소와 산소는 순환 기관에 의해 온몸으로 공급됩니다.

핵심 개념 되짚어 보기

운동을 하면 체온이 올라가고 땀이 나기도 하며, 맥박과 호흡이 빨라집니다. 이러한 변화는 몸속 여러 기관이 서로 영향을 주고받아 나타나는 것입니다.

4 단원

기본 문제로 익히기

정답과 해설 ● 24쪽

핵심 체크

● 운동할 때 몸에서 변화가 나타나는 까닭과 우리 몸의 기관

- 운동 기관이 움직이면서 열이 발생하여 ❶ ☐☐ 이 높아집니다.
- 산소와 영양소가 많이 필요하므로 ❷ ☐☐ 이 빠르게 뛰고 호흡이 빨라집니다.

● 몸을 움직이기 위해 우리 몸의 각 기관이 하는 일

기관	하는 일
운동 기관	뼈와 근육의 작용으로 몸을 움직입니다.
소화 기관	음식물을 소화하여 ❸ ☐☐☐ 를 흡수합니다.
❹ ☐☐ 기관	우리 몸에 필요한 산소를 받아들이고 몸속에서 생긴 이산화 탄소를 몸 밖으로 내보냅니다.
순환 기관	혈액을 순환시켜 영양소와 산소를 온몸으로 운반하고, 이산화 탄소와 노폐물을 몸 밖으로 내보낼 수 있도록 운반합니다.
❺ ☐☐ 기관	혈액에 있는 노폐물을 걸러 내어 몸 밖으로 내보냅니다.
❻ ☐☐ 기관	주변의 다양한 자극을 받아들입니다.

Step 1

(　　) 안에 알맞은 말을 써넣어 설명을 완성하거나 설명이 옳으면 ○, 틀리면 ×에 ○표 해 봅시다.

1 운동을 하면 체온이 내려가고 맥박 수가 감소합니다. (○ , ×)

2 운동을 할 때는 산소와 영양소가 많이 필요합니다. (○ , ×)

3 (　　　　　) 기관은 뼈와 근육의 작용으로 몸을 움직입니다.

4 몸을 움직이기 위해 호흡 기관은 우리 몸에 필요한 (　　　　　)을/를 받아들입니다.

Step 2

1 1분 동안 제자리 달리기를 한 직후에 우리 몸에 나타나는 변화를 잘못 말한 친구의 이름을 써 봅시다.

- 영현: 호흡이 빨라져.
- 나연: 체온이 올라가.
- 도윤: 평소보다 맥박 수가 감소해.

( )

[2~3] 다음은 운동 전, 운동 직후, 운동하고 5분 휴식 후 체온과 1분당 맥박 수를 측정한 결과를 나타낸 표입니다.

구분	운동 전	운동 직후	휴식
체온(℃)	36.7	36.9	36.6
1분당 맥박 수(회)	65	104	69

2 위 실험 결과에서 체온이 가장 높은 때와 1분당 맥박 수가 가장 많은 때는 각각 언제인지 써 봅시다.

(1) 체온이 가장 높은 때:
( )

(2) 1분당 맥박 수가 가장 많은 때:
( )

3 위와 같이 운동한 뒤 맥박 수가 달라지는 까닭으로 옳은 것을 보기 에서 골라 기호를 써 봅시다.

보기
㉠ 심장의 크기가 커지기 때문이다.
㉡ 몸속 혈액의 양이 줄어들기 때문이다.
㉢ 산소와 영양소를 많이 공급하기 위해서이다.

( )

4 소화 기관에 이상이 있을 때 생기는 질병은 어느 것입니까? ( )

① 천식 ② 근육통
③ 고혈압 ④ 위장병
⑤ 심장병

5 몸을 움직이기 위해 호흡 기관이 하는 일로 옳은 것은 어느 것입니까? ( )

① 주변의 다양한 자극을 받아들인다.
② 영양소와 산소를 온몸으로 운반한다.
③ 음식물을 소화하여 영양소를 흡수한다.
④ 노폐물을 걸러 내어 몸 밖으로 내보낸다.
⑤ 산소를 받아들이고 이산화 탄소를 몸 밖으로 내보낸다.

6 다음 ( ) 안에 공통으로 들어갈 기관을 써 봅시다.

- ( )은/는 몸에 들어온 영양소와 산소를 온몸으로 운반한다.
- ( )은/는 이산화 탄소와 노폐물을 몸 밖으로 내보낼 수 있도록 운반한다.

( )

4 단원

⑥ 우리 몸에서 자극이 전달되고 반응하는 과정

1 다음은 자극이 전달되고 반응하는 과정 역할놀이를 할 때 필요한 역할을 나타낸 것입니다. 역할놀이를 위해 각 역할을 맡은 사람들이 서야 하는 순서대로 기호를 써 봅시다.

㉠ 뇌	㉡ 감각 기관
㉢ 운동 기관	㉣ 자극을 전달하는 신경
㉤ 명령을 전달하는 신경	

( ) → ( ) → ( ) → ( ) → ( )

2 감각 기관과 관련된 상황을 옳게 짝 지은 것은 어느 것입니까? ( )

① 눈: 다은이는 사탕이 달다고 느꼈다.
② 혀: 지혜는 고소한 빵 냄새를 맡았다.
③ 귀: 지연이는 미술 작품을 감상하고 있다.
④ 코: 경섭이는 자동차 경적 소리를 들었다.
⑤ 피부: 유민이는 얼음을 만지고 차갑다고 느꼈다.

3 다음은 채이의 일기 중 일부입니다. 채이가 밑줄 친 상황에서 자극을 받은 감각 기관을 모두 써 봅시다.

> 학교가 끝나고 집에 오니 <u>부엌에 딸기가 있는 것이 보였다.</u> <u>딸기에서는 달콤한 냄새가 났고</u>, <u>한 입 먹어 보니 정말 달콤했다.</u>

( )

◎ 정답과 해설 ● 24쪽

4 신경계에 대한 설명으로 옳지 않은 것을 보기 에서 골라 기호를 써 봅시다.

보기
㉠ 감각 기관에서 받아들인 자극을 전달한다.
㉡ 전달된 자극을 해석하여 반응을 결정하고 명령을 내린다.
㉢ 신경계에서 운동 명령을 제대로 전달하지 못해도 몸을 제대로 움직일 수 있다.

( )

5 다음은 날아오는 공을 피할 때 관여하는 여러 기관의 역할에 대한 설명입니다. 기관의 역할과 이름을 옳게 짝 지은 것은 어느 것입니까? ( )

㉠ 공이 날아오는 것을 본다.
㉡ 공을 피해야겠다고 결정한다.
㉢ 공을 피하라는 명령을 운동 기관에 전달한다.

	㉠	㉡	㉢
①	운동 기관	뇌	명령을 전달하는 신경
②	운동 기관	뇌	자극을 전달하는 신경
③	감각 기관	뇌	명령을 전달하는 신경
④	감각 기관	명령을 전달하는 신경	자극을 전달하는 신경
⑤	감각 기관	자극을 전달하는 신경	명령을 전달하는 신경

❼ 운동할 때 우리 몸에서 나타나는 변화

6 다음은 운동 전, 운동 직후, 운동하고 5분 휴식 후 체온과 1분당 맥박 수를 측정한 결과를 나타낸 그래프입니다. 이 그래프를 해석한 것으로 옳지 않은 것은 어느 것입니까? ( )

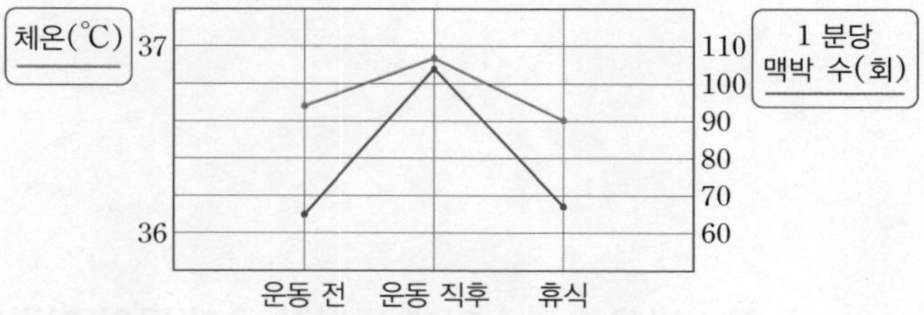

① 운동을 하면 체온이 올라간다.
② 운동을 하면 맥박 수가 증가한다.
③ 운동을 한 뒤 휴식을 취하면 체온이 운동하기 전과 비슷해진다.
④ 운동을 한 뒤 휴식을 취하면 맥박 수가 운동하기 전과 비슷해진다.
⑤ 운동하기 전에 체온이 가장 높고, 운동을 하면 체온이 계속 내려간다.

7 운동할 때 산소가 많이 필요해져 우리 몸에 나타나는 변화와 가장 관계가 깊은 것은 어느 것입니까? ( )

① 땀이 난다.
② 목이 마르다.
③ 체온이 내려간다.
④ 호흡이 빨라진다.
⑤ 심장이 느리게 뛴다.

8 몸을 움직일 때 우리 몸의 기관이 하는 일을 잘못 설명한 친구의 이름을 써 봅시다.

- 수현: 소화 기관은 음식물을 소화하여 영양소를 흡수해.
- 승하: 영양소와 산소는 순환 기관을 통해 온몸으로 전달돼.
- 혜정: 우리 몸을 이루는 여러 가지 기관은 서로 영향을 받지 않아.
- 소운: 호흡 기관은 우리 몸에 필요한 산소를 받아들이고, 이산화 탄소를 몸 밖으로 내보내.

( )

9 다음 ( ) 안에 들어갈 우리 몸의 기관을 각각 써 봅시다.

운동 기관을 움직이는 데 필요한 영양소는 (㉠)에서 받아들이고, 산소는 (㉡)에서 받아들인다.

㉠: ( ) ㉡: ( )

탐구 서술형 문제

서술형 길잡이

❶ □□ □□이 받아들인 자극은 온몸에 퍼져 있는 신경계를 통해 전달됩니다.

❷ □□□는 자극을 전달하며, 반응을 결정하여 명령을 내립니다.

❸ □□ □□은 전달된 명령에 따라 반응합니다.

10 다음은 신나는 노래를 듣고 춤을 출 때 우리 몸에서 자극이 전달되고 반응하는 과정을 순서대로 나타낸 것입니다.

감각 기관	귀가 신나는 노래를 들었다.
↓	
㉠	귀에서 받아들인 소리 자극을 뇌로 전달한다.
↓	
뇌	
↓	
㉡	춤을 추라는 뇌의 명령을 운동 기관에 전달한다.
↓	
운동 기관	춤을 춘다.

(1) 위 ㉠과 ㉡에 들어갈 말을 각각 써 봅시다.

㉠: (　　　　　　) ㉡: (　　　　　　)

(2) 위 상황에서 뇌가 하는 일은 무엇인지 써 봅시다.

서술형 길잡이

❶ 운동할 때는 맥박과 □□이 빨라지고, 체온이 올라갑니다.

❷ 운동할 때는 □□와 영양소가 많이 필요합니다.

11 다음은 운동 전과 운동 직후 측정한 1분당 맥박 수를 나타낸 표입니다. 이와 같이 운동을 하면 맥박 수가 증가하는 까닭을 써 봅시다.

구분	운동 전	운동 직후
1분당 맥박 수(회)	65	104

단원 정리하기

정답과 해설 • 25쪽

❶ 뼈와 근육(운동 기관)

• 뼈와 근육이 하는 일

뼈	• 우리 몸의 형태를 만들고, 몸을 지탱합니다. • 심장과 폐, 뇌 등의 내부 기관을 보호합니다.
근육	❶ (　　　)에 연결되어 있어 몸을 움직일 수 있게 합니다.

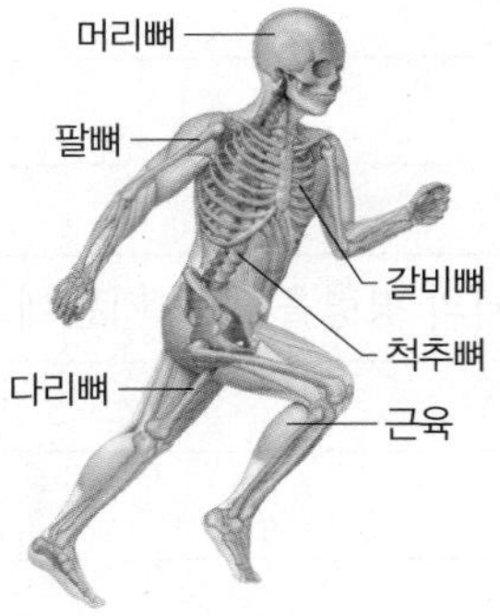

▲ 뼈와 근육

• 우리 몸이 움직이는 원리: ❷ (　　　)의 길이가 줄어들거나 늘어나면서 근육과 연결된 뼈를 움직여 몸을 움직일 수 있습니다.

❷ 소화 기관과 호흡 기관

• 소화와 음식물의 이동

소화	음식물 속의 ❸ (　　　)를 몸속으로 흡수할 수 있도록 음식물을 잘게 쪼개는 과정
음식물의 이동	입 → 식도 → 위 → 작은창자 → 큰창자 → 항문

• 호흡과 공기의 이동

호흡	숨을 들이마시고 내쉬는 활동
공기의 이동	• 숨을 들이마실 때: 코 → 기관 → 기관지 → 폐 • 숨을 내쉴 때: 폐 → 기관지 → 기관 → 코

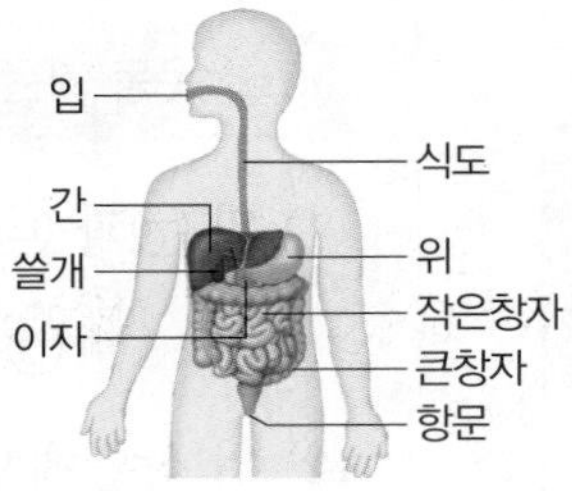

▲ 소화 기관

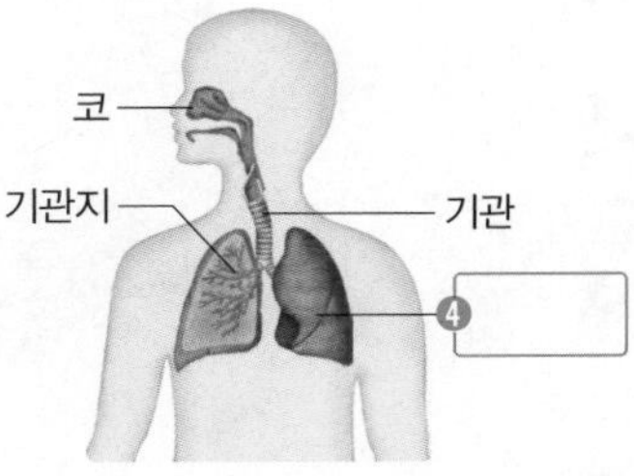

▲ 호흡 기관

❸ 순환 기관과 배설 기관

• 순환 기관이 하는 일

심장	펌프 작용으로 혈액을 온몸으로 순환시킵니다.
❺ (　　　)	혈액이 온몸으로 이동하는 통로입니다.

• 배설 기관이 하는 일

콩팥	혈액에 있는 ❻ (　　　)을 걸러 내어 오줌을 만듭니다.
오줌관	콩팥에서 방광으로 오줌이 이동하는 통로입니다.
❼ (　　　)	오줌을 모았다가 일정한 양이 되면 몸 밖으로 내보냅니다.

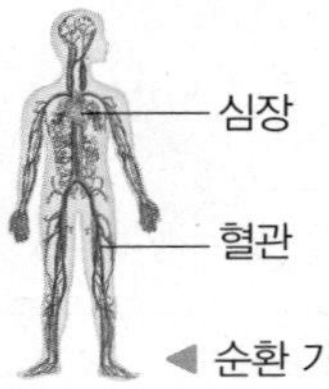

◀ 순환 기관

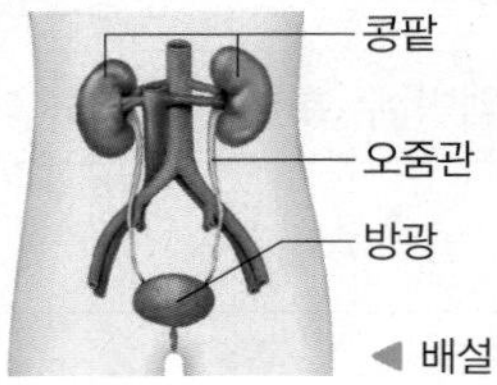

◀ 배설 기관

❹ 신경계와 운동할 때 몸에 나타나는 변화

• 감각 기관과 신경계

감각 기관	자극을 받아들이는 기관 예 눈, 귀, 코, 혀, 피부 등
❽ (　　　)	• 온몸에 퍼져 있습니다. • 감각 기관이 받아들인 자극을 전달하며, 전달된 자극을 해석하여 행동을 결정하고, 운동 기관에 명령을 내립니다.

• 우리 몸에서 자극이 전달되고 반응하는 과정

감각 기관 → 자극을 전달하는 신경 → 뇌 → ❾ (　　　)을 전달하는 신경 → 운동 기관

• 운동할 때 몸에 나타나는 변화와 우리 몸의 기관

운동을 하면 ❿ (　　　)과 호흡이 빨라지고 체온이 올라가 땀이 나는 것처럼 우리 몸의 어느 한 기관에 나타난 변화는 다른 기관에도 영향을 미칩니다.

➜ 우리 몸을 이루는 여러 기관들은 서로 영향을 주고받으며 협력하여 일하기 때문입니다.

단원 마무리 문제

(맞은 개수 개)

정답과 해설 • 25쪽

1 오른쪽 뼈와 근육 모형에 바람을 불어 넣었을 때, 비닐봉지와 납작한 빨대의 변화를 옳게 짝지은 것은 어느 것입니까? (　　　)

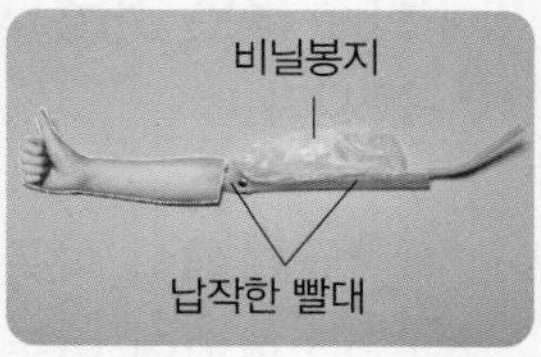

	비닐봉지	납작한 빨대
①	변화 없음.	구부러짐.
②	길이가 늘어남.	더 펴짐.
③	길이가 늘어남.	구부러짐.
④	길이가 줄어듦.	더 펴짐.
⑤	길이가 줄어듦.	구부러짐.

2 우리 몸속 뼈의 생김새에 대해 옳게 설명한 친구의 이름을 써 봅시다.

- 현진: 갈비뼈는 바가지 모양이야.
- 윤정: 뼈의 길이와 모양은 모두 같아.
- 보영: 팔뼈와 다리뼈의 아래쪽 뼈는 긴 뼈 두 개로 이루어져 있어.

(　　　)

서술형

3 다음은 과학 시간에 유진이가 뼈가 하는 일에 대해 발표한 내용입니다. 유진이의 의견이 맞는지 틀린지 쓰고, 그렇게 생각한 까닭을 써 봅시다.

뼈가 스스로 우리 몸을 움직이게 한다.

[4~5] 오른쪽은 우리 몸속의 소화 기관을 나타낸 것입니다.

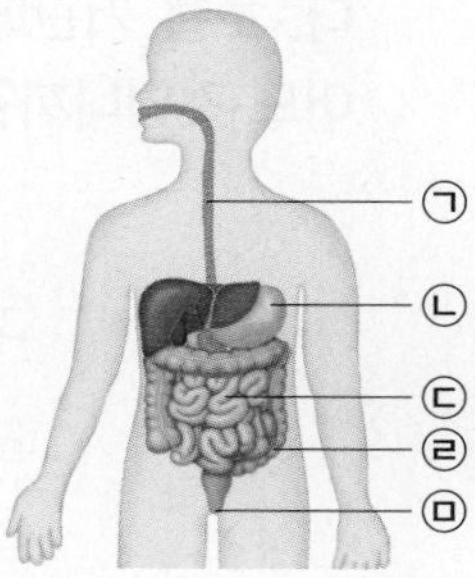

4 오른쪽에서 볼 수 있는 기관이 아닌 것은 어느 것입니까? (　　　)

① 위　② 항문　③ 심장　④ 큰창자　⑤ 작은창자

5 위 ㉠~㉤ 중 다음에서 설명하는 기관을 골라 기호와 이름을 써 봅시다.

작은 주머니 모양이며, 소화를 돕는 액체를 분비하여 음식물과 섞고 음식물을 잘게 쪼갠다.

(　　　)

중요

6 입으로 먹은 음식물이 지나가는 기관을 순서대로 옳게 나열한 것은 어느 것입니까? (　　　)

① 위 → 식도 → 작은창자 → 큰창자 → 항문
② 식도 → 간 → 큰창자 → 작은창자 → 항문
③ 식도 → 위 → 큰창자 → 작은창자 → 항문
④ 식도 → 위 → 작은창자 → 큰창자 → 항문
⑤ 식도 → 위 → 이자 → 작은창자 → 큰창자

7 호흡 기관을 보기 에서 모두 골라 기호를 써 봅시다.

보기
㉠ 폐　㉡ 코　㉢ 심장
㉣ 혈관　㉤ 기관지　㉥ 큰창자

(　　　)

중요

8 다음은 우리 몸속의 호흡 기관을 나타낸 것입니다. 호흡 기관에 대한 설명으로 옳지 않은 것은 어느 것입니까? (　　　)

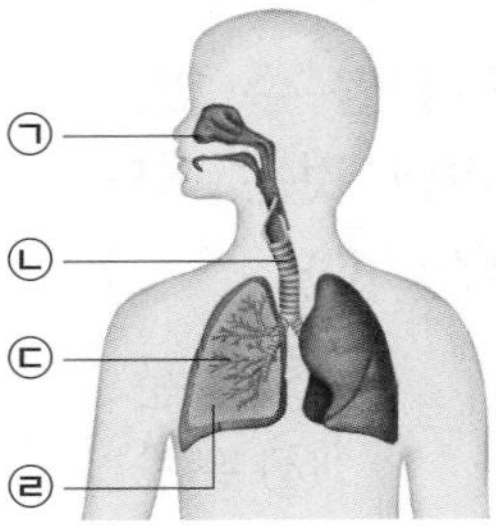

① ㉠은 속에 털이 있다.
② ㉢은 기관과 폐를 연결한다.
③ ㉡, ㉢은 공기가 이동하는 통로이다.
④ ㉣은 가슴 부분에 좌우 한 쌍이 있다.
⑤ ㉣은 이산화 탄소를 받아들이고, 산소를 내보낸다.

서술형

9 숨을 들이마실 때와 내쉴 때 우리 몸에서 공기가 이동하는 경로를 비교하여 써 봅시다.

중요

10 오른쪽은 우리 몸속의 순환 기관을 나타낸 것입니다. ㉠에 대한 설명으로 옳지 않은 것은 어느 것입니까? (　　　)

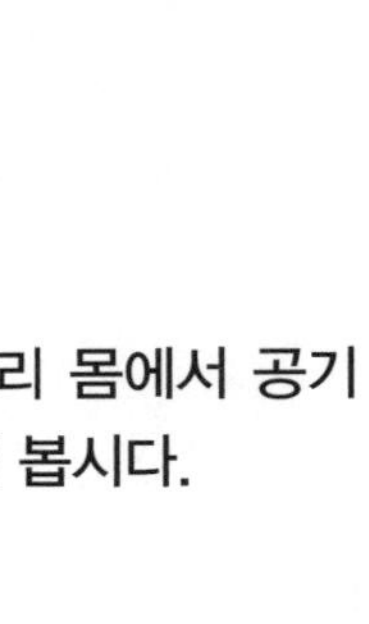

① 심장이다.
② 둥근 주머니 모양이다.
③ 운동을 하면 빠르게 뛴다.
④ 펌프 작용으로 혈액을 순환시킨다.
⑤ 가슴 중앙에서 오른쪽으로 약간 치우쳐 있다.

11 심장이 느리게 뛸 때 나타나는 혈액 이동의 변화로 옳은 것을 보기 에서 모두 골라 기호를 써 봅시다.

보기
㉠ 혈액이 이동하는 빠르기가 느려진다.
㉡ 혈액이 이동하는 빠르기가 빨라진다.
㉢ 같은 시간 동안 이동하는 양이 적어진다.
㉣ 같은 시간 동안 이동하는 양이 많아진다.

(　　　　　　　　)

서술형

12 혈관이 온몸에 퍼져 있는 까닭을 써 봅시다.

---

13 배설의 뜻을 옳게 설명한 친구의 이름을 써 봅시다.

- 성진: 혈액을 온몸으로 순환시키는 과정이야.
- 지아: 영양소를 몸 밖으로 내보내는 과정이야.
- 준서: 혈액에 있는 노폐물을 몸 밖으로 내보내는 과정이야.

(　　　　　　　　)

14 오른쪽은 우리 몸속의 배설 기관을 나타낸 것입니다. ㉠~㉢ 중 노폐물을 포함한 오줌의 이동을 나타내는 것을 골라 기호를 써 봅시다.

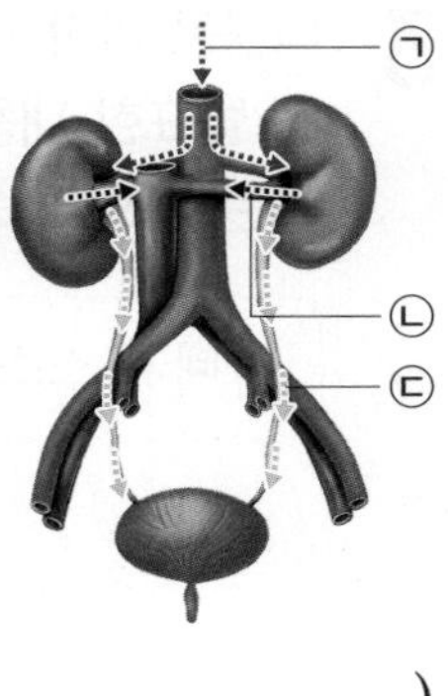

(　　　　　　　　)

중요

15 배설 과정에 대한 설명으로 옳지 않은 것을 보기 에서 골라 기호를 써 봅시다.

보기
㉠ 온몸을 돌아 노폐물이 많아진 혈액이 콩팥으로 들어간다.
㉡ 콩팥에서 혈액에 있는 노폐물을 걸러 내어 바로 몸 밖으로 내보낸다.
㉢ 오줌관이 방광으로 오줌을 운반한다.
㉣ 방광은 오줌을 모았다가 몸 밖으로 내보낸다.

( )

16 다음 상황에서 관여하지 않은 감각 기관을 두 가지 골라 써 봅시다. (,)

바닷가에 도착하니 하늘에 갈매기가 날아다니는 것이 보이고, 멀리서 뱃고동 소리가 들렸습니다. 신발을 벗고 물속에 발을 담그니 시원해 기분이 좋아졌습니다.

① 코 ② 눈 ③ 혀
④ 귀 ⑤ 피부

중요

17 오른쪽은 우리 몸속의 신경계입니다. 신경계가 하는 일로 옳은 것을 보기 에서 모두 골라 기호를 써 봅시다.

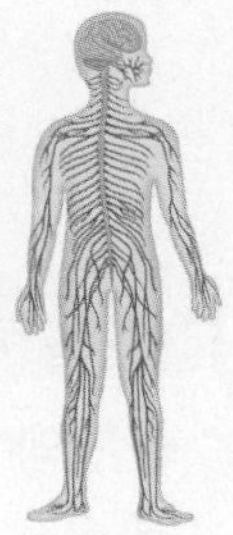

보기
㉠ 자극을 전달한다.
㉡ 반응을 결정하여 명령을 내린다.
㉢ 몸속에서 생긴 노폐물을 내보낸다.
㉣ 음식물을 잘게 쪼개 영양소를 만든다.

( )

서술형

18 다음은 날아오는 공을 보고 피할 때, 우리 몸속에서 자극이 전달되고 반응하는 과정을 나타낸 것입니다.

날아오는 공을 본다. → ㉠ → 공을 피하겠다고 결정한다. → 공을 피하라는 명령을 운동 기관에 전달한다. → 공을 피한다.

위 ㉠에 들어갈 내용을 써 봅시다.

____

____

19 운동할 때 몸에서 일어나는 변화를 설명한 것으로 옳지 않은 것을 보기 에서 골라 기호를 써 봅시다.

보기
㉠ 산소가 많이 필요하므로 호흡이 빨라진다.
㉡ 운동 기관이 움직이면서 체온이 낮아진다.
㉢ 산소와 영양소가 많이 필요하므로 심장이 빠르게 뛴다.

( )

20 몸을 움직이기 위해 우리 몸의 각 기관이 하는 일에 대한 설명으로 옳지 않은 것은 어느 것입니까? ( )

① 소화 기관은 영양소를 흡수한다.
② 감각 기관은 주변의 다양한 자극을 받아들인다.
③ 호흡 기관은 우리 몸에 필요한 산소를 받아들인다.
④ 순환 기관은 혈액에 있는 노폐물을 걸러 내어 몸 밖으로 내보낸다.
⑤ 우리 몸을 이루는 여러 가지 기관은 서로 영향을 주고받으며 협력하여 일한다.

가로 세로 용어 퀴즈

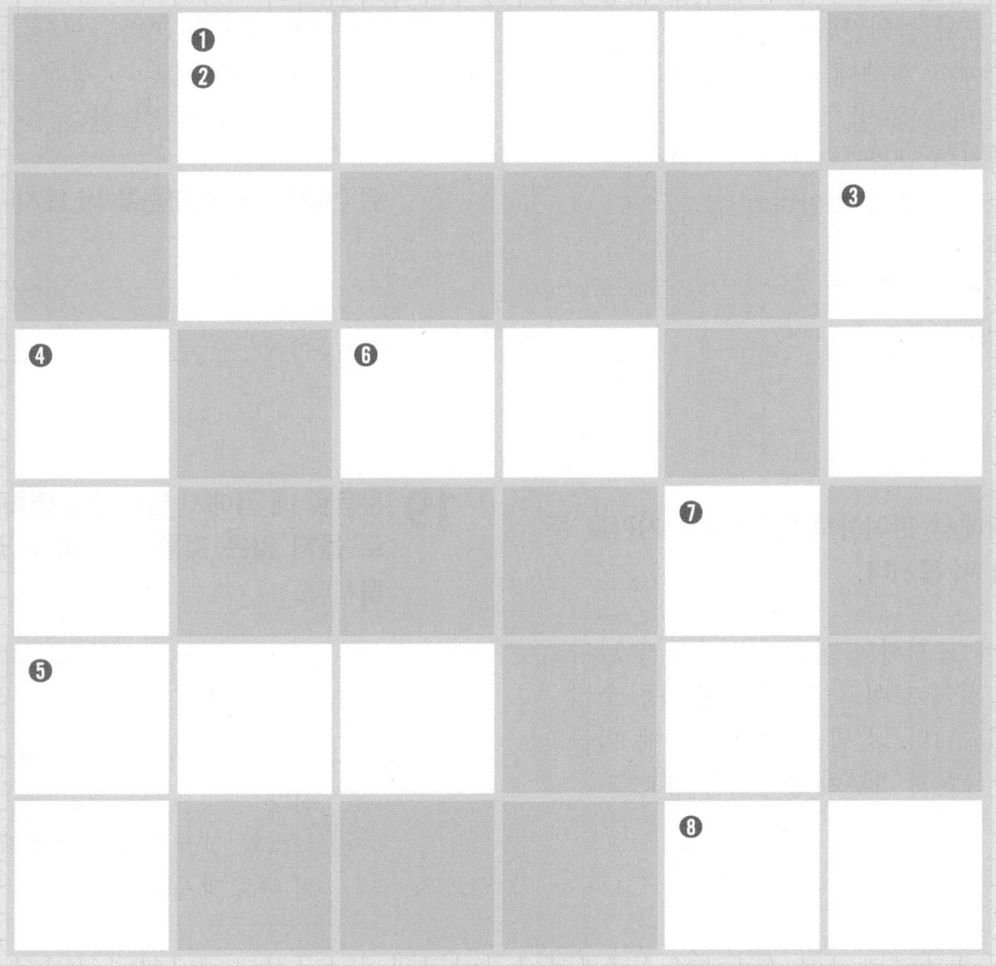

○ 정답과 해설 • 26쪽

가로 퀴즈

❶ 혈액이 온몸을 도는 과정으로, ○○ ○○을 통해 영양소와 산소가 온몸으로 이동합니다.

❺ ○○○는 나뭇가지처럼 여러 갈래로 갈라져 있어 코로 들이마신 공기를 폐 전체에 잘 전달되게 합니다.

❻ ○○은 혈액에 있는 노폐물을 걸러 내어 오줌을 만듭니다.

❽ 음식물 속의 영양소를 몸속으로 흡수할 수 있도록 음식물을 잘게 쪼개는 과정입니다.

세로 퀴즈

❷ 혈액이 온몸으로 이동하는 통로입니다.

❸ 뼈와 연결된 ○○의 길이가 줄어들거나 늘어나면서 몸을 움직일 수 있습니다.

❹ ○○ ○○은 자극을 받아들이는 기관으로, 눈, 귀, 코, 혀, 피부가 있습니다.

❼ 운동할 때는 산소와 ○○○가 많이 필요하므로 맥박과 호흡이 빨라집니다.

5

에너지와 생활

1 에너지가 필요한 까닭과 에너지 형태

석유나 석탄 등은 우리 눈에 보이지만, 에너지는 눈에 보이지 않아요!

탐구로 시작하기

❶ 에너지가 필요한 까닭과 에너지를 얻는 방법 알아보기

탐구 과정

❶ 식물과 동물에게 에너지가 필요한 까닭과 식물과 동물이 에너지를 얻는 방법을 비교하여 써 봅시다.

❷ 기계에 에너지가 필요한 까닭과 기계가 에너지를 얻는 방법을 써 봅시다.

탐구 결과

① 식물과 동물의 에너지

구분	에너지가 필요한 까닭	에너지를 얻는 방법
식물	식물의 자람, 꽃 피우기, 열매 맺기 등에 에너지가 필요합니다.	햇빛을 받아 광합성을 하여 스스로 양분을 만들어 에너지를 얻습니다.
동물	동물의 자람, 숨쉬기, 운동 등에 에너지가 필요합니다.	다른 생물을 먹고 그 양분으로 에너지를 얻습니다.

② 기계의 에너지

구분	에너지가 필요한 까닭	에너지를 얻는 방법
자동차	움직이는 데 에너지가 필요합니다.	기름(연료)을 넣거나 전기를 충전하여 에너지를 얻습니다.
가스 보일러	물을 데우거나 집 안을 따뜻하게 하는 데 에너지가 필요합니다.	가스를 공급받아 에너지를 얻습니다.
전등	빛을 내는 데 에너지가 필요합니다.	전기를 공급받아 에너지를 얻습니다.

❷ 주변에서 이용하는 에너지 형태 조사하기

탐구 과정 및 결과

놀이터와 과학실에서 찾을 수 있는 에너지 형태를 각각 조사해 봅시다.

▲ 놀이터

▲ 과학실

개념 이해하기

1. 에너지가 필요한 까닭과 에너지를 얻는 방법

구분	에너지가 필요한 까닭	에너지를 얻는 방법	
생물	생물이 살아가는 데에는 에너지가 필요합니다. ➜ 식물과 동물은 얻은 에너지를 이용해 자라고 숨을 쉬는 등 생명 활동을 합니다.	식물	광합성으로 만든 양분에서 에너지를 얻습니다.
		동물	다른 생물을 먹어 에너지를 얻습니다.
기계	기계를 움직이는 데에는 에너지가 필요합니다.	기름이나 전기 등에서 에너지를 얻습니다. +개념1 +개념2	

2. 에너지 형태

열에너지	전기 에너지	빛에너지
물질의 온도를 높일 수 있는 에너지	전기 기구 작동에 필요한 에너지	주위를 밝게 비추는 에너지

▲ 주변을 따뜻하게 하거나 음식을 익힐 때 필요합니다.	▲ 전기 기구나 전기 자동차를 움직이는 데 필요합니다.	▲ 어두운 곳을 밝히고 광합성을 하는 데 필요합니다.
화학 에너지	**운동 에너지**	**위치 에너지**
음식물, 연료, 생물체 등 물질에 저장된 에너지	움직이는 물체가 가진 에너지	높은 곳에 있는 물체가 가진 에너지

▲ 생물이 살아가고 기계를 움직이는 데 필요합니다.	▲ 달리는 자동차는 운동 에너지를 가지고 있습니다.	▲ 높은 곳의 물은 낮은 곳에 있는 물보다 위치 에너지가 큽니다.

3. 주변에서 이용하는 에너지 형태 +개념3

사람의 체온, 온풍기의 따뜻한 바람, 끓는 물	➜	열에너지
자동차 충전, 컴퓨터, 전기밥솥, 선풍기, 텔레비전	➜	전기 에너지
햇빛, 신호등 불빛, 전등 불빛, 가로등 불빛	➜	빛에너지
식물, 음식, 자동차 연료, 보일러에 공급하는 가스, 장작	➜	화학 에너지
뛰고 있는 강아지, 달리는 자동차, 굴러가는 공	➜	운동 에너지
벽에 걸린 시계, 날고 있는 새, 폭포 위에 있는 물	➜	위치 에너지

5 단원

+개념1 에너지 자원
에너지는 석탄, 석유, 천연가스, 햇빛, 바람, 물 등 여러 가지 에너지 자원에서 얻을 수 있습니다.

+개념2 생활에서 가스를 사용하지 못할 때 일어나는 일
- 가스레인지를 사용하지 못하면 음식을 끓여 먹을 수 없습니다.
- 보일러를 사용하지 못하면 집 안을 따뜻하게 하기 어렵고, 물을 데울 수 없어 찬물로 씻어야 합니다.

+개념3 다양한 형태의 에너지 이용
- 높이 날고 있는 새는 위치 에너지와 운동 에너지를 갖고 있으며, 날기 위해 화학 에너지를 이용합니다.
- 영상이 나오는 텔레비전은 전기 에너지 외에 빛에너지, 열에너지와도 관련이 있습니다.
- 화학 에너지를 이용하여 가스레인지에 불을 붙이고, 열에너지로 음식을 익힙니다.

핵심 개념 되짚어 보기

생물이 살아가거나 기계를 움직이는 데에는 에너지가 필요하며, 우리는 일상생활에서 다양한 형태의 에너지를 이용합니다.

기본 문제로 익히기

정답과 해설 • 27쪽

핵심 체크

● 에너지가 필요한 까닭과 에너지를 얻는 방법

구분	에너지가 필요한 까닭	에너지를 얻는 방법
❶ □□	생물이 살아가는 데에는 에너지가 필요합니다.	광합성으로 만든 양분에서 에너지를 얻습니다.
❷ □□		다른 생물을 먹어 얻은 양분에서 에너지를 얻습니다.
기계	기계를 움직이는 데에는 에너지가 필요합니다.	기름이나 전기 등에서 에너지를 얻습니다.

● 에너지 형태

열에너지	물질의 온도를 높일 수 있는 에너지 ㉠ 끓는 물
❸ □□ 에너지	전기 기구 작동에 필요한 에너지 ㉠ 자동차 충전
빛에너지	주위를 밝게 비추는 에너지 ㉠ 햇빛
❹ □□ 에너지	음식물, 연료, 생물체 등 물질에 저장된 에너지 ㉠ 자동차 연료
운동 에너지	움직이는 물체가 가진 에너지 ㉠ 굴러가는 공
❺ □□ 에너지	높은 곳에 있는 물체가 가진 에너지 ㉠ 폭포 위에 있는 물

Step 1

(   ) 안에 알맞은 말을 써넣어 설명을 완성하거나 설명이 옳으면 ○, 틀리면 ×에 ○표 해 봅시다.

1 자동차가 움직이려면 에너지가 필요합니다. (○ , ×)

2 동물은 햇빛을 받아 스스로 양분을 만들어 에너지를 얻습니다. (○ , ×)

3 (   )은/는 물질의 온도를 높일 수 있는 에너지입니다.

4 햇빛과 같이 주위를 밝게 비추는 에너지는 (   )입니다.

Step 2

1 **생물과 기계에게 에너지가 필요한 까닭으로 옳지 않은 것은 어느 것입니까?** (　　　)

① 자동차가 움직이려면 에너지가 필요하다.
② 전등에서 빛을 내려면 에너지가 필요하다.
③ 식물은 자라고 꽃을 피우는 데 에너지가 필요하다.
④ 가스 보일러로 집 안을 따뜻하게 하려면 에너지가 필요하다.
⑤ 동물이 숨을 쉬려면 에너지가 필요하지만 자라는 데에는 에너지가 필요하지 않다.

2 **생물과 기계가 에너지를 얻는 방법으로 옳은 것을 보기 에서 골라 기호를 써 봅시다.**

보기
㉠ 동물은 다른 생물을 먹어 에너지를 얻는다.
㉡ 식물은 기름이나 전기 등에서 에너지를 얻는다.
㉢ 기계는 스스로 양분을 만들어 에너지를 얻는다.

(　　　)

3 **에너지 형태에 대한 설명으로 옳지 않은 것은 어느 것입니까?** (　　　)

① 
▲ 높은 곳에 있는 물체는 위치 에너지를 가진다.

② 
▲ 주위를 밝게 비추는 것은 열에너지이다.

③ 
▲ 음식물에 화학 에너지가 저장되어 있다.

④ 
▲ 움직이는 물체는 운동 에너지를 가진다.

4 **주변에서 이용하는 에너지 형태에 대한 설명으로 옳은 것을 보기 에서 모두 골라 기호를 써 봅시다.**

보기
㉠ 끓는 물에는 열에너지가 있다.
㉡ 전등이나 가로등 불빛에는 빛에너지가 있다.
㉢ 날고 있는 새는 위치 에너지는 있지만 운동 에너지는 없다.

(　　　)

5 **놀이터에서 볼 수 있는 모습과 관련된 에너지 형태를 찾아 선으로 연결해 봅시다.**

(1) 
▲ 달리는 자전거

(2) 
▲ 휴대 전화 배터리

• ㉠ 화학 에너지
• ㉡ 운동 에너지

6 **생활에서 가스를 사용하지 못할 때 일어날 수 있는 일을 옳게 설명한 친구의 이름을 써 봅시다.**

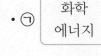

보일러로 집 안을 따뜻하게 하고, 물을 데울 수 있지.
다온

가스레인지를 사용할 수 없어 음식을 끓여 먹을 수 없지.
지윤

(　　　)

2 다른 형태로 바뀌는 에너지

탐구로 시작하기

에너지 형태가 바뀌는 예 알아보기

탐구 과정

❶ 손전등이 작동할 때 에너지 형태가 어떻게 바뀌는지 알아봅시다.

❷ 놀이공원에 있는 롤러코스터와 낙하 놀이 기구, 빛나는 조명에서 에너지 형태가 어떻게 바뀌는지 알아봅시다.

탐구 결과

① **손전등에서 에너지 형태가 바뀌는 과정:** 전지의 화학 에너지가 전기 에너지로 바뀌고, 전기 에너지는 전구에서 빛에너지로 바뀝니다.

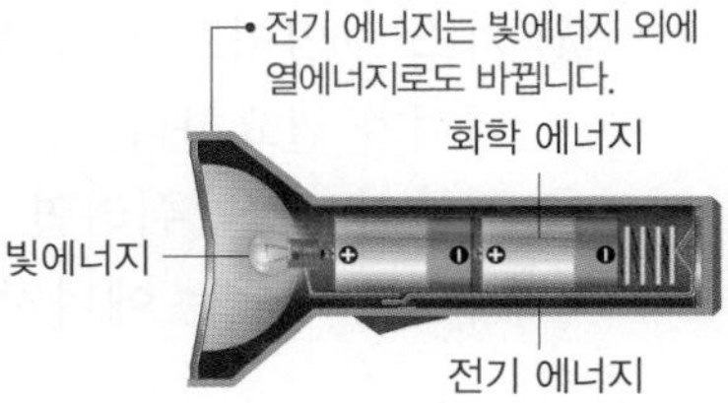

② **롤러코스터와 낙하 놀이 기구, 빛나는 조명에서 에너지 형태가 바뀌는 과정**

롤러 코스터	처음 열차를 위로 끌어 올릴 때	열차가 전기 에너지를 이용해 움직여 위로 올라가므로 전기 에너지가 운동 에너지와 위치 에너지로 바뀝니다.
	아래로 내려갈 때	위치 에너지가 운동 에너지로 바뀝니다.
	위로 올라갈 때	운동 에너지가 위치 에너지로 바뀝니다.
낙하 놀이 기구	위로 올라갈 때	전기 에너지가 위치 에너지로 바뀝니다.
	아래로 내려갈 때	위치 에너지가 운동 에너지로 바뀝니다.
빛나는 조명	전기 에너지가 빛에너지로 바뀝니다.	

개념 이해하기

1. 에너지 [1]전환

① **에너지 전환:** 한 형태의 에너지가 다른 형태의 에너지로 바뀌는 것

② 에너지를 전환하여 생활에서 필요한 여러 가지 형태의 에너지를 얻습니다.

예 손난로를 흔들면 손난로 속 물질의 화학 에너지가 열에너지로 바뀌어 손난로가 따뜻해집니다. 사람은 음식을 먹어 화학 에너지를 얻고 이를 열에너지나 운동 에너지로 바꾸어 생활하는 데 이용합니다.

용어 돋보기

❶ **전환(轉 변하다, 換 바뀌다)** 다른 방향이나 상태로 바뀌거나 바꾸는 것

2. 자연 현상이나 일상생활에서의 에너지 전환 (+개념1)

광합성을 하는 식물	자전거 타는 아이, 달리는 아이	스키, 눈썰매 타고 내려오는 아이	폭포에서 떨어지는 물
빛에너지 → 화학 에너지	화학 에너지 → 운동 에너지	위치 에너지 → 운동 에너지	위치 에너지 → 운동 에너지
돌아가는 선풍기와 세탁기	**켜진 전기난로와 전기 주전자**	**켜진 가로등**	**움직이는 범퍼카**
전기 에너지 → 운동 에너지	전기 에너지 → 열에너지	전기 에너지 → 빛에너지	전기 에너지 → 운동 에너지
손 비비기	**반딧불이**	**모닥불 피우기**	**태양 전지**
운동 에너지 → 열에너지	화학 에너지 → 빛에너지	화학 에너지 → 빛에너지, 열에너지	빛에너지 → 전기 에너지

모닥불을 피우면 장작의 화학 에너지가 빛에너지와 열에너지로 전환됩니다.

태양 전지에서는 태양의 빛에너지가 전지의 전기 에너지로 전환됩니다.

3. 태양에서 공급된 에너지의 전환

우리가 생활하면서 이용하는 에너지는 대부분 태양에서 공급된 에너지로부터 시작하여 여러 단계의 전환 과정을 거쳐 얻습니다. (+개념2) (+개념3)

식물을 먹은 운동하는 사람	태양의 빛에너지 → 식물의 화학 에너지 → 사람의 운동 에너지
전기다리미	태양의 빛에너지 → 태양 전지의 전기 에너지 → 전기다리미의 열에너지
수력 발전소	태양의 열에너지 → 높은 댐에 고인 물의 위치 에너지 → 수력 발전소에서 만드는 전기 에너지

• 태양의 열에너지를 받아 바닷물이 증발하여 수증기가 되고, 수증기가 하늘로 올라가 구름이 되고, 구름은 비나 눈이 되어 다시 땅으로 내려옵니다. 비가 되어 내린 물이 댐에 저장되어 물을 아래로 떨어뜨릴 때 위치 에너지가 운동 에너지로 전환되고, 이 운동 에너지로 전기 에너지를 만듭니다.

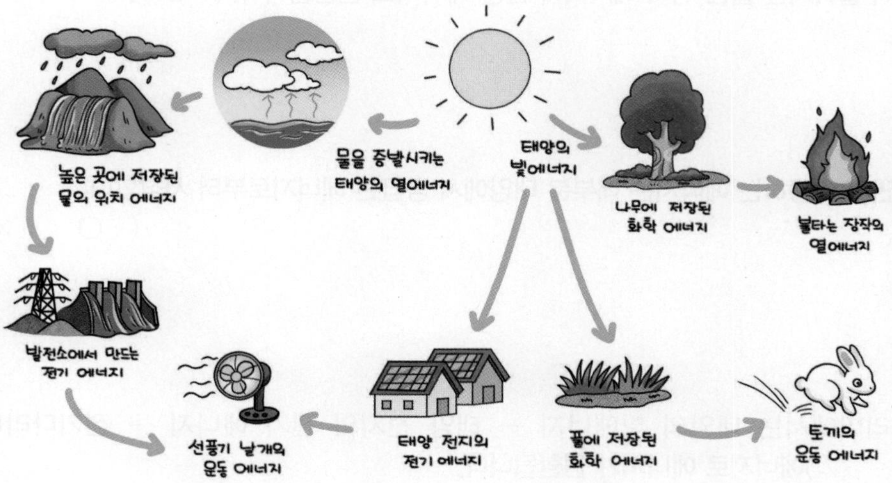

+개념1 여러 단계를 거치는 에너지 전환
- 자전거 페달을 밟으면 조명을 켤 수 있는 자전거: 페달을 밟을 때 발생하는 운동 에너지 → 전기 에너지 → 조명의 빛에너지
- 야외에서 빔 투사기로 영화 보기: 발전기의 운동 에너지 → 전기 에너지 → 빛에너지, 열에너지

+개념2 태양광 바람개비에서의 에너지 전환
태양의 빛에너지 → 바람개비 몸통의 열에너지 → 바람개비 날개의 운동 에너지

+개념3 풍력 발전기에서의 에너지 전환
태양의 빛에너지 → 바람의 운동 에너지 → 발전기의 전기 에너지

핵심 개념 되짚어 보기

대부분의 에너지는 태양에서 공급된 에너지로부터 시작하여 전환된 것입니다.

기본 문제로 익히기

○ 정답과 해설 ● 27쪽

핵심 체크

- ❶ ☐☐☐ ☐☐: 한 형태의 에너지가 다른 형태의 에너지로 바뀌는 것

광합성을 하는 식물	❷ ☐ 에너지 → 화학 에너지
눈썰매 타고 내려오는 아이	위치 에너지 → 운동 에너지
켜진 전기난로	❸ ☐☐ 에너지 → 열에너지
손 비비기	운동 에너지 → 열에너지
모닥불 피우기	❹ ☐☐ 에너지 → 빛에너지, 열에너지

- **태양에서 공급된 에너지의 전환**: 대부분의 에너지는 ❺ ☐☐에서 공급된 에너지로부터 시작하여 여러 단계의 전환 과정을 거쳐 얻습니다.

식물을 먹은 운동하는 사람	태양의 빛에너지 → 식물의 ❻ ☐☐ 에너지 → 사람의 운동 에너지
전기다리미	태양의 빛에너지 → 태양 전지의 전기 에너지 → 전기다리미의 열에너지
수력 발전소	태양의 열에너지 → 높은 댐에 고인 물의 위치 에너지 → 수력 발전소에서 만드는 전기 에너지

Step 1

(　　) 안에 알맞은 말을 써넣어 설명을 완성하거나 설명이 옳으면 ○, 틀리면 ×에 ○표 해 봅시다.

1 롤러코스터에서 아래로 내려온 열차가 다시 위로 올라갈 때 위치 에너지가 운동 에너지로 바뀝니다. (○ , ×)

2 폭포에서 떨어지는 물은 위치 에너지가 운동 에너지로 전환됩니다. (○ , ×)

3 생활하면서 이용하는 에너지는 대부분 태양에서 공급된 에너지로부터 시작합니다. (○ , ×)

4 전기다리미에서는 태양의 빛에너지 → 태양 전지의 전기 에너지 → 전기다리미의 (　　　　　)에너지로 에너지가 전환됩니다.

Step 2

1 다음 롤러코스터에서 일어나는 에너지 전환에 대한 설명에서 ( ) 안에 들어갈 말을 써 봅시다.

롤러코스터에서 처음 열차를 위로 끌어 올릴 때 (㉠) 에너지가 운동 에너지와 (㉡) 에너지로 바뀐다.

㉠: ( ) ㉡: ( )

2 다음은 낙하 놀이 기구가 위에서 아래로 떨어질 때 에너지 형태가 바뀌는 과정입니다. ( ) 안에 들어갈 에너지 형태로 옳은 것은 어느 것입니까? ( )

( ) → 운동 에너지

① 열에너지 ② 빛에너지
③ 전기 에너지 ④ 위치 에너지
⑤ 화학 에너지

3 달리는 아이에게 일어나는 에너지 전환 과정으로 옳은 것은 어느 것입니까? ( )

① 빛에너지 → 화학 에너지
② 화학 에너지 → 빛에너지
③ 위치 에너지 → 운동 에너지
④ 화학 에너지 → 운동 에너지
⑤ 전기 에너지 → 운동 에너지

4 자연 현상이나 일상생활에서 일어나는 에너지 전환으로 옳지 않은 것은 어느 것입니까? ( )

① 손을 비비면 운동 에너지가 열에너지로 바뀐다.
② 빛나는 조명에서는 전기 에너지가 빛에너지로 바뀐다.
③ 켜진 전기난로에서는 전기 에너지가 위치 에너지로 바뀐다.
④ 돌아가는 선풍기에서는 전기 에너지가 운동 에너지로 바뀐다.
⑤ 모닥불을 피우면 장작의 화학 에너지가 열에너지와 빛에너지로 바뀐다.

5 ( ) 안에 공통으로 들어갈 말을 써 봅시다.

식물이 광합성을 할 때 태양의 빛에너지가 ( ) 에너지로 전환된다. 우리는 식물로 만든 음식을 먹고 얻은 ( ) 에너지를 열에너지나 운동 에너지로 바꾸어 생활하는 데 이용한다.

( )

6 태양에서 공급된 에너지의 전환에 대한 설명으로 옳은 것을 보기 에서 골라 기호를 써 봅시다.

보기
㉠ 태양 전지에서는 태양의 열에너지가 전지의 전기 에너지로 바뀐다.
㉡ 생활에서 이용하는 에너지는 대부분 태양에서 공급된 에너지와 관련이 없다.
㉢ 풍력 발전기에서의 에너지 전환 과정은 빛에너지 → 운동 에너지 → 전기 에너지이다.

( )

3 에너지를 효율적으로 활용하는 방법

탐구로 시작하기

❶효율적인 에너지 활용 방법 알아보기

탐구 과정

형광등과 발광 다이오드(LED)등을 비교하여 에너지를 효율적으로 사용하는 것이 무엇인지 알아봅시다.

탐구 결과

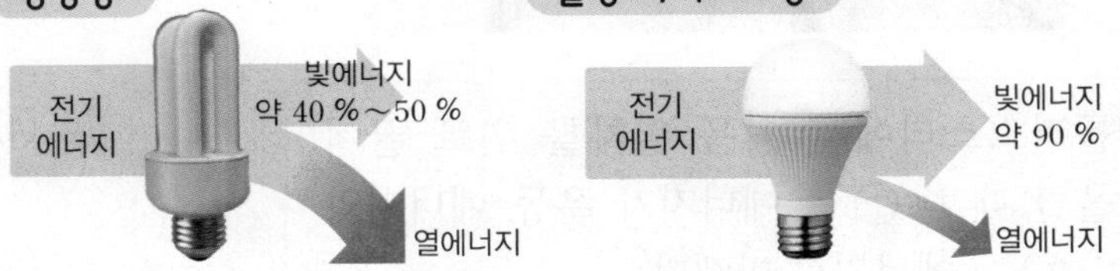

① 전등은 주위를 밝히는 기구이므로, 전기 에너지가 빛에너지로 많이 전환될수록 에너지를 효율적으로 사용하는 것입니다.

같은 양의 전기 에너지를 빛에너지로 더 많이 전환하는 전등은 발광 다이오드(LED)등입니다.	➜	형광등 대신 발광 다이오드(LED)등을 쓰면 에너지를 더 효율적으로 사용할 수 있습니다.

② 에너지가 전환될 때 손실되는 에너지를 줄이면 에너지를 효율적으로 사용할 수 있습니다. → 발광 다이오드등은 전기 에너지가 열에너지로 손실되는 것을 줄이고, 빛에너지로 전환되는 것을 늘려서 에너지를 효율적으로 사용합니다.

개념 이해하기

1. 에너지를 효율적으로 사용해야 하는 까닭

에너지를 얻는 데 필요한 석유, 석탄 등의 자원은 양이 한정되어 있으므로 에너지를 효율적으로 사용해야 합니다. └• 에너지 자원

에너지를 효율적으로 사용하면 더 적은 에너지 자원을 쓰고도 필요한 에너지를 얻을 수 있어요!

2. 에너지 효율 표시

에너지 소비 효율 등급

에너지를 효율적으로 사용하는 정도를 1등급~5등급으로 나타낸 표시입니다.

에너지 절약

사용하지 않을 때 빠져나가는 에너지의 양을 줄인 전기 기구를 나타낸 표시입니다.

➜ 에너지 소비 효율 등급이 1등급에 가까운 제품일수록 에너지 효율이 높은 제품입니다.

용어 돋보기

❶ 효율(效 바치다, 率 비율)
들인 노력과 얻은 결과의 비율

3. 에너지를 효율적으로 사용하는 전기 기구, 건축물, 생물의 예

전기 기구	• 에너지 소비 효율 등급이 1등급에 가까운 제품을 사용합니다. • 에너지 절약 표시가 붙어 있는 제품을 사용합니다. • 발광 다이오드(LED)등은 형광등보다 전기 에너지를 빛에너지로 전환할 때 손실되는 에너지가 적어 에너지 효율이 높습니다.
건축물	• 이중창은 건물 안의 열에너지가 빠져나가지 않도록 합니다. • 단열재는 바깥 온도의 영향을 차단하여 건물 안의 열이 빠져나가지 않도록 막습니다. • 태양의 빛에너지나 열에너지를 이용하는 장치를 설치합니다. +개념1 • 아궁이는 밥을 지으면서 생기는 열에너지를 난방에 활용해 손실되는 열에너지를 줄입니다. • 지붕에 환기구가 설치되어 있으면 햇빛으로 더워진 공기가 위로 올라가 밖으로 나가므로 환풍기가 없어도 환기됩니다.
생물	• 목련의 ❷겨울눈은 바깥쪽이 껍질(비늘)과 털로 되어 있어 손실되는 열에너지가 줄어들어 겨울에도 어린싹이 얼지 않습니다. • 겨울을 준비하기 위해 나무는 가을에 잎을 떨어뜨립니다. • 곰, 뱀, 다람쥐 등은 겨울이 되면 먹이를 구하기 어려워지므로 겨울잠을 자면서 자신의 화학 에너지를 더 효율적으로 이용합니다. • 황제펭귄은 서로 몸을 맞대고 큰 원형의 무리를 이루어 손실되는 열에너지를 줄입니다. • 돌고래의 유선형 몸은 헤엄칠 때 물의 저항을 적게 받아 화학 에너지를 적게 사용하고도 빠르게 움직일 수 있습니다. • 바다코끼리의 두꺼운 지방층은 몸의 열이 밖으로 빠져나가는 것을 막아 적은 에너지로 체온을 따뜻하게 유지할 수 있게 합니다.

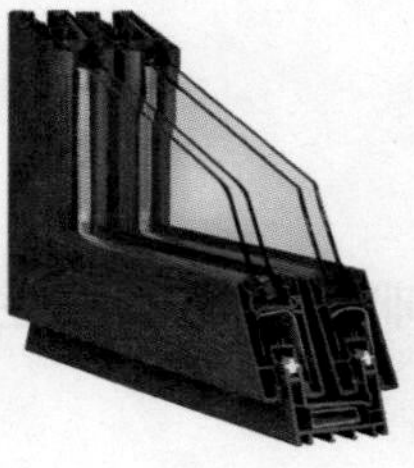
▲ 이중창

▲ 단열재

▲ 겨울눈

4. 에너지를 효율적으로 활용하는 방법 +개념2 +개념3

- 에너지 효율이 높은 전기 기구를 사용합니다.
- 에너지 절약 표시가 있는 전기 기구를 사용합니다.
- 건축물에는 에너지가 불필요하게 빠져나가지 않도록 이중창을 설치하거나 단열재를 사용합니다.
- 추운 날씨에 에너지를 최대한 잃지 않으려고 식물이 겨울눈을 만들고 동물이 겨울잠을 자는 것도 생물이 환경에 적응하여 에너지를 효율적으로 사용하는 방법입니다.

5 단원

+개념1 태양의 에너지를 이용하는 장치

태양 전지를 설치해 빛에너지를 전기 에너지로 바꾸거나 태양열로 난방을 합니다.

+개념2 사람의 움직임을 감지하면 켜지는 전구의 이용

사람들이 자주 사용하지만 오래 사용하지 않는 장소인 화장실, 건물 출입구 등에 설치하면 에너지를 효율적으로 사용할 수 있습니다.

+개념3 주변에서 에너지가 낭비되는 예

- 창문을 열고 에어컨이나 난방기를 작동시킵니다.
- 에너지 소비 효율 등급이 낮은 제품을 사용합니다.
- 발광 다이오드(LED)등 대신 백열등을 사용합니다.

└ 백열등: 전기 에너지의 약 5 %가 빛에너지로 전환됩니다.

용어 돋보기

❷ 겨울눈
늦여름부터 가을 사이에 생겨 겨울을 넘기고 이듬해 봄에 자라는 싹

핵심 개념 되짚어 보기

에너지를 얻는 데 필요한 자원은 양이 정해져 있으므로 에너지를 효율적으로 사용해야 합니다.

기본 문제로 익히기

○ 정답과 해설 ● 28쪽

핵심 체크

● **형광등과 발광 다이오드(LED)등의 에너지 효율 비교**

같은 양의 전기 에너지를 ❶ ☐ 에너지로 더 많이 전환하는 전등은 발광 다이오드(LED)등입니다.	➜	형광등 대신 발광 다이오드(LED)등을 쓰면 에너지를 더 효율적으로 사용할 수 있습니다.

● **에너지를 효율적으로 사용해야 하는 까닭:** 에너지를 얻는 데 필요한 석유, 석탄 등의 ❷ ☐☐은 양이 한정되어 있기 때문입니다.

● **에너지를 효율적으로 활용하는 방법**

- 에너지 효율이 ❸ ☐은 전기 기구, 에너지 절약 표시가 있는 전기 기구를 사용합니다.
- 건축물에는 에너지가 불필요하게 빠져나가지 않도록 ❹ ☐☐☐을 설치하거나 단열재를 사용합니다.
- 식물이 겨울눈을 만들고 동물이 겨울잠을 자는 것도 생물이 환경에 적응하여 에너지를 효율적으로 사용하는 방법입니다.

Step 1

( ) 안에 알맞은 말을 써넣어 설명을 완성하거나 설명이 옳으면 ○, 틀리면 ×에 ○표 해 봅시다.

1 형광등이 발광 다이오드등보다 전기 에너지를 빛에너지로 전환할 때 손실되는 에너지가 적어 에너지를 효율적으로 사용합니다. (○ , ×)

2 에너지 소비 효율 등급이 (   )등급에 가까운 제품일수록 에너지 효율이 높은 제품입니다.

3 목련의 겨울눈은 바깥쪽이 껍질과 털로 되어 있어 손실되는 열에너지가 줄어들어 겨울에도 어린싹이 얼지 않습니다. (○ , ×)

4 곰, 뱀, 다람쥐 등은 겨울이 되면 먹이를 구하기 어려워지므로 (   )을/를 자면서 자신의 화학 에너지를 더 효율적으로 이용합니다.

Step 2

1 **다음 형광등과 발광 다이오드(LED)등의 에너지 사용에 대한 설명에서 ( ) 안에 공통으로 들어갈 말을 써 봅시다.**

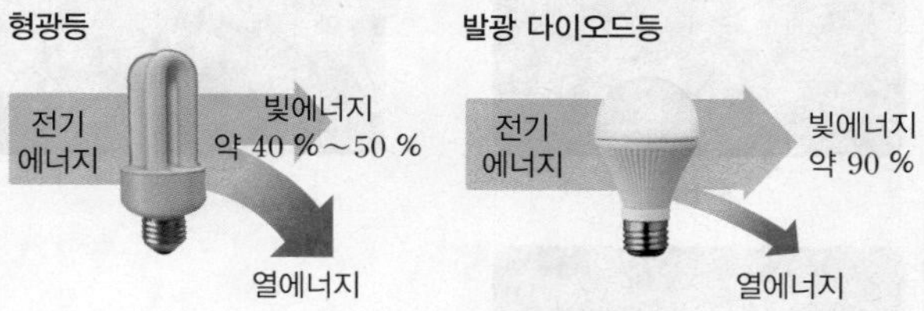

> 같은 양의 전기 에너지를 빛에너지로 더 많이 전환하는 전등은 (   )이므로 형광등과 발광 다이오드등 중 (   )을 쓰면 에너지를 더 효율적으로 사용할 수 있다.

(   )

2 **다음 에너지 효율 표시에 대해 옳게 설명한 친구의 이름을 써 봅시다.**

▲ 에너지 소비 효율 등급

▲ 에너지 절약

> • 지윤: 에너지 소비 효율 등급이 1등급에 가까울수록 에너지 효율이 높아.
> • 윤주: 에너지 절약 표시는 전기 기구를 사용할 때 빠져나가는 에너지의 양을 줄인 전기 기구를 나타내.
> • 채영: 에너지 소비 효율 등급은 에너지를 효율적으로 사용하는 정도를 1등급~3등급으로 나타낸 표시야.

(   )

3 **다음 생물이 에너지를 효율적으로 사용하는 방법을 찾아 선으로 연결해 봅시다.**

(1) 돌고래 •　　• ㉠ 서로 몸을 맞대고 큰 원형의 무리를 이룬다.

(2) 바다 코끼리 •　　• ㉡ 두꺼운 지방층이 있어 열이 빠져나가는 것을 막는다.

(3) 황제 펭귄 •　　• ㉢ 유선형 몸을 가져 헤엄칠 때 물의 저항을 적게 받는다.

4 **에너지를 효율적으로 사용하는 방법으로 옳지 <u>않은</u> 것은 어느 것입니까?** (   )

① 건축물에 단열재를 사용한다.
② 건축물에 이중창을 설치한다.
③ 에너지 효율이 높은 전기 기구를 사용한다.
④ 에너지 절약 표시가 있는 전기 기구를 사용한다.
⑤ 생물은 에너지를 최대한 많이 사용하는 방향으로 환경에 적응하였다.

5 **주변에서 에너지가 낭비되는 예로 옳은 것을 보기 에서 모두 골라 기호를 써 봅시다.**

> 보기
> ㉠ 창문을 열고 에어컨을 켠다.
> ㉡ 발광 다이오드등 대신 백열등을 사용한다.
> ㉢ 건물 출입구에 사람의 움직임을 감지하면 켜지는 전구를 설치한다.

(   )

실력 문제로 다잡기 (5. 에너지와 생활 ❶~❸)

❶ 에너지가 필요한 까닭과 에너지 형태

1 햇빛을 받아 광합성을 하여 스스로 양분을 만들어 에너지를 얻는 생물은 어느 것입니까? ( )

① 
▲ 개

② 
▲ 벼

③ 
▲ 개구리

④ 
▲ 다람쥐

⑤ 
▲ 호랑이

2 에너지 형태에 대한 설명으로 옳은 것은 어느 것입니까? ( )

① 열에너지는 주위를 밝게 비추는 에너지이다.
② 빛에너지는 물질의 온도를 높이는 에너지이다.
③ 위치 에너지는 움직이는 물체가 가진 에너지이다.
④ 운동 에너지는 높은 곳에 있는 물체가 가진 에너지이다.
⑤ 화학 에너지는 음식물, 연료, 생물체 등 물질에 저장된 에너지이다.

3 관련된 에너지 형태를 잘못 짝 지은 것은 어느 것입니까? ( )

① 온풍기의 따뜻한 바람 – 열에너지
② 보일러에 공급하는 가스 – 화학 에너지
③ 폭포 위에 있는 물 – 위치 에너지, 빛에너지
④ 켜진 텔레비전 – 전기 에너지, 열에너지, 빛에너지
⑤ 날고 있는 새 – 위치 에너지, 운동 에너지, 화학 에너지

❷ 다른 형태로 바뀌는 에너지

4 다음과 같은 에너지 전환이 일어나는 예는 어느 것입니까? (　　　)

빛에너지 → 화학 에너지

① 달리는 아이
② 빛나는 조명
③ 움직이는 범퍼카
④ 광합성을 하는 나무
⑤ 내려오는 낙하 놀이 기구

5 다음은 롤러코스터에서 열차가 움직일 때 일어나는 에너지 전환 과정입니다. (　　) 안에 들어갈 말을 각각 써 봅시다.

열차가 높은 곳에서 낮은 곳으로 떨어질 때	(㉠) 에너지 → (㉡) 에너지
낮은 곳으로 떨어진 열차가 다시 높은 곳으로 올라갈 때	(㉡) 에너지 → (㉠) 에너지

㉠: (　　　　　　) ㉡: (　　　　　　)

6 다음과 같은 에너지 전환이 일어나는 예를 보기 에서 골라 각각 기호를 써 봅시다.

보기
㉠ 켜진 가로등
㉡ 돌아가는 세탁기
㉢ 모닥불 피우기
㉣ 미끄럼틀 타고 내려오는 아이

(1) 위치 에너지 → 운동 에너지: (　　　　)
(2) 화학 에너지 → 빛에너지, 열에너지: (　　　　)

7 다음은 (가) 식물을 먹은 운동하는 사람과 (나) 풍력 발전기에서 일어나는 에너지 전환 과정입니다. (　　) 안에 공통으로 들어갈 말을 써 봅시다.

(가) 태양의 빛에너지 → 식물의 화학 에너지 → 사람의 (　　　) 에너지
(나) 태양의 빛에너지 → 바람의 (　　　) 에너지 → 발전기의 전기 에너지

(　　　　　　)

8 다음은 수력 발전을 통해 전기 에너지를 얻는 과정을 순서에 관계없이 나열한 것입니다. 순서대로 기호를 써 봅시다.

㉠ 태양의 열에너지가 물을 증발시킨다.
㉡ 수력 발전소에서 전기 에너지를 얻는다.
㉢ 물이 높은 댐에 고이면 위치 에너지를 가지게 된다.

(　　　) → (　　　) → (　　　)

❸ 에너지를 효율적으로 활용하는 방법

9 (　) 안에 들어갈 말을 각각 써 봅시다.

목련의 (㉠)은/는 바깥쪽이 껍질과 털로 되어 있어 손실되는 (㉡)에너지가 줄어들어 겨울에도 어린싹이 얼지 않는다.

㉠: (　　　) ㉡: (　　　)

10 식물이나 동물이 에너지를 효율적으로 이용하는 예에 해당하지 않는 것은 어느 것입니까? (　　　)

① 호랑이의 줄무늬
② 다람쥐의 겨울잠
③ 돌고래의 유선형 몸
④ 바다코끼리의 두꺼운 지방층
⑤ 가을에 나무가 잎을 떨어뜨리는 것

11 에너지를 효율적으로 사용하는 예가 아닌 것은 어느 것입니까? (　　　)

① 건축물에 이중창을 설치한다.
② 건축물에 태양 전지를 설치한다.
③ 창문을 열고 난방기를 작동시킨다.
④ 형광등 대신 발광 다이오드등을 사용한다.
⑤ 에너지 소비 효율 등급이 1등급인 전기 기구를 사용한다.

탐구 서술형 문제

5 단원

서술형 길잡이

❶ 조명, 낙하 놀이 기구, 롤러코스터는 모두 □□ 에너지를 이용합니다.

12 다음은 놀이공원에서 볼 수 있는 에너지 전환 과정입니다.

> ㉠ 빛나는 조명은 전기 에너지가 빛에너지로 전환된 것이다.
> ㉡ 낙하 놀이 기구가 위로 올라갈 때 전기 에너지가 위치 에너지로 전환된다.
> ㉢ 롤러코스터에서 열차를 처음 위로 끌어 올릴 때 열에너지가 운동 에너지와 위치 에너지로 전환된다.

(1) ㉠~㉢ 중 잘못된 부분을 찾아 기호를 써 봅시다.

( )

(2) (1)의 문장을 옳게 고쳐 써 봅시다.

❶ 높은 곳에 있는 물체는 □□ 에너지를, 움직이는 물체는 □□ 에너지를 가지고 있습니다.

❷ 물질의 온도를 높일 수 있는 에너지는 □에너지입니다.

13 다음은 우리 생활에서 에너지 전환이 일어나는 예입니다. ㉠~㉢에서 일어나는 에너지 전환 과정을 각각 써 봅시다.

㉠

▲ 폭포에서 떨어지는 물

㉡

▲ 켜진 전기난로

㉢

▲ 돌아가는 선풍기

- ㉠:
- ㉡:
- ㉢:

❶ 이중창을 설치하거나 □□□를 사용해 건물의 □ 에너지가 손실되지 않게 합니다.

14 건축물에서 에너지를 효율적으로 사용할 수 있는 방법을 써 봅시다.

단원 정리하기

정답과 해설 • 30쪽

1 에너지가 필요한 까닭과 에너지 형태

- **에너지가 필요한 까닭**: 생물이 살아가고, 기계를 움직이는 데 에너지가 필요합니다.
- **에너지를 얻는 방법**

❶ ( )	광합성을 하여 스스로 만든 양분에서 에너지를 얻습니다.
❷ ( )	다른 생물을 먹어 에너지를 얻습니다.
기계	기름이나 전기 등에서 에너지를 얻습니다.

- **에너지 형태**

열에너지	물질의 온도를 높일 수 있는 에너지
전기 에너지	전기 기구 작동에 필요한 에너지
빛에너지	주위를 밝게 비추는 에너지
❸ ( )	음식물, 연료, 생물체 등 물질에 저장된 에너지
운동 에너지	움직이는 물체가 가진 에너지
위치 에너지	높은 곳에 있는 물체가 가진 에너지

2 에너지 전환

- **에너지 전환**: 한 형태의 에너지가 다른 형태의 에너지로 바뀌는 것
- **자연 현상이나 일상생활에서의 에너지 전환**

광합성을 하는 식물	빛에너지 → 화학 에너지
달리는 아이	❹ ( ) → 운동 에너지
미끄럼틀 타는 아이	위치 에너지 → 운동 에너지
폭포에서 떨어지는 물	위치 에너지 → 운동 에너지
돌아가는 선풍기	전기 에너지 → 운동 에너지
켜진 전기 주전자	전기 에너지 → 열에너지
켜진 가로등	전기 에너지 → ❺ ( )
움직이는 범퍼카	전기 에너지 → 운동 에너지
손 비비기	운동 에너지 → 열에너지
반딧불이	화학 에너지 → 빛에너지
모닥불 피우기	화학 에너지 → 빛에너지, ❻ ( )
태양 전지	빛에너지 → 전기 에너지

3 태양에서 공급된 에너지의 전환

- 대부분의 에너지는 ❼ ( )에서 공급된 에너지로부터 시작하여 여러 단계의 전환 과정을 거쳐 얻습니다.

식물을 먹은 운동하는 사람	태양의 ❽ ( ) → 식물의 화학 에너지 → 사람의 운동 에너지
전기다리미	태양의 빛에너지 → 태양 전지의 ❾ ( ) → 전기다리미의 열에너지
수력 발전소	태양의 열에너지 → 높은 댐에 고인 물의 위치 에너지 → 수력 발전소에서 만드는 전기 에너지
풍력 발전기	태양의 빛에너지 → 바람의 운동 에너지 → 발전기의 전기 에너지
태양광 바람개비	태양의 빛에너지 → 바람개비 몸통의 열에너지 → 바람개비 날개의 운동 에너지

4 에너지를 효율적으로 활용하는 방법

- **에너지를 효율적으로 사용해야 하는 까닭**: 에너지를 얻는 데 필요한 석유, 석탄 등의 자원은 양이 한정되어 있기 때문입니다.
- **에너지를 효율적으로 사용하는 예**

전기 기구	• 에너지 소비 효율 등급이 1등급에 가까운 제품 사용 • 에너지 절약 표시가 있는 제품 사용 • 형광등이나 백열등 대신 발광 다이오드(LED)등 사용
건축물	• 이중창 설치, 단열재 사용 • 태양의 빛에너지나 열에너지를 이용하는 장치 설치
생물	• 목련의 겨울눈 • 곰, 뱀, 다람쥐 등의 ❿ ( ) • 돌고래의 유선형 몸 • 바다코끼리의 두꺼운 지방층

단원 마무리 문제

(맞은 개수 개)

○ 정답과 해설 ● 30쪽

서술형

1 생물과 기계에게 에너지가 필요한 까닭을 써 봅시다.

2 동물이 필요한 에너지를 얻는 방법으로 옳은 것을 보기 에서 골라 기호를 써 봅시다.

보기
㉠ 스스로 양분을 만들어 에너지를 얻는다.
㉡ 기름이나 전기 등에서 에너지를 얻는다.
㉢ 다른 생물을 먹어 얻은 양분으로 에너지를 얻는다.

( )

중요

3 과학실에서 볼 수 있는 모습과 에너지 형태를 잘못 짝 지은 것은 어느 것입니까? ( )

① 끓는 물 – 열에너지
② 전등 불빛 – 빛에너지
③ 전기 기구 – 운동 에너지
④ 화분의 식물 – 화학 에너지
⑤ 높은 곳에 있는 시계 – 위치 에너지

4 가로등 불빛과 같은 에너지 형태를 가지고 있는 것은 어느 것입니까? ( )

① 
▲ 나무

② 
▲ 뛰고 있는 사람

③ 
▲ 신호등 불빛

④ 
▲ 달리는 자동차

중요

5 다음은 놀이터에서 볼 수 있는 모습입니다. ㉠~㉢과 관련된 에너지 형태를 각각 써 봅시다.

㉠: ( ) ㉡: ( ) ㉢: ( )

6 에너지 전환에 대해 잘못 말한 친구의 이름을 써 봅시다.

- 덕재: 광합성을 하는 나무에서는 에너지 전환이 일어나지 않아.
- 아현: 한 형태의 에너지가 다른 형태의 에너지로 바뀌는 것을 에너지 전환이라고 해.
- 승연: 에너지가 전환될 때 손실되는 에너지를 줄이면 에너지를 효율적으로 사용할 수 있어.

( )

7 ( ) 안에 들어갈 알맞은 말을 보기 에서 골라 각각 써 봅시다.

보기 빛, 열, 전기, 화학, 운동, 위치

범퍼카가 움직일 때는 (㉠) 에너지가 (㉡) 에너지로 전환된다.

㉠: ( ) ㉡: ( )

[8~10] 다음은 놀이공원의 모습입니다.

8 위 (가)~(다) 중 다음과 같은 에너지 전환이 일어나는 것을 골라 기호를 써 봅시다.

전기 에너지 → 빛에너지

( )

중요

9 위 롤러코스터에서 열차가 움직일 때 일어나는 에너지 전환 과정에 대한 설명으로 옳은 것을 보기 에서 골라 기호를 써 봅시다.

보기
㉠ 열차가 움직이는 동안 에너지 전환은 한 번 나타난다.
㉡ 처음 열차를 위로 끌어 올릴 때 전기 에너지가 화학 에너지로 바뀐다.
㉢ 높은 곳에서 낮은 곳으로 내려갈 때 위치 에너지가 운동 에너지로 바뀐다.

( )

10 위 낙하 놀이 기구에서 일어나는 에너지 전환 과정에 대한 설명에서 ( ) 안에 들어갈 말을 각각 써 봅시다.

낙하 놀이 기구가 아래에서 위로 올라갈 때 (㉠) 에너지가 (㉡) 에너지로 바뀌고, 위에서 아래로 내려올 때 (㉡) 에너지가 (㉢) 에너지로 바뀐다.

㉠: ( ) ㉡: ( ) ㉢: ( )

중요

11 움직이는 범퍼카와 에너지 전환 과정이 같은 것을 보기 에서 골라 기호를 써 봅시다.

보기
㉠ 태양 전지 ㉡ 켜진 전기난로
㉢ 모닥불 피우기 ㉣ 돌아가는 선풍기

( )

12 전기다리미로 바지의 주름을 펼 때 전기 에너지가 전환되는 에너지 형태는 어느 것입니까? ( )

① 빛에너지 ② 열에너지
③ 운동 에너지 ④ 화학 에너지
⑤ 위치 에너지

[13~14] 다음은 눈썰매장에 다녀온 민지가 쓴 일기의 일부입니다.

겨울 방학을 맞이하여 눈썰매장에 다녀왔다. ㉠ 썰매를 타고 빠른 속도로 비탈을 내려오니 기분이 참 좋았다. 처음에는 추워서 ㉡ 손을 비비거나 ㉢ 손난로로 손을 녹였지만, 나중에는 더웠다. ㉣ 가로등이 켜질 때까지 신나게 눈썰매를 탔다.

13 위 ㉠~㉢ 중 화학 에너지가 열에너지로 전환되는 예를 골라 기호를 써 봅시다.

( )

서술형

14 위 ㉣에서 일어나는 에너지 전환 과정을 써 봅시다.

중요

15 다음은 에너지 전환 과정에 대한 설명입니다. (   ) 안에 들어갈 말을 써 봅시다.

> 우리가 생활에서 이용하는 에너지는 대부분 (   )에서 공급된 에너지로부터 시작되었다.

(   )

16 에너지 전환 과정에서 (   ) 안에 들어갈 에너지 형태가 <u>다른</u> 하나를 골라 기호를 써 봅시다.

> ㉠ 태양 전지: (   ) → 전기 에너지
> ㉡ 광합성을 하는 식물: (   ) → 화학 에너지
> ㉢ 수력 발전: (   ) → 위치 에너지 → 전기 에너지

(   )

17 다음 형광등과 발광 다이오드(LED)등의 에너지 사용에 대한 설명으로 옳은 것은 어느 것입니까? (   )

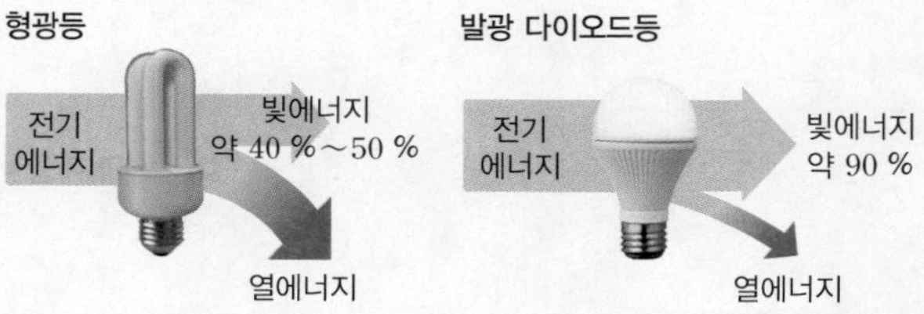

① 전기 에너지는 모두 빛에너지로 전환된다.
② 발광 다이오드등이 형광등보다 손실되는 에너지가 더 많다.
③ 같은 양의 전기 에너지를 빛에너지로 더 많이 전환하는 것은 형광등이다.
④ 형광등 대신 발광 다이오드등을 쓰면 에너지를 더 효율적으로 사용할 수 있다.
⑤ 전기 에너지가 열에너지로 더 많이 전환될수록 에너지를 효율적으로 사용하는 것이다.

서술형

18 에너지를 효율적으로 사용해야 하는 까닭을 써 봅시다.

____

____

19 손실되는 열에너지를 줄여 에너지를 효율적으로 이용하는 예가 <u>아닌</u> 것은 어느 것입니까? (   )

①

▲ 목련의 겨울눈

②

▲ 건축물의 이중창

③

▲ 돌고래의 유선형 몸

④

▲ 황제펭귄의 원형 무리

20 에너지를 효율적으로 사용하는 방법이 <u>아닌</u> 것은 어느 것입니까? (   )

① 창문을 열고 에어컨을 작동한다.
② 백열등 대신 발광 다이오드등을 사용한다.
③ 에너지 절약 표시가 붙어 있는 제품을 사용한다.
④ 에너지 소비 효율 등급이 1등급에 가까운 제품을 사용한다.
⑤ 화장실에 사람의 움직임을 감지하면 켜지는 전구를 설치한다.

가로 세로 용어 퀴즈

❶ ❷					■
	■	■	■	■	❸
	■	■	■	■	
	■	❹ ❺			■
	■		■	■	■
■	■		■	❻	

◎ 정답과 해설 ● 31쪽

가로 퀴즈

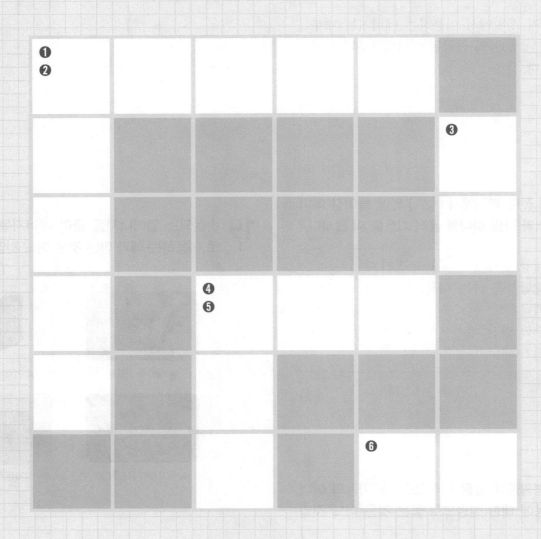

❶ 에너지는 석탄, 석유, 천연가스, 햇빛, 바람, 물 등 여러 가지 ○○○ ○○에서 얻을 수 있습니다.

❹ 곰은 겨울이 되면 먹이를 구하기 어려워지므로 ○○○을 자면서 에너지를 더 효율적으로 이용합니다.

❻ 에너지 ○○ 표시는 전기 기구를 사용하지 않을 때 빠져나가는 에너지의 양을 줄인 전기 기구를 나타냅니다.

세로 퀴즈

❷ 한 형태의 에너지가 다른 형태의 에너지로 바뀌는 것

❸ 들인 노력과 얻은 결과의 비율
예 발광 다이오드등은 형광등보다 에너지 ○○이 높습니다.

❺ 목련의 ○○○은 바깥쪽이 껍질과 털로 되어 있어 손실되는 열에너지가 줄어들어 겨울에도 어린싹이 얼지 않습니다.

MEMO

MEMO

생생한 과학의 즐거움!

과학은 역시!

과학은 역시 오투!!

생 생 한 과 학 의 즐 거 움 ! 과 학 은 역 시 !

새 교과서 반영

오투 정답과 해설

초등 과학

6-2

visang

정답과 해설

초등과학 6-2

정답과 해설 (진도책)

1 전기의 이용

❶ 전구에 불이 켜지는 조건

기본 문제로 익히기 8~9쪽

핵심 체크
❶ 전기 회로 ❷ 전지 ❸ 전구
❹ 전선 ❺ 끊어짐

Step 1
1 전기 회로 2 × 3 ×
4 ○

2 집게를 사용하여 전기 부품들을 연결하는 전기 부품은 집게 달린 전선입니다.

Step 2
1 ⑤ 2 스위치 3 전지
4 ③ 5 ㉡ 6 ㉡
7 ⑤

1 여러 가지 전기 부품을 연결하여 전기가 흐르도록 한 것을 전기 회로라고 합니다.

2 스위치를 열면 전기 회로가 끊기고 스위치를 닫으면 전기 회로가 연결됩니다.

3 전지는 전기 회로에 전기 에너지를 공급하는 전기 부품으로 (+)극과 (−)극이 있습니다. 전지의 볼록하게 튀어 나온 부분이 (+)극이고 평평한 부분이 (−)극입니다.

4 전기가 흐르면 불이 켜지는 전기 부품은 전구입니다. ①은 전선, ②는 전구 끼우개, ④는 스위치입니다.

5 ㉠과 ㉢은 전구의 양쪽 끝부분이 전지의 (+)극과 전지의 (−)극에 각각 연결되어 있기 때문에 전구에 불이 켜집니다.

6 ㉡은 전구가 전지의 (+)극에만 연결되어 있어 전구에 불이 켜지지 않습니다.

7 전지, 전구, 전선이 끊기지 않게 연결하고, 전구의 양쪽 끝부분을 전지의 (+)극과 전지의 (−)극에 각각 연결해야 전구에 불이 켜집니다.

❷ 전구의 연결 방법에 따른 전구의 밝기 비교하기

기본 문제로 익히기 12~13쪽

핵심 체크
❶ 직렬연결 ❷ 병렬연결 ❸ 병렬연결
❹ 직렬연결 ❺ 꺼집니다

Step 1
1 직렬연결 2 ○ 3 ×
4 ×

1 전구 두 개 이상을 한 줄로 연결하는 방법을 직렬연결이라고 하고, 여러 개의 줄에 나누어 한 개씩 연결하는 방법을 병렬연결이라고 합니다.

Step 2
1 ㉡, ㉣ 2 ②, ⑤ 3 병렬연결
4 (1) − ㉡ (2) − ㉠
5 ㉢ 6 ㉡

1 ㉡, ㉣ 전기 회로의 전구가 ㉠, ㉢ 전기 회로의 전구보다 밝기가 더 밝습니다.

2 ㉡, ㉣ 전기 회로는 전구 두 개를 각각 다른 줄에 나누어 한 개씩 연결했습니다.

3 전구 여러 개를 여러 개의 줄에 한 개씩 연결하는 방법을 전구의 병렬연결이라고 합니다.

4 전구 두 개를 한 줄로 연결하는 방법을 전구의 직렬연결, 전구 두 개를 여러 개의 줄에 나누어 한 개씩 연결하는 방법을 전구의 병렬연결이라고 합니다.

5 전구의 밝기가 밝을수록 전기 에너지를 많이 소비합니다.

오답 바로잡기

㉠ 전구의 밝기가 밝을수록 전기 에너지가 적게 소비된다.
↳ 전구의 밝기가 밝을수록 전기 에너지가 많이 소비됩니다.
㉡ 전기 에너지 소비량은 전구의 연결 방법과 관련이 없다.
↳ 전기 에너지 소비량은 전구의 연결 방법과 관련이 있습니다.

6 전구를 직렬연결한 전기 회로에서 전구를 하나 빼면 모든 전구의 불이 꺼집니다.

실력 문제로 다잡기 ❶~❷ 14~17쪽

1 혜린 2 ① 3 ②
4 ②
5 (1) ㉠, ㉢ (2) ㉡, ㉣ (3) ㉠, ㉢ (4) ㉡, ㉣
6 ② 7 ④ 8 ㉡
9 서술형 길잡이 ❶ 끊어짐, (+), (−)
모범 답안 ㉡, 전선을 전지의 (+)극과 (−)극에 각각 연결한다.
10 서술형 길잡이 ❶ 병렬연결, 직렬연결
모범 답안 ㉡, 전구를 두 줄에 나누어 병렬연결하였다.
11 서술형 길잡이 ❶ 병렬연결 ❷ 병렬연결
모범 답안 ㉠ 전기 회로는 나머지 전구에 불이 켜지지만, ㉡ 전기 회로는 나머지 전구에 불이 켜지지 않는다.

1 ㉡은 전지와 전선을 쉽게 연결하게 합니다.

2 전구의 양쪽 끝부분을 전지의 (+)극과 전지의 (−)극에 각각 연결해야 전구에 불이 켜집니다.

3 ②는 전구의 양쪽 끝부분이 전지의 (+)극과 전지의 (−)극에 각각 연결되어 있어 전구에 불이 켜집니다.

4 전구의 양쪽 끝부분이 전지의 (+)극과 전지의 (−)극에 모두 연결되어 있습니다.

5 병렬연결한 전구의 밝기가 직렬연결한 전구의 밝기보다 밝습니다.

6 (가)는 전구를 두 줄로 병렬연결한 전기 회로이고, (나)는 전구를 한 줄로 직렬연결한 전기 회로입니다.

오답 바로잡기

① (가)는 전구를 한 줄로 연결하였다.
↳ (가)는 전구를 두 줄에 나누어 한 개씩 연결하였습니다.
③ (나)는 전구를 두 줄에 나누어 연결하였다.
↳ (나)는 전구를 한 줄에 연결하였습니다.
④ (나) 전구의 밝기가 (가) 전구의 밝기보다 밝다.
↳ (나) 전구의 밝기는 (가) 전구의 밝기보다 어둡습니다.
⑤ (가)에서 전구를 한 개 빼면 나머지 전구도 꺼진다.
↳ (가)는 전구를 병렬연결하였으므로 전구를 한 개 빼도 나머지 전구에 불이 켜져 있습니다.

7 전구의 밝기가 밝을수록 전기 에너지를 많이 소비합니다. 전구를 병렬연결할 때 전구의 밝기가 더 밝으므로 전기 에너지를 더 많이 소비합니다.

8 전구를 병렬연결한 전기 회로에서 전구를 하나 빼도 나머지 전구의 불이 꺼지지 않습니다.

9

	채점 기준
상	전구에 불이 켜지지 않는 것의 기호와 전구에 불이 켜지게 하는 방법을 모두 썼다.
하	전구에 불이 켜지지 않는 것의 기호만 썼다.

10

	채점 기준
상	전구의 밝기가 더 밝은 것의 기호와 전구의 연결 방법을 모두 썼다.
하	전구의 밝기가 더 밝은 것의 기호만 썼다.

11

채점 기준
두 전기 회로의 결과를 구분하여 각각 썼다.

❸ 전기 안전과 전기 절약

기본 문제로 익히기 20~21쪽

핵심 체크
❶ 안전 ❷ 절약 ❸ 낭비

Step 1
1 × 2 꺼 3 ○

1 한 멀티탭에 플러그를 너무 많이 연결하지 않습니다.

Step 2
1 ② 2 ㉡, ㉢ 3 ㉠
4 풀이 참조 5 ④ 6 전기

1 물 묻은 손으로 플러그를 만지면 감전될 수 있습니다. 그리고 물에 젖은 물체를 전기 제품에 걸쳐 놓으면 화재가 일어날 수 있습니다.

2 외출할 때에는 전등을 꺼야 전기를 절약할 수 있습니다. 그리고 젖은 손으로 전기 제품을 만지면 감전될 수 있습니다.

3 플러그를 뽑을 때에는 전선을 잡아당기지 않고, 플러그의 머리 부분을 잡아야 합니다.

4 

콘센트 한 개에 플러그 여러 개를 한꺼번에 꽂아서 사용하는 것과 전선을 길게 늘어트린 것, 물 묻은 손으로 플러그를 꽂는 것은 전기를 위험하게 사용하는 모습입니다.

5 전기를 절약하기 위해서는 사용하지 않는 전기 제품을 끄거나 플러그를 뽑아 놓습니다.

6 사용하지 않는 전기 제품을 끄고, 전기를 적게 사용하는 제품을 사용하면 전기를 절약할 수 있습니다.

④ 전자석의 성질과 이용

기본 문제로 익히기 24~25쪽

핵심 체크

❶ 전자석	❷ 세기	❸ 극
❹ 전자석		

Step 1

1 전자석	2 ×	3 세기
4 극	5 ○	

2 전기가 흐르면 전자석에 철 클립이 붙습니다.

3 전자석에 서로 다른 극끼리 일렬로 연결된 전지의 개수가 많을수록 전자석의 세기가 커집니다.

Step 2

1 ㉡	2 <	3 ㉠
4 ③, ④	5 ㉡	6 ④

1 스위치를 닫아 전자석에 전기가 흐르면 철 클립이 전자석에 붙습니다. ㉠은 철 클립이 붙지 않은 것으로 보아 전기가 흐르지 않는 모습이고 ㉡은 철 클립이 붙은 것으로 보아 전기가 흐를 때의 모습입니다.

2 전자석의 세기는 서로 다른 극끼리 일렬로 연결한 전지의 수가 많을수록 큽니다.

3 전지의 연결 방향을 반대로 바꾸면 전자석의 극이 반대로 바뀝니다.

4 전자석은 전기가 흐를 때에만 자석의 성질을 지니고, 자석의 극을 바꿀 수 있으며 서로 다른 극끼리 일렬로 연결된 전지의 개수를 다르게 하여 자석의 세기를 조절할 수 있습니다.

5 전자석에 연결된 전지의 방향을 바꾸면 전자석의 극이 바뀝니다.

오답 바로잡기

㉠ 전자석과 영구 자석은 모두 세 종류의 극이 있다.
→ 두 종류의 극이 있습니다.
㉢ 영구 자석은 전기가 흐를 때만 자석의 성질을 지닌다.
→ 영구 자석은 항상 자석의 성질을 지닙니다.
㉣ 전자석은 전지의 극을 반대로 연결해도 극이 일정하다.
→ 전자석은 전지의 방향에 따라 극이 바뀝니다.

6 나침반은 전기가 흐르지 않아도 자석의 성질을 지니는 영구 자석을 이용한 예입니다.

실력 문제로 다잡기 ③~④ 26~29쪽

1 ⑤	2 ㉡	3 ②
4 ③, ⑤	5 ②	6 ㉡
7 ②	8 전자석	9 ⑤

10 서술형 길잡이 ❶ 낭비 ❷ 절약
모범 답안 ㉠, 냉방 기구를 틀 때는 문을 닫는다.

11 서술형 길잡이 ❶ 전자석 ❷ 세기
모범 답안 전자석은 전기가 흐를 때에만 자석의 성질을 지닌다. 전기 회로에 서로 다른 극끼리 일렬로 연결된 전지의 개수를 다르게 해 전자석의 세기를 조절할 수 있다. 등

12 서술형 길잡이 ❶ 기중기 ❷ 자석
모범 답안 전자석은 전기가 흐를 때만 자석의 성질을 지닌다.

1 낮에는 전등을 꺼 두고, 플러그를 뽑을 때에는 전선을 잡아당기지 않습니다. 또 빈 방에 전등을 켜 두지 않으며, 물 묻은 손으로 전기 제품을 만지지 않습니다.

오답 바로잡기

① 밝은 낮에도 전등을 켜 놓은 재현
→ 전기를 낭비하는 모습입니다.
② 전선을 잡아당겨 플러그를 뽑은 윤경
→ 전기를 위험하게 사용하는 모습입니다.
③ 빈 방에 전등을 켜 놓고 학교에 간 민수
→ 전기를 낭비하는 모습입니다.
④ 물 묻은 손으로 깜박거리는 형광등을 만진 희주
→ 전기를 위험하게 사용하는 모습입니다.

2 ㉠, ㉢은 전기를 위험하게 사용하는 모습입니다.

3 발광 다이오드[LED]등, 움직임을 감지하여 자동으로 켜지는 전등, 원하는 시간이 되면 자동으로 전원이 차단되는 시간 조절 콘센트는 전기를 절약할 수 있는 제품입니다.

4 일반 전구 대신 전기를 적게 사용하는 발광 다이오드[LED]등을 사용하고, 사용하지 않는 전기 제품의 플러그를 빼야 전기를 절약할 수 있습니다. 그리고 냉장고에 음식물을 가득 채우지 않아야 전기를 절약할 수 있습니다.

5 전자석이 연결된 전기 회로에 전지를 서로 다른 극끼리 일렬로 많이 연결할수록 전자석의 세기가 커집니다.

6 나침반 바늘의 N극이 끌려온 ㉠이 S극이고, 나침반 바늘의 S극이 끌려온 ㉡이 N극입니다.

7 막대자석은 영구 자석이므로 자석의 극과 세기를 바꿀 수 없지만, 전자석은 자석의 극과 세기를 바꿀 수 있습니다.

8 선풍기와 스피커는 전자석을 이용한 예입니다.

9 출입문 잠금장치는 전기가 흐를 때만 자석의 성질을 지니는 전자석의 특징을 활용한 것입니다.

10

	채점 기준
상	전기를 낭비하는 모습을 골라 기호를 쓰고 전기를 절약하는 방법으로 옳게 바꾸어 썼다.
하	전기를 낭비하는 모습의 기호만 썼다.

11

	채점 기준
상	알 수 있는 전자석의 성질을 두 가지 모두 썼다.
하	알 수 있는 전자석의 성질을 한 가지만 썼다.

12

	채점 기준
상	전기가 흐를 때만 자석의 성질을 지닌다고 썼다.
하	자석의 성질을 지닌다고 썼다.

단원 정리하기 30쪽

❶ 전기 회로 ❷ 전지 ❸ 전구
❹ 직렬연결 ❺ 병렬연결 ❻ 많이
❼ 안전 ❽ 절약 ❾ 전자석

단원 마무리 문제 31~33쪽

1 ④, ⑤ **2** ⑤
3 (1) – ㉡ (2) – ㉢ (3) – ㉠ **4** ㉡
5 모범 답안 전구의 양쪽 끝부분이 전지의 (+)극과 전지의 (−)극에 각각 연결되어야 한다.
6 ①, ③ **7** ② **8** ㉠, ㉢
9 ② **10** 병렬 **11** 민서
12 ① **13** ②, ③ **14** ㉡
15 ⑤ **16** 전기
17 모범 답안 나침반은 전기가 흐르지 않아도 자석의 성질을 지니는 영구 자석을 사용하였지만, 자기 부상 열차는 전기가 흐를 때만 자석의 성질을 지니는 전자석을 사용하였다.
18 ① **19** (1) – ㉡ (2) – ㉠, ㉢
20 ④

1 전기 에너지를 공급하는 것은 전지입니다.

2 전구 끼우개, 전지 끼우개, 집게 달린 전선은 모두 전기 회로를 만들 때 다른 전기 부품을 쉽게 연결할 수 있게 합니다.

3 전지는 전기 회로에 전기 에너지를 공급하고, 전구는 전기가 흐르면 빛이 납니다.

4 ㉠은 전지, 전선, 전구가 끊겨 있고, ㉢은 전구가 전지의 (−)극에만 연결되어 있습니다.

5 전구가 전지의 한쪽 극에만 연결되어 있으면 전구에 불이 켜지지 않습니다.

	채점 기준
상	전구의 양쪽 끝부분이 전지의 (+)극과 전지의 (−)극에 모두 연결되어야 한다고 썼다.
하	전구가 전지에 연결되어야 한다고 썼다.

6 전구의 직렬연결에서는 한 전구의 불이 꺼지면 나머지 전구의 불도 꺼집니다.

7 ㉠과 ㉢은 전구의 직렬연결이고, ㉡과 ㉣은 전구의 병렬연결입니다.

8 직렬로 연결된 전구의 밝기는 병렬로 연결된 전구의 밝기보다 어둡습니다.

9 ㉠, ㉢에서는 나머지 전구에 불이 켜지지 않지만, ㉡, ㉣에서는 나머지 전구에 불이 켜집니다.

10 장식용 나무에 설치된 불이 켜진 전구와 불이 꺼진 전구는 병렬로 연결되어 있습니다.

11 전기를 위험하게 사용하면 감전되거나 화재가 발생할 수 있습니다. 그리고 전기를 절약하지 않으면 자원이 낭비되고 환경 문제가 발생할 수 있습니다.

12 전기 제품을 사용하는 시간을 줄여야 전기를 절약할 수 있습니다.

13 콘센트 안전 덮개는 전기 안전을 위한 제품으로 감전 사고를 예방합니다.

14 냉장고에서 물건을 꺼내면 문을 바로 닫아야 합니다.

15 플러그의 머리 부분을 잡고 뽑아야 합니다.

16 전기를 절약하기 위해 사용하는 제품들입니다.

17 나침반은 영구 자석을, 자기 부상 열차는 전자석을 사용한 예입니다.

채점 기준	
상	영구 자석과 전자석의 성질을 포함하여 썼다.
하	자석의 성질을 이용했다고만 썼다.

18 스위치를 닫지 않으면 철 클립이 전자석에 붙지 않지만 스위치를 닫으면 철 클립이 전자석에 붙습니다.

19 막대자석은 자석의 극이 일정합니다. 전자석은 전기가 흐를 때에만 자석의 성질을 지니고 자석의 세기를 조절할 수 있습니다.

20 자석 필통은 영구 자석을 사용한 예입니다.

가로 세로 용어 퀴즈 34쪽

전	기	회	로		
구					영
		직			구
	병	렬			자
			전	자	석
	에	너	지		

2 계절의 변화

❶ 하루 동안 태양 고도, 그림자 길이, 기온의 관계

기본 문제로 익히기 38~39쪽

핵심 체크

❶ 태양 ❷ 남중 ❸ 높

❹ 짧아 ❺ 높아

Step 1

1 태양 고도 2 × 3 짧습니다

4 ○

2 태양 고도 측정기는 햇빛이 잘 드는 편평한 곳에 놓습니다.

Step 2

1 ㉢ 2 태양의 남중 고도

3 ㉢ 4 기온 5 ③

6 ⑤

1 태양과 지표면이 이루는 각을 태양 고도라고 합니다.

2 태양이 정남쪽에 위치할 때 태양이 남중했다고 하며, 이때 태양의 고도를 태양의 남중 고도라고 합니다.

3 태양이 정남쪽에 위치하여 남중했을 때 하루 중 태양 고도가 가장 높고 그림자 길이가 가장 짧습니다.

4 태양 고도 그래프와 모양이 비슷한 그래프는 기온 그래프이고, 태양 고도 그래프와 모양이 다른 그래프는 그림자 길이 그래프입니다.

5 그림자 길이는 오전에 점점 짧아지다가 낮 12시 30분경에 가장 짧고, 이후에는 점점 길어집니다.

6 태양 고도가 높아지면 그림자 길이는 짧아지고, 기온은 높아집니다.

오답 바로잡기

① 태양 고도와 기온은 관계가 없다.
↳ 태양 고도가 변하면 기온도 변합니다.

② 태양 고도가 높아지면 기온은 낮아진다.
↳ 태양 고도가 높아지면 기온은 높아집니다.

③ 태양 고도는 그림자 길이와 관계가 없다.
↳ 태양 고도가 변하면 그림자 길이도 변합니다.

④ 태양 고도, 그림자 길이, 기온은 항상 일정하다.
↳ 태양 고도에 따라 그림자 길이와 기온은 변합니다.

❷ 계절별 태양의 남중 고도, 낮과 밤의 길이, 기온 변화

기본 문제로 익히기 42~43쪽

핵심 체크

❶ 높 ❷ 낮 ❸ 높아
❹ 여름 ❺ 겨울

Step 1

1 × 2 여름 3 ○
4 높아

1 태양의 남중 고도는 봄부터 점점 높아져 여름에 가장 높고, 이후 점점 낮아져 겨울에 가장 낮습니다.

Step 2

1 여름 2 ⑤ 3 예 길어진다
4 ㉡ 5 ㉢ 6 ㉠

1 태양의 남중 고도는 여름(6월~7월)에 가장 높고, 겨울(12월~1월)에 가장 낮습니다.

2 낮의 길이는 6월에 가장 길고, 12월에 가장 짧습니다.

3 태양의 남중 고도가 높아질수록 낮의 길이는 길어지고, 태양의 남중 고도가 낮아질수록 낮의 길이는 짧아집니다.

4 태양의 남중 고도가 높아지면 기온은 대체로 높아집니다.

오답 바로잡기

㉠ 태양의 남중 고도가 높아질수록 기온은 대체로 낮아진다.
↳ 태양의 남중 고도가 높아질수록 기온은 대체로 높아집니다.
㉢ 태양의 남중 고도가 높아져도 기온은 변하지 않는다.
↳ 태양의 남중 고도가 변하면 기온도 변합니다.

5 태양의 남중 고도는 ㉢>㉡>㉠의 순으로 높습니다.

6 태양의 남중 고도가 가장 높은 ㉢은 여름, 가장 낮은 ㉠은 겨울, 중간 정도인 ㉡은 봄과 가을입니다.

실력 문제로 다잡기 ❶~❷ 44~47쪽

1 ③ 2 ⑤ 3 ⑤
4 (1) ㉡ (2) ㉠ (3) ㉢ 5 ④
6 ㉡, ㉣ 7 ㉡ 8 진경
9 ②
10 서술형 길잡이 ❶ 고도 ❷ 그림자, 실
(1) 태양 고도 (2) 모범 답안 ㉠이 커지면 막대기의 그림자 길이가 짧아진다.
11 서술형 길잡이 ❶ 높아 ❷ 두(2)
모범 답안 지표면이 데워져 공기의 온도가 높아지는 데 시간이 걸리기 때문이다.
12 서술형 길잡이 ❶ 여름 ❷ 여름
모범 답안 태양의 남중 고도가 높아질수록 낮의 길이는 길어진다.

1 막대기의 길이가 길어지면 그림자 길이도 길어지므로, 막대기의 길이에 관계없이 태양 고도는 일정합니다.

2 태양이 정남쪽에 위치했을 때 태양이 남중했다고 하며, 이때 하루 중 태양 고도가 가장 높습니다.

3 낮 12시 30분경 태양이 남중했을 때의 고도를 태양의 남중 고도라고 하며, 이때 하루 중 태양 고도가 가장 높습니다.

4 측정값이 낮 12시 30분경에 가장 높은 ㉡은 태양 고도 그래프이고, 낮 12시 30분경에 가장 짧은 ㉠은 그림자 길이 그래프이며, 태양 고도 그래프와 비슷한 모양이지만 조금 늦게 높아지는 ㉢은 기온 그래프입니다.

5 태양 고도가 가장 높은 낮 12시 30분경에 그림자 길이가 가장 짧습니다.

오답 바로잡기

① 기온은 낮 12시 30분경에 가장 높다.
↳ 기온은 오후 2시 30분경에 가장 높습니다.
② 기온은 태양 고도의 영향을 받지 않는다.
↳ 태양 고도가 높아질수록 기온도 높아집니다.
③ 오전에는 태양 고도가 높아지고 기온이 낮아진다.
↳ 오전에는 태양 고도와 기온 모두 높아집니다.
⑤ 태양 고도와 그림자 길이 그래프는 모양이 비슷하다.
↳ 태양 고도와 모양이 비슷한 그래프는 기온 그래프입니다. 태양 고도와 그림자 길이 그래프는 모양이 다릅니다.

6 낮의 길이는 여름에 가장 길고 겨울에 가장 짧으며, 봄과 가을에는 여름과 겨울의 중간 정도입니다. 그리고 태양의 남중 고도가 가장 높은 여름에 낮의 길이가 가장 깁니다.

오답 바로잡기

㉠ 낮의 길이는 항상 일정하다.
→ 낮의 길이는 여름에 가장 길고, 겨울에 가장 짧습니다.
㉢ 태양의 남중 고도가 높아지면 낮의 길이는 짧아진다.
→ 태양의 남중 고도가 높아지면 낮의 길이는 길어집니다.

7 태양의 남중 고도가 높아지면 기온은 대체로 높아집니다. 그러나 지표면이 데워져 공기의 온도가 높아지는 데 시간이 걸리므로, 기온이 가장 높은 때(7월)는 태양의 남중 고도가 가장 높은 때(6월)보다 늦게 나타납니다.

8 ㉠은 겨울, ㉡은 봄과 가을, ㉢은 여름입니다. 여름에는 낮의 길이가 가장 길고 기온이 가장 높으며, 겨울에는 낮의 길이가 가장 짧고 기온이 가장 낮습니다.

오답 바로잡기

- 은주: ㉠은 봄과 가을이야.
  → ㉠은 겨울입니다.
- 유민: ㉠은 ㉡보다 기온이 높은 계절이야.
  → ㉠은 ㉡보다 기온이 낮은 계절입니다.

9 6월(여름)부터 12월(겨울)까지 태양의 남중 고도는 낮아지고, 낮의 길이는 짧아집니다.

10 태양과 지표면이 이루는 각(㉠)을 태양 고도라고 하며, 태양 고도가 높아지면 그림자 길이는 짧아집니다.

채점 기준	
상	태양 고도라고 쓰고, 태양 고도와 막대기의 그림자 길이의 관계를 옳게 썼다.
하	태양 고도라고 썼지만, 태양 고도와 막대기의 그림자 길이의 관계를 쓰지 못했다.

11 태양이 남중한 시각(낮 12시 30분경)과 기온이 가장 높은 시각(오후 2시 30분경)은 차이가 납니다.

채점 기준
지표면이 데워져 공기의 온도가 높아지는 데 시간이 걸리기 때문이라고 옳게 썼다.

12 태양의 남중 고도가 가장 높은 여름에 낮의 길이가 가장 길고, 태양의 남중 고도가 가장 낮은 겨울에 낮의 길이가 가장 짧습니다.

채점 기준
태양 고도가 높아질수록 낮의 길이가 길어진다는 내용을 포함하여 옳게 썼다.

③ 태양의 남중 고도에 따라 기온이 달라지는 까닭

기본 문제로 익히기 50~51쪽

핵심 체크

❶ 태양 ❷ 높 ❸ 많
❹ 낮 ❺ 적

Step 1

1 ○ 2 많아 3 높아
4 ×

4 겨울보다 여름에 태양의 남중 고도가 높으므로 일정한 면적의 지표면에 도달하는 태양 에너지양이 많습니다.

Step 2

1 태양 2 ㉠ 3 높을수록
4 ③ 5 ㉠ 6 >

1 전등은 태양, 태양 전지판은 지표면, 전등과 태양 전지판이 이루는 각은 태양의 남중 고도를 나타냅니다.

2 전등과 태양 전지판이 이루는 각이 클 때는 소리가 크게 나고, 전등과 태양 전지판이 이루는 각이 작을 때는 소리가 작게 납니다.

3 전등과 태양 전지판이 이루는 각이 태양의 남중 고도를 나타내므로, 실험을 통해 태양의 남중 고도가 높을수록 일정한 면적의 지표면이 받는 태양 에너지양이 많아진다는 것을 알 수 있습니다.

4 계절에 따라 태양의 남중 고도가 달라져 일정한 면적의 지표면에 도달하는 태양 에너지양이 달라지기 때문에 기온이 달라집니다.

5 태양의 남중 고도가 높은 ㉠이 태양의 남중 고도가 낮은 ㉡보다 일정한 면적의 지표면에 도달하는 태양 에너지양이 많습니다.

6 태양의 남중 고도가 높을수록 일정한 면적의 지표면에 도달하는 태양 에너지양이 많아 기온이 높습니다.

❹ 계절의 변화가 생기는 까닭

기본 문제로 익히기 54~55쪽

핵심 체크

❶ 기울기 ❷ 남중 고도 ❸ 기울어진
❹ 높 ❺ 낮

Step 1

1 × 2 ○ 3 공전
4 높, 낮

1 지구본의 자전축을 기울이지 않고 공전시키면 지구본의 위치에 따라 태양의 남중 고도가 달라지지 않습니다.

Step 2

1 ㉠ 2 달라지지 않는다
3 ② 4 ④
5 소은 6 ㉡

1 전등을 중심으로 지구본을 시계 반대 방향(서쪽에서 동쪽)으로 공전시킵니다.

2 지구본의 자전축을 기울이지 않은 채 공전시키면 지구본의 위치가 달라져도 태양의 남중 고도가 달라지지 않습니다.

3 지구본이 (나)에 위치할 때 태양의 남중 고도가 가장 높고, (라)에 위치할 때 태양의 남중 고도가 가장 낮습니다.

4 지구본의 자전축을 기울이지 않은 경우에는 지구본의 위치에 따라 태양의 남중 고도가 달라지지 않지만, 지구본의 자전축을 기울인 경우에는 지구본의 위치에 따라 태양의 남중 고도가 달라집니다.

5 지구의 자전축이 일정한 방향으로 기울어진 채 태양 주위를 공전하기 때문에 계절의 변화가 생깁니다.

6 지구가 ㉠에 위치할 때 우리나라는 태양의 남중 고도가 높아 여름이고, 지구가 ㉡에 위치할 때 우리나라는 태양의 남중 고도가 낮아 겨울입니다.

실력 문제로 다잡기 ❸~❹ 56~59쪽

1 ⑤ 2 ㉡ 3 ⑤
4 준영 5 ② 6 ④
7 ㉡, ㉢ 8 ②
9 (1) 겨울 (2) 여름
10 서술형 길잡이 ❶ 남중 고도 ❷ 많
모범 답안 태양의 남중 고도가 높을수록 일정한 면적의 지표면이 받는 태양 에너지양이 많아진다.
11 서술형 길잡이 ❶ 일정 ❷ 남중 고도
(1) 예 달라진다. (2) 모범 답안 지구의 자전축이 일정한 방향으로 기울어진 채 태양 주위를 공전하기 때문이다.
12 서술형 길잡이 ❶ 높, 낮 ❷ 높
모범 답안 지구가 ㉡에 위치할 때보다 ㉠에 위치할 때 우리나라에서 태양의 남중 고도가 높고 기온이 높다.

1 전등과 태양 전지판이 이루는 각이 클수록 태양 전지판에 도달하는 에너지양이 많아져 소리가 크게 납니다.

2 전등과 태양 전지판이 이루는 각은 태양의 남중 고도를 나타내므로, ㉠은 여름에 해당하고 ㉡은 겨울에 해당합니다.

3 태양의 남중 고도가 높아지면 일정한 면적의 지표면에 도달하는 태양 에너지양이 많아지므로 지표면이 더 많이 데워져 기온이 높아집니다.

4 계절이 ㉠에서 ㉡으로 변할 때 태양의 남중 고도가 낮아지므로 낮의 길이가 짧아지고, 일정한 면적의 지표면에 도달하는 태양 에너지양이 적어져 기온이 낮아집니다.

5 지구본의 자전축을 기울이지 않은 경우와 기울인 경우에 태양의 남중 고도를 비교하는 실험이므로, 지구본의 자전축 기울기를 다르게 해야 합니다.

6 ㉠의 경우 지구본의 위치가 달라져도 태양의 남중 고도가 달라지지 않습니다. ㉡의 경우 지구본을 (가)에서 (나)로 공전시키면 태양의 남중 고도가 점점 높아져 (나)에서 태양의 남중 고도가 가장 높습니다.

7 지구의 자전축이 기울어지지 않고 수직인 채 태양 주위를 공전한다면 지구의 위치에 따라 태양의 남중 고도가 달라지지 않으므로 낮의 길이와 기온이 일정하고 계절의 변화가 생기지 않습니다.

8 지구가 ㉠에 위치할 때 북반구에 있는 우리나라는 여름입니다. 이때 태양의 남중 고도가 가장 높아 기온이 가장 높습니다.

오답 바로잡기

① 가을이다.
→ 여름입니다.
③ 태양의 남중 고도가 가장 낮다.
→ 태양의 남중 고도가 가장 높습니다.
④ 낮의 길이가 밤의 길이보다 짧다.
→ 낮의 길이가 가장 길고 밤의 길이가 가장 짧습니다.
⑤ 일정한 면적의 지표면에 도달하는 태양 에너지양이 가장 적다.
→ 태양의 남중 고도가 가장 높아 일정한 면적의 지표면에 도달하는 태양 에너지양이 가장 많습니다.

9 지구가 ㉡에 위치할 때 북반구에 위치한 우리나라는 태양의 남중 고도가 낮아 겨울입니다. 북반구와 남반구는 계절이 서로 반대이므로, 이때 남반구는 여름입니다.

10 전등과 태양 전지판이 이루는 각이 클수록 태양 전지판이 받는 에너지양이 많아 더 큰 소리가 납니다. 이처럼 태양의 남중 고도가 높을수록 일정한 면적의 지표면에 도달하는 태양 에너지양이 많아져 기온이 높아집니다.

채점 기준
태양의 남중 고도가 높을수록 일정한 면적의 지표면이 받는 태양 에너지양이 많아진다는 내용을 포함하여 옳게 썼다.

11 지구의 자전축이 일정한 방향으로 기울어진 채 태양 주위를 공전하므로 지구의 위치에 따라 태양의 남중 고도가 달라져 계절의 변화가 생깁니다.

채점 기준	
상	태양의 남중 고도가 달라진다고 쓰고, 계절의 변화가 생기는 까닭을 옳게 썼다.
중	태양의 남중 고도가 달라진다고 썼지만, 계절의 변화가 생기는 까닭에서 지구의 자전축이 기울어져 있기 때문이라고만 썼다.
하	태양의 남중 고도가 달라진다고 썼지만, 계절의 변화가 생기는 까닭을 쓰지 못했다.

12 지구가 ㉠에 위치할 때 우리나라는 태양의 남중 고도가 높고 기온이 높은 여름이고, 지구가 ㉡에 위치할 때 우리나라는 태양의 남중 고도가 낮고 기온이 낮은 겨울입니다.

채점 기준	
상	태양의 남중 고도와 기온을 옳게 비교하여 썼다.
하	태양의 남중 고도와 기온 중 한 가지만 옳게 비교하여 썼다.

단원 정리하기 60쪽

❶ 태양 고도 ❷ 짧아 ❸ 높아
❹ 여름 ❺ 겨울 ❻ 클
❼ 작을 ❽ 남중 고도 ❾ 수직인
❿ 기울어진

단원 마무리 문제 61~63쪽

1 ㉡ 2 ㉡ 3 ②
4 (1) 예 높아진다. (2) 예 짧아진다.
5 14시 30분경(오후 2시 30분경)
6 모범 답안 그림자 길이는 짧아지고, 기온은 높아진다.
7 ㉠: 여름, ㉡: 겨울 8 ④
9 ㉢ 10 ②
11 태양의 남중 고도
12 모범 답안 ㉠의 경우는 ㉡의 경우보다 소리가 크게 난다.
13 ④ 14 ㉠: 겨울, ㉡: 여름
15 모범 답안 ㉡, ㉡이 ㉠보다 태양의 남중 고도가 높아 일정한 면적의 지표면에 도달하는 태양 에너지양이 더 많기 때문이다.
16 ㉡ 17 ㉡ 18 ④
19 ㉠ 20 ㉡

1 태양 고도는 태양과 지표면이 이루는 각으로 나타내므로, 태양과 지표면이 이루는 각이 큰 ㉡의 태양 고도가 더 높습니다.

2 햇빛이 잘 드는 편평한 곳에 태양 고도 측정기를 놓고 태양 고도를 측정합니다.

오답 바로잡기

㉠ 기온은 햇빛이 비치는 곳에 온도계를 놓고 측정한다.
→ 기온은 백엽상의 온도계로 측정하거나, 그늘진 곳의 지표면에서 1.5 m 정도 떨어진 높이에서 온도계를 이용하여 측정합니다.
㉢ 태양 고도, 그림자 길이, 기온은 서로 다른 시각에 각각 측정한다.
→ 일정한 시간 간격으로 같은 시각에 태양 고도, 그림자 길이, 기온을 측정합니다.

3 태양이 남중했을 때 하루 중 태양 고도가 가장 높고 그림자 길이가 가장 짧습니다.

4 오전에 태양 고도는 높아지고 그림자 길이는 짧아집니다.

5 기온은 오전에 점점 높아져 14시 30분경에 가장 높고, 이후에는 낮아집니다.

6 태양 고도가 높아지면 그림자 길이는 짧아지고, 기온은 높아집니다.

채점 기준	
상	그림자 길이와 기온 변화를 모두 옳게 썼다.
하	그림자 길이와 기온 변화 중 한 가지만 옳게 썼다.

7 낮의 길이는 여름에 가장 길고, 겨울에 가장 짧습니다.

8 태양의 남중 고도가 가장 높은 달(6월)과 기온이 가장 높은 달(7월)은 차이가 납니다.

9 태양의 남중 고도가 가장 높은 ㉢이 여름입니다. ㉠은 겨울이고, ㉡은 봄과 가을입니다.

10 겨울(㉠)에 태양의 남중 고도가 가장 낮아 기온이 가장 낮습니다.

오답 바로잡기

① 봄이다.
↳ 겨울입니다.
③ 낮의 길이가 가장 길다.
↳ 낮의 길이가 가장 짧습니다.
④ 밤의 길이가 가장 짧다.
↳ 밤의 길이가 가장 깁니다.
⑤ 태양의 남중 고도가 가장 높다.
↳ 태양의 남중 고도가 가장 낮습니다.

11 전등은 태양, 태양 전지판은 지표면, 전등과 태양 전지판이 이루는 각은 태양의 남중 고도를 나타냅니다.

12 전등과 태양 전지판이 이루는 각이 클수록 태양 전지판이 받는 에너지양이 많아 소리가 더 크게 납니다.

채점 기준
㉠과 ㉡에서 나는 소리의 크기를 옳게 비교하여 썼다.

13 계절에 따라 태양의 남중 고도가 달라져 일정한 면적의 지표면에 도달하는 태양 에너지양이 달라지기 때문에 기온이 변합니다.

14 태양의 남중 고도가 낮은 ㉠은 겨울, 태양의 남중 고도가 높은 ㉡은 여름입니다.

15 태양의 남중 고도가 높을수록 일정한 면적의 지표면에 도달하는 태양 에너지양이 많아 기온이 높아집니다.

채점 기준	
상	㉡을 쓰고, ㉡의 기온이 더 높은 까닭을 옳게 썼다.
하	㉡을 썼지만, ㉡의 기온이 더 높은 까닭을 쓰지 못했다.

16 ㉠은 지구본의 위치가 달라져도 태양의 남중 고도가 달라지지 않지만, ㉡은 지구본의 위치에 따라 태양의 남중 고도가 달라집니다.

17 ㉡의 경우 지구본의 자전축이 기울어진 채 공전하기 때문에 지구본의 위치에 따라 태양의 남중 고도가 달라져 계절이 변합니다.

18 지구의 자전축이 기울어진 채 태양 주위를 공전하기 때문에 지구의 위치에 따라 태양의 남중 고도가 달라져 낮과 밤의 길이와 기온이 달라지고 계절이 변합니다.

오답 바로잡기

① 낮과 밤이 생긴다.
↳ 낮과 밤이 생기는 것은 지구가 자전하기 때문에 나타나는 현상입니다.
② 기온이 항상 일정하다.
↳ 지구의 위치에 따라 기온이 달라집니다.
③ 계절이 변하지 않는다.
↳ 계절의 변화가 생깁니다.
⑤ 태양의 남중 고도가 변하지 않는다.
↳ 지구의 위치에 따라 태양의 남중 고도가 달라집니다.

19 지구가 ㉠에 위치할 때 우리나라는 태양의 남중 고도가 높아 여름입니다.

20 지구가 ㉡에 위치할 때 우리나라에서 태양의 남중 고도가 가장 높으므로 여름입니다.

가로 세로 용어 퀴즈 64쪽

에	너	지		남	
				중	
		태	양	고	도
	그			도	
	림				여
	자	전	축		름

3 연소와 소화

❶ 물질이 탈 때 나타나는 현상

기본 문제로 익히기 68～69쪽

핵심 체크

❶ 밝	❷ 따뜻	❸ 빛
❹ 빛	❺ 열	

Step 1

1 ○	2 빛, 열	3 ×
4 열		

2 물질이 탈 때 빛과 열이 발생하기 때문에 불꽃 주변이 밝고, 불꽃에 손을 가까이 하면 따뜻합니다.

3 알코올램프에서 알코올이 탈 때 시간이 지나면 알코올의 양이 줄어듭니다.

Step 2

1 ④	2 ⑤	3 민수
4 ㉠: 점점 짧아진다, ㉡: 점점 줄어든다		
5 ㉡	6 (1) – ㉡ (2) – ㉠	

1 초가 탈 때 나타나는 현상을 관찰하므로 물질이 탈 때 나타나는 현상을 알아보는 실험입니다.

2 초가 타면서 열이 발생하므로 손을 가까이 하면 따뜻한 느낌이 듭니다.

3 알코올램프의 불꽃은 크고, 모양이 길쭉합니다.

오답 바로잡기

- 선아: 불꽃 주변이 어두워.
  → 알코올이 탈 때 빛이 나므로 불꽃 주변이 밝습니다.
- 유라: 빛을 내지만 열을 내지는 않아.
  → 알코올이 탈 때 빛과 열을 내면서 탑니다.

4 초가 타면 초의 길이가 점점 짧아지고, 알코올이 타면 알코올의 양이 점점 줄어듭니다.

5 초와 알코올이 탈 때에는 빛과 열이 발생하므로 불꽃 주변이 밝고 따뜻해집니다.

6 장작불을 피워 발생한 빛으로 주변을 밝게 하고, 발생한 열로 물을 끓입니다.

❷ 물질이 탈 때 필요한 것(1)

기본 문제로 익히기 72～73쪽

핵심 체크

❶ 머리	❷ 온도	❸ 다름
❹ 발화점	❺ 낮	❻ 발화점

Step 1

1 ○	2 ×	3 발화점
4 발화점	5 ○	

2 성냥의 나무 부분은 머리 부분보다 발화점이 높으므로 머리 부분보다 쉽게 불이 붙지 않습니다.

5 볼록 렌즈로 종이와 같은 물질에 햇빛을 모으면 햇빛이 모이는 지점의 온도가 발화점 이상으로 높아지므로 물질을 태울 수 있습니다.

Step 2

1 ㉠	2 ③	3 ㉠
4 ④	5 <	6 현진, 규원

1 철판이 뜨거워지면서 성냥의 머리 부분도 뜨거워지기 때문에 성냥의 머리 부분에 불이 붙습니다.

2 철판을 가열하면 철판이 뜨거워지고, 성냥의 머리 부분도 뜨거워집니다. 이와 같이 성냥의 머리 부분의 온도가 높아지므로 성냥의 머리 부분에 불이 붙습니다.

3 성냥의 머리 부분(㉠)에 먼저 불이 붙습니다. 이때 나무 부분(㉡)은 오랜 시간 가열해야 불이 붙거나 색깔만 검은색으로 변할 수도 있습니다.

4 물질이 불에 직접 닿지 않아도 타기 시작하는 온도를 발화점이라고 합니다. 물질이 타려면 온도가 발화점 이상이 되어야 하고, 물질마다 발화점이 다릅니다.

5 발화점이 낮은 물질은 쉽게 불이 붙고, 발화점이 높은 물질은 쉽게 불이 붙지 않습니다. 성냥의 머리 부분이 향보다 먼저 불이 붙은 것으로 보아 성냥의 머리 부분이 향보다 발화점이 낮습니다.

6 볼록 렌즈로 햇빛을 모으거나 성냥의 머리 부분을 성냥갑에 마찰하는 등의 방법으로 물질의 온도를 발화점까지 높이면 직접 불을 붙이지 않아도 물질을 태울 수 있습니다.

③ 물질이 탈 때 필요한 것(2)

기본 문제로 익히기 76~77쪽

핵심 체크

❶ 산소 ❷ 오래 ❸ 산소
❹ 연소 ❺ 산소

Step 1

1 ○ 2 × 3 산소
4 산소 5 ×

2 크기가 작은 아크릴 통보다 큰 아크릴 통 안에 들어 있는 공기의 양이 더 많아 산소의 양이 더 많습니다. 따라서 크기가 작은 아크릴 통보다 크기가 큰 아크릴 통으로 덮은 촛불이 더 오래 탑니다.

5 연소의 세 가지 조건을 모두 만족해야 연소가 일어나며, 세 가지 조건 중 한 가지라도 없으면 연소가 일어나지 않습니다.

Step 2

1 ㉠: (나), ㉡: 산소 2 ㉠
3 연아 4 ① 5 ㉠
6 ④

1 크기가 큰 (가) 아크릴 통 안에 들어 있는 공기의 양이 크기가 작은 (나) 아크릴 통 안에 들어 있는 공기의 양보다 많아 초가 탈 때 필요한 산소의 양이 더 많습니다. 따라서 (가) 아크릴 통 안에 들어 있는 초가 더 오래 탑니다.

2 ㉡에서는 비커에서 묽은 과산화 수소수와 이산화 망가니즈가 만나 산소가 활발하게 발생하므로 ㉠에서보다 촛불이 더 오래 탑니다.

3 ㉠에서는 초가 타면서 유리병 안 산소를 모두 사용하고 나면 산소가 부족하여 촛불이 금방 꺼지고, ㉡에서는 비커에서 산소가 활발하게 발생하기 때문에 촛불이 오래 탑니다.

4 산소가 활발하게 발생하는 ㉡의 유리병 안 초가 더 오래 타는 것으로 보아 초가 타려면 산소가 필요하다는 것을 알 수 있습니다.

5 연소는 물질이 산소와 빠르게 반응하여 빛과 열을 내는 현상입니다.

오답 바로잡기

㉡ 물질이 이산화 탄소와 빠르게 반응하는 현상이다.
↳ 연소는 물질이 산소와 빠르게 반응하는 현상입니다.
㉢ 산소가 부족해도 초가 남아 있으면 초가 계속 연소한다.
↳ 산소가 부족하면 초가 남아 있어도 촛불이 꺼집니다.

6 연소가 일어나려면 탈 물질과 산소가 있어야 하고, 온도가 발화점 이상이 되어야 합니다.

실력 문제로 다잡기 ❶~❸ 78~81쪽

1 ⑤ 2 ② 3 ㉡
4 ①, ⑤ 5 ④ 6 ⑤
7 주호 8 ③ 9 ⑤

10 서술형 길잡이 ❶ 따뜻 ❷ 밝습
모범 답안 불꽃 주변이 밝고 따뜻해진다. 빛과 열이 발생한다. 물질의 양이 변한다. 등

11 서술형 길잡이 ❶ 발화점 ❷ 발화점
(1) 모범 답안 성냥의 머리 부분의 온도가 발화점 이상으로 높아졌기 때문이다. (2) 모범 답안 물질에 불을 직접 붙이지 않아도 물질을 가열하여 온도를 높이면 물질이 탈 수 있다.

12 서술형 길잡이 ❶ 연소 ❷ 산소, 산소
(1) ㉡ (2) 모범 답안 묽은 과산화 수소수와 이산화 망가니즈가 만나서 산소가 발생하기 때문이다.

1 초가 타면 초의 길이가 짧아지고, 알코올램프의 알코올이 타면 알코올의 양이 줄어듭니다.

오답 바로잡기

① 초와 알코올의 색깔이 달라진다.
↳ 초와 알코올의 색깔은 변하지 않습니다.
② 초의 심지 주변은 초가 뭉쳐 볼록하게 올라온다.
↳ 초의 심지 주변의 초가 녹아 심지 주변이 움푹 팹니다.
③ 알코올은 불꽃 주변에 손을 가까이 하면 서늘하다.
↳ 초와 알코올이 탈 때 열이 발생하므로 초와 알코올의 불꽃 주변에 손을 가까이 하면 따뜻합니다.
④ 초의 불꽃 주변은 밝지만 알코올의 불꽃 주변은 어둡다.
↳ 초와 알코올이 탈 때 빛이 발생하므로 초와 알코올의 불꽃 주변이 밝습니다.

2 손전등은 물질을 태우는 것이 아니라 전지를 연결하여 사용합니다.

3 철판을 가열하면 철판이 점점 뜨거워지면서 성냥의 머리 부분과 나무 부분의 온도가 높아지며, 성냥의 머리 부분에 먼저 불이 붙습니다.

4 철판을 가열하여 온도를 높이면 성냥의 머리 부분과 나무 부분의 온도도 높아져 발화점에 도달하여 불이 붙습니다. 따라서 물질에 직접 불을 붙이지 않아도 물질을 가열하여 온도를 높이면 물질이 탈 수 있다는 것을 알 수 있습니다. 또한 성냥의 머리 부분이 나무 부분보다 먼저 타므로 물질마다 발화점이 다르고, 성냥의 머리 부분이 나무 부분보다 발화점이 낮다는 것을 알 수 있습니다.

5 종이에 불을 직접 붙이지 않아도 볼록 렌즈로 종이에 햇빛을 모으면 햇빛이 모이는 지점의 온도가 발화점 이상으로 높아져 종이가 탑니다.

6 ㉡ 아크릴 통보다 ㉠ 아크릴 통 안에 공기가 더 많이 들어 있어 산소가 더 많이 들어 있으므로 ㉠ 아크릴 통의 촛불이 더 오래 탑니다. 이 실험은 공기(산소)의 양에 따라 초가 타는 시간을 비교하는 실험이며, 공기(산소)의 양이 많을수록 초가 더 오래 탄다는 것을 알 수 있으므로 연소가 일어나는 데 산소가 필요하다는 것을 알 수 있습니다.

7 ㉠에서보다 묽은 과산화 수소수와 이산화 망가니즈가 만나 산소가 발생하는 ㉡에서 초가 더 오래 탑니다. 따라서 이 실험으로 물질이 타는 데 산소가 필요하다는 것을 알 수 있습니다.

오답 바로잡기

- 소원: ㉠의 촛불이 더 오래 타.
  → ㉡의 촛불이 더 오래 탑니다.
- 다경: ㉠과 ㉡에서 유리병의 크기를 다르게 해서 실험해야 해.
  → 물질이 타는 데 필요한 기체(산소)를 알아보는 실험이므로 산소가 있고 없음의 차이만 있어야 하고 나머지 조건은 모두 같아야 합니다. 따라서 유리병의 크기는 같아야 합니다.
- 정아: 묽은 과산화 수소수와 이산화 망가니즈가 만나서 발생한 기체와 탈 물질만 있어도 연소가 일어나.
  → 산소와 탈 물질뿐만 아니라 온도가 발화점 이상으로 높아져야 연소가 일어납니다.

8 산소는 연소가 일어나는 데 필요한 기체이므로 산소를 모은 집기병에 향불을 넣으면 불꽃이 커지고 향이 잘 탑니다.

9 탈 물질, 발화점 이상의 온도, 산소가 모두 있어야 연소가 일어나고, 점화기의 불꽃이 발화점 이상의 온도 조건을 만들어 주므로 점화기로 불을 붙이지 않으면 초의 연소가 일어나지 않습니다.

10

	채점 기준
상	초와 가스가 탈 때 나타나는 공통적인 현상을 두 가지 모두 옳게 썼다.
하	초와 가스가 탈 때 나타나는 공통적인 현상을 한 가지만 옳게 썼다.

11 철판이 뜨거워지면서 성냥의 머리 부분의 온도가 발화점 이상으로 높아졌기 때문에 성냥의 머리 부분이 탑니다.

	채점 기준
상	성냥의 머리 부분이 타는 까닭과 실험으로 알 수 있는 사실을 모두 옳게 썼다.
하	성냥의 머리 부분이 타는 까닭만 옳게 썼다.

12 불을 붙인 초만 유리병으로 덮는 것보다 묽은 과산화 수소수와 이산화 망가니즈를 넣은 비커와 불을 붙인 초를 함께 유리병으로 덮으면 비커에서 산소가 발생하여 촛불이 더 오래 탑니다.

	채점 기준
상	㉡을 쓰고, 그렇게 답한 까닭을 옳게 썼다.
하	㉡만 썼다.

④ 물질이 연소한 후에 생기는 물질

기본 문제로 익히기 84~85쪽

핵심 체크

❶ 물 ❷ 이산화 탄소 ❸ 물
❹ 이산화 탄소 ❺ 새로운

Step 1

1 × 2 이산화 탄소 3 이산화 탄소
4 ○ 5 ×

1 푸른색 염화 코발트 종이는 물에 닿으면 붉게 변하므로 물을 확인할 때 이용합니다. 석회수는 이산화 탄소를 확인할 때 이용합니다.

5 알코올이 연소할 때 생성되는 물질은 초가 연소할 때와 마찬가지로 물과 이산화 탄소입니다.

Step 2

1 ㉢	2 물	3 ④
4 ⑤	5 ⑤	6 민현

1 안쪽 벽면에 푸른색 염화 코발트 종이를 붙인 유리병으로 촛불을 덮으면 유리병 안의 촛불이 꺼지며, 물이 생기기 때문에 푸른색 염화 코발트 종이가 붉게 변합니다.

2 푸른색 염화 코발트 종이가 붉게 변한 것을 통해 초가 연소한 후 물이 생긴다는 것을 알 수 있습니다.

3 초가 연소한 후 생긴 이산화 탄소가 석회수와 만나면 석회수가 뿌옇게 흐려집니다.

4 석회수가 뿌옇게 흐려지는 것을 통해 초가 연소하면 이산화 탄소가 생긴다는 것을 알 수 있습니다.

5 초가 연소하면 연소 전과는 다른 새로운 물질인 물과 이산화 탄소로 변하기 때문에 초의 길이가 짧아집니다.

6 알코올이 연소하면 물과 이산화 탄소가 생성됩니다.

오답 바로잡기

- 정아: 초가 연소하면 산소가 생성돼.
  → 초가 연소하면 물과 이산화 탄소가 생성됩니다.
- 혜정: 초와 알코올이 연소할 때 생성되는 물질은 서로 달라.
  → 초와 알코올이 연소하면 모두 물과 이산화 탄소가 생성되므로 연소할 때 생성되는 물질은 같습니다.

❺ 불을 끄는 다양한 방법

기본 문제로 익히기 88~89쪽

핵심 체크

❶ 소화 ❷ 한 ❸ 탈 물질
❹ 발화점 ❺ 산소

Step 1

1 × 2 ○ 3 발화점
4 산소

1 연소의 조건인 탈 물질, 발화점 이상의 온도, 산소 중 한 가지 이상을 없애면 불이 꺼집니다.

2 초의 심지를 핀셋으로 집으면 탈 물질이 심지를 타고 올라가지 못해 촛불이 꺼집니다.

Step 2

1 (1) – ㉢ (2) – ㉠ (3) – ㉡
2 정훈 3 ⑤ 4 탈 물질
5 ㉠ 6 ②, ⑤

1 촛불에 물을 뿌리면 온도가 발화점 아래로 낮아지고, 핀셋으로 초의 심지를 집으면 탈 물질이 없어지며, 모래로 촛불을 덮으면 산소가 차단되어 촛불이 꺼집니다.

2 불을 끄는 것을 소화라고 하고, 탈 물질을 제거하거나 온도를 발화점 아래로 낮추거나 산소를 차단하면 불이 꺼집니다.

3 가스레인지의 연료 조절 손잡이를 돌려 닫으면 탈 물질인 가스가 차단되어 탈 물질이 제거되므로 불이 꺼집니다.

오답 바로잡기

① 촛불에 물을 뿌린다.
→ 촛불에 물을 뿌리면 온도가 발화점 아래로 낮아져 불이 꺼집니다.
② 장작불에 모래를 뿌린다.
→ 장작불에 모래를 뿌리면 산소가 차단되어 불이 꺼집니다.
③ 촛불을 집기병으로 덮는다.
→ 촛불을 집기병으로 덮으면 집기병 안 산소가 없어져 불이 꺼집니다.
④ 불이 난 곳에 두꺼운 담요를 덮는다.
→ 불이 난 곳에 두꺼운 담요를 덮으면 산소가 차단되어 불이 꺼집니다.

4 촛불을 입으로 불면 기체 상태의 초가 날아가 탈 물질이 제거되므로 불이 꺼집니다.

5 불이 난 곳에 물을 뿌리면 온도가 발화점 아래로 낮아져 불이 꺼집니다.

오답 바로잡기

㉡ 장작불에서 나무를 꺼낸다.
→ 장작불에서 나무를 꺼내면 탈 물질이 제거되어 불이 꺼집니다.
㉢ 촛불의 심지를 가위로 자른다.
→ 액체가 된 초가 심지에서 기체로 변해 기체 상태로 타는데 촛불의 심지를 가위로 자르면 탈 물질인 기체 상태의 초가 제거되므로 불이 꺼집니다.

6 타고 있는 알코올램프에 뚜껑을 덮거나 불이 난 곳에 모래를 뿌리면 산소가 차단되어 불이 꺼집니다. 불이 난 곳에 물을 뿌리면 온도가 발화점 아래로 낮아져 불이 꺼집니다.

❻ 화재 안전 대책

기본 문제로 익히기 92~93쪽

핵심 체크

❶ 물 ❷ 소화기 ❸ 119
❹ 낮은 ❺ 계단

Step 1

1 × 2 소화기 3 ○
4 × 5 계단

1 연소 물질에 따라 소화 방법이 다릅니다. 따라서 화재가 발생하면 연소 물질에 따라 알맞은 방법으로 불을 꺼야 합니다.

4 화재가 발생했을 때 연기가 많으면 젖은 수건으로 코와 입을 막고 낮은 자세로 이동합니다.

Step 2

1 ㉡ 2 ㉡, ㉠, ㉣, ㉢
3 연수, 윤아 4 ㉡ 5 ⑤
6 ㉢

1 기름에 불이 붙었을 때 물을 부으면 불이 더 크게 번지기 때문에 모래를 덮거나 소화기를 사용하여 불을 끕니다.

2 화재가 발생하면 먼저 소화기를 불이 난 곳으로 옮겨 소화기의 안전핀을 뽑고, 바람을 등지고 서서 소화기의 고무관을 잡고 불 쪽을 향한 뒤 소화기의 손잡이를 움켜쥐고 소화 물질을 뿌립니다.

3 화재가 발생한 것을 발견했을 때는 큰 소리로 "불이야!"라고 외치고, 화재경보기를 누른 뒤 119에 신고해 도움을 요청해야 합니다.

4 화재가 발생했을 때는 승강기 대신 계단을 이용하여 대피하고, 연기가 많은 곳에서는 낮은 자세로 이동합니다.

5 화재가 발생하여 연기가 많이 날 때 연기를 마시는 것을 피하기 위해 젖은 수건으로 코와 입을 막고 낮은 자세로 대피합니다.

6 화재 발생에 대비하여 평소에 비상구 앞에 물건이 쌓여 있거나 문이 잠겨 있지 않은지 미리 점검합니다.

실력 문제로 다잡기 ❹~❻ 94~97쪽

1 ⑤ 2 ④ 3 재원, 승민
4 ② 5 ② 6 ②
7 나영 8 ⑤ 9 ④

10 서술형 길잡이 ❶ 물 ❷ 이산화 탄소
(1) 물, 이산화 탄소 (2) 모범 답안 물은 푸른색 염화 코발트 종이가 붉게 변하는 것으로 확인하고, 이산화 탄소는 석회수가 뿌옇게 흐려지는 것으로 확인한다.

11 서술형 길잡이 ❶ 탈 물질 ❷ 탈 물질
(1) 모범 답안 탈 물질이 제거되었기 때문이다. (2) 모범 답안 가스레인지의 연료 조절 손잡이를 돌려 닫는다.

12 서술형 길잡이 ❶ 불이야 ❷ 승강기, 계단
모범 답안 ㉢, 승강기 대신 계단을 이용하여 대피한다.

1 유리병 안쪽 벽면에 붙인 ㉠은 푸른색 염화 코발트 종이이고, 집기병에 부은 ㉡은 석회수입니다.

2 (가)에서 푸른색 염화 코발트 종이가 붉은색으로 변하며, 이를 통해 초가 연소한 후 물이 생기는 것을 알 수 있습니다.

오답 바로잡기

① (가)에서 ㉠이 노란색으로 변한다.
↳ (가)에서 푸른색 염화 코발트 종이가 붉은색으로 변합니다.
② (나)에서 ㉡이 푸른색으로 변한다.
↳ (나)에서 석회수가 뿌옇게 흐려집니다.
③ (가)에서 유리병 안 산소의 양이 더 많아진다.
↳ (가)에서 초가 연소할 때 산소가 필요하므로 초가 연소한 후 유리병 안 산소의 양이 줄어듭니다.
⑤ (나)의 결과로 초가 연소한 후 산소가 생기는 것을 알 수 있다.
↳ (나)에서 석회수가 뿌옇게 흐려지는 것을 통해 초가 연소한 후 이산화 탄소가 생기는 것을 알 수 있습니다.

3 초가 연소하면 초의 길이가 짧아지는 까닭은 초가 연소하면서 연소 전과는 다른 새로운 물질인 물과 이산화 탄소가 생성되기 때문입니다.

4 ㉠은 온도가 발화점 아래로 낮아졌고, ㉢은 탈 물질이 없어졌기 때문에 불이 꺼집니다.

5 ㉠은 온도가 발화점 아래로 낮아졌고, ㉡은 산소가 차단되었기 때문에 불이 꺼집니다. 촛불을 물수건으로 덮으면 산소가 차단되고, 온도가 발화점 아래로 낮아져 촛불이 꺼집니다.

오답 바로잡기

① 촛불을 입으로 불어 끈다.
↳ 촛불을 입으로 불면 기체 상태의 초가 날아가 탈 물질이 제거되므로 불이 꺼집니다.

③ 촛불을 집기병으로 덮는다.
↳ 촛불을 집기병으로 덮으면 산소가 차단되어 불이 꺼집니다.

④ 핀셋으로 초의 심지를 집는다.
↳ 핀셋으로 초의 심지를 집으면 액체 상태의 초가 심지를 타고 올라가지 못해 기체 상태로 변하지 못하므로 탈 물질이 제거되어 불이 꺼집니다.

⑤ 분무기로 촛불에 물을 뿌린다.
↳ 분무기로 촛불에 물을 뿌리면 온도가 발화점 아래로 낮아져 불이 꺼집니다.

6 촛불의 심지를 가위로 자르면 탈 물질이 제거되어 불이 꺼지고, 나머지는 모두 산소가 차단되어 불이 꺼집니다. 드라이아이스는 고체 상태의 이산화 탄소이므로 촛불에 드라이아이스를 가까이 가져가면 이산화 탄소가 산소를 차단하여 불이 꺼집니다.

7 전기 기구에 불이 붙었을 때 물을 부으면 감전될 수 있으므로 전기 차단기를 내리고 모래를 덮거나 소화기를 사용하여 불을 끕니다.

8 화재가 발생했을 때 연기는 열에 의해 위로 올라가기 때문에 연기를 마시는 것을 피하기 위해 젖은 수건으로 코와 입을 막습니다.

9 아래층에서 불이 나 아래층으로 내려갈 수 없으면 옥상이나 높은 곳으로 대피한 뒤 구조를 요청합니다.

10 물은 푸른색 염화 코발트 종이로 확인하고, 이산화 탄소는 석회수로 확인합니다.

채점 기준	
상	초와 알코올이 연소한 후에 공통으로 생기는 물질 두 가지와 두 가지 물질의 확인 방법을 모두 옳게 썼다.
하	초와 알코올이 연소한 후에 공통으로 생기는 두 가지 물질만 옳게 썼다.

11 핀셋으로 초의 심지를 집으면 탈 물질이 심지를 타고 올라가지 못해 불이 꺼집니다.

채점 기준	
상	촛불이 꺼지는 까닭과 그와 같은 까닭으로 불을 끄는 방법 한 가지를 모두 옳게 썼다.
하	촛불이 꺼지는 까닭만 옳게 썼다.

12

채점 기준	
상	㉢을 쓰고, 옳지 않은 내용을 옳게 고쳐 썼다.
하	㉢만 썼다.

단원 정리하기 98쪽

❶ 빛(열)	❷ 열(빛)	❸ 산소
❹ 물	❺ 이산화 탄소	❻ 소화
❼ 탈 물질	❽ 발화점	❾ 산소
❿ 물	⓫ 119	⓬ 계단

단원 마무리 문제 99~101쪽

1 ⑤ 2 ㉣ 3 ③
4 모범 답안 성냥의 머리 부분에 불이 붙는다.
5 ④ 6 현우
7 모범 답안 물질의 온도가 발화점 이상으로 높아졌기 때문이다.
8 ② 9 ㉠: (나), ㉡: 산소
10 모범 답안 물질이 연소하려면 산소가 필요하다.
11 ④ 12 ③
13 (가): 물, (나): 이산화 탄소 14 ㉠
15 ④ 16 정훈 17 ④
18 ④ 19 ㉡, ㉢
20 모범 답안 ㉣, 젖은 수건으로 코와 입을 막고 낮은 자세로 이동하며

1 초가 타면 심지 주변의 초가 녹아 심지 주변이 움푹 팹니다.

오답 바로잡기

① 불꽃 모양이 공처럼 둥글다.
↳ 불꽃 모양은 위아래로 길쭉합니다.

② 초의 길이는 변하지 않는다.
↳ 초가 타면 초의 길이가 짧아집니다.

③ 불꽃의 색깔은 푸른색으로 일정하다.
↳ 초가 탈 때 불꽃의 색깔은 노란색, 붉은색 등 다양합니다.

④ 불꽃 끝부분에서 붉은색 연기가 난다.
↳ 초가 탈 때 불꽃 끝부분에서 흰 연기가 납니다.

2 초가 탈 때 초의 길이가 짧아지고, 알코올이 탈 때 알코올의 양이 줄어드는 것처럼 물질의 양은 변합니다.

3 모닥불놀이는 물질이 타면서 발생하는 빛을 이용해 주변을 밝히는 예이고, 가스레인지와 아궁이는 물질이 타면서 발생하는 열을 이용해 요리하거나 난방을 하는 기구입니다.

4 철판이 뜨거워지면서 성냥의 머리 부분의 온도가 높아져 발화점에 도달하기 때문에 성냥의 머리 부분에 불이 붙습니다.

채점 기준
성냥의 머리 부분에 불이 붙는다는 내용으로 옳게 썼다.

5 물질에 직접 불을 붙이지 않아도 물질을 가열하여 온도를 발화점 이상으로 높이면 물질이 탈 수 있다는 것을 알 수 있습니다.

6 발화점은 물질이 불에 직접 닿지 않아도 타기 시작하는 온도로, 물질에 따라 발화점이 다릅니다.

7 성냥의 머리 부분과 성냥갑을 마찰하면 온도가 발화점 이상으로 높아져 불이 붙습니다.

채점 기준
물질의 온도가 발화점보다 높아졌다는 내용으로 옳게 썼다.

8 크기가 큰 ㉠ 아크릴 통 안에 들어 있는 공기의 양이 더 많아 산소의 양이 더 많으므로 초가 더 오래 탑니다.

9 (나)에서는 묽은 과산화 수소수와 이산화 망가니즈가 만나 산소가 발생하므로 초가 더 오래 탈 수 있습니다.

10 산소가 발생하는 (나)에서 초가 더 오래 타므로 물질이 연소할 때 산소가 필요하다는 것을 알 수 있습니다.

채점 기준
물질이 연소할 때 산소가 필요하다는 내용으로 옳게 썼다.

11 초가 연소한 후에 생기는 물질을 알아보는 실험입니다.

12 (가)에서 유리병 안 촛불은 꺼지고, 푸른색 염화 코발트 종이는 붉게 변합니다. (나)에서 석회수는 뿌옇게 흐려집니다.

13 푸른색 염화 코발트 종이를 붉게 변하게 하는 물질은 물이고, 석회수를 뿌옇게 흐려지게 하는 물질은 이산화 탄소입니다.

14 물질이 연소하면 연소 전과는 다른 새로운 물질이 생성됩니다.

오답 바로잡기

㉡ 모든 물질이 연소한 후에는 물과 이산화 탄소가 생성된다.
→ 초와 알코올이 연소하면 물과 이산화 탄소가 생성되지만 철과 같은 금속이 연소하면 물과 이산화 탄소가 생성되지 않습니다.

㉢ 물질이 연소해도 연소 전의 물질이 변하지 않고 그대로 남아 있다.
→ 물질이 연소하면 연소 후에 다른 물질로 변합니다.

15 ㉠은 탈 물질을 제거하여, ㉡과 ㉢은 산소를 차단하여, ㉣은 온도를 발화점 아래로 낮추어 불을 끕니다.

16 핀셋으로 촛불의 심지를 집거나 촛불을 입으로 불면 탈 물질이 제거되어 촛불이 꺼집니다. 장작불에 물을 뿌리면 온도가 발화점 아래로 낮아져서, 불이 난 곳에 흙을 뿌리면 산소가 공급되지 않아 불이 꺼집니다.

17 촛불의 심지를 가위로 자르면 탈 물질이 제거되어 불이 꺼집니다.

18 소화는 불을 끄는 것이며, 연소의 세 가지 조건 중 한 가지 이상의 조건을 없애면 불이 꺼집니다.

오답 바로잡기

① 연소하는 물질에 관계없이 소화 방법은 모두 같다.
→ 연소 물질에 따라 소화 방법이 다릅니다.

② 연소의 세 가지 조건 중 한 가지만 있어도 연소가 일어난다.
→ 연소의 세 가지 조건 중 하나라도 없다면 연소가 일어나지 않습니다.

③ 연소의 조건은 탈 물질, 이산화 탄소, 발화점 이상의 온도이다.
→ 연소의 조건은 탈 물질, 산소, 발화점 이상의 온도입니다.

⑤ 소화 방법은 탈 물질 제거하기, 온도를 발화점 아래로 낮추기, 산소 공급하기이다.
→ 소화 방법은 탈 물질 제거하기, 온도를 발화점 아래로 낮추기, 산소 차단하기입니다.

19 기름에 붙은 불에 물을 부으면 불이 더 크게 번질 수 있으므로 모래를 덮거나 소화기를 사용하여 불을 끕니다.

20 연기가 많이 나면 연기를 마시는 것을 피하기 위해 젖은 수건으로 코와 입을 막고 낮은 자세로 이동합니다.

채점 기준	
상	㉣을 쓰고, 옳지 않은 내용을 옳게 고쳐 썼다.
하	㉣만 썼다.

가로 세로 용어 퀴즈

102쪽

연	소				
	화	재	경	보	기
			산	소	
	계			화	
차	단			기	체

4 우리 몸의 구조와 기능

❶ 우리가 몸을 움직일 수 있는 까닭

기본 문제로 익히기 106~107쪽

핵심 체크

❶ 머리 ❷ 갈비 ❸ 척추
❹ 뼈 ❺ 근육

Step 1

1 × 2 척추뼈 3 ×
4 ○

1 뼈와 근육 모형에서 비닐봉지는 근육, 납작한 빨대는 뼈 역할을 합니다.

3 뼈는 스스로 움직이는 것이 아니라 뼈와 연결된 근육의 길이가 줄어들거나 늘어나면서 뼈를 움직이게 합니다.

4 다리뼈는 팔뼈보다 더 길고 굵습니다.

5 우리 몸을 이루는 뼈는 종류와 생김새가 다양하며, 움직임도 서로 다릅니다.

6 우리가 몸을 움직일 수 있는 까닭은 근육의 길이가 줄어들거나 늘어나면서 근육과 연결된 뼈가 움직이기 때문입니다.

Step 2

1 (1)–㉠ (2)–㉡
2 (1) 근육 (2) 뼈 3 ②
4 ① 5 승윤
6 ㉠: 근육, ㉡: 뼈

1 팔을 구부릴 때 팔 안쪽 근육이 볼록해지고, 팔을 펼 때 팔 안쪽 근육이 납작해집니다.

2 뼈와 근육 모형에서 비닐봉지는 근육, 납작한 빨대는 뼈 역할을 합니다.

3 뼈와 근육 모형에 바람을 불어 넣으면 비닐봉지가 부풀어 오르면서 비닐봉지의 길이가 줄어들어 납작한 빨대가 구부러집니다.

오답 바로잡기

① 비닐봉지가 오그라든다.
↳ 비닐봉지가 부풀어 오릅니다.
③ 비닐봉지의 길이가 늘어난다.
↳ 비닐봉지의 길이가 줄어듭니다.
④ 납작한 빨대의 길이가 줄어든다.
↳ 납작한 빨대의 길이는 변하지 않습니다.
⑤ 비닐봉지의 색깔이 검은색으로 변한다.
↳ 비닐봉지의 색깔은 변하지 않습니다.

❷ 음식물이 소화되는 과정

기본 문제로 익히기 110~111쪽

핵심 체크

❶ 간 ❷ 입 ❸ 수분
❹ 항문 ❺ 식도 ❻ 작은창자

Step 1

1 소화 2 위 3 ○
4 ×

4 큰창자는 굵은 관 모양으로, 음식물 찌꺼기의 수분을 흡수합니다.

Step 2

1 소화 기관 2 ② 3 ㉡, ㉣
4 ④ 5 (1) ㉠ (2) ㉢
6 ㉠: 위, ㉡: 항문

1 소화 기관은 음식물 속의 영양소를 몸속으로 흡수할 수 있도록 음식물을 잘게 쪼개는 소화 과정에 관여하는 기관입니다.

2 위는 식도와 작은창자를 연결하며, 작은 주머니 모양입니다.

3 간과 쓸개에는 음식물이 지나가지 않고, 위, 항문, 작은창자에는 음식물이 지나갑니다.

4 ㉠은 식도, ㉡은 위, ㉢은 작은창자, ㉣은 큰창자, ㉤은 항문입니다.

5 음식물이 위로 이동하는 통로는 식도(㉠)이고, 음식물 속의 영양소와 수분을 흡수하는 것은 작은창자(㉢)입니다.

6 우리가 먹은 음식물은 입, 식도, 위, 작은창자, 큰창자를 거치며 소화되고, 음식물 찌꺼기는 항문을 통해 몸 밖으로 배출됩니다.

실력 문제로 다잡기 ①~② 112~115쪽

1 ㉡ 2 성철
3 (1) ㉢, 척추뼈 (2) ㉣, 갈비뼈
4 ③ 5 소화 6 ③, ⑤
7 (1) ㉠, ㉡, ㉢, ㉥, ㉦ (2) ㉣, ㉤
8 ①, ④ 9 ㉠, ㉡, ㉢, ㉥, ㉦
10 서술형 길잡이 ❶ 뼈, 근육 ❷ 근육
모범 답안 근육의 길이가 줄어들거나 늘어나면서 근육과 연결된 뼈를 움직여 몸을 움직일 수 있다.
11 서술형 길잡이 ❶ 다리뼈, 팔뼈
모범 답안 ㉠은 팔뼈, ㉡은 다리뼈이다. 둘 다 길이가 길고, 아래쪽 뼈는 긴뼈 두 개로 이루어져 있다.
12 서술형 길잡이 ❶ 소화 기관 ❷ 작은창자
(1) 작은창자 (2) 모범 답안 소화를 돕는 액체를 분비하여 음식물을 더 잘게 쪼개고, 음식물 속의 영양소와 수분을 흡수한다.

1 뼈와 근육 모형에 바람을 불어 넣으면 근육 역할을 하는 비닐봉지가 부풀어 오르면서 비닐봉지의 길이가 줄어들고 뼈 역할을 하는 납작한 빨대가 구부러집니다.

오답 바로잡기

㉠ (가)는 바람을 불어 넣기 전의 모습이다.
→ (가)는 바람을 불어 넣은 후의 모습입니다.
㉢ 바람을 불어 넣으면 납작한 빨대의 길이가 늘어나면서 비닐봉지가 부풀어 오른다.
→ 바람을 불어 넣어도 납작한 빨대의 길이는 변하지 않습니다.

2 뼈와 근육 모형에서 비닐봉지가 부풀어 오르면서 길이가 줄어들어 납작한 빨대가 구부러지듯이 우리 몸에서는 근육의 길이가 줄어들거나 늘어나면서 근육과 연결된 뼈를 움직여 몸이 움직입니다.

3 ㉢은 짧은뼈 여러 개가 기둥 모양으로 이어져 있는 척추뼈, ㉣은 여러 개의 뼈가 좌우로 둥글게 연결되어 안쪽에 공간을 만든 갈비뼈입니다. ㉠은 머리뼈, ㉡은 팔뼈, ㉤은 다리뼈입니다.

4 심장과 폐, 뇌 등의 몸속 기관을 보호하는 것은 뼈입니다.

5 우리가 먹은 음식물 속의 영양소를 몸속으로 흡수할 수 있도록 음식물을 잘게 쪼개는 과정을 소화라고 합니다. 소화 기관에는 음식물이 지나가는 기관인 입, 식도, 위, 작은창자, 큰창자와 음식물이 지나가지 않지만 소화를 돕는 기관인 간, 쓸개, 이자가 있습니다.

6 ㉠은 위, ㉡은 작은창자입니다. 위와 작은창자에서는 소화를 돕는 액체를 분비하여 음식물을 잘게 쪼갭니다. 작은창자는 위와 큰창자를 연결합니다.

7 ㉠ 식도 → ㉡ 위 → ㉢ 작은창자 → ㉥ 큰창자 → ㉦ 항문의 경로로 음식물이 이동합니다. ㉣ 간, ㉤ 쓸개는 음식물이 지나가지 않지만 소화를 돕는 기관입니다.

8 ㉥은 큰창자로 굵은 관 모양이고, 음식물 찌꺼기의 수분을 흡수합니다.

9 우리가 먹은 음식물이 소화되는 경로는 '입 → ㉠ 식도 → ㉡ 위 → ㉢ 작은창자 → ㉥ 큰창자 → ㉦ 항문'입니다.

10 팔 안쪽 근육이 짧아지면서 팔이 구부러지고, 구부러진 팔을 펼 때는 팔 안쪽 근육이 길어지면서 팔이 펴집니다. 이처럼 근육의 길이가 줄어들거나 늘어나면서 근육과 연결된 뼈를 움직여 몸을 움직일 수 있습니다.

채점 기준
팔을 구부리고 펼 수 있는 까닭을 뼈와 근육이 하는 일과 관련지어 옳게 썼다.

11 ㉠은 팔뼈, ㉡은 다리뼈입니다. 팔뼈는 길이가 길고, 다리뼈는 팔뼈보다 길고 굵으며, 둘 다 아래쪽 뼈가 긴뼈 두 개로 이루어져 있습니다.

채점 기준	
상	㉠과 ㉡에 해당하는 뼈의 이름과 생김새의 공통점을 모두 옳게 썼다.
하	㉠과 ㉡에 해당하는 뼈의 이름만 옳게 썼다.

12 ㉠ 작은창자는 소화를 돕는 액체를 분비하여 위에서 내려온 음식물을 더 잘게 쪼개고, 음식물 속의 영양소와 수분을 흡수합니다.

채점 기준	
상	작은창자를 옳게 쓰고, 작은창자가 하는 일을 옳게 썼다.
하	작은창자만 옳게 썼다.

❸ 숨을 쉴 때 우리 몸에서 일어나는 일

기본 문제로 익히기 118~119쪽

핵심 체크

❶ 호흡 ❷ 기관 ❸ 기관지
❹ 폐 ❺ 이산화 탄소 ❻ 코

Step 1

1 × 2 × 3 기관
4 ○

1 숨을 들이마시고 내쉬는 활동을 호흡이라고 합니다.

2 코는 몸 밖의 얼굴 가운데에 있고, 구멍 두 개가 뚫려 있으며, 공기가 드나드는 곳입니다.

Step 2

1 (1)-㉡ (2)-㉣ (3)-㉢ (4)-㉠
2 (라) 3 아영 4 ③
5 산소 6 ㉠: 기관지, ㉡: 기관

1 (가)는 코, (나)는 기관, (다)는 기관지, (라)는 폐입니다.

2 폐는 가슴 부분에 좌우 한 쌍이 있으며, 주머니 모양입니다. 폐는 몸에 필요한 산소를 받아들이고, 몸속에서 생긴 이산화 탄소를 몸 밖으로 내보내는 일을 합니다.

3 숨을 들이마시면 가슴이 부풀어 오르고, 가슴둘레가 커집니다. 숨을 내쉬면 가슴이 원래 위치로 돌아가고, 가슴둘레가 작아집니다.

4 기관은 굵은 관 모양이며 공기가 이동하는 통로입니다.

오답 바로잡기

① 코는 몸 안에 위치해 있다.
↳ 코는 몸 밖의 얼굴 가운데에 있습니다.
② 기관지는 굵은 관 모양이다.
↳ 기관지는 끝이 점점 가늘어지는 나뭇가지 모양입니다.
④ 폐는 몸 밖에서 들어온 이산화 탄소를 받아들인다.
↳ 폐는 몸에 필요한 산소를 받아들입니다.
⑤ 숨을 내쉴 때 공기는 코→ 기관→ 기관지→ 폐의 순서로 이동한다.
↳ 숨을 내쉴 때 공기는 폐→ 기관지→ 기관→ 코를 거쳐 몸 밖으로 나갑니다.

5 숨을 들이마실 때 몸 밖의 공기가 코로 들어와서 기관, 기관지를 거쳐 폐로 들어가고, 폐에서는 공기 중의 산소를 흡수합니다.

6 숨을 내쉴 때 공기는 폐 → 기관지 → 기관 → 코를 거쳐 몸 밖으로 나갑니다.

❹ 우리 몸속을 이동하는 혈액

기본 문제로 익히기 122~123쪽

핵심 체크

❶ 혈액 ❷ 심장 ❸ 펌프
❹ 혈관 ❺ 산소 ❻ 이산화 탄소

Step 1

1 ○ 2 × 3 ○
4 혈관

2 심장은 가슴 중앙에서 왼쪽으로 약간 치우쳐 있습니다.

Step 2

1 (1) ㉠-심장 (2) ㉡-혈관 2 ①
3 ㉢ 4 (1) 심장 (2) 혈관
5 빨라지고, 많아집니다 6 ㉠

1 ㉠은 심장, ㉡은 혈관입니다.

2 혈관은 온몸에 퍼져 있습니다.

3 고무풍선을 씌운 컵 (가)는 심장에 해당하고, 고무풍선을 씌우지 않은 컵 (나)는 온몸에 해당합니다.

4 주입기의 펌프는 심장, 주입기의 관은 혈관, 붉은 색소 물은 혈액 역할을 합니다.

5 주입기의 펌프를 빠르게 누르면 붉은 색소 물이 이동하는 빠르기는 빨라지고, 붉은 색소 물이 같은 시간 동안 이동하는 양은 많아집니다.

6 심장은 펌프 작용으로 혈액을 온몸으로 순환시키고, 우리 몸에 필요한 영양소와 산소를 온몸으로 운반합니다.

오답 바로잡기

ⓛ 심장에서 나온 혈액은 심장으로 돌아가지 않는다.
↳ 심장에서 나온 혈액은 혈관을 따라 이동하며 온몸을 거친 다음 다시 심장으로 돌아오는 과정을 반복합니다.

ⓒ 혈액에서 우리 몸에 필요한 영양소를 직접 만든다.
↳ 혈액은 소화로 흡수한 영양소를 온몸으로 운반합니다.

⑤ 우리 몸속의 노폐물을 내보내는 방법

기본 문제로 익히기 126~127쪽

핵심 체크

❶ 배설 ❷ 배설 기관 ❸ 콩팥
❹ 오줌관 ❺ 방광 ❻ 오줌

Step 1

1 배설 2 강낭콩 3 ○ 4 ×

4 노폐물을 포함한 오줌은 방광에 모였다가 일정한 양이 되면 몸 밖으로 나갑니다.

Step 2

1 ③ 2 ⓛ
3 (1) ⓒ, 방광 (2) ㉠, 콩팥 4 ⑤
5 ㉠: 노폐물, ⓛ: 오줌 6 지호

1 배설 과정 역할놀이를 할 때 콩팥, 방광, 콩팥으로 들어오는 혈액, 콩팥에서 나가는 혈액의 역할이 필요합니다. 심장은 순환 기관입니다.

2 항문은 소화되지 않은 음식물 찌꺼기를 몸 밖으로 배출하는 소화 기관입니다.

3 ⓒ 방광은 오줌을 모았다가 일정한 양이 되면 몸 밖으로 내보냅니다. ㉠ 콩팥은 혈액에 있는 노폐물을 걸러 내어 오줌을 만듭니다.

4 오줌관은 콩팥에서 만들어진 오줌이 방광으로 이동하는 통로입니다.

5 콩팥에서 혈액에 있는 노폐물을 걸러 내어 오줌을 만들고, 오줌은 방광에 모였다가 일정한 양이 되면 몸 밖으로 나갑니다.

6 콩팥이 제 기능을 하지 못하면 혈액에서 걸러지지 못한 노폐물이 몸속에 쌓여서 병이 생길 수 있습니다.

실력 문제로 다잡기 ③~⑤ 128~131쪽

1 (가), 코 2 ⓛ 3 ①
4 ② 5 하니
6 ㉠: 심장, ⓛ: 산소 7 ②
8 ②, ⑤ 9 ⓒ → ㉣ → ⓛ → ㉠

10 서술형 길잡이 ❶ 기관지 ❷ 기관, 폐
(1) 기관지 (2) 모범 답안 코로 들이마신 공기를 폐 전체에 잘 전달할 수 있다.

11 서술형 길잡이 ❶ 심장, 온몸, 혈관, 혈액
(1) 모범 답안 고무풍선을 씌운 컵의 붉은 색소 물이 고무관을 통해 고무풍선을 씌우지 않은 컵으로 나갔다가 다시 고무풍선을 씌운 컵으로 돌아오는 과정을 반복한다. (2) 모범 답안 심장에서 나온 혈액이 혈관을 따라 온몸을 돌고, 다시 심장으로 돌아오는 과정을 반복한다.

12 서술형 길잡이 ❶ 노폐물 ❷ 배설 기관
모범 답안 콩팥은 혈액에 있는 노폐물을 걸러 내어 오줌을 만들고, 오줌은 오줌관을 지나 방광에 모였다가 몸 밖으로 나간다.

1 (가) 코는 구멍 두 개가 뚫려 있으며, 속에 털이 있어 먼지와 같은 이물질을 걸러 냅니다.

2 (가)는 코, (나)는 기관, (다)는 기관지, (라)는 폐입니다. (나) 기관은 공기가 이동하는 통로입니다.

3 숨을 들이마실 때 공기는 코 → 기관 → 기관지를 거쳐 폐로 들어갑니다.

4 ㉠ 심장은 자신의 주먹만 한 크기입니다.

오답 바로잡기

① ㉠은 혈관이다.
↳ ㉠은 심장, ⓛ은 혈관입니다.

③ ⓛ을 따라 이동하는 혈액은 산소만 운반한다.
↳ 혈관ⓛ을 따라 이동하는 혈액은 영양소와 산소를 온몸으로 운반하고, 이산화 탄소를 내보낼 수 있도록 운반합니다.

④ ⓛ은 펌프 작용으로 혈액을 온몸으로 순환시킨다.
↳ 심장㉠은 펌프 작용으로 혈액을 온몸으로 순환시킵니다.

⑤ ⓛ은 혈액이 온몸으로 이동하는 통로이며, ㉠과 연결되어 있지 않다.
↳ 혈관ⓛ은 혈액이 온몸으로 이동하는 통로이며, 심장㉠과 연결되어 있습니다.

5 심장이 멈춘다면 혈액이 이동하지 못해 몸에 영양소와 산소를 공급하지 못합니다.

6 심장의 펌프 작용으로 심장에서 나온 혈액은 혈관을 따라 이동하며, 우리 몸에 필요한 영양소와 산소를 온몸으로 운반합니다. 또 이산화 탄소와 같이 몸속에서 생긴 필요 없는 물질을 몸 밖으로 내보낼 수 있도록 운반합니다.

7 배설 기관 중 오줌을 모았다가 몸 밖으로 내보내는 일을 하는 것은 방광입니다. 심장은 배설 기관이 아니므로 배설 과정 역할놀이를 할 때 필요하지 않습니다.

8 ㉠ 콩팥은 등허리에 좌우로 한 쌍이 있고, 강낭콩 모양입니다. 또 혈액에 있는 노폐물을 걸러 내어 오줌을 만듭니다.

오답 바로잡기

① ㉠은 방광이다.
↳ ㉠은 콩팥입니다.
③ ㉡은 오줌관에 연결되어 있으며, 강낭콩 모양이다.
↳ 방광㉡은 오줌관에 연결되어 있으며, 작은 공 모양입니다.
④ ㉡은 혈액에 있는 노폐물을 걸러 내어 오줌을 만든다.
↳ 방광㉡은 오줌을 모았다가 일정한 양이 되면 몸 밖으로 내보냅니다.

9 노폐물이 많아진 혈액이 콩팥을 지나면서 콩팥에서 혈액에 있는 노폐물을 걸러 내어 오줌을 만듭니다. 콩팥에서 만들어진 오줌은 오줌관을 지나 방광에 모였다가 몸 밖으로 나갑니다.

10 기관지는 나뭇가지처럼 여러 갈래로 갈라져 있어 코로 들이마신 공기를 폐 전체에 잘 전달될 수 있습니다.

채점 기준	
상	㉠의 이름을 옳게 쓰고, ㉠이 여러 갈래로 갈라져 있어서 유리한 점을 ㉠의 기능과 관련지어 옳게 썼다.
하	㉠의 이름만 옳게 썼다.

11 고무풍선을 누르면 고무풍선을 씌운 컵에 있는 붉은 색소 물이 고무관을 통해 고무풍선을 씌우지 않은 컵으로 이동하고, 눌렀던 손을 떼면 고무풍선을 씌우지 않은 컵에 있는 붉은 색소 물이 다시 고무풍선을 씌운 컵으로 이동합니다. 이처럼 심장(고무풍선을 씌운 컵)에서 나온 혈액(붉은 색소 물)은 혈관(고무관)을 따라 온몸(고무풍선을 씌우지 않은 컵)을 돌고, 다시 심장으로 돌아오는 과정을 반복합니다.

채점 기준	
상	붉은 색소 물이 이동하는 모습을 옳게 쓰고, 실제 혈액 순환 과정을 순환 기관과 관련지어 옳게 썼다.
하	붉은 색소 물이 이동하는 모습만 옳게 썼다.

12 콩팥에서 혈액에 있는 노폐물을 걸러 내어 오줌을 만들고, 오줌관을 통해 오줌이 방광으로 이동합니다. 방광은 오줌을 모았다가 몸 밖으로 내보냅니다.

채점 기준
우리 몸에서 노폐물이 몸 밖으로 나가는 과정을 배설 기관과 관련지어 옳게 썼다.

❻ 우리 몸에서 자극이 전달되고 반응하는 과정

기본 문제로 익히기 134~135쪽

핵심 체크

❶ 자극 ❷ 피부 ❸ 신경계
❹ 명령 ❺ 운동 기관 ❻ 반응

Step 1

1 감각 기관 2 신경계
3 × 4 ○

3 신경계는 온몸에 퍼져 있습니다.

Step 2

1 ㉣, ㉥ 2 (1)–㉠ (2)–㉡
3 ① 4 ⑤ 5 신경
6 자극, 반응

1 감각 기관에는 눈, 귀, 코, 혀, 피부가 있습니다. 이자는 소화를 돕는 기관이고, 기관지는 호흡 기관입니다.

2 귀로는 소리를 들을 수 있고, 코로는 냄새를 맡을 수 있습니다.

3 감각 기관이 받아들인 자극은 자극을 전달하는 신경을 통해 뇌로 전달되고, 뇌에서 반응을 결정하게 됩니다.

4 신경계는 감각 기관이 받아들인 자극을 전달하며, 전달된 자극을 해석하여 반응을 결정하고, 운동 기관에 명령을 내립니다.

5 감각 기관이 받아들인 자극은 자극을 전달하는 신경을 통해 뇌로 전달됩니다. 뇌는 자극에 어떻게 반응할지 결정하고 명령을 내립니다. 명령을 전달하는 신경은 운동 기관으로 명령을 전달하고, 운동 기관은 전달받은 명령에 따라 반응합니다.

6 날아오는 공을 보고 잡을 때 날아오는 공의 모습은 눈에서 받아들인 자극이고, 공을 잡는 것은 반응입니다.

❼ 운동할 때 우리 몸에서 나타나는 변화

기본 문제로 익히기 138～139쪽

핵심 체크

❶ 체온 ❷ 심장 ❸ 영양소
❹ 호흡 ❺ 배설 ❻ 감각

Step 1

1 × 2 ○ 3 운동
4 산소

1 운동을 하면 체온이 올라가고 맥박 수가 증가합니다.

Step 2

1 도운 2 (1) 운동 직후 (2) 운동 직후
3 ㉢ 4 ④ 5 ⑤
6 순환 기관

1 제자리 달리기와 같은 운동을 하면 체온이 올라가고 땀이 나기도 합니다. 평소보다 맥박 수도 증가하고 호흡도 빨라집니다.

2 운동을 하면 운동 전보다 체온이 올라가고 맥박 수가 증가하며, 운동을 한 뒤 휴식을 취하면 체온과 맥박 수가 운동을 하기 전과 비슷해집니다.

3 운동을 할 때는 산소와 영양소가 많이 필요하므로 맥박 수가 증가합니다.

4 소화 기관에 이상이 있을 때 생기는 질병에는 위장병과 변비 등이 있습니다.

5 호흡 기관은 우리 몸에 필요한 산소를 받아들이고 몸 속에서 생긴 이산화 탄소를 몸 밖으로 내보내는 일을 합니다.

오답 바로잡기

① 주변의 다양한 자극을 받아들인다.
↳ 감각 기관이 하는 일입니다.
② 영양소와 산소를 온몸으로 운반한다.
↳ 순환 기관이 하는 일입니다.
③ 음식물을 소화하여 영양소를 흡수한다.
↳ 소화 기관이 하는 일입니다.
④ 노폐물을 걸러 내어 몸 밖으로 내보낸다.
↳ 배설 기관이 하는 일입니다.

6 순환 기관은 혈액을 순환시켜 영양소와 산소를 온몸으로 운반하고, 이산화 탄소와 노폐물을 몸 밖으로 내보낼 수 있도록 운반합니다.

실력 문제로 다잡기 ❻～❼ 140～143쪽

1 ㉡ → ㉣ → ㉠ → ㉤ → ㉢ 2 ⑤
3 눈, 코, 혀 4 ㉢ 5 ③
6 ⑤ 7 ④ 8 혜정
9 ㉠: 소화 기관, ㉡: 호흡 기관
10 서술형 길잡이 ❶ 감각 기관 ❷ 신경계 ❸ 운동 기관
(1) ㉠: 자극을 전달하는 신경, ㉡: 명령을 전달하는 신경 (2) 모범 답안 전달된 소리 자극을 해석해 춤을 추겠다고 결정하고 명령을 내린다.
11 서술형 길잡이 ❶ 호흡 ❷ 산소
모범 답안 운동을 할 때는 운동 전보다 산소와 영양소가 많이 필요하여 심장이 빨리 뛰기 때문이다.

1 자극이 전달되고 반응하는 과정은 '감각 기관 → 자극을 전달하는 신경 → 뇌 → 명령을 전달하는 신경 → 운동 기관' 순으로 이루어집니다.

2 피부로는 차가움, 따뜻함, 촉감 등을 느낄 수 있습니다.

오답 바로잡기

① 눈: 다은이는 사탕이 달다고 느꼈다.
↳ 혀와 관련된 행동입니다.
② 혀: 지혜는 고소한 빵 냄새를 맡았다.
↳ 코와 관련된 행동입니다.
③ 귀: 지연이는 미술 작품을 감상하고 있다.
↳ 눈과 관련된 행동입니다.
④ 코: 경섭이는 자동차 경적 소리를 들었다.
↳ 귀와 관련된 행동입니다.

3 부엌에 있는 딸기를 볼 때는 눈, 달콤한 냄새를 맡을 때는 코, 달콤한 맛을 느낄 때는 혀에서 자극을 받아들였습니다.

4 신경계에서 운동 명령을 제대로 전달하지 못하면 몸을 제대로 움직일 수 없습니다.

5 ㉠은 감각 기관, ㉡은 뇌, ㉢은 명령을 전달하는 신경의 역할입니다.

6 운동을 하면 운동을 하기 전보다 체온이 올라가고 맥박 수가 증가합니다. 운동을 한 뒤 휴식을 취하면 체온과 맥박 수가 운동하기 전과 비슷해집니다.

7 호흡이 빨라지면 산소를 빠르게 흡수할 수 있습니다. 심장이 빠르게 뛰어야 산소와 영양소를 빠르게 공급할 수 있습니다.

8 운동을 하면 맥박과 호흡이 빨라지고 체온이 올라가 땀이 나는 것처럼 우리 몸의 어느 한 기관에 나타난 변화는 다른 기관에도 영향을 미칩니다. 이는 우리 몸을 이루는 여러 가지 기관이 서로 영향을 주고받으며 협력하여 일하기 때문입니다.

9 운동 기관을 움직이는 데 필요한 영양소는 소화 기관에서 받아들이고, 산소는 호흡 기관에서 받아들입니다.

10 감각 기관이 받아들인 자극은 자극을 전달하는 신경을 통해 뇌로 전달됩니다. 뇌는 자극에 어떻게 반응할지 결정하고 명령을 내립니다.(춤을 추겠다고 결정한다.) 명령을 전달하는 신경은 운동 기관으로 명령을 전달하고, 운동 기관은 전달받은 명령에 따라 반응합니다.

채점 기준	
상	㉠과 ㉡에 들어갈 말을 옳게 쓰고, 신나는 노래를 듣는 상황에서 뇌가 하는 일을 자극이 전달되고 반응하는 과정과 관련지어 옳게 썼다.
하	㉠과 ㉡에 들어갈 말만 옳게 썼다.

11 심장이 빠르게 뛰면 맥박 수가 증가하며, 많은 양의 산소와 영양소가 우리 몸에 공급됩니다.

채점 기준
운동을 하면 맥박 수가 증가하는 까닭을 산소와 영양소, 심장 박동의 빠르기의 변화와 관련지어 옳게 썼다.

단원 정리하기 144쪽

❶ 뼈	❷ 근육	❸ 영양소
❹ 폐	❺ 혈관	❻ 노폐물
❼ 방광	❽ 신경계	❾ 명령
❿ 맥박		

단원 마무리 문제 145~147쪽

1 ⑤ 2 보영

3 모범 답안 틀리다. 뼈가 스스로 몸을 움직이게 하는 것이 아니라 근육의 길이가 줄어들거나 늘어나면서 근육과 연결된 뼈가 움직여 몸을 움직일 수 있기 때문이다.

4 ③ 5 ㉡, 위 6 ④

7 ㉠, ㉡, ㉤ 8 ⑤

9 모범 답안 숨을 들이마실 때는 몸 밖의 공기가 코 → 기관 → 기관지 → 폐로 이동하고, 숨을 내쉴 때는 폐 → 기관지 → 기관 → 코로 이동한다.

10 ⑤ 11 ㉠, ㉢

12 모범 답안 혈액을 몸속 여러 기관에 보내어 산소와 영양소를 공급하기 위해서이다.

13 준서 14 ㉢ 15 ㉡

16 ①, ③ 17 ㉠, ㉡

18 모범 답안 공이 날아온다는 자극을 뇌로 전달한다.

19 ㉡ 20 ④

1 뼈와 근육 모형에 바람을 불어 넣으면 근육 역할을 하는 비닐봉지가 부풀어 오르면서 비닐봉지의 길이가 줄어들어 뼈 역할을 하는 납작한 빨대가 구부러집니다.

2 우리 몸을 이루는 뼈는 종류와 생김새가 다양하며, 움직임도 서로 다릅니다. 갈비뼈는 여러 개의 뼈가 좌우로 둥글게 연결되어 안쪽에 공간을 만듭니다.

3 뼈는 스스로 움직이는 것이 아니라 뼈와 연결된 근육의 길이가 줄어들거나 늘어나면서 뼈를 움직이게 합니다.

채점 기준
우리 몸이 움직이는 원리를 뼈와 근육이 하는 일과 관련지어 옳게 썼다.

4 ㉠은 식도, ㉡은 위, ㉢은 작은창자, ㉣은 큰창자, ㉤은 항문으로 모두 소화 기관이며, 심장은 순환 기관입니다.

5 위는 식도와 작은창자를 연결하며, 작은 주머니 모양입니다. 그리고 소화를 돕는 액체를 분비하여 음식물과 섞고 음식물을 잘게 쪼갭니다.

6 입으로 먹은 음식물은 식도, 위, 작은창자, 큰창자를 거쳐 이동하면서 소화 및 흡수되고, 소화되지 않은 음식물 찌꺼기가 항문으로 배출됩니다.

7 폐, 코, 기관지는 호흡에 관여하는 호흡 기관이며, 심장과 혈관은 순환 기관, 큰창자는 소화 기관입니다.

8 ㉠은 코, ㉡은 기관, ㉢은 기관지, ㉣은 폐입니다. 폐는 몸에 필요한 산소를 받아들이고 몸속에서 생긴 이산화 탄소를 내보냅니다.

9 숨을 들이마실 때 코로 들어온 공기는 기관, 기관지, 폐를 거쳐 우리 몸에 필요한 산소를 공급합니다. 숨을 내쉴 때는 폐 속의 공기가 기관지, 기관, 코를 거쳐 몸 밖으로 나갑니다.

채점 기준
숨을 들이마실 때와 내쉴 때 공기의 이동 경로를 호흡 기관을 이동하는 순서와 관련지어 옳게 썼다.

10 ㉠은 심장이며, 가슴 중앙에서 왼쪽으로 약간 치우쳐 있습니다.

11 심장이 느리게 뛰면 혈액이 이동하는 빠르기가 느려지고 혈액이 같은 시간 동안 이동하는 양이 적어집니다.

12 우리 몸속 여러 기관은 혈액이 운반하는 산소와 영양소를 이용하여 생명 활동을 유지합니다. 따라서 몸속 여러 기관에 혈액을 보내려면 혈관이 온몸에 퍼져 있어야 합니다.

채점 기준
혈관이 온몸에 퍼져 있는 까닭을 혈관이 하는 일과 관련지어 옳게 썼다.

13 배설은 혈액에 있는 노폐물을 몸 밖으로 내보내는 과정입니다.

14 콩팥에서 걸러져 만들어진 오줌은 방광으로 이동합니다. ㉠은 노폐물이 많은 혈액, ㉡은 노폐물이 걸러진 혈액을 나타냅니다.

15 콩팥에서 혈액에 있는 노폐물을 걸러 내어 만들어진 오줌은 방광에 모였다가 일정한 양이 되면 몸 밖으로 나갑니다.

16 갈매기를 볼 때 작용한 감각 기관은 눈, 뱃고동 소리를 들을 때 작용한 감각 기관은 귀, 물속에 발을 담가 시원하다고 느낄 때 사용한 감각 기관은 피부입니다.

17 신경계는 감각 기관이 받아들인 자극을 전달하며, 반응을 결정하여 운동 기관에 명령을 내립니다.

18 자극을 전달하는 신경이 감각 기관이 받아들인 '공이 날아온다.'는 자극을 뇌로 전달합니다.

채점 기준
날아오는 공을 보고 피하는 상황에서 자극을 전달하는 신경이 하는 일을 자극이 전달되고 반응하는 과정과 관련지어 옳게 썼다.

19 운동할 때 운동 기관이 움직이면서 열이 발생하여 체온이 높아집니다.

20 순환 기관은 혈액을 순환시켜 영양소와 산소를 온몸으로 운반하고, 이산화 탄소와 노폐물을 몸 밖으로 내보낼 수 있도록 운반합니다.

가로 세로 용어 퀴즈 148쪽

	혈	액	순	환	
	관				근
감		콩	팥		육
각				영	
기	관	지		양	
관				소	화

5 에너지와 생활

❶ 에너지가 필요한 까닭과 에너지 형태

기본 문제로 익히기 152～153쪽

핵심 체크

❶ 식물 ❷ 동물 ❸ 전기
❹ 화학 ❺ 위치

Step 1

1 ○ 2 × 3 열에너지
4 빛에너지

2 동물은 다른 생물을 먹어 얻은 양분에서 에너지를 얻습니다. 햇빛을 받아 스스로 양분을 만들어 에너지를 얻는 것은 식물입니다.

Step 2

1 ⑤ 2 ㉠ 3 ②
4 ㉠, ㉡ 5 (1) – ㉡ (2) – ㉠
6 지윤

1 동물의 자람, 숨쉬기, 운동 등에 에너지가 필요합니다. 식물과 동물은 얻은 에너지를 이용해 생명 활동을 합니다.

2 식물은 햇빛을 받아 광합성을 하여 스스로 양분을 만들어 에너지를 얻습니다. 기계는 기름이나 전기 등에서 에너지를 얻습니다.

3 열에너지는 물질의 온도를 높일 수 있는 에너지입니다. 주위를 밝게 비추는 에너지는 빛에너지입니다. 폭포 위의 물처럼 높은 곳에 있는 물체는 위치 에너지를 가지며, 달리는 자동차처럼 움직이는 물체는 운동 에너지를 가집니다. 화학 에너지는 음식물, 연료, 생물체 등 물질에 저장된 에너지입니다.

4 사람의 체온, 온풍기의 따뜻한 바람, 끓는 물에는 열에너지가 있습니다. 햇빛, 전등이나 가로등 불빛에는 빛에너지가 있습니다. 날고 있는 새는 위치 에너지와 운동 에너지를 가지며, 날기 위해 화학 에너지를 이용합니다.

5 달리는 자전거는 운동 에너지를 가지고 있고, 휴대전화 배터리에는 화학 에너지가 있습니다.

6 생활에서 가스를 사용하지 못하여 가스레인지를 사용하지 못하면 음식을 끓여 먹을 수 없습니다. 또, 보일러를 사용하지 못하면 집 안을 따뜻하게 하기 어렵고, 물을 데울 수 없어 찬물로 씻어야 합니다.

❷ 다른 형태로 바뀌는 에너지

기본 문제로 익히기 156～157쪽

핵심 체크

❶ 에너지 전환 ❷ 빛 ❸ 전기
❹ 화학 ❺ 태양 ❻ 화학

Step 1

1 × 2 ○ 3 ○
4 열

1 롤러코스터에서 열차가 위에서 아래로 내려올 때 위치 에너지가 운동 에너지로 바뀌고, 아래로 내려온 열차가 다시 위로 올라갈 때 운동 에너지가 위치 에너지로 바뀝니다.

Step 2

1 ㉠: 전기, ㉡: 위치 2 ④
3 ④ 4 ③ 5 화학
6 ㉢

1 처음 열차를 위로 끌어 올릴 때 열차가 전기 에너지를 이용해 움직여 위로 올라가므로 전기 에너지가 운동 에너지와 위치 에너지로 바뀝니다.

2 높은 곳에 있는 낙하 놀이 기구는 위치 에너지를 가지며, 아래로 떨어지면서 위치 에너지가 운동 에너지로 바뀝니다.

3 달리는 아이는 음식을 먹고 얻은 화학 에너지를 운동 에너지로 전환합니다.

4 켜진 전기난로에서는 전기 에너지가 열에너지로 바뀝니다.

5 식물이 광합성을 할 때 태양의 빛에너지가 화학 에너지로 전환됩니다. 사람은 음식을 먹어 화학 에너지를 얻고, 이를 열에너지나 운동 에너지로 바꾸어 생활하는 데 이용합니다.

6 풍력 발전기에서의 에너지 전환 과정은 태양의 빛에너지 → 바람의 운동 에너지 → 발전기의 전기 에너지입니다.

오답 바로잡기

㉠ 태양 전지에서는 태양의 열에너지가 전지의 전기 에너지로 바뀐다.
→ 태양 전지에서는 태양의 빛에너지가 전지의 전기 에너지로 바뀝니다.

㉡ 생활에서 이용하는 에너지는 대부분 태양에서 공급된 에너지와 관련이 없다.
→ 우리가 생활하면서 이용하는 에너지는 대부분 태양에서 공급된 에너지로부터 시작하여 여러 단계의 전환 과정을 거쳐 얻습니다.

❸ 에너지를 효율적으로 활용하는 방법

기본 문제로 익히기 160~161쪽

핵심 체크

❶ 빛 ❷ 자원 ❸ 높 ❹ 이중창

Step 1

1 × 2 1 3 ○ 4 겨울잠

1 같은 양의 전기 에너지를 빛에너지로 더 많이 전환하는 전등은 발광 다이오드등입니다.

Step 2

1 발광 다이오드등 2 지윤
3 (1) – ㉢ (2) – ㉡ (3) – ㉠ 4 ⑤
5 ㉠, ㉡

1 전등은 주위를 밝히는 기구이므로, 전기 에너지가 빛에너지로 많이 전환될수록 에너지를 효율적으로 사용하는 것입니다. 형광등은 전기 에너지의 약 40 %~50 %를 빛에너지로 전환하고, 발광 다이오드등은 전기 에너지의 약 90 %를 빛에너지로 전환합니다. 따라서 같은 양의 전기 에너지를 빛에너지로 더 많이 전환하는 발광 다이오드등을 쓰면 에너지를 더 효율적으로 사용할 수 있습니다.

2 에너지 소비 효율 등급이 1등급에 가까울수록 에너지 효율이 높습니다.

오답 바로잡기

• 윤주: 에너지 절약 표시는 전기 기구를 사용할 때 빠져나가는 에너지의 양을 줄인 전기 기구를 나타내.
→ 에너지 절약 표시는 전기 기구를 사용하지 않을 때 빠져나가는 에너지의 양을 줄인 전기 기구를 나타냅니다.

• 채영: 에너지 소비 효율 등급은 에너지를 효율적으로 사용하는 정도를 1등급~3등급으로 나타낸 표시야.
→ 에너지 소비 효율 등급은 에너지를 효율적으로 사용하는 정도를 1등급~5등급으로 나타낸 표시입니다.

3 돌고래의 유선형 몸은 헤엄칠 때 물의 저항을 적게 받아 화학 에너지를 적게 사용하고도 빠르게 움직일 수 있습니다. 바다코끼리의 두꺼운 지방층은 몸의 열이 밖으로 빠져나가는 것을 막아 적은 에너지로 체온을 따뜻하게 유지할 수 있게 합니다. 황제펭귄은 서로 몸을 맞대고 큰 원형의 무리를 이루어 손실되는 열에너지를 줄입니다.

4 에너지를 최대한 잃지 않으려고 식물이 겨울눈을 만들고 동물이 겨울잠을 자는 것은 생물이 환경에 적응하여 에너지를 효율적으로 사용하는 방법입니다. 에너지를 효율적으로 활용하기 위해 건축물에 이중창을 설치하거나 단열재를 사용하고, 전기 기구를 사용할 때에는 에너지 효율이 높은 전기 기구, 에너지 절약 표시가 있는 전기 기구를 사용합니다.

5 백열등은 발광 다이오드등보다 에너지 효율이 낮습니다. 백열등은 전기 에너지의 약 5 %가 빛에너지로 전환되고, 발광 다이오드등은 전기 에너지의 약 90 %가 빛에너지로 전환됩니다. 사람들이 자주 사용하지만 오래 사용하지 않는 장소인 건물 출입구에 사람의 움직임을 감지하면 켜지는 전구를 설치하면 에너지를 효율적으로 사용할 수 있습니다.

실력 문제로 다잡기 ❶~❸ 162~165쪽

1 ②　　2 ⑤　　3 ③
4 ④　　5 ㉠: 위치, ㉡: 운동
6 (1) ㉣ (2) ㉢　　7 운동
8 ㉠, ㉢, ㉡
9 ㉠: 겨울눈, ㉡: 열　　10 ①
11 ③
12 서술형 길잡이 ❶ 전기
(1) ㉢ (2) 모범 답안 롤러코스터에서 열차를 처음 위로 끌어 올릴 때 전기 에너지가 운동 에너지와 위치 에너지로 전환된다.
13 서술형 길잡이 ❶ 위치, 운동 ❷ 열
모범 답안 • ㉠: 위치 에너지가 운동 에너지로 전환된다. • ㉡: 전기 에너지가 열에너지로 전환된다. • ㉢: 전기 에너지가 운동 에너지로 전환된다.
14 서술형 길잡이 ❶ 단열재, 열
모범 답안 이중창을 설치하거나 단열재를 사용한다. 태양의 빛에너지나 열에너지를 이용하는 장치를 설치한다. 등

1 동물인 개, 개구리, 다람쥐, 호랑이는 다른 생물을 먹어 에너지를 얻지만, 식물인 벼는 햇빛을 받아 스스로 양분을 만들어 에너지를 얻습니다.

2 화학 에너지는 음식물, 연료, 생물체 등 물질에 저장된 에너지입니다.

오답 바로잡기

① 열에너지는 주위를 밝게 비추는 에너지이다.
→ 주위를 밝게 비추는 에너지는 빛에너지입니다.
② 빛에너지는 물질의 온도를 높이는 에너지이다.
→ 물질의 온도를 높이는 에너지는 열에너지입니다.
③ 위치 에너지는 움직이는 물체가 가진 에너지이다.
→ 움직이는 물체가 가진 에너지는 운동 에너지입니다.
④ 운동 에너지는 높은 곳에 있는 물체가 가진 에너지이다.
→ 높은 곳에 있는 물체가 가진 에너지는 위치 에너지입니다.

3 폭포 위에 있는 물은 위치 에너지를 가지지만, 빛에너지와는 관련이 없습니다. 날고 있는 새는 위치 에너지와 운동 에너지를 가지며, 날기 위해 화학 에너지를 이용합니다.

4 나무가 광합성을 할 때 태양의 빛에너지가 나무의 화학 에너지로 전환됩니다.

오답 바로잡기

① 달리는 아이
→ 화학 에너지가 운동 에너지로 바뀝니다.
② 빛나는 조명
→ 전기 에너지가 빛에너지로 바뀝니다.
③ 움직이는 범퍼카
→ 전기 에너지가 운동 에너지로 바뀝니다.
⑤ 내려오는 낙하 놀이 기구
→ 위치 에너지가 운동 에너지로 바뀝니다.

5 롤러코스터에서 열차가 높은 곳에서 낮은 곳으로 떨어질 때는 위치 에너지가 운동 에너지로 바뀌고, 낮은 곳에서 높은 곳으로 올라갈 때는 운동 에너지가 위치 에너지로 바뀝니다.

6 미끄럼틀을 타고 내려오는 아이는 위치 에너지가 운동 에너지로 바뀝니다. 모닥불을 피우면 장작의 화학 에너지가 빛에너지와 열에너지로 바뀝니다. 켜진 가로등에서는 전기 에너지가 빛에너지로 바뀌고, 돌아가는 세탁기에서는 전기 에너지가 운동 에너지로 바뀝니다.

7 사람은 음식을 먹고 얻은 화학 에너지를 열에너지나 운동 에너지로 바꾸어 생활에 이용합니다. 풍력 발전기에서는 바람의 운동 에너지가 발전기의 전기 에너지로 전환됩니다.

8 수력 발전에서의 에너지 전환 과정은 태양의 열에너지 → 높은 댐에 고인 물의 위치 에너지 → 수력 발전소에서 만드는 전기 에너지입니다.

9 목련의 겨울눈은 바깥쪽이 껍질과 털로 되어 있어 손실되는 열에너지가 줄어들어 겨울에도 어린싹이 얼지 않습니다.

10 다람쥐의 겨울잠, 돌고래의 유선형 몸, 바다코끼리의 두꺼운 지방층, 가을에 나무가 잎을 떨어뜨리는 것은 식물이나 동물이 환경에 적응하여 에너지를 효율적으로 사용하는 예입니다.

11 창문을 열고 난방기를 작동시키는 것은 에너지가 낭비되는 예입니다.

12 롤러코스터에서 열차는 전기 에너지를 이용해 움직여 위로 올라갑니다.

채점 기준	
상	잘못된 부분의 기호를 옳게 쓰고, 문장을 옳게 고쳐 썼다.
하	잘못된 부분의 기호만 옳게 썼다.

진도책

13 높은 곳에 있는 물체는 위치 에너지를, 움직이는 물체는 운동 에너지를 가지고 있습니다.

채점 기준	
상	㉠~㉢에서 일어나는 에너지 전환 과정을 모두 옳게 썼다.
하	㉠~㉢에서 일어나는 에너지 전환 과정 중 한 가지만 옳게 썼다.

14 건축물에는 에너지가 불필요하게 빠져나가지 않도록 이중창을 설치하거나 단열재를 사용합니다. 또, 태양 전지를 설치해 빛에너지를 전기 에너지로 바꾸거나 태양열로 난방을 할 수 있습니다.

채점 기준
건축물에서 에너지를 효율적으로 사용할 수 있는 방법을 옳게 썼다.

단원 정리하기 166쪽

❶ 식물 ❷ 동물 ❸ 화학 에너지
❹ 화학 에너지 ❺ 빛에너지 ❻ 열에너지
❼ 태양 ❽ 빛에너지 ❾ 전기 에너지
❿ 겨울잠

단원 마무리 문제 167~169쪽

1 모범 답안 생물이 살아가고, 기계가 움직이는 데에는 에너지가 필요하다.
2 ㉢ 3 ③ 4 ③
5 ㉠: 위치 에너지, ㉡: 화학 에너지, ㉢: 운동 에너지
6 덕재 7 ㉠: 전기, ㉡: 운동
8 (가) 9 ㉢
10 ㉠: 전기, ㉡: 위치, ㉢: 운동
11 ㉣ 12 ② 13 ㉢
14 모범 답안 전기 에너지가 빛에너지로 전환된다.
15 태양 16 ㉢ 17 ④
18 모범 답안 에너지를 얻는 데 필요한 석유, 석탄 등의 자원은 양이 한정되어 있기 때문이다.
19 ③ 20 ①

1 생물이 살아가고, 기계가 움직이는 데에는 에너지가 필요합니다.

채점 기준
생물이 살아가고, 기계가 움직이는 데 에너지가 필요하다는 내용을 포함하여 옳게 썼다.

2 동물은 다른 생물을 먹어 얻은 양분으로 에너지를 얻습니다. 식물은 광합성을 하여 스스로 양분을 만들어 에너지를 얻고, 기계는 기름이나 전기 등에서 에너지를 얻습니다.

3 전기 기구는 전기 에너지와 관련이 있고, 움직이는 막대기 등이 운동 에너지와 관련이 있습니다.

4 가로등 불빛과 신호등 불빛은 공통적으로 빛에너지를 가지고 있습니다. 나무는 화학 에너지, 뛰고 있는 사람과 달리는 자동차는 운동 에너지를 가지고 있습니다.

5 ㉠ 미끄럼틀 위의 아이는 위치 에너지, ㉡ 휴대 전화 배터리는 화학 에너지, ㉢ 달리는 자전거는 운동 에너지와 관련이 있습니다.

6 광합성은 태양의 빛에너지를 식물의 화학 에너지로 전환하는 과정입니다.

7 움직이는 범퍼카에서는 전기 에너지가 운동 에너지로 전환됩니다.

8 (가) 빛나는 조명은 전기로 작동하므로 전기 에너지가 빛에너지로 전환된 예입니다.

9 열차가 낮은 곳에서 높은 곳으로 올라갈 때에는 운동 에너지가 위치 에너지로 바뀌고, 높은 곳에서 낮은 곳으로 내려올 때에는 위치 에너지가 운동 에너지로 바뀝니다.

오답 바로잡기

㉠ 열차가 움직이는 동안 에너지 전환은 한 번 나타난다.
→ 열차가 위에서 아래로, 아래에서 위로 이동할 때 위치 에너지와 운동 에너지의 전환이 반복해서 나타납니다.

㉡ 처음 열차를 위로 끌어 올릴 때 전기 에너지가 화학 에너지로 바뀐다.
→ 처음 열차를 위로 끌어 올릴 때는 전기 에너지가 운동 에너지와 위치 에너지로 바뀝니다.

10 낙하 놀이 기구가 아래에서 위로 올라갈 때 전기 에너지가 위치 에너지로 바뀌고, 위에서 아래로 내려올 때 위치 에너지가 운동 에너지로 바뀝니다.

11 움직이는 범퍼카와 돌아가는 선풍기에서는 전기 에너지가 운동 에너지로 전환됩니다.

오답 바로잡기

㉠ 태양 전지
↳ 태양의 빛에너지가 전기 에너지로 전환됩니다.
㉡ 켜진 전기난로
↳ 전기 에너지가 열에너지로 전환됩니다.
㉢ 모닥불 피우기
↳ 장작의 화학 에너지가 열에너지와 빛에너지로 전환됩니다.

12 전기다리미는 전기 에너지를 열에너지로 전환해 옷의 주름을 펴 줍니다.

13 ㉠은 위치 에너지가 운동 에너지로, ㉡은 운동 에너지가 열에너지로, ㉢은 화학 에너지가 열에너지로 전환되는 예입니다.

14 켜진 가로등에서는 전기 에너지가 빛에너지로 전환됩니다.

채점 기준
전기 에너지가 빛에너지로 전환된다고 옳게 썼다.

15 우리가 생활에서 이용하는 에너지는 대부분 태양에서 공급된 에너지로부터 시작하여 에너지 형태가 전환된 것입니다.

16 태양 전지에서는 태양의 빛에너지가 전기 에너지로 전환되고, 광합성을 하는 식물에서는 태양의 빛에너지가 화학 에너지로 전환됩니다. 수력 발전에서는 태양의 열에너지가 높은 댐에 고인 물의 위치 에너지로 전환되고, 이것이 수력 발전소에서 만드는 전기 에너지로 전환됩니다.

17 같은 양의 전기 에너지를 빛에너지로 더 많이 전환하는 발광 다이오드등을 쓰면 에너지를 더 효율적으로 사용할 수 있습니다.

오답 바로잡기

① 전기 에너지는 모두 빛에너지로 전환된다.
↳ 전등에서 전기 에너지 중 일부는 열에너지로 손실됩니다.
② 발광 다이오드등이 형광등보다 손실되는 에너지가 더 많다.
↳ 형광등이 발광 다이오드등보다 손실되는 에너지가 더 많습니다.
③ 같은 양의 전기 에너지를 빛에너지로 더 많이 전환하는 것은 형광등이다.
↳ 형광등은 전기 에너지의 약 40 %~50 %가 빛에너지로 전환되고, 발광 다이오드등은 전기 에너지의 약 90 %가 빛에너지로 전환됩니다.
⑤ 전기 에너지가 열에너지로 더 많이 전환될수록 에너지를 효율적으로 사용하는 것이다.
↳ 전등은 주위를 밝히는 기구이므로, 전기 에너지가 빛에너지로 많이 전환될수록 에너지를 효율적으로 사용하는 것입니다.

18 에너지를 얻는 데 필요한 석유, 석탄 등의 자원은 양이 한정되어 있으므로 에너지를 효율적으로 사용해야 합니다. 에너지를 효율적으로 사용하면 더 적은 에너지 자원을 쓰고도 필요한 에너지를 얻을 수 있습니다.

채점 기준
자원이 한정되어 있다는 내용을 포함하여 옳게 썼다.

19 목련의 겨울눈, 건축물의 이중창, 황제펭귄의 원형 무리는 모두 손실되는 열에너지를 줄여 에너지를 효율적으로 사용하는 예입니다. 돌고래의 유선형 몸은 헤엄칠 때 물의 저항을 적게 받아 화학 에너지를 적게 사용하고도 빠르게 움직일 수 있습니다.

20 창문을 열고 에어컨이나 난방기를 작동하는 것은 에너지가 낭비되는 예입니다. 백열등이나 형광등은 발광 다이오드등보다 손실되는 에너지가 많으므로 발광 다이오드등을 사용하는 것이 에너지를 효율적으로 사용하는 방법입니다.

가로 세로 용어 퀴즈

170쪽

에	너	지	자	원	
너					효
지					율
전		겨	울	잠	
환		울			
		눈		절	약

정답과 해설 (평가책)

1 전기의 이용

단원 정리 평가책 2~3쪽

❶ 전기 회로 ❷ 전구 ❸ 직렬연결
❹ 병렬연결 ❺ 안전 ❻ 절약
❼ 전자석 ❽ 전자석

쪽지 시험 평가책 4쪽

1 전기 회로 2 전구 3 전지, 전지
4 전구의 병렬연결 5 병렬연결할 때
6 병렬연결 7 꺼집니다 8 플러그의 머리
9 극 10 흐를 때

서술 쪽지 시험 평가책 5쪽

1 모범 답안 전지, 전구, 전선 등 전기 부품을 연결해 전기가 흐르도록 한 것이다.
2 모범 답안 병렬연결한 전구의 밝기가 직렬연결한 전구의 밝기보다 밝다.
3 모범 답안 불이 그대로 켜져 있다.
4 모범 답안 냉방이나 난방을 할 때 실내 적정 온도를 지킨다.
5 모범 답안 둥근머리 볼트에 에나멜선을 한 방향으로 감고 끝부분을 사포로 문지른 후 전기 회로에 연결한다.
6 모범 답안 전기가 흐를 때만 자석의 성질을 지닌다.

단원 평가 평가책 6~8쪽

1 ②, ④ 2 ③ 3 (1) ○ (2) ×
4 ㉡, ㉣
5 모범 답안 전구의 양쪽 끝부분이 전지의 (+)극과 전지의 (−)극에 각각 연결되게 한다.
6 병렬연결 7 ㉡ 8 ㉡
9 ㉠
10 모범 답안 전구를 연결할 때 직렬연결과 병렬연결을 함께 사용하기 때문이다.
11 ㉡ 12 ④ 13 석민
14 ㉢
15 모범 답안 둥근머리 볼트에 에나멜선을 한 방향으로 촘촘하게 감는다.
16 ② 17 ㉠: S극, ㉡: N극
18 모범 답안 전지를 서로 다른 극끼리 일렬로 더 연결한다.
19 ④ 20 ③

1 전지 끼우개, 전선, 스위치는 전기 부품이지만 책상, 의자는 전기 부품이 아닙니다.

2 전기 회로에 전기가 흐르면 필라멘트에서 빛이 납니다.

3 전구의 양쪽 끝부분이 전지의 (+)극과 전지의 (−)극에 각각 연결되어야 전구에 불이 켜집니다.

4 전구의 양쪽 끝부분이 전지의 (+)극과 전지의 (−)극에 각각 연결되어야 전구에 불이 켜집니다.

5 전구의 양쪽 끝부분이 전지의 (+)극과 전지의 (−)극에 각각 연결되어야 전구에 불이 켜집니다.

채점 기준	
상	전구의 양쪽 끝부분이 전지의 (+)극과 (−)극에 각각 연결되게 한다고 썼다.
하	전기 부품이 끊어짐 없이 연결되게 한다고 썼다.

6 전구가 두 줄에 하나씩 나뉘어 연결되어 있습니다.

7 병렬연결한 전구의 밝기가 직렬연결한 전구의 밝기보다 밝습니다.

8 전구의 병렬연결에서는 한 전구의 불이 꺼져도 나머지 전구의 불이 꺼지지 않습니다.

9 전구를 병렬연결하면 직렬연결할 때보다 전기 에너지를 많이 소비합니다.

10 전구를 병렬연결하면 전구의 일부가 꺼지더라도 나머지 전구는 켜집니다.

채점 기준	
상	전구의 직렬연결과 병렬연결을 함께 사용하기 때문이라고 썼다.
하	전구를 병렬연결한다고만 썼다.

11 멀티탭 한 개에 플러그 여러 개를 꽂아 놓으면 위험합니다.

12 전기를 절약하고, 안전하게 사용하기 위해 외출할 때는 전등을 끄고, 텔레비전을 보는 시간을 줄여야 합니다. 전열 기구 근처에서는 장난치지 않고, 사용하지 않는 전기 제품은 꺼 둡니다.

13 젖은 물체를 전기 제품에 걸쳐 놓지 않고, 플러그를 뽑을 때에는 전선을 잡아당기지 않습니다. 그리고 물 묻은 손으로 전기 제품을 만지지 않습니다.

14 전기를 절약하기 위해서는 냉장고를 자주 여닫지 않고, 냉장고를 사용한 후 바로 문을 닫습니다.

15 둥근머리 볼트에 에나멜선을 감을 때에는 한 방향으로 촘촘하게 감습니다.

채점 기준	
상	에나멜선을 한 방향으로 촘촘하게 감는다고 썼다.
하	에나멜선을 감는다고만 썼다.

16 스위치를 닫으면 전자석에 전기가 흘러 자석의 성질을 지니므로 철 클립이 전자석에 붙습니다.

17 나침반 바늘의 N극이 끌려온 ㉠은 S극이고, 나침반 바늘의 S극이 끌려온 ㉡은 N극입니다.

18 전자석에 전지를 서로 다른 극끼리 일렬로 더 연결하면 전자석의 세기가 커집니다.

채점 기준	
상	전지를 서로 다른 극끼리 일렬로 더 연결한다고 썼다.
하	전지를 더 연결한다고만 썼다.

19 전지를 반대 방향으로 바꾸어 연결하면 전자석의 극이 바뀝니다.

20 스피커, 선풍기, 전자석 기중기, 자기 부상 열차는 전자석이 전기가 흐를 때만 자석의 성질을 지니는 성질을 이용한 예입니다.

서술형 평가
평가책 9쪽

1 (1) ㉢ (2) 모범 답안 전구의 양쪽 끝부분이 전지의 (+)극과 전지의 (−)극에 각각 연결되어 있기 때문이다.

2 (1) 모범 답안 스위치를 닫지 않으면 전자석에 철 클립이 붙지 않지만, 스위치를 닫으면 전자석에 철 클립이 붙는다.
(2) 모범 답안 전자석 기중기, 무거운 철제품을 전자석에 붙여 다른 장소로 옮길 수 있다.

1 ㉠은 전지, 전구, 전선이 끊겨 있고, ㉡은 전구의 양쪽 끝부분이 전지의 (−)극에만 연결되어 있기 때문에 전구에 불이 켜지지 않습니다.

채점 기준	
10점	전구에 불이 켜지는 것의 기호와 그 까닭을 모두 옳게 썼다.
7점	전구에 불이 켜지는 까닭만 옳게 썼다.
3점	전구에 불이 켜지는 것의 기호만 옳게 썼다.

2 전자석은 전기가 흐를 때만 자석의 성질을 지닙니다.

채점 기준	
10점	철 클립의 반응을 비교하여 쓰고 이를 이용한 예와 쓰임을 모두 썼다.
7점	전자석의 성질을 이용한 예와 쓰임을 옳게 썼다.
3점	철 클립의 반응을 비교하여 썼다.

2 계절의 변화

단원 정리
평가책 10~11쪽

❶ 남중 고도 ❷ 높아 ❸ 길어
❹ 여름 ❺ 겨울 ❻ 클
❼ 높 ❽ 낮 ❾ 공전
❿ 남중 고도

쪽지 시험
평가책 12쪽

1 정남 **2** 짧아지고, 높아집니다
3 두(2) **4** 여름 **5** 길어집니다
6 높아질수록 **7** 높을 **8** 겨울
9 달라지지 않습니다 **10** 겨울

서술 쪽지 시험
평가책 13쪽

1 모범 답안 태양이 지표면과 이루는 각이다.

2 모범 답안 태양 고도가 높아지면 그림자 길이는 짧아지고, 태양 고도가 낮아지면 그림자 길이는 길어진다.

3 모범 답안 태양의 남중 고도는 겨울보다 여름에 높다.

4 모범 답안 태양의 남중 고도가 높아지면 기온은 대체로 높아진다.

5 모범 답안 일정한 면적의 지표면에 도달하는 태양 에너지양은 많아진다.

6 모범 답안 계절의 변화가 생기지 않을 것이다.

단원 평가

평가책 14~16쪽

1 ② 2 ㉠: 남중, ㉡: 남중 고도
3 낮 12시 30분 4 ③
5 모범 답안 태양 고도는 낮아지고, 그림자 길이는 길어진다.
6 ⑤ 7 ⑤ 8 ⑤
9 모범 답안 태양에 의해 지표면이 데워져 공기의 온도가 높아지는 데 시간이 걸리기 때문이다.
10 ④ 11 (1) ㉡ (2) ㉢ (3) ㉠
12 지수 13 태양 전지판 14 ②, ⑤
15 모범 답안 태양의 남중 고도가 높을수록 기온이 높아진다.
16 낮아, 적기 17 예 지구본의 자전축 기울기
18 ㉠ 19 ③ 20 ㉡

1 태양 고도를 측정하는 모습으로, 태양 고도는 태양이 지표면과 이루는 각으로 나타냅니다.

2 하루 중 태양이 정남쪽에 위치하여 남중했을 때 태양 고도가 가장 높고, 이때 태양의 고도를 태양의 남중 고도라고 합니다.

3 태양 고도는 오전에 점점 높아지다가 낮 12시 30분경에 가장 높고, 이후에는 점점 낮아집니다.

4 하루 중 오후 2시 30분경(14시 30분경)에 기온이 가장 높습니다.

채점 기준
태양 고도는 낮아지고 그림자 길이는 길어진다고 옳게 썼다.

5 태양 고도는 낮 12시 30분경에 가장 높고 이후에는 낮아지며, 태양 고도가 낮아지면 그림자 길이는 길어집니다.

6 태양 고도가 높아지면 기온도 높아지지만, 기온이 가장 높은 때는 태양이 남중하여 태양 고도가 가장 높은 때보다 약 두 시간 뒤입니다.

7 여름에는 태양의 남중 고도가 높아 낮에는 햇빛이 교실 안까지 들어오지 않지만, 겨울에는 태양의 남중 고도가 낮아 낮에는 햇빛이 교실 안까지 들어옵니다.

8 태양의 남중 고도는 6월에 가장 높고, 12월에 가장 낮습니다.

9 태양의 남중 고도가 가장 높은 달은 6월이고, 기온이 가장 높은 달은 7월입니다.

채점 기준
태양에 의해 지표면이 데워져 공기의 온도가 높아지는 데 시간이 걸리기 때문이라고 옳게 썼다.

10 태양의 남중 고도는 봄부터 높아져 여름에 가장 높고, 이후에는 낮아져 겨울에 가장 낮습니다. 낮의 길이는 봄부터 길어져 여름에 가장 길고, 이후에는 짧아져 겨울에 가장 짧습니다.

11 태양의 남중 고도가 가장 낮은 (가)는 겨울이고, 태양의 남중 고도가 가장 높은 (다)는 여름이며, 태양의 남중 고도가 중간 정도인 (나)는 봄과 가을입니다.

12 태양의 남중 고도가 가장 낮은 겨울에는 기온이 가장 낮습니다.

13 전등은 태양, 태양 전지판은 지표면, 전등과 태양 전지판이 이루는 각은 태양의 남중 고도를 나타냅니다.

14 전등과 태양 전지판이 이루는 각이 클수록 그림자 길이가 짧아지고, 소리 발생기에서 소리가 크게 납니다.

15 전등과 태양 전지판이 이루는 각이 클수록 소리가 크게 나는 것처럼, 태양의 남중 고도가 높을수록 일정한 면적의 지표면에 도달하는 태양 에너지양이 많아 기온이 높아집니다.

채점 기준
태양의 남중 고도가 높을수록 기온이 높아진다고 옳게 썼다.

16 태양의 남중 고도가 낮은 겨울에는 일정한 면적의 지표면에 도달하는 태양 에너지양이 적어 지표면이 덜 데워지므로 기온이 낮습니다.

17 자전축의 기울기에 따른 태양의 남중 고도를 측정하는 실험이므로 지구본의 자전축 기울기를 다르게 해야 합니다.

18 ㉠은 지구본의 위치에 따라 태양의 남중 고도 변화가 없고, ㉡은 지구본의 위치에 따라 태양의 남중 고도가 변합니다.

19 지구의 자전축이 기울어진 채 태양 주위를 공전하므로 지구의 위치에 따라 태양의 남중 고도가 달라져 계절의 변화가 생깁니다.

20 지구가 ㉡에 위치할 때 우리나라는 태양의 남중 고도가 가장 높고 낮의 길이가 가장 긴 여름입니다.

서술형 평가
평가책 17쪽

1 모범 답안 ㉠에 해당하는 계절의 낮의 길이는 ㉡에 해당하는 계절의 낮의 길이보다 짧다.
2 (1) ㉠ (2) 모범 답안 겨울보다 여름에 태양의 남중 고도가 더 높기 때문이다.
3 모범 답안 지구가 ㉠ 위치에 있을 때 우리나라는 태양의 남중 고도가 높으므로 여름이고, ㉡ 위치에 있을 때 우리나라는 태양의 남중 고도가 낮으므로 겨울이다.

1 태양의 남중 고도가 가장 낮은 ㉠은 겨울이고, 태양의 남중 고도가 가장 높은 ㉡은 여름입니다. 낮의 길이는 여름에 가장 길고, 겨울에 가장 짧습니다.

채점 기준
㉠과 ㉡에 해당하는 계절의 낮의 길이를 옳게 비교하여 썼다.

2 전등과 태양 전지판이 이루는 각이 클수록 태양 전지판이 받는 태양 에너지양이 많아 소리가 크게 납니다. 이처럼 겨울보다 여름에 태양의 남중 고도가 높아 일정한 면적의 지표면에 도달하는 태양 에너지양이 많으므로 기온이 높습니다.

채점 기준	
10점	소리가 더 크게 나는 것의 기호를 옳게 쓰고, 겨울보다 여름에 기온이 높은 까닭을 옳게 썼다.
7점	겨울보다 여름에 기온이 높은 까닭만 옳게 썼다.
3점	소리가 더 크게 나는 것의 기호만 옳게 썼다.

3 지구의 자전축이 기울어진 채 태양 주위를 공전하기 때문에 지구의 위치에 따라 태양의 남중 고도가 달라집니다. 북반구에 위치한 우리나라는 지구가 ㉠ 위치에 있을 때 여름이고, ㉡ 위치에 있을 때 겨울입니다.

채점 기준	
상	지구가 ㉠과 ㉡ 위치에 있을 때 우리나라는 어느 계절인지 태양의 남중 고도와 관련지어 옳게 썼다.
하	㉠과 ㉡ 중 한 가지의 경우만 옳게 썼다.

3 연소와 소화

단원 정리
평가책 18~19쪽

❶ 빛(열) ❷ 열(빛) ❸ 발화점
❹ 산소 ❺ 연소 ❻ 물
❼ 이산화 탄소 ❽ 한 ❾ 산소
❿ 계단

쪽지 시험
평가책 20쪽

1 밝습니다 **2** 변합니다 **3** 발화점
4 다르기, 다릅니다 **5** 산소
6 물, 이산화 탄소 **7** 탈 물질
8 소화 **9** 젖은 수건 **10** 계단

서술 쪽지 시험
평가책 21쪽

1 모범 답안 불꽃 주변이 밝고, 손을 가까이 하면 손이 따뜻해진다.
2 모범 답안 물질이 불에 직접 닿지 않아도 타기 시작하는 온도이다.
3 모범 답안 물질의 온도가 발화점보다 높아지기 때문이다.
4 모범 답안 물질이 산소와 빠르게 반응하여 빛과 열을 내는 현상이다.
5 모범 답안 석회수가 뿌옇게 흐려진다.
6 모범 답안 탈 물질, 발화점 이상의 온도, 산소 중 한 가지 이상의 조건을 없앤다.

단원 평가
평가책 22~24쪽

1 ② **2** 가윤 **3** ②, ③
4 모범 답안 어두운 곳을 밝힌다. 요리할 때 이용한다.
5 머리 부분, 낮기 **6** ㉠, ㉢
7 ④ **8** ㉠: (가), ㉡: 산소
9 산소 **10** ① **11** 산소
12 ⑤
13 모범 답안 푸른색 염화 코발트 종이가 붉게 변한다. 이를 통해 초가 연소한 후에 물이 생긴다는 것을 알 수 있다.
14 ⑤ **15** ㉠ **16** ③

평가책

17 모범 답안 산소가 차단되어 불이 꺼진다.
18 ② 19 ㉠, ㉣ 20 ㉡

1 시간이 지날수록 초의 길이가 짧아집니다.

2 불꽃이 크고, 모양이 위아래로 길쭉하며, 알코올의 양은 줄어듭니다.

3 물질이 탈 때에는 빛과 열이 발생하므로 불꽃 주변이 밝고 따뜻해지며, 물질의 양은 변하고, 타는 물질의 상태는 고체, 액체, 기체로 다양합니다.

4 캠핑장에서 장작불을 피워 주변을 밝게 하고, 가스를 태워 생기는 열로 요리할 때 이용합니다.

채점 기준	
상	물질이 탈 때 발생하는 빛과 열을 이용하는 예를 두 가지 모두 옳게 썼다.
하	물질이 탈 때 발생하는 빛과 열을 이용하는 예를 한 가지만 옳게 썼다.

5 성냥의 머리 부분이 나무 부분보다 불이 붙는 온도가 낮기 때문에 먼저 불이 붙습니다.

6 성냥의 머리 부분과 나무 부분에 직접 불을 붙이지 않아도 불이 붙으므로 물질을 가열하여 온도를 발화점 이상으로 높이면 물질이 탈 수 있다는 것을 알 수 있습니다. 그리고 성냥의 머리 부분과 나무 부분이 타기 시작하는 온도가 다르므로 물질마다 타기 시작하는 온도가 다르다는 것을 알 수 있습니다.

7 물질에 따라 발화점이 다르고, 발화점 이상의 온도에서 불이 붙습니다. 발화점이 낮은 물질은 쉽게 불이 붙고, 발화점이 높은 물질은 쉽게 불이 붙지 않습니다.

8 (가)의 아크릴 통 안에 들어 있는 공기의 양이 더 많아 연소에 필요한 산소의 양이 더 많기 때문에 촛불이 더 오래 탑니다.

9 묽은 과산화 수소수와 이산화 망가니즈가 만나면 산소가 활발하게 발생합니다.

10 ㉠에서는 촛불이 금방 꺼지고, ㉡에서는 산소가 발생하기 때문에 촛불이 더 오래 탑니다.

11 유리병으로 촛불을 덮어도 산소가 공급되면 촛불이 더 오래 타는 것으로 보아 물질이 타려면 산소가 필요함을 알 수 있습니다.

12 연소가 일어나려면 탈 물질과 산소가 필요하고 온도가 발화점 이상이 되어야 하며, 이 세 가지 조건 중 하나라도 없다면 연소는 일어나지 않습니다.

13 푸른색 염화 코발트 종이가 붉게 변한 것으로 초가 연소한 후에 물이 생겼음을 알 수 있습니다.

채점 기준	
상	푸른색 염화 코발트 종이의 변화와 이를 통해 알 수 있는 사실을 모두 옳게 썼다.
하	푸른색 염화 코발트 종이의 변화만 옳게 썼다.

14 석회수는 이산화 탄소와 만나면 뿌옇게 흐려집니다. 따라서 초가 연소한 후에 생기는 물질 중 석회수로 확인할 수 있는 물질은 이산화 탄소입니다.

15 촛불을 집기병으로 덮으면 산소가 차단되어 촛불이 꺼집니다.

16 가스레인지의 연료 조절 손잡이를 돌려 닫는 것, 촛불을 입으로 부는 것, 초의 심지를 핀셋으로 집는 것은 모두 탈 물질을 제거하여 불을 끄는 방법입니다.

17 타고 있는 알코올램프에 뚜껑을 덮으면 산소가 차단되므로 불이 꺼집니다.

채점 기준
산소가 차단되어 불이 꺼진다고 옳게 썼다.

18 기름이나 가스, 전기로 인한 화재는 물을 뿌리면 불이 더 크게 번지거나 감전이 될 수 있으므로 소화기를 사용하거나 모래를 덮어 불을 꺼야 합니다.

19 ㉡ 단계에서는 소화기의 안전핀을 뽑고, ㉢ 단계에서는 바람을 등지고 서서 소화기의 고무관을 잡고 불 쪽을 향합니다.

20 화재가 발생하여 연기가 많을 때는 연기가 열에 의해 위로 올라가기 때문에 연기를 마시지 않도록 젖은 수건으로 코와 입을 막고 낮은 자세로 이동합니다.

서술형 평가

평가책 25쪽

1 (1) ㉠: (가), ㉡: (나) (2) 모범 답안 초가 타려면 산소가 필요하다.
2 (1) 물, 이산화 탄소 (2) 모범 답안 물질이 연소하면 연소 전과는 다른 새로운 물질이 생성된다.

1 (가)에서는 초가 타면서 유리병 안 산소를 사용하므로 촛불이 금방 꺼지고, (나)에서는 묽은 과산화 수소수와 이산화 망가니즈가 만나서 산소가 발생하므로 촛불이 더 오래 탑니다.

채점 기준	
10점	㉠과 ㉡이 (가)와 (나) 중 어느 것의 결과인지 옳게 쓰고, 실험으로 알 수 있는 사실을 연소의 조건과 관련지어 옳게 썼다.
3점	㉠과 ㉡이 (가)와 (나) 중 어느 것의 결과인지만 옳게 썼다.

2 (가)의 결과를 통해 물이 생긴 것을 알 수 있고, (나)의 결과를 통해 이산화 탄소가 생긴 것을 알 수 있습니다. 이처럼 초가 연소하면 물과 이산화 탄소가 생성되는 것으로 물질이 연소하면 새로운 물질이 생성된다는 것을 알 수 있습니다.

채점 기준	
10점	초가 연소한 후 생기는 물질 두 가지와 물질의 연소 전과 후 물질의 변화를 모두 옳게 썼다.
7점	물질의 연소 전과 후 물질의 변화만 옳게 썼다.
3점	초가 연소한 후 생기는 물질 두 가지만 옳게 썼다.

4 우리 몸의 구조와 기능

단원 정리 평가책 26~27쪽

❶ 척추뼈 ❷ 근육 ❸ 위
❹ 기관지 ❺ 폐 ❻ 심장
❼ 혈관 ❽ 방광 ❾ 뇌
❿ 호흡

쪽지 시험 평가책 28쪽

1 뼈 2 작은창자 3 항문
4 기관지 5 혈액 6 혈관
7 배설 8 감각 9 뇌
10 산소

서술 쪽지 시험 평가책 29쪽

1 모범 답안 볼록해지며 길이가 짧아진다.
2 모범 답안 소화를 돕는 액체를 분비하여 음식물과 섞고 음식물을 잘게 쪼갠다.
3 모범 답안 폐 속의 공기가 기관지, 기관, 코를 거쳐 몸 밖으로 나간다.
4 모범 답안 혈액이 느리게 흐른다.
5 모범 답안 오줌이 되어 오줌관을 지나 방광에 모였다가 일정한 양이 되면 몸 밖으로 나간다.
6 모범 답안 맥박이 빨라진다, 호흡이 빨라진다. 등

단원 평가 평가책 30~32쪽

1 ㉡ 2 ③
3 모범 답안 다양한 자세로 움직일 수 있다. 물건을 들어 올릴 수 있다.
4 ②, ⑤ 5 ④ 6 ㉠, 식도
7 ㉠: 코, ㉡: 기관, ㉢: 기관지, ㉣: 폐
8 ㉡, ㉢ 9 ㉠: 숨을 내쉴 때, ㉡: 숨을 들이마실 때 10 ②
11 모범 답안 혈관, 혈액이 온몸으로 이동하는 통로 역할을 한다.
12 (1) ㉢ (2) ㉠ (3) ㉡ 13 ㉡
14 ② 15 (1) ㉠ (2) ㉡
16 ①
17 모범 답안 춤을 추라는 뇌의 명령을 운동 기관에 전달한다.
18 ③, ④ 19 태연 20 ②

1 뼈와 근육 모형에 바람을 불어 넣으면 근육 역할을 하는 비닐봉지가 부풀어 오르면서 비닐봉지의 길이가 줄어들어 뼈 역할을 하는 납작한 빨대가 구부러집니다.

2 ㉠은 머리뼈, ㉡은 팔뼈, ㉢은 척추뼈, ㉣은 갈비뼈, ㉤은 다리뼈입니다. 팔뼈와 다리뼈는 아래쪽 뼈가 긴 뼈 두 개로 이루어져 있습니다.

3 우리 몸에 뼈와 근육이 있어서 다양한 자세로 움직일 수 있고, 물건을 들어 올릴 수 있습니다.

채점 기준	
상	우리 몸에 뼈와 근육이 있어서 할 수 있는 일 두 가지를 모두 옳게 썼다.
하	우리 몸에 뼈와 근육이 있어서 할 수 있는 일을 한 가지만 옳게 썼다.

4 음식물이 지나가는 기관은 위와 큰창자입니다. 간, 이자, 쓸개는 음식물이 지나가지 않습니다.

5 ㉠은 식도, ㉡은 위, ㉢은 작은창자, ㉣은 간, ㉤은 쓸개, ㉥은 큰창자, ㉦은 항문입니다. 큰창자는 음식물 찌꺼기의 수분을 흡수합니다. 음식물 찌꺼기를 몸 밖으로 배출하는 것은 항문입니다.

6 식도는 긴 관 모양이며, 입과 위를 연결하여 입에서 삼킨 음식물을 위로 이동시킵니다.

7 ㉠은 코, ㉡은 기관, ㉢은 기관지, ㉣은 폐입니다.

8 기관은 코와 연결되어 있고, 기관지는 기관에서 갈라져 폐까지 연결되어 있습니다. 기관과 기관지는 공기가 이동하는 통로입니다.

9 숨을 내쉴 때 폐 속의 공기는 기관지, 기관, 코를 거쳐 몸 밖으로 나갑니다. 숨을 들이마실 때 몸 밖의 공기는 코로 들어와서 기관, 기관지를 거쳐 폐로 들어갑니다.

10 그림은 심장과 혈관으로, 혈액의 이동에 관여하는 순환 기관입니다.

11 ㉠은 혈관으로, 가늘고 긴 관처럼 생겼고 온몸에 퍼져 있으며, 혈액의 이동 통로 역할을 합니다.

채점 기준	
상	혈관을 옳게 쓰고, 혈관이 하는 일을 옳게 썼다.
하	혈관만 옳게 썼다.

12 고무풍선을 씌운 컵 (가)는 심장, 고무풍선을 씌우지 않은 컵 (나)는 온몸, 붉은 색소 물은 혈액 역할을 합니다.

13 ㉠은 콩팥에서 나가는 혈액 역할, ㉢은 방광 역할을 맡은 사람의 표현 방법입니다.

14 (가)는 콩팥이고, (나)는 방광입니다.

15 콩팥은 혈액에 있는 노폐물을 걸러 내어 오줌을 만들고, 방광은 오줌을 모았다가 일정한 양이 되면 몸 밖으로 내보냅니다.

16 신나는 노래를 듣는 것은 귀가 소리 자극을 받아들이는 것입니다. 자극을 전달하는 신경은 귀에서 받아들인 소리 자극을 뇌로 전달합니다.

17 뇌가 반응을 결정하고 명령을 내리면 명령을 전달하는 신경이 뇌의 명령을 운동 기관에 전달합니다.

채점 기준
신나는 노래를 듣는 상황에서 명령을 전달하는 신경이 하는 일을 자극이 전달되고 반응하는 과정과 관련지어 옳게 썼다.

18 신경계는 감각 기관에서 받아들인 자극을 전달하고, 전달된 자극을 해석하여 반응을 결정한 뒤 운동 기관에 명령을 전달합니다. ③은 순환 기관, ④는 감각 기관에 대한 설명입니다.

19 운동을 하면 체온이 올라가고 맥박 수가 증가하지만, 운동을 한 뒤 휴식을 취하면 운동을 하기 전과 체온, 맥박 수가 비슷해집니다.

20 배설 기관인 콩팥에서 노폐물을 걸러 내고, 걸러진 노폐물은 오줌이 되어 방광에 모였다가 몸 밖으로 나갑니다.

서술형 평가

평가책 33쪽

1 모범 답안 음식물을 이로 잘게 부순다. 음식물을 혀로 침과 섞어 물러지게 한다.

2 모범 답안 ㉠은 콩팥이며, 콩팥이 제 기능을 못하면 혈액에 있는 노폐물을 걸러 내지 못하고 몸속에 노폐물이 쌓여 병이 생길 수 있다. 몸에 노폐물이 쌓이면서 몸이 붓거나 오줌에 혈액이 섞여 나오기도 한다.

3 (1) ㉠: 감각 기관, ㉡: 운동 기관

(2) 모범 답안 감각 기관 → 자극을 전달하는 신경 → 뇌 → 명령을 전달하는 신경 → 운동 기관

1 입은 음식물을 이로 잘게 부수며, 음식물을 혀로 침과 섞어 물러지게 합니다.

채점 기준	
10점	음식물을 이로 잘게 부수고, 음식물을 혀로 침과 섞어 물러지게 한다고 옳게 썼다.
5점	음식물을 이로 잘게 부순다고만 옳게 쓰거나, 음식물을 혀로 섞으면서 침으로 물러지게 한다고만 옳게 썼다.

2 콩팥이 제 기능을 하지 못하면 혈액에 있는 노폐물을 걸러 내지 못하고 몸속에 노폐물이 쌓여 병이 생길 수 있습니다. 몸에 노폐물이 쌓이면서 몸이 붓거나 오줌에 혈액이 섞여 나오기도 합니다.

채점 기준	
10점	콩팥을 옳게 쓰고, 콩팥이 제 기능을 하지 못할 때 우리 몸에서 일어날 수 있는 일을 옳게 썼다.
5점	콩팥만 옳게 썼다.

3 감각 기관에서 날아오는 공을 본 자극은 신경계에 전달됩니다. 신경계는 자극을 해석하여 반응을 결정하고 운동 기관에 명령을 내립니다. 운동 기관은 전달된 명령에 따라 반응합니다.

	채점 기준
10점	㉠과 ㉡에 들어갈 말을 옳게 쓰고, 자극이 전달되고 반응하는 과정을 관여하는 기관의 순서대로 옳게 썼다.
5점	㉠과 ㉡에 들어갈 말만 옳게 썼다.

5 에너지와 생활

단원 정리 평가책 34~35쪽

❶ 전기 ❷ 화학 ❸ 운동
❹ 화학 ❺ 에너지 전환 ❻ 화학
❼ 화학 ❽ 전기 ❾ 태양
❿ 1

쪽지 시험 평가책 36쪽

1 식물 2 열에너지 3 위치
4 화학 5 전기 6 운동
7 전기 8 발광 다이오드등
9 태양 10 겨울눈

서술 쪽지 시험 평가책 37쪽

1 모범 답안 다른 생물을 먹어 얻은 양분으로 에너지를 얻는다.
2 모범 답안 음식물, 연료, 생물체 등 물질에 저장된 에너지이다.
3 모범 답안 태양 전지에서는 태양의 빛에너지가 전지의 전기 에너지로 전환된다.
4 모범 답안 손난로를 흔들면 손난로 속 물질의 화학 에너지가 열에너지로 바뀌어 손난로가 따뜻해진다.
5 모범 답안 에너지를 얻는 데 필요한 석유, 석탄 등의 자원은 양이 한정되어 있기 때문이다.
6 모범 답안 에너지 효율이 높은 전기 기구를 사용한다. 건축물에는 에너지가 불필요하게 빠져나가지 않도록 이중창을 설치하거나 단열재를 사용한다. 등

단원 평가 평가책 38~40쪽

1 준혁 2 (1) - ㉡ (2) - ㉠ (3) - ㉢
3 ③ 4 ⑤ 5 ㉢
6 ㉠
7 모범 답안 가스레인지를 사용하지 못하면 음식을 끓여 먹을 수 없다. 보일러를 사용하지 못하면 집 안을 따뜻하게 하기 어렵다. 등
8 ③ 9 ③
10 (1) 모범 답안 위치 에너지가 운동 에너지로 바뀐다.
(2) 모범 답안 운동 에너지가 위치 에너지로 바뀐다.
11 ⑤ 12 화학 에너지
13 ③ 14 ② 15 ③
16 ㉠: 열에너지, ㉡: 위치 에너지
17 ③
18 모범 답안 곰은 겨울이 되면 먹이를 구하기 어려워지므로 겨울잠을 자면서 자신의 화학 에너지를 더 효율적으로 이용한다.
19 ㉠ 20 ㉠, ㉢

1 식물은 햇빛을 받아 스스로 양분을 만들어 에너지를 얻으며, 동물은 다른 생물을 먹어 에너지를 얻습니다.

2 ㉠은 빛에너지, ㉡은 열에너지, ㉢은 전기 에너지에 대한 설명입니다.

3 자동차 충전은 전기 에너지와 관련이 있습니다.

4 높이 올라간 시소는 위치 에너지를 가지고 있습니다.

5 움직이는 자전거는 운동 에너지, 휴대 전화 배터리는 화학 에너지, 온풍기의 따뜻한 바람은 열에너지와 관련이 있습니다.

6 날고 있는 새는 위치 에너지와 운동 에너지를 가지고 있으며, 영상이 나오는 텔레비전은 전기 에너지 외에 빛에너지, 열에너지와도 관련이 있습니다.

7 가스레인지나 가스 보일러에서 가스를 사용합니다.

채점 기준
가스를 사용하지 못할 때 일어날 수 있는 일을 옳게 썼다.

8 가로등은 전기 에너지로 작동하므로 밝게 비추는 가로등은 전기 에너지가 빛에너지로 전환된 예입니다.

9 손전등에서는 전지의 화학 에너지가 전기 에너지로 바뀌고, 전기 에너지는 전구에서 빛에너지로 바뀝니다.

10 롤러코스터에서 열차가 오르내릴 때 운동 에너지와 위치 에너지가 서로 전환됩니다.

채점 기준	
상	열차가 위에서 아래로 떨어질 때와 아래에서 위로 올라갈 때 에너지 전환 과정을 모두 옳게 썼다.
하	열차가 위에서 아래로 떨어질 때와 아래에서 위로 올라갈 때 에너지 전환 과정 중 한 가지만 옳게 썼다.

11 폭포에서 물이 떨어질 때 위치 에너지가 운동 에너지로 전환됩니다.

12 모닥불을 피우면 장작의 화학 에너지가 빛에너지와 열에너지로 전환됩니다.

13 반짝이는 조명에서는 전기 에너지가 빛에너지로 전환됩니다.

14 식물은 태양의 빛에너지를 이용해 화학 에너지를 만들고, 사람은 식물 등으로 만든 음식을 먹어 화학 에너지를 얻은 후 이를 열에너지나 운동 에너지로 바꾸어 이용합니다. 태양 전지는 태양의 빛에너지를 전기 에너지로 전환시킵니다.

15 동물은 다른 생물을 먹음으로써 화학 에너지를 얻고, 이를 열에너지나 운동 에너지로 바꾸어 생활에 이용합니다.

16 태양의 열에너지를 받아 바닷물이 증발하여 수증기가 되고, 수증기가 하늘로 올라가 구름이 되고, 구름은 비나 눈이 되어 다시 땅으로 내려옵니다. 비가 되어 내린 물이 댐에 저장되며, 높은 곳에 있는 물은 위치 에너지를 가집니다.

17 에너지 소비 효율 등급이 1등급에 가까울수록 에너지 효율이 높은 제품입니다.

18 겨울잠을 잠으로써 생명 유지 및 체온 유지를 위한 화학 에너지를 적게 쓸 수 있습니다.

채점 기준
겨울잠을 잔다는 내용을 포함하여 곰이 겨울에 에너지를 효율적으로 이용하는 방법을 옳게 썼다.

19 빛의 밝기가 같을 때 사용한 전기 에너지의 양이 가장 적은 ㉠ 전등이 에너지를 가장 효율적으로 사용한 것입니다.

20 단열재는 건물 안의 열이 빠져나가지 않도록 막습니다.

서술형 평가 평가책 41쪽

1 (1) 열에너지
(2) 모범 답안 켜진 전기난로나 켜진 전기 주전자에서 전기 에너지가 열에너지로 바뀐다.
2 (1) 발광 다이오드등 (2) 발광 다이오드등
(3) 모범 답안 주위를 밝히는 기구인 전등에서는 전기 에너지가 빛에너지로 많이 전환될수록 에너지를 효율적으로 사용하는 것이기 때문이다.

1 사람의 체온, 온풍기의 따뜻한 바람, 끓는 물은 모두 물질의 온도를 높일 수 있는 에너지 형태인 열에너지와 관련이 있습니다.

채점 기준	
10점	열에너지라고 옳게 쓰고, 전기 에너지가 열에너지로 전환되는 예를 옳게 썼다.
3점	열에너지라고만 옳게 썼다.

2 형광등에서는 전기 에너지 중 약 40 %~50 %가 빛에너지로 전환되고, 발광 다이오드등에서는 약 90 %가 빛에너지로 전환됩니다.

채점 기준	
10점	전기 에너지를 빛에너지로 더 많이 전환하는 전등과 에너지를 더 효율적으로 사용하는 전등을 옳게 쓰고, 그 까닭을 옳게 썼다.
4점	전기 에너지를 빛에너지로 더 많이 전환하는 전등과 에너지를 더 효율적으로 사용하는 전등을 옳게 썼다.
2점	전기 에너지를 빛에너지로 더 많이 전환하는 전등만 옳게 썼다.

학업성취도 평가 대비 문제 1회 평가책 42~44쪽

1 ㉠: 전기 부품, ㉡: 전기 회로 **2** ②, ③
3 ② **4** ㉠ **5** 두 줄
6 ②, ③ **7** ② **8** ①
9 ㉢
10 (1) 정남쪽 (2) 낮 12시 30분경
11 (1) 여름 (2) 여름 **12** ㉡
13 ㉠ **14** 짧아지고, 크게
15 ⑤ **16** ①
17 ㉠: 기울어진, ㉡: 공전
18 모범 답안 전선을 길게 늘어트리지 않고 정리한다. 한 멀티탭에 플러그를 많이 연결하지 않는다. 젖은 손으로 플러그를 만지지 않는다. 등

19 모범 답안 막대자석은 전기가 흐르지 않아도 자석의 성질을 지니지만 전자석은 전기가 흐를 때에만 자석의 성질을 지닌다.
20 모범 답안 태양 고도가 높아지면 그림자 길이는 짧아지고 기온은 높아진다.

1 전기 부품을 서로 연결해 전기가 흐르도록 한 것을 전기 회로라고 합니다.

2 (+)극과 (−)극이 있고 전기 회로에 전기 에너지를 공급하는 전기 부품은 전지입니다.

3 전구에 불이 켜지려면 전지, 전구, 전선이 끊기지 않게 연결되고 전구의 양쪽 끝부분이 전지의 (+)극과 전지의 (−)극에 각각 연결되어야 합니다.

4 ㉠은 전구를 여러 줄에 병렬연결한 것이고, ㉡은 전구를 나란히 한 줄에 직렬연결한 것입니다.

5 병렬연결한 전구의 밝기가 더 밝습니다.

6 전구를 직렬연결한 전기 회로의 전구의 밝기가 더 어두워 전기 에너지를 적게 사용합니다.

7 플러그를 뽑을 때에는 전선을 잡아당기지 않고, 플러그의 머리 부분을 잡고 뽑습니다.

8 전자석은 둥근머리 볼트에 에나멜선을 감아 전기 회로에 연결해 만든 자석으로 전기가 흐를 때에만 자석의 성질을 지닙니다.

9 태양 고도는 태양이 지표면과 이루는 각으로, 태양이 높게 떠 있을수록 태양 고도가 높습니다.

10 낮 12시 30분경 태양이 정남쪽에 위치했을 때 태양이 남중했다고 하며, 이때 하루 중 태양 고도가 가장 높습니다.

11 태양의 남중 고도와 기온은 여름에 가장 높고, 겨울에 가장 낮습니다.

12 태양의 남중 고도가 높아지면 낮의 길이가 길어지고, 태양의 남중 고도가 낮아지면 낮의 길이가 짧아집니다.

13 태양의 남중 고도가 가장 낮은 겨울(㉠)에 낮의 길이가 가장 짧습니다.

14 전등과 태양 전지판이 이루는 각이 클수록 수수깡의 그림자 길이가 짧아지고, 태양 전지판이 받는 에너지양이 많아져 소리가 크게 납니다.

15 여름에는 겨울보다 태양의 남중 고도가 높아 일정한 면적의 지표면에 도달하는 태양 에너지양이 많습니다.

16 ㉠의 경우 지구본의 위치에 따라 태양의 남중 고도가 달라지지 않습니다. ㉡의 경우 지구본의 위치에 따라 태양의 남중 고도가 달라지는데, (나)에서 가장 높고 (라)에서 가장 낮습니다.

17 지구의 자전축이 일정한 방향으로 기울어진 채 태양 주위를 공전하면서 지구의 위치에 따라 태양의 남중 고도가 달라져 계절의 변화가 생깁니다.

18 전선을 길게 늘어트려 놓으면 걸려 넘어질 수 있으므로 전선을 정리합니다.

채점 기준	
상	전기를 위험하게 사용하는 모습을 두 가지를 찾아 올바른 전기 사용 방법으로 고쳐 썼다.
하	전기를 위험하게 사용하는 모습을 한 가지 찾아 올바른 전기 사용 방법으로 고쳐 썼다.

19 막대자석은 자석의 극과 세기가 일정하지만, 전자석은 전자석의 극을 바꿀 수 있고 전자석의 세기를 조절할 수 있는 것도 차이점입니다.

채점 기준	
상	막대자석과 전자석의 차이점을 옳게 썼다.
하	차이가 있다고만 썼다.

20 태양 고도가 높아질수록 그림자 길이는 짧아지고 기온은 높아지며, 태양 고도가 낮아질수록 그림자 길이는 길어지고 기온은 대체로 낮아집니다.

채점 기준	
상	태양 고도에 따른 그림자 길이와 기온 변화를 모두 옳게 썼다.
하	태양 고도에 따른 그림자 길이와 기온 중 한 가지 변화만 옳게 썼다.

학업성취도 평가 대비 문제 2회 평가책 45～47쪽

1 ㉠ **2** 산소
3 성냥의 나무 부분
4 (1)－㉡ (2)－㉠ **5** 수현
6 ③ **7** ①, ④ **8** ㉢
9 ② **10** ㉠: 작은창자, ㉡: 항문
11 ② **12** ④ **13** 승우
14 ㉡ **15** 위치 에너지 **16** ㉠, ㉡
17 ⑤

18 모범 답안 석회수가 뿌옇게 흐려진다. 이를 통해 초가 연소한 후에 이산화 탄소가 생긴다는 것을 알 수 있다.
19 모범 답안 운동을 하면 맥박 수가 증가하며, 운동을 한 뒤 휴식을 취하면 맥박 수가 운동하기 전과 비슷해진다.
20 모범 답안 식물은 햇빛을 받아 스스로 양분을 만들어 에너지를 얻고, 동물은 다른 생물을 먹어 얻은 양분으로 에너지를 얻는다.

1 그을음은 초와 같은 물질이 탈 때 산소가 충분히 공급되지 않아 물질이 완전히 연소되지 않았기 때문에 나타나는 현상입니다.

2 물질이 타려면 산소가 필요하며, 산소가 부족하면 탈 물질이 있고, 온도가 발화점 이상이라도 물질이 더 이상 타지 않습니다.

3 성냥의 머리 부분이 나무 부분보다 발화점이 낮기 때문에 먼저 불이 붙습니다.

4 푸른색 염화 코발트 종이의 색깔 변화로 물이 생기는 것을 알 수 있고, 석회수의 변화로 이산화 탄소가 생기는 것을 알 수 있습니다.

5 연소의 조건인 탈 물질, 발화점 이상의 온도, 산소 중 한 가지 이상의 조건을 없애면 불이 꺼집니다.

6 ①, ④, ⑤는 탈 물질을 제거하여, ②는 산소를 차단하여 불을 끄는 방법입니다.

7 기름이나 가스, 전기로 생긴 화재는 물을 뿌리면 불이 더 크게 번지거나 감전이 될 수 있어 위험하므로 소화기를 사용하거나 모래를 덮어 불을 끕니다.

8 근육은 뼈에 연결되어 있어서 근육의 길이가 줄어들거나 늘어나면서 뼈를 움직이게 하여 우리 몸을 움직일 수 있게 합니다.

9 소화 과정에서 음식물이 지나가지 않고 소화를 돕는 기관은 간, 쓸개, 이자입니다. 입, 식도, 작은창자는 음식물이 지나가는 기관입니다.

10 우리 몸속에 들어간 음식물은 입, 식도, 위, 작은창자, 큰창자로 이동하며 영양소와 수분이 흡수된 뒤, 소화되지 않은 음식물 찌꺼기는 항문으로 배출됩니다.

11 숨을 들이마실 때 공기는 코 → 기관 → 기관지를 거쳐 폐로 들어가고, 폐에서는 우리 몸에 필요한 산소를 흡수합니다.

12 주입기의 펌프를 빠르게 누르면 붉은 색소 물이 이동하는 빠르기가 빨라지고 같은 시간 동안 이동하는 양이 많아집니다.

13 ㉠은 방광이며 오줌을 모았다가 일정한 양이 되면 몸 밖으로 내보냅니다.

14 신경계는 감각 기관에서 받아들인 자극을 전달하고 반응을 결정한 뒤 운동 기관에 명령을 전달합니다. 운동 기관은 전달받은 명령에 따라 반응합니다.

15 높은 곳에 있는 물체는 위치 에너지가 있습니다.

16 돌아가는 선풍기와 세탁기에서는 전기 에너지가 운동 에너지로 전환됩니다.

17 바다코끼리의 두꺼운 지방층은 몸의 열이 밖으로 빠져나가는 것을 막아 적은 에너지로 체온을 따뜻하게 유지시켜 줍니다.

18 석회수는 이산화 탄소와 반응하면 뿌옇게 흐려지므로 이것으로 초가 연소한 후에 이산화 탄소가 생긴다는 것을 알 수 있습니다.

채점 기준	
상	석회수의 변화와 이를 통해 알 수 있는 사실을 모두 옳게 썼다.
하	석회수의 변화만 옳게 썼다.

19 운동을 할 때는 산소와 영양소가 많이 필요하므로 맥박이 빨라집니다.

채점 기준
운동 전과 운동 직후, 운동하고 5분 휴식 후에 맥박 수의 변화를 옳게 썼다.

20 식물은 광합성을 하여 스스로 양분을 만들고, 동물은 다른 생물을 먹어 양분을 얻습니다.

채점 기준	
상	식물과 동물이 에너지를 얻는 방법을 모두 옳게 썼다.
하	식물과 동물 중 하나의 에너지를 얻는 방법만 옳게 썼다.

MEMO

MEMO

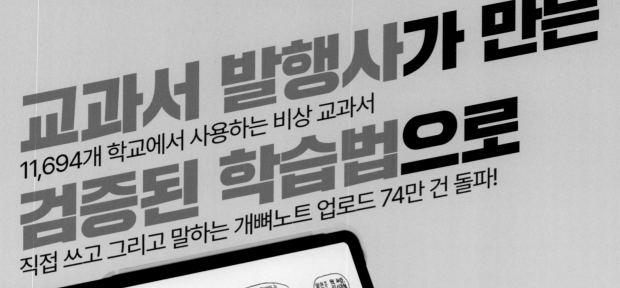

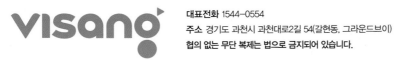

오·투·시·리·즈 생생한 학습자료와 검증된 컨텐츠로 과학 공부에 대한 모범 답안을 제시합니다.

대표전화 1544-0554
주소 경기도 과천시 과천대로2길 54(갈현동, 그라운드브이)

생생한과학의즐거움!과학은역시!

새 교과서 반영

오투 평가책

초등과학 6-2

책 속의 가접 별책 (특허 제 0557442호)
'평가책'은 본책에서 쉽게 분리할 수 있도록 제작되었으므로
유통 과정에서 분리될 수 있으나 파본이 아닌 정상제품입니다.

단원 평가 대비
- 단원 정리
- 단원 평가
- 쪽지 시험
- 서술형 평가
- 서술 쪽지 시험

학업성취도 평가 대비
- 학업성취도 평가 대비 문제 1회(1~2단원)
- 학업성취도 평가 대비 문제 2회(3~5단원)

visang

ABOVE IMAGINATION

우리는 남다른 상상과 혁신으로
교육 문화의 새로운 전형을 만들어
모든 이의 행복한 경험과 성장에 기여한다

오투 평가책

단원 평가 대비

학업성취도 평가 대비

초등과학 6-2

단원 정리 (1. 전기의 이용)

탐구1 전지, 전구, 전선을 연결하여 전구에 불 켜기

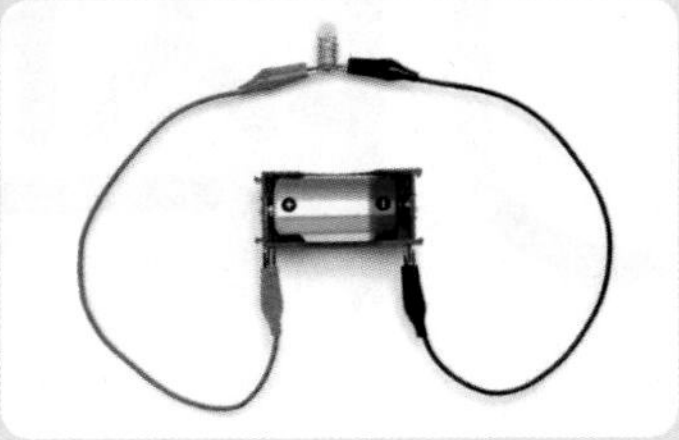

1 전구에 불이 켜지는 조건

① ❶ (   ): 여러 가지 전기 부품을 연결하여 전기가 흐르도록 한 것

② **여러 가지 전기 부품**

전지	• 전지에서 볼록하게 튀어나온 쪽이 (+)극, 평평한 쪽이 (−)극입니다. • 전기 회로에 전기 에너지를 공급합니다.
전지 끼우개	• 양쪽면에 안쪽과 바깥쪽을 이어 주는 금속이 있습니다. • 전지와 전선을 쉽게 연결하게 합니다.
❷ ( )	• 금속으로 된 부분과 유리로 된 부분이 있습니다. • 전기가 흐르면 필라멘트에서 빛이 납니다.
전구 끼우개	• 금속으로 되어 있고, 바닥 쪽에 두 개의 금속 팔이 달려 있습니다. • 전구를 다른 전기 부품에 쉽게 연결하게 합니다.
집게 달린 전선	• 전선 양쪽에 집게가 달려 있습니다. • 집게를 사용해 전기 부품을 서로 연결합니다.
스위치	• 전선을 연결할 수 있는 부분과 여닫는 손잡이가 있습니다. • 전기 회로의 연결을 이어 주거나 끊어 줍니다.

③ **전기 회로에서 전구에 불이 켜지는 조건**: 전지, 전구, 전선이 끊어짐 없이 연결되고, 전구의 양쪽 끝부분이 전지의 (+)극과 전지의 (−)극에 각각 연결되어야 합니다.

탐구2 전구의 연결 방법에 따른 전구의 밝기 비교하기

전구의 직렬연결

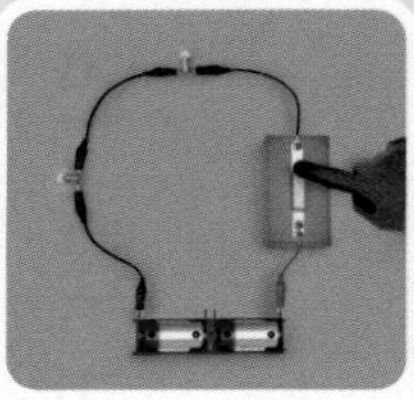

▲ 전구의 밝기가 어두운 전기 회로

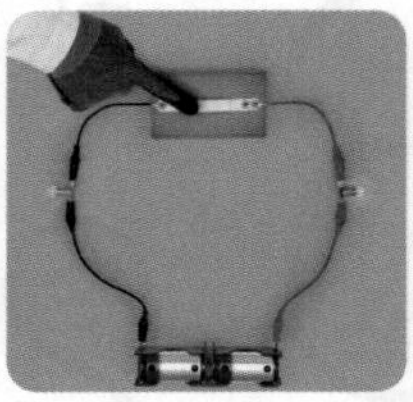

▲ 전구의 밝기가 어두운 전기 회로

전구의 병렬연결

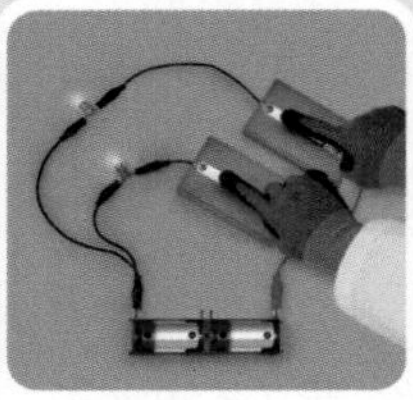

▲ 전구의 밝기가 밝은 전기 회로

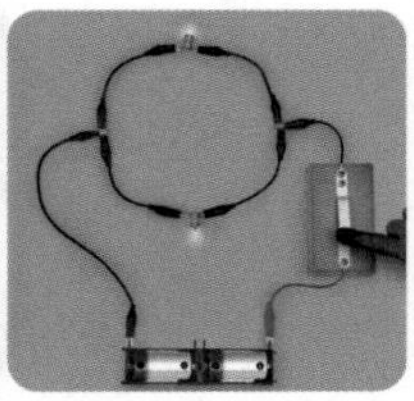

▲ 전구의 밝기가 밝은 전기 회로

2 전구의 연결 방법에 따른 전구의 밝기 비교하기

① **전구의 연결 방법**

구분	전구의 ❸ ( )	전구의 ❹ ( )
연결 방법	전구 두 개 이상을 한 줄로 연결하는 방법	전구 두 개 이상을 여러 개의 줄에 나누어 한 개씩 연결하는 방법
특징	모든 전구가 켜진 전기 회로에서 전구 한 개를 빼내면 나머지 전구의 불이 꺼집니다.	모든 전구가 켜진 전기 회로에서 전구 한 개를 빼내도 나머지 전구의 불이 켜져 있습니다.
전구의 밝기	직렬연결한 전구의 밝기 < 병렬연결한 전구의 밝기	

② **전구의 연결 방법에 따른 에너지 소비량**: 여러 개의 전구를 병렬연결할 때가 직렬연결할 때보다 전구의 밝기가 밝아 전기 에너지가 많이 소비됩니다.

3 전기 안전과 전기 절약

① 전기를 안전하게 사용하고 절약하는 방법

전기를 ❺ [ ]하게 사용하는 방법	• 젖은 손으로 플러그를 만지지 않습니다. • 물에 젖은 물체를 전기 제품에 걸쳐 놓지 않습니다. • 한 멀티탭에 플러그를 너무 많이 연결하지 않습니다. • 콘센트에 먼지가 끼거나 물이 닿지 않게 콘센트 안전 덮개를 씌웁니다. • 플러그를 뽑을 때에는 줄을 잡아당기지 않고 플러그의 머리 부분을 잡고 뽑습니다.
전기를 ❻ [ ]하는 방법	• 냉장고 안에 물건을 가득 넣지 않습니다. • 사용하지 않는 전기 제품의 플러그를 뽑습니다. • 냉장고 문을 자주 여닫지 않고 사용 후 문을 바로 닫습니다. • 냉방이나 난방을 할 때는 적정 실내 온도 범위 내에서 합니다. • 멀티 스위치형 콘센트를 사용하여 전기 제품을 사용하지 않을 때는 스위치를 끕니다.

② **전기를 안전하게 사용하고 절약해야 하는 까닭:** 전기를 위험하게 사용하면 감전되거나 화재가 발생할 수 있고, 절약하지 않으면 자원이 낭비되고 환경 문제가 발생할 수 있기 때문입니다.

탐구3 전기를 안전하게 사용하고 절약하는 방법 토의하기

4 전자석의 성질과 이용

① ❼ [ ]: 전기가 흐를 때만 자석의 성질을 지니는 자석

② 영구 자석과 전자석의 특징 비교

구분	영구 자석	❽ [ ]
자석의 성질을 지니는 경우	항상 지닙니다.	전기가 흐를 때만 지닙니다.
자석의 세기	일정합니다.	서로 다른 극끼리 일렬로 연결한 전지의 개수가 많을수록 세기가 커집니다.
자석의 극	바꿀 수 없습니다.	전지의 연결 방향을 바꾸어 극을 바꿀 수 있습니다.

③ 일상생활에서 전자석을 사용하는 예

전자석 기중기	전자석을 사용하여 무거운 철제품을 다른 장소로 쉽게 옮깁니다.
출입문 잠금장치	전자석을 사용하여 출입문을 열고 닫습니다.
선풍기	전자석을 사용한 전동기의 회전으로 선풍기에서 바람을 내보냅니다.
스피커	전자석을 사용하여 스피커에서 소리를 냅니다.

탐구4 전자석의 특징 알아보기

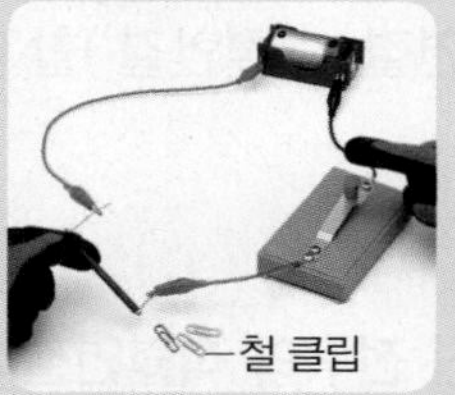

▲ 스위치를 닫기 전

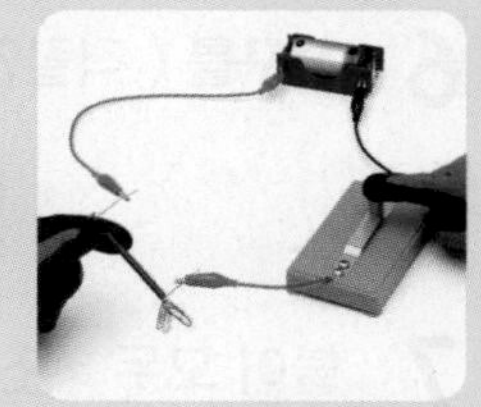

▲ 스위치를 닫은 후

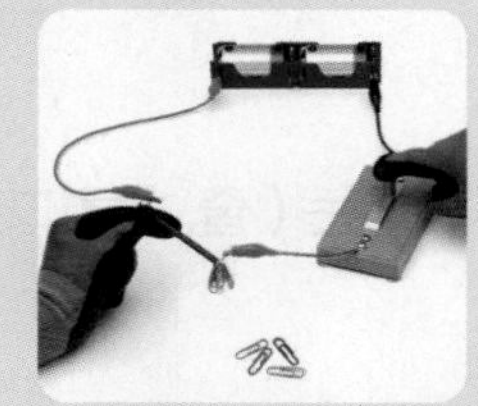

▲ 전지 두 개를 서로 다른 극끼리 일렬로 연결할 때

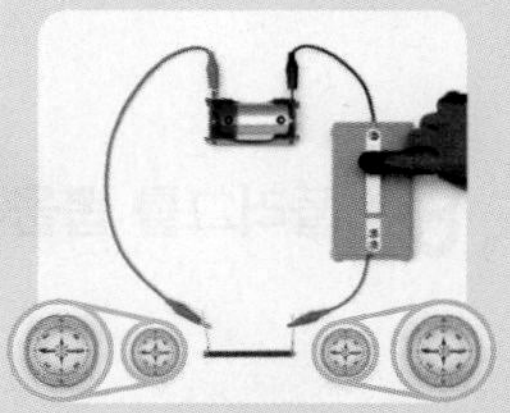

▲ 전지의 연결 방향을 바꿀 때

쪽지 시험 (1. 전기의 이용)

이름	맞은 개수

정답과 해설 • 32쪽

1 전지, 전구, 전선 등 전기 부품을 서로 연결해 전기가 흐르도록 한 것을 무엇이라고 합니까?

2 전기 회로에 전기가 흐를 때 빛을 내는 전기 부품은 (전구, 전선)입니다.

3 전구에 불이 켜지려면 전구의 양쪽 끝부분이 (전지, 전선)의 (+)극과 (전지, 전선)의 (−)극에 각각 연결되어야 합니다.

4 전구 두 개 이상을 여러 개의 줄에 나누어 한 개씩 연결하는 방법을 무엇이라고 합니까?

5 전구를 직렬연결할 때와 병렬연결할 때 중 전구의 밝기가 더 밝은 경우는 어느 것입니까?

6 전구를 (직렬연결, 병렬연결)할 때 전기 에너지가 더 많이 소비됩니다.

7 불이 모두 켜진 전구의 직렬연결에서 전구 한 개를 빼내면 나머지 전구의 불이 (꺼집니다, 꺼지지 않습니다).

8 플러그를 뽑을 때에는 (줄, 플러그의 머리) 부분을 잡고 뽑습니다.

9 전자석에 연결된 전지의 연결 방향을 바꾸면 전자석의 (극, 세기)이/가 바뀝니다.

10 전자석 기중기는 전기가 (흐를 때, 흐르지 않을 때)만 철로 된 물체를 들어올립니다.

서술 쪽지 시험 (1. 전기의 이용)

이름	맞은 개수

정답과 해설 ● 32쪽

1 전기 회로란 무엇인지 써 봅시다.

2 전구 두 개를 직렬연결할 때와 병렬연결할 때 전구의 밝기를 비교하여 써 봅시다.

3 전구 두 개를 병렬연결한 전기 회로에서 전구 한 개를 빼냈을 때 나머지 전구가 어떻게 되는지 써 봅시다.

4 전기를 절약하는 방법을 한 가지 써 봅시다.

5 전자석을 만드는 방법을 써 봅시다.

6 출입문 잠금장치에 이용되는 전자석의 성질을 써 봅시다.

단원 평가 (1. 전기의 이용)

이름	맞은 개수

○ 정답과 해설 • 32쪽

1 다음 중 전기 회로에 사용되는 부품이 아닌 것을 두 가지 골라 써 봅시다. (　　,　　)

①

▲ 전지 끼우개

②

▲ 책상

③

▲ 집게 달린 전선

④

▲ 의자

⑤
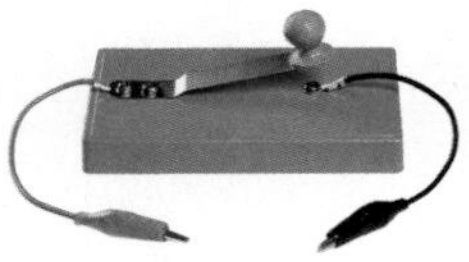
▲ 스위치

2 다음 중 여러 가지 전기 부품에 대한 설명으로 옳지 않은 것은 어느 것입니까? (　　)

① 전지는 전기 회로에 전기 에너지를 공급한다.
② 전지 끼우개는 전지와 전선을 쉽게 연결하게 한다.
③ 전기 회로에 전기가 흐르면 전구의 꼭지쇠에서 빛이 난다.
④ 집게 달린 전선은 집게를 사용하여 전기 부품들을 서로 연결한다.
⑤ 전구의 양쪽 끝부분을 전지의 (+)극과 전지의 (−)극에 연결하면 전기가 흐른다.

중요

3 다음과 같이 전지, 전구, 전선을 연결했을 때 전구에 불이 켜지는 것에는 ○표, 전구에 불이 켜지지 않는 것에는 ×표 해 봅시다.

(1)

(　　)

(2)

(　　)

4 전구에 불이 켜지는 조건을 보기 에서 모두 골라 기호를 써 봅시다.

보기
㉠ 전기 회로에 연결된 스위치를 연다.
㉡ 전지, 전구, 전선을 끊어짐 없이 연결한다.
㉢ 전구의 양쪽 끝부분을 전지의 한쪽 극에만 연결한다.
㉣ 전구의 양쪽 끝부분을 전지의 (+)극과 전지의 (−)극에 각각 연결한다.

(　　)

서술형

5 다음과 같이 전지, 전구, 전선을 연결했더니 전구에 불이 켜지지 않았습니다. 전구에 불이 켜지게 하는 방법을 써 봅시다.

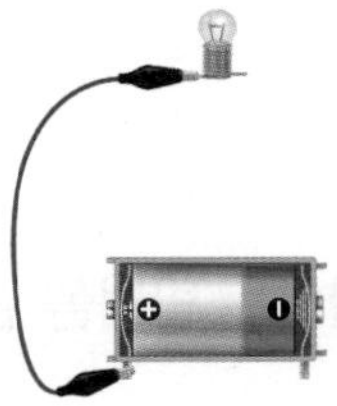

6 다음 전기 회로에서 전구의 연결 방법을 써 봅시다.

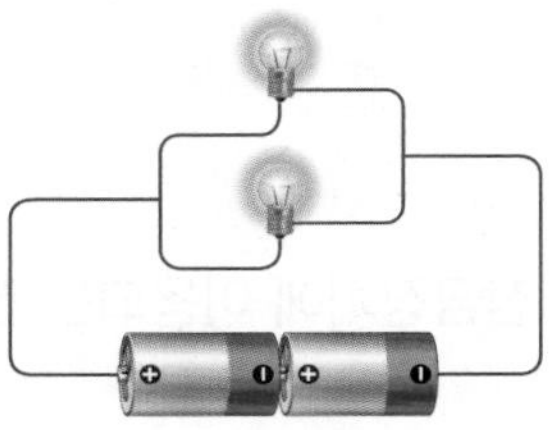

전구의 (　　)

[7~8] 다음은 전기 회로의 모습입니다.

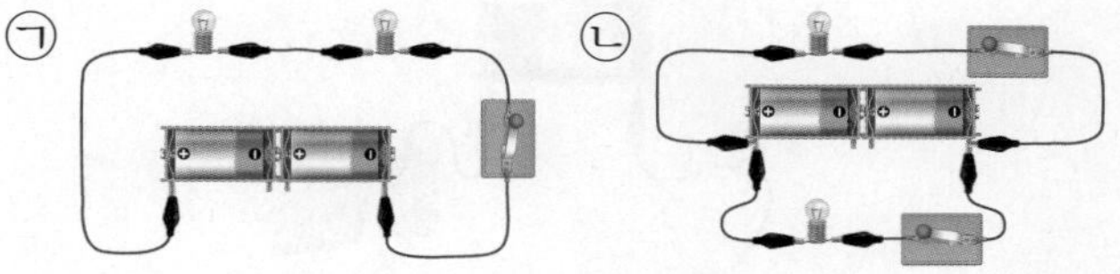

7 위 전기 회로 중 스위치를 닫았을 때 전구의 밝기가 더 밝은 것을 골라 기호를 써 봅시다.

( )

8 위 ㉠과 ㉡ 중 다음 설명과 관계있는 전기 회로를 골라 기호를 써 봅시다.

> 전지 끼우개에 연결된 전구 한 개를 빼내고 스위치를 닫았을 때 나머지 전구에 불이 켜진다.

( )

9 전기 에너지를 더 많이 사용하는 전기 회로를 골라 기호를 써 봅시다.

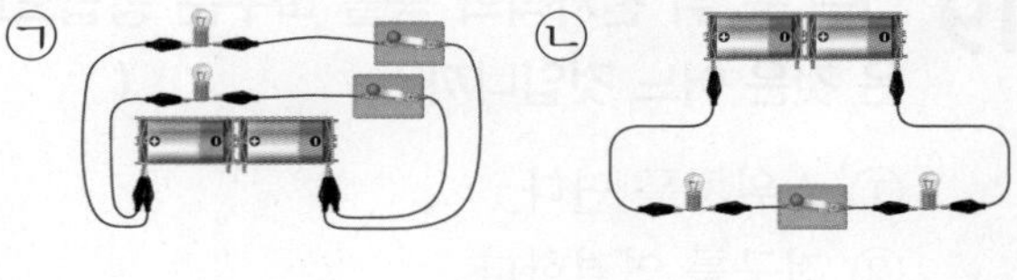

( )

서술형

10 오른쪽과 같이 장식용 나무에 설치한 전구에 불이 켜지는 줄과 켜지지 않는 줄이 있는 까닭을 전구의 연결 방법과 연관지어 써 봅시다.

____

____

11 전기를 위험하게 사용하고 있는 모습을 골라 기호를 써 봅시다.

▲ 플러그의 머리 부분을 잡고 플러그 뽑기

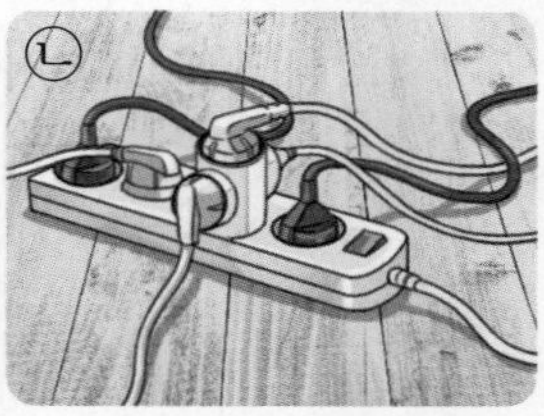

▲ 멀티탭 한 개에 플러그를 여러 개 꽂아 놓기

( )

12 전기를 절약하고 안전하게 사용하기 위해 지켜야 할 일로 옳은 것은 어느 것입니까? ( )

① 외출할 때에도 전등을 켜 둔다.
② 텔레비전을 보는 시간을 늘린다.
③ 전열 기구 근처에서 장난을 친다.
④ 전기가 낭비되는 곳이 있는지 점검한다.
⑤ 사용하지 않는 전기 제품의 전원을 켜 둔다.

13 전기를 안전하게 사용하는 사람의 이름을 써 봅시다.

> • 민주: 젖은 수건을 선풍기에 걸쳐 놓았어.
> • 인영: 플러그를 뽑을 때 전선을 힘껏 잡아당겼어.
> • 강준: 물 묻은 손으로 컴퓨터의 플러그를 콘센트에 꽂았어.
> • 석민: 사용하지 않는 콘센트에 콘센트 안전 덮개를 덮어 놓았어.

( )

14 냉장고를 사용할 때 전기를 절약할 수 있는 방법으로 옳은 것을 보기 에서 골라 기호를 써 봅시다.

보기
㉠ 냉장고를 자주 열고 닫는다.
㉡ 냉장고 안에 물건을 가득 채운다.
㉢ 냉장고를 사용한 후에 바로 문을 닫는다.

( )

[15~16] 다음은 전자석을 만드는 과정입니다.

(가) 둥근머리 볼트에 종이테이프를 감는다.
(나) ______
(다) 에나멜선의 양쪽 끝부분을 사포로 문질러 겉면을 벗겨 낸다.
(라) 에나멜선의 양쪽 끝부분을 전기 회로에 연결한다.

서술형

15 위 과정 (나)에 들어갈 내용을 써 봅시다.

______

______

16 위 전자석의 스위치를 닫고 끝부분을 철 클립에 가까이 가져갔을 때의 결과로 옳은 것은 어느 것입니까? ( )

① 철 클립의 색깔이 변한다.
② 철 클립이 전자석에 붙는다.
③ 철 클립이 전자석에서 멀어진다.
④ 철 클립에 아무 변화도 일어나지 않는다.
⑤ 철 클립이 빙글빙글 돌다가 일정한 방향을 가리키며 멈춘다.

[17~19] 다음은 전자석 주변에 나침반을 놓은 모습입니다.

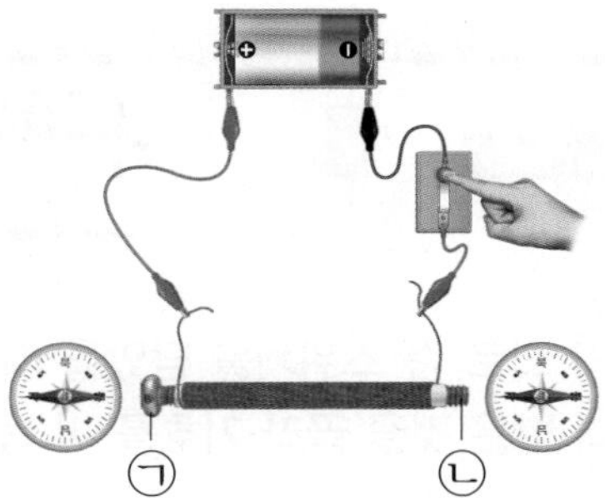

중요

17 스위치를 닫았을 때 나침반 바늘이 가리키는 방향이 위와 같았습니다. 전자석의 ㉠과 ㉡은 각각 무슨 극인지 써 봅시다.

㉠: ( ) ㉡: ( )

서술형

18 위 전자석을 더 세게 만드는 방법을 써 봅시다.

______

______

19 다음 중 위 전자석의 극을 바꾸는 방법으로 옳은 것은 어느 것입니까? ( )

① 스위치를 연다.
② 전구를 연결한다.
③ 나침반을 더 가까이 한다.
④ 전지를 반대 방향으로 연결한다.
⑤ 전지를 서로 다른 극끼리 일렬로 더 연결한다.

20 다음 중 전자석을 사용하는 예가 아닌 것은 어느 것입니까? ( )

① 스피커
② 선풍기
③ 나침반
④ 전자석 기중기
⑤ 자기 부상 열차

서술형 평가 (1. 전기의 이용)

이름	맞은 개수

정답과 해설 • 33쪽

1 다음은 전지, 전구, 전선을 연결한 모습입니다. [10점]

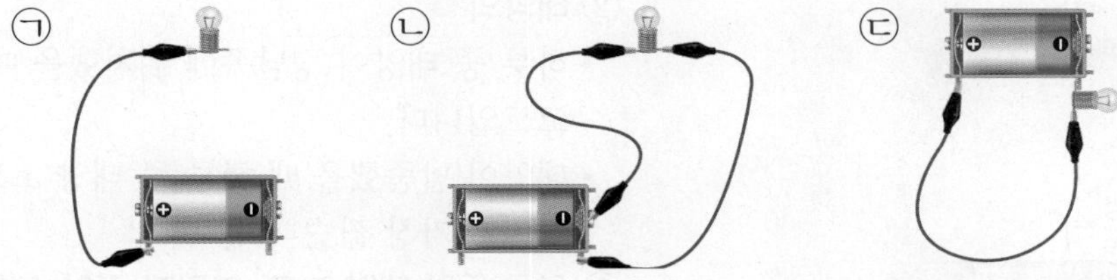

(1) 위 ㉠~㉢ 중 전구에 불이 켜지는 것을 골라 기호를 써 봅시다. [3점]

( )

(2) 위 (1)번의 답과 같이 생각한 까닭을 써 봅시다. [7점]

2 다음과 같이 전자석을 만들어 전자석의 성질을 알아보았습니다. [10점]

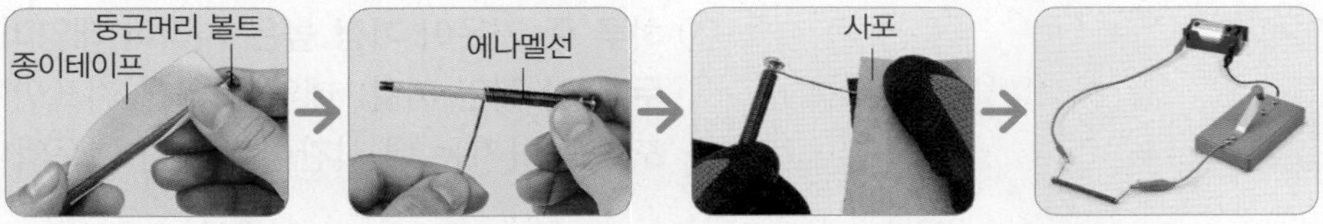

▲ 둥근머리 볼트에 종이테이프를 감습니다. → ▲ 에나멜선을 한쪽 방향으로 촘촘하게 감습니다. → ▲ 에나멜선 양쪽 끝부분을 사포로 문질러 겉면을 벗겨 냅니다. → ▲ 에나멜선 양쪽 끝부분을 전기 회로에 연결해 전자석을 완성합니다.

(1) 위 전기 회로에서 스위치를 닫지 않았을 때와 닫았을 때, 전자석의 끝부분을 철 클립에 가까이 가져가면 철 클립이 어떻게 되는지 비교하여 써 봅시다. [4점]

(2) 위 **1**번 답에서 알 수 있는 전자석의 성질을 이용한 예와 그 쓰임을 써 봅시다. [6점]

단원 정리 (2. 계절의 변화)

탐구1 하루 동안 태양 고도, 그림자 길이, 기온의 관계

• 태양 고도를 측정하는 방법

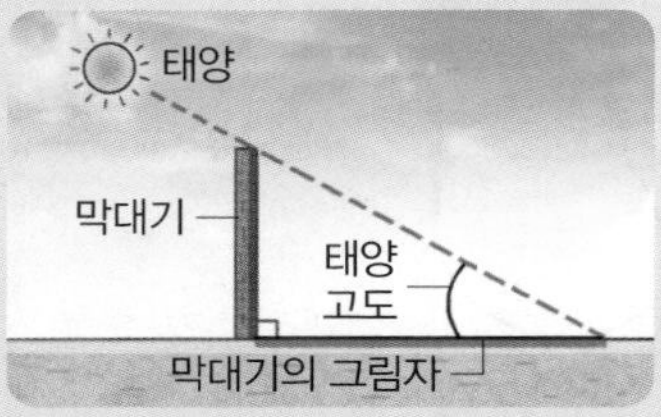

• 하루 동안 측정한 태양 고도, 그림자 길이, 기온 그래프

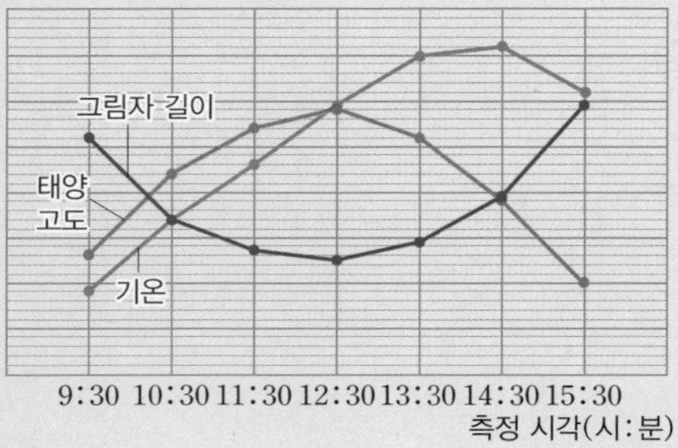

1 하루 동안 태양 고도, 그림자 길이, 기온의 관계

① **태양 고도**: 태양이 지표면과 이루는 각입니다.

② **태양의** ❶ ______

• 하루 중 태양이 정남쪽에 위치했을 때(태양이 남중했을 때)의 고도입니다.

• 태양이 남중했을 때 하루 중 태양 고도가 가장 높고 그림자의 길이가 가장 짧습니다.

③ **하루 동안 태양 고도, 그림자 길이, 기온의 변화**

태양 고도	오전에 점점 높아지다가 낮 12시 30분경에 가장 높고, 이후에는 점점 낮아집니다.
그림자 길이	오전에 점점 짧아지다가 낮 12시 30분경에 가장 짧고, 이후에는 점점 길어집니다.
기온	오전에 점점 높아지다가 오후 2시 30분경에 가장 높고, 이후에는 점점 낮아집니다.

④ **태양 고도, 그림자 길이, 기온의 관계**

태양 고도가 ❷ ______ 지면 ➜ 그림자 길이는 짧아지고, 기온은 높아집니다.

⑤ **하루 중 기온이 가장 높은 시각이 태양이 남중한 시각보다 약 두 시간 뒤인 까닭**: 태양에 의해 지표면이 데워져 공기의 온도가 높아지는 데 시간이 걸리기 때문입니다.

탐구2 월별 태양의 남중 고도, 낮의 길이, 기온 그래프

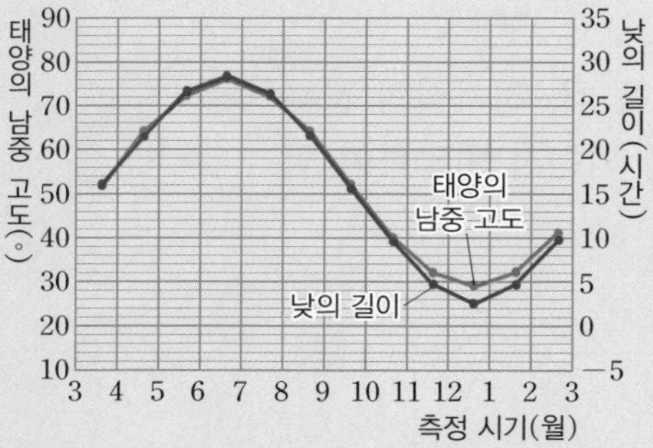

▲ 월별 태양의 남중 고도와 낮의 길이

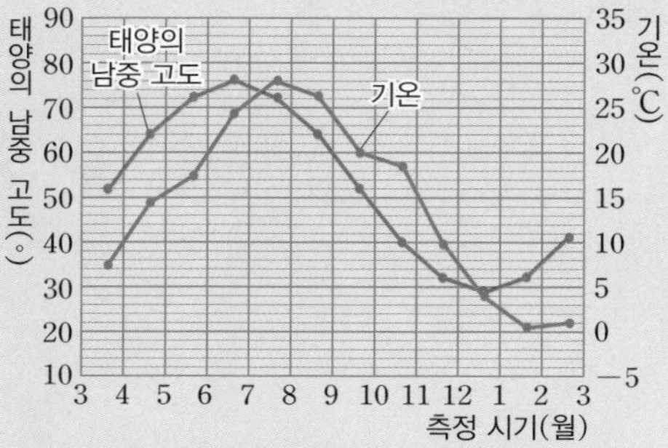

▲ 월별 태양의 남중 고도와 기온

2 계절별 태양의 남중 고도, 낮과 밤의 길이, 기온의 관계

① **계절에 따른 태양의 남중 고도, 낮의 길이, 기온의 변화**

태양의 남중 고도	여름에 가장 높고, 겨울에 가장 낮습니다.
낮의 길이	여름에 가장 길고, 겨울에 가장 짧습니다.
기온	여름에 가장 높고, 겨울에 가장 낮습니다.

② **계절에 따른 태양의 남중 고도와 낮의 길이, 기온의 관계**

태양의 남중 고도가 높아지면 ➜ 낮의 길이가 ❸ ______ 지고, 기온은 대체로 높아집니다.

③ **계절별 태양의 남중 고도에 따른 낮의 길이와 기온의 변화**

❹ ______	태양의 남중 고도가 높고, 낮의 길이가 길며, 기온이 높습니다.
❺ ______	태양의 남중 고도가 낮고, 낮의 길이가 짧으며, 기온이 낮습니다.
봄, 가을	태양의 남중 고도, 낮의 길이, 기온이 여름과 겨울의 중간 정도입니다.

3 태양의 남중 고도에 따라 기온이 달라지는 까닭

① **태양의 남중 고도에 따른 태양 에너지양 비교하기**

실험 방법	태양 전지판과 소리 발생기를 연결한 뒤, 전등과 태양 전지판이 이루는 각을 다르게 하여 전등을 비추면서 소리 발생기에서 나는 소리의 크기를 비교합니다.
실험 결과	• 전등과 태양 전지판이 이루는 각이 클 때: 소리가 크게 납니다. • 전등과 태양 전지판이 이루는 각이 작을 때: 소리가 작게 납니다.
알게 된 점	전등과 태양 전지판이 이루는 각이 ❻ ( )수록 태양 전지판이 받는 에너지양이 많아져 소리가 크게 납니다.

② **계절에 따라 기온이 달라지는 까닭:** 계절에 따라 태양의 남중 고도가 달라져 일정한 면적의 지표면에 도달하는 태양 에너지양이 달라지기 때문입니다.

③ **계절별 태양의 남중 고도에 따른 기온의 변화**

여름	겨울
태양의 남중 고도가 높습니다. → 일정한 면적의 지표면에 도달하는 태양 에너지양이 많습니다. → 기온이 ❼ ( )습니다.	태양의 남중 고도가 낮습니다. → 일정한 면적의 지표면에 도달하는 태양 에너지양이 적습니다. → 기온이 ❽ ( )습니다.

탐구3 전등과 태양 전지판이 이루는 각에 따른 태양 전지판이 받는 에너지양 비교하기

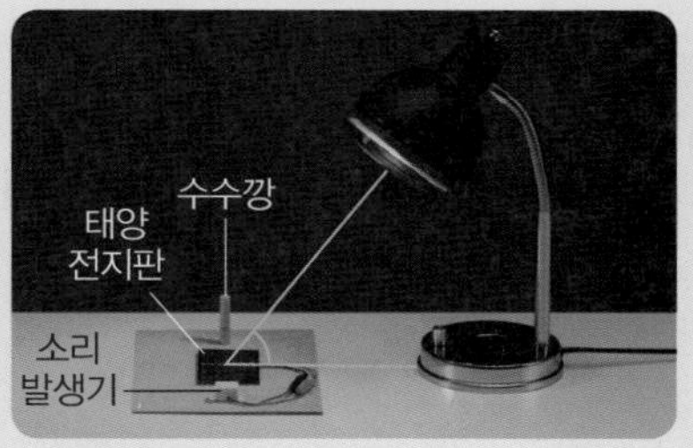

▲ 전등과 태양 전지판이 이루는 각이 클 때

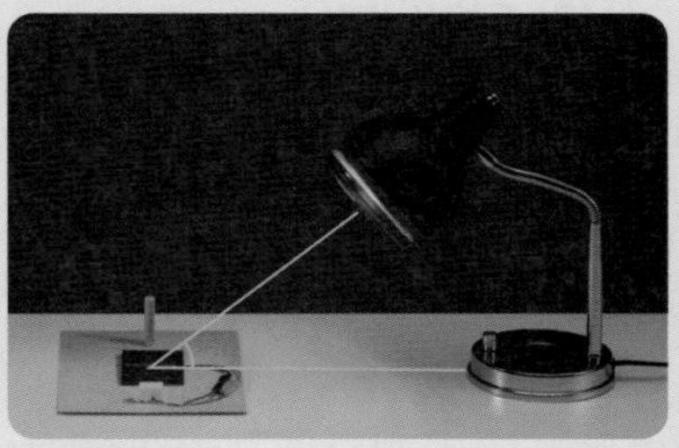
▲ 전등과 태양 전지판이 이루는 각이 작을 때

4 계절의 변화가 생기는 까닭

① **지구본의 자전축 기울기에 따른 태양의 남중 고도 비교하기**

지구본의 자전축을 기울이지 않은 채 공전할 때	지구본의 자전축을 기울인 채 공전할 때
지구본의 위치에 따라 태양의 남중 고도가 달라지지 않습니다.	지구본의 위치에 따라 태양의 남중 고도가 달라집니다.

② **계절이 변하는 까닭:** 지구의 자전축이 일정한 방향으로 기울어진 채 태양 주위를 ❾ (   )하기 때문입니다.

> 지구의 자전축이 일정한 방향으로 기울어진 채 태양 주위를 공전합니다. → 지구의 위치에 따라 태양의 ❿ (   )가 달라집니다. → 일정한 면적의 지표면에 도달하는 태양 에너지양이 달라집니다. → 계절의 변화가 생깁니다.

③ **지구의 자전축이 수직이거나 지구가 태양 주위를 공전하지 않는 경우 생길 수 있는 일:** 태양의 남중 고도가 변하지 않으므로 계절의 변화가 생기지 않을 것입니다.

탐구4 지구본의 자전축 기울기에 따른 태양의 남중 고도 비교하기

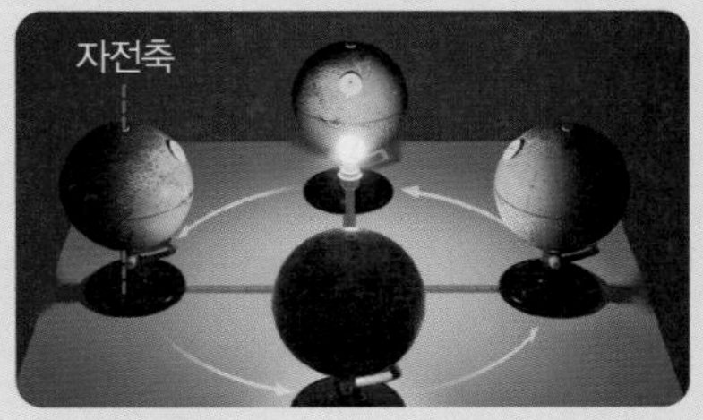

▲ 지구본의 자전축을 기울이지 않은 채 공전할 때

▲ 지구본의 자전축을 기울인 채 공전할 때

쪽지 시험 (2. 계절의 변화)

이름	맞은 개수

정답과 해설 • 33쪽

1 하루 중 태양이 (　　　　　)쪽에 위치할 때 태양이 남중했다고 합니다.

2 하루 동안 태양 고도가 높아지면 그림자 길이는 (길어지고, 짧아지고), 기온은 (높아집니다, 낮아집니다).

3 하루 중 기온이 가장 높은 시각은 태양이 남중한 시각보다 약 (　　　　　) 시간 뒤입니다.

4 태양의 남중 고도가 가장 높은 계절은 언제입니까?

5 태양의 남중 고도가 높아지면 낮의 길이는 (길어집니다, 짧아집니다).

6 태양의 남중 고도가 (낮아질수록, 높아질수록) 일정한 면적의 지표면에 도달하는 태양 에너지양이 많아집니다.

7 태양의 남중 고도가 (낮을, 높을) 때 지표면이 많이 데워집니다.

8 (여름, 겨울)에는 태양의 남중 고도가 낮아 기온이 낮습니다.

9 지구본의 자전축을 기울이지 않은 채 전등을 중심으로 지구본을 공전시키면 지구본의 위치에 따라 태양의 남중 고도가 (달라지지 않습니다, 달라집니다).

10 우리나라가 있는 북반구가 여름일 때 남반구는 어떤 계절이 됩니까?

서술 쪽지 시험 (2. 계절의 변화)

이름	맞은 개수

정답과 해설 • 33쪽

1 태양 고도는 무엇인지 써 봅시다.

2 하루 동안 태양 고도와 그림자 길이는 어떤 관계가 있는지 써 봅시다.

3 여름과 겨울에 태양의 남중 고도를 비교하여 써 봅시다.

4 계절에 따른 태양의 남중 고도와 기온은 어떤 관계가 있는지 써 봅시다.

5 태양의 남중 고도가 높아지면 일정한 면적의 지표면에 도달하는 태양 에너지양은 어떻게 되는지 써 봅시다.

6 지구의 자전축이 기울어진 채 태양 주위를 공전하지 않는다면 계절은 어떻게 될지 써 봅시다.

2 단원

단원 평가 (2. 계절의 변화)

이름	맞은 개수

정답과 해설 ● 34쪽

1 다음은 무엇을 측정하는 모습입니까? ( )

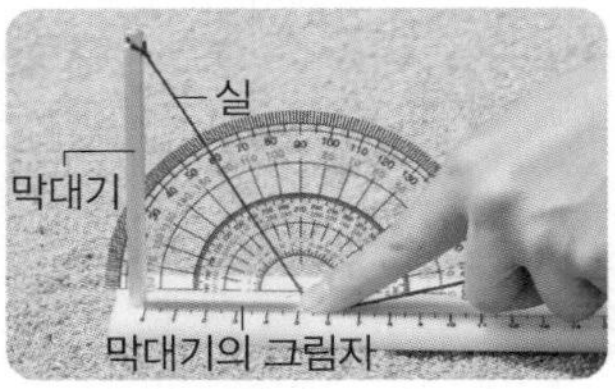

막대기의 그림자와 실이 이루는 각을 측정한다.

① 기온 ② 태양 고도
③ 낮의 길이 ④ 태양의 크기
⑤ 태양과 지표면 사이의 거리

중요

2 다음 ( ) 안에 들어갈 알맞은 말을 각각 써 봅시다.

> 하루 중 태양이 정남쪽에 위치했을 때 태양이 (㉠)했다고 하고, 이때 태양의 고도를 태양의 (㉡)(이)라고 한다.

㉠: ( ) ㉡: ( )

[3~5] 다음은 하루 동안 태양 고도, 그림자 길이, 기온을 측정한 결과입니다.

측정 시각 (시 : 분)	태양 고도 (°)	그림자 길이(cm)	기온 (℃)
10 : 30	42	4.4	21.4
11 : 30	47	3.7	22.6
12 : 30	49	3.5	23.9
13 : 30	46	3.9	25.0
14 : 30	39	4.9	25.2
15 : 30	30	6.9	24.2

3 위 표를 보고, 하루 중 태양 고도가 가장 높은 시각은 언제인지 써 봅시다.

( )

중요

4 앞의 표를 보고 알 수 있는 점으로 옳지 않은 것은 어느 것입니까? ( )

① 오전에는 기온이 점점 높아진다.
② 하루 동안 태양 고도는 계속 변한다.
③ 기온은 낮 12시 30분경에 가장 높다.
④ 오후에는 그림자 길이가 점점 길어진다.
⑤ 그림자 길이는 낮 12시 30분경에 가장 짧다.

서술형

5 오후 1시 30분에 태양 고도와 그림자 길이를 측정하였습니다. 앞의 표를 보고 한 시간이 지난 뒤 태양 고도와 그림자 길이의 변화를 써 봅시다.

6 다음은 하루 동안 태양 고도와 기온을 측정하여 나타낸 그래프입니다. 이 그래프에 대한 설명으로 옳은 것은 어느 것입니까? ( )

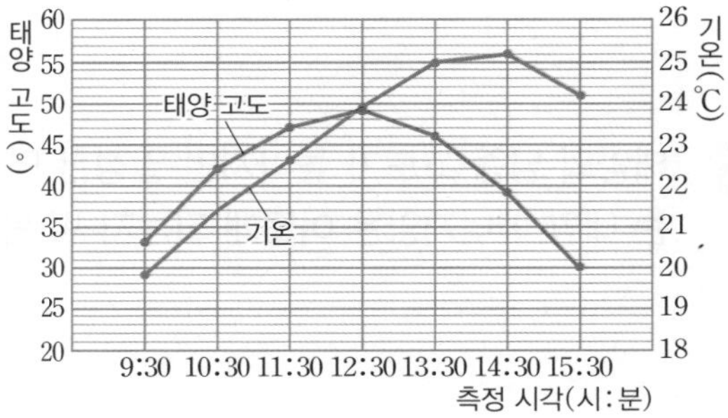

① 태양 고도가 높아지면 기온은 낮아진다.
② 기온이 높아진 뒤 태양 고도가 높아진다.
③ 태양 고도가 높아져도 기온은 변하지 않는다.
④ 태양 고도가 가장 높은 때 기온도 가장 높다.
⑤ 태양이 남중한 때와 기온이 가장 높은 때는 시간 차이가 있다.

7 다음 상황과 가장 관련이 깊은 것은 어느 것입니까? ( )

> 여름에는 낮에 햇빛이 교실 안까지 들어오지 않지만, 겨울에는 낮에 햇빛이 교실 안까지 들어온다.

① 기온 ② 낮의 길이
③ 그림자 길이 ④ 태양의 온도
⑤ 태양의 남중 고도

[8~9] 다음은 월별 태양의 남중 고도와 기온을 나타낸 그래프입니다.

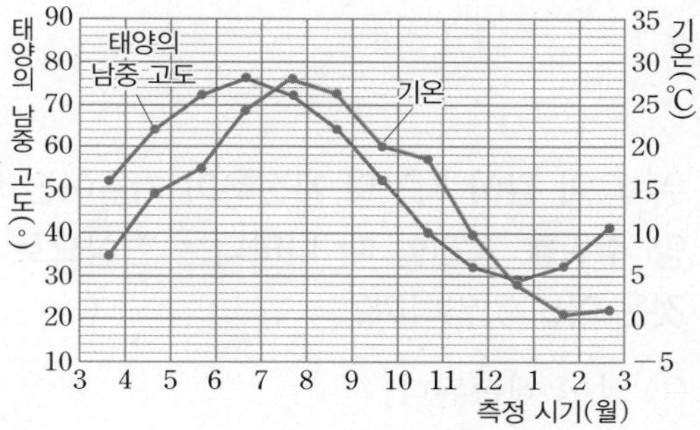

8 위 그래프로 보아, 태양의 남중 고도가 가장 낮은 때는 언제입니까? ( )

① 4월 ② 6월 ③ 8월
④ 10월 ⑤ 12월

서술형

9 위 그래프에서 태양의 남중 고도가 가장 높은 달과 기온이 가장 높은 달이 다른 까닭을 써 봅시다.

____

____

10 계절이 봄에서 여름으로 변할 때 태양의 남중 고도와 낮의 길이의 변화를 옳게 나타낸 것은 어느 것입니까? ( )

	태양의 남중 고도	낮의 길이
①	낮아진다.	짧아진다.
②	낮아진다.	길어진다.
③	높아진다.	짧아진다.
④	높아진다.	길어진다.
⑤	변화 없다.	변화 없다.

[11~12] 다음은 계절별 하루 동안 태양의 위치 변화를 나타낸 것입니다.

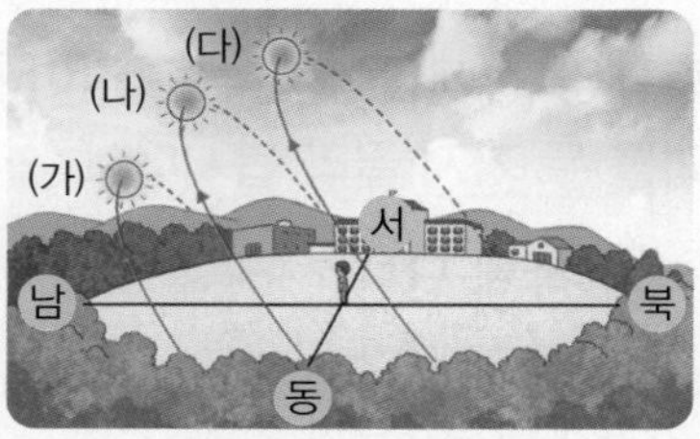

중요

11 위 (가)~(다)에 해당하는 계절을 선으로 연결해 봅시다.

(1) (가) • • ㉠ 여름
(2) (나) • • ㉡ 겨울
(3) (다) • • ㉢ 봄, 가을

12 위 (가)~(다)와 같이 태양의 위치가 변하는 계절에 대해 옳지 <u>않게</u> 말한 친구의 이름을 써 봅시다.

> • 지수: (가)는 기온이 가장 높은 계절이야.
> • 윤아: (다)는 낮의 길이가 가장 긴 계절이야.
> • 연석: (나)는 태양의 남중 고도가 (가)와 (다)의 중간 정도야.

( )

[13~15] 다음은 태양의 남중 고도에 따른 태양 에너지양을 비교하는 실험입니다.

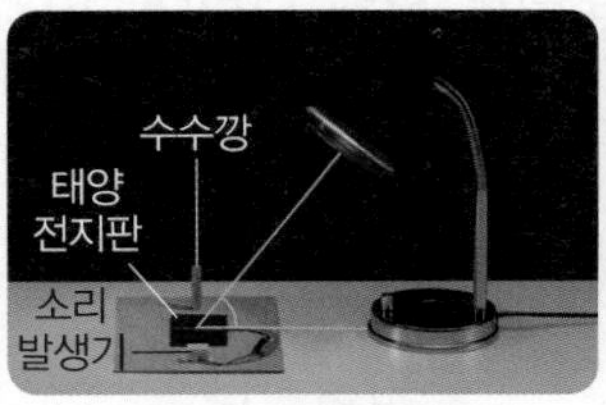

▲ 전등과 태양 전지판이 이루는 각이 클 때

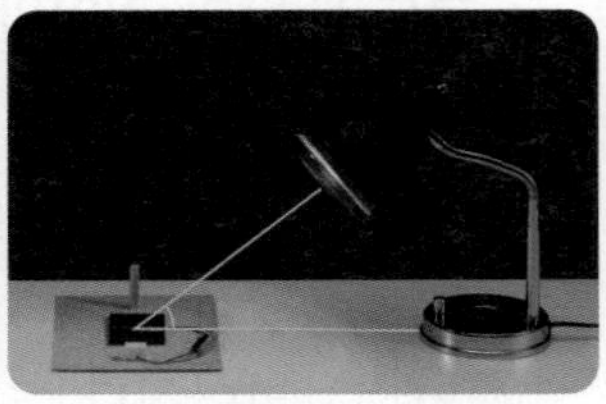
▲ 전등과 태양 전지판이 이루는 각이 작을 때

13 위 실험에서 지표면에 해당하는 것은 무엇인지 써 봅시다.

( )

14 전등과 태양 전지판이 이루는 각이 클 때의 실험 결과를 두 가지 골라 봅시다. (,)

① 소리가 작게 난다.
② 소리가 크게 난다.
③ 소리가 나지 않는다.
④ 수수깡의 그림자 길이가 길다.
⑤ 수수깡의 그림자 길이가 짧다.

서술형

15 위 실험으로 알 수 있는 태양의 남중 고도와 기온의 관계를 써 봅시다.

중요

16 다음 ( ) 안의 알맞은 말에 ○표 해 봅시다.

겨울에 기온이 낮은 까닭은 태양의 남중 고도가 (낮아, 높아) 일정한 면적의 지표면에 도달하는 태양 에너지양이 (적기, 많기) 때문이다.

[17~19] 다음은 계절의 변화가 생기는 까닭을 알아보는 실험입니다.

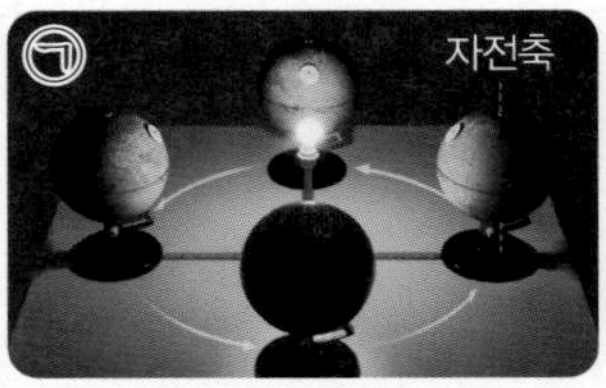

▲ 지구본의 자전축을 기울이지 않은 채 공전시킬 때

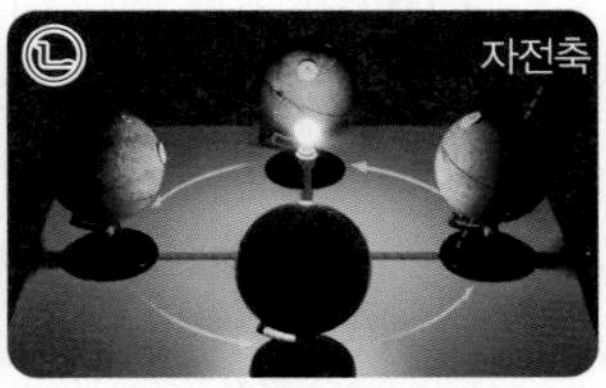

▲ 지구본의 자전축을 기울인 채 공전시킬 때

17 위 ㉠과 ㉡ 실험에서 다르게 한 조건을 써 봅시다.

( )

18 위 ㉠과 ㉡ 중 지구본의 위치에 따라 태양의 남중 고도가 달라지지 않는 경우를 골라 기호를 써 봅시다.

( )

중요

19 위 ㉡과 같이 지구의 자전축이 기울어진 채 태양 주위를 공전할 때 나타나는 현상으로 옳은 것은 어느 것입니까? ( )

① 낮이 계속된다.
② 기온이 일정하다.
③ 계절의 변화가 생긴다.
④ 낮과 밤의 길이가 항상 같다.
⑤ 6월과 12월에 태양의 남중 고도가 같다.

20 다음은 지구가 태양 주위를 공전하는 모습입니다. ㉠~㉣ 중 우리나라에서 낮의 길이가 가장 길 때 지구의 위치를 골라 기호를 써 봅시다.

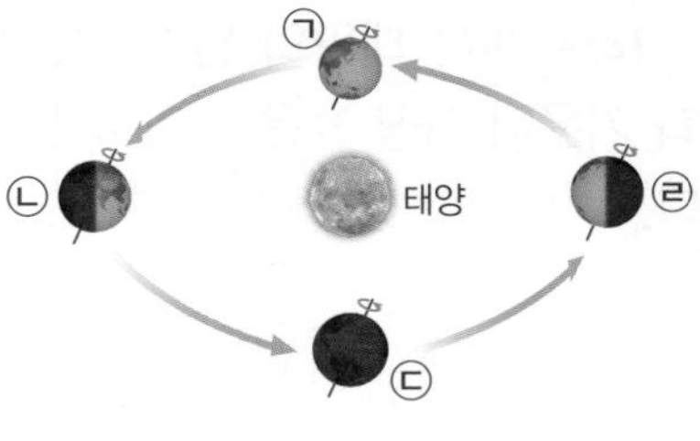

( )

서술형 평가 (2. 계절의 변화)

이름	맞은 개수

○ 정답과 해설 ● 35쪽

1 오른쪽은 계절별 하루 동안 태양의 위치 변화를 나타낸 것입니다. ㉠과 ㉡에 해당하는 계절의 낮의 길이를 비교하여 써 봅시다. [10점]

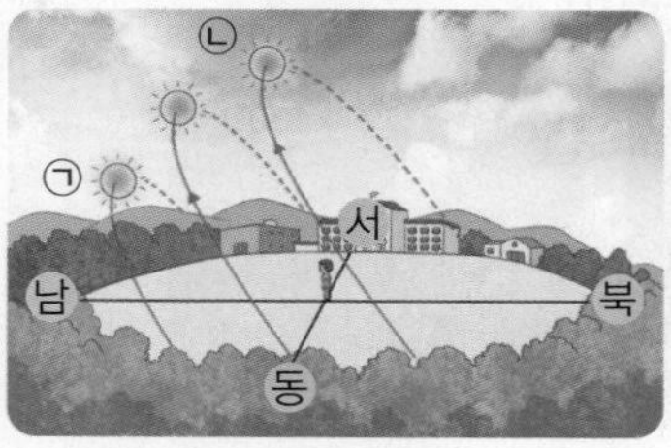

____

____

2 오른쪽은 태양의 남중 고도에 따른 태양 에너지양을 비교하는 실험입니다. [10점]

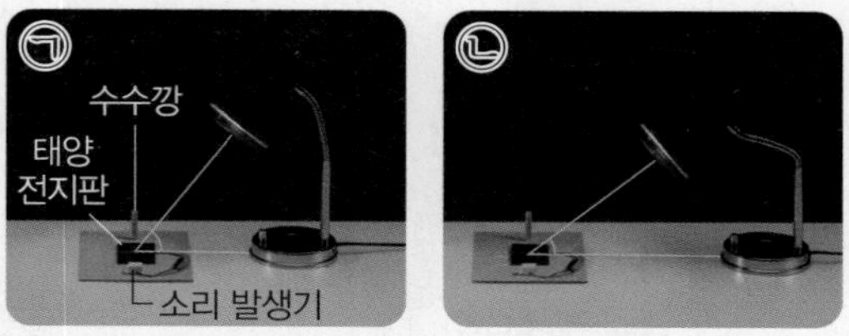

▲ 전등과 태양 전지판이 이루는 각이 클 때 ▲ 전등과 태양 전지판이 이루는 각이 작을 때

(1) ㉠과 ㉡ 중 태양 전지판이 받는 에너지양이 많아 소리가 더 크게 나는 것을 골라 기호를 써 봅시다. [3점]

( )

(2) 위 실험으로 보아, 겨울보다 여름에 기온이 높은 까닭을 써 봅시다. [7점]

____

____

3 다음 그림에서 지구가 ㉠과 ㉡ 위치에 있을 때, 북반구에 있는 우리나라는 어느 계절인지 태양의 남중 고도와 관련지어 써 봅시다. [10점]

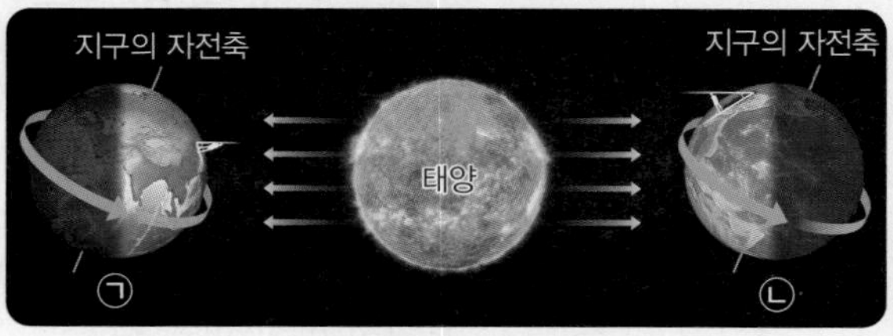

____

____

단원 정리 (3. 연소와 소화)

탐구1 초와 알코올이 탈 때 나타나는 현상 관찰하기

▲ 초가 타는 모습

▲ 알코올이 타는 모습

1 물질이 탈 때 나타나는 현상

초가 탈 때 나타나는 현상	알코올이 탈 때 나타나는 현상
• 불꽃 모양이 위아래로 길쭉합니다. • 불꽃 주변이 밝습니다. • 손을 가까이 하면 따뜻합니다. • 심지 주변의 초가 녹고, 촛농이 흘러내립니다.	• 불꽃 모양이 위아래로 길쭉합니다. • 불꽃 주변이 밝습니다. • 손을 가까이 하면 따뜻합니다.

↓

물질이 탈 때 ❶ ______ 과 ❷ ______ 이 발생합니다.

탐구2 물질이 탈 때 필요한 것 알아보기

• 발화점 이상의 온도

▲ 성냥의 머리 부분에 불이 붙습니다.

▲ 성냥의 머리 부분에 먼저 불이 붙습니다.

• 산소

▲ 촛불이 금방 꺼집니다.

▲ 촛불이 오래 탑니다.

2 물질이 탈 때 필요한 것

① 불을 직접 붙이지 않고 물질 태워 보기

철판 위에 성냥의 머리 부분을 올려놓고 철판 가열하기	성냥의 머리 부분에 불이 붙습니다.
철판 위에 성냥의 머리 부분과 나무 부분을 올려놓고 철판 가열하기	성냥의 머리 부분에 먼저 불이 붙습니다.

↓

• ❸ ______ : 물질이 불에 직접 닿지 않아도 타기 시작하는 온도
• 물질에 직접 불을 붙이지 않아도 물질을 가열하여 발화점 이상으로 온도를 높이면 물질이 탈 수 있습니다. ➜ 물질이 타려면 물질의 온도가 발화점 이상이 되어야 합니다.
• 물질에 따라 발화점이 다릅니다.
• 발화점이 낮을수록 쉽게 불이 붙습니다.

② 초가 탈 때 필요한 기체 알아보기

불을 붙인 초만 유리병으로 덮을 때	촛불이 금방 꺼집니다.
불을 붙인 초와 (묽은 과산화 수소수+이산화 망가니즈)가 담긴 비커를 함께 유리병으로 덮을 때	산소가 발생하므로 촛불이 더 오래 탑니다.

↓

• 촛불을 유리병으로 덮을 때 촛불에 산소가 공급되지 않는 경우보다 산소가 공급되고 있으면 촛불이 더 오래 탑니다.
• 물질이 타기 위해 ❹ ______ 가 필요합니다.

③ ❺ ______ : 물질이 산소와 빠르게 반응하여 빛과 열을 내는 현상

④ **연소의 조건**: 탈 물질, 발화점 이상의 온도, 산소 ➜ 연소의 세 가지 조건 중 한 가지라도 없으면 연소가 일어나지 않습니다.

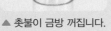

3 물질이 연소한 후에 생기는 물질

푸른색 염화 코발트 종이의 변화	안쪽 벽면에 푸른색 염화 코발트 종이를 붙인 유리병으로 촛불을 덮고, 촛불이 꺼지면 푸른색 염화 코발트 종이의 변화를 관찰합니다. ➔ 푸른색 염화 코발트 종이가 붉게 변합니다. ➔ 초가 연소한 후 ❻ ______ 이 생깁니다.
석회수의 변화	촛불을 집기병으로 덮고 촛불이 꺼지면 집기병에 석회수를 붓고 흔듭니다. ➔ 석회수가 뿌옇게 흐려집니다. ➔ 초가 연소한 후 ❼ ______ 가 생깁니다.

탐구3 초가 연소한 후에 생기는 물질 알아보기

▲ 푸른색 염화 코발트 종이가 붉게 변합니다.

▲ 석회수가 뿌옇게 흐려집니다.

4 불을 끄는 다양한 방법

① **소화**: 불을 끄는 것

② **소화 방법**: 탈 물질, 발화점 이상의 온도, 산소 중 ❽ ______ 가지 이상의 조건을 없애면 불이 꺼집니다.

탈 물질 제거하기	• 핀셋으로 초의 심지를 집습니다. • 가스레인지의 연료 조절 손잡이를 돌려 닫습니다. • 촛불을 입으로 붑니다.
온도를 발화점 아래로 낮추기	• 분무기로 촛불에 물을 뿌립니다. • 불이 난 곳에 물을 뿌립니다.
❾ ______ 차단하기	• 모래로 촛불을 덮습니다. • 타고 있는 알코올램프에 뚜껑을 덮습니다. • 촛불을 끄는 도구로 촛불을 덮습니다. • 불이 난 곳에 흙이나 모래를 뿌립니다.

탐구4 불을 끄는 방법 알아보기

• 촛불을 끄는 방법

▲ 핀셋으로 초의 심지 집기

▲ 분무기로 촛불에 물 뿌리기

▲ 모래로 촛불 덮기

5 화재 안전 대책

① 연소 물질에 따른 소화 방법

나무, 종이, 섬유에 일어난 화재	기름, 가스, 전기에 의한 화재
물을 뿌리거나 모래를 덮거나 소화기를 사용합니다.	모래를 덮거나 소화기를 사용합니다.

② 화재 대처 방법

- 불을 발견하면 "불이야!"하고 외치고 화재경보기를 누른 뒤 119에 신고합니다.
- 연기가 많으면 젖은 수건으로 코와 입을 막고 낮은 자세로 이동합니다.
- 아래층으로 이동할 때에는 승강기 대신 ❿ ______ 을 이용합니다.
- 아래층으로 내려갈 수 없으면 옥상으로 대피한 뒤 구조를 요청합니다.

탐구5 화재 대처 방법

▲ 큰 소리로 "불이야!"하고 외치고 화재경보기를 누른 뒤 119에 신고하기

▲ 연기가 많으면 젖은 수건으로 코와 입을 막고 낮은 자세로 이동하기

▲ 승강기 대신 계단으로 대피하기

▲ 유도등의 표시를 따라 신속하게 대피하기

쪽지 시험 (3. 연소와 소화)

이름	맞은 개수

정답과 해설 • 35쪽

1 불꽃 주변은 (밝습니다, 어둡습니다).

2 물질이 탈 때 물질의 양은 (변합니다, 변하지 않습니다).

3 물질이 타려면 물질의 온도가 (   ) 이상이 되어야 합니다.

4 물질마다 발화점이 (같기, 다르기) 때문에 불이 붙는 데 걸리는 시간이 (같습니다, 다릅니다).

5 물질이 타기 위해 필요한 기체는 무엇입니까?

6 초가 연소한 후에 생기는 물질 두 가지는 무엇입니까?

7 핀셋으로 초의 심지를 집으면 (   )이/가 제거되기 때문에 촛불이 꺼집니다.

8 불을 끄는 것을 (   )(이)라고 하며, 연소의 조건 중에서 한 가지 이상의 조건을 없애면 불이 꺼집니다.

9 화재가 발생하여 연기가 많으면 (젖은 수건, 마른 휴지)(으)로 코와 입을 막고 낮은 자세로 이동하여 대피합니다.

10 아래층으로 이동할 때에는 (승강기, 계단)을/를 이용합니다.

서술 쪽지 시험 (3. 연소와 소화)

이름 | 맞은 개수

정답과 해설 ● 35쪽

3 단원

1 초, 알코올과 같은 물질이 탈 때 불꽃 주변의 밝기와 손을 가까이 했을 때의 느낌을 각각 써 봅시다.

2 발화점의 뜻을 써 봅시다.

3 성냥의 머리 부분과 성냥갑을 마찰하면 불을 직접 붙이지 않아도 불이 붙는 까닭을 연소의 조건과 관련지어 써 봅시다.

4 연소의 뜻을 써 봅시다.

5 촛불을 덮었던 집기병에 석회수를 넣고 흔들었을 때 석회수는 어떻게 되는지 써 봅시다.

6 연소의 조건과 관련지어 소화 방법을 써 봅시다.

단원 평가 (3. 연소와 소화)

이름	맞은 개수

정답과 해설 • 35쪽

1 초가 탈 때 나타나는 현상으로 옳지 않은 것은 어느 것입니까? ( )

① 불꽃 주변이 밝다.
② 초의 길이가 길어진다.
③ 초가 녹아 촛농이 흘러내린다.
④ 불꽃의 모양이 위아래로 길쭉하다.
⑤ 손을 가까이 하면 손이 점점 따뜻해진다.

2 오른쪽과 같이 알코올램프에서 알코올이 타는 모습에 대해 옳게 설명한 친구의 이름을 써 봅시다.

- 정훈: 불꽃 모양이 납작해.
- 가윤: 손을 가까이 하면 따뜻해.
- 연수: 알코올램프 속 알코올의 양은 변하지 않아.

( )

중요

3 물질이 탈 때 나타나는 공통적인 현상으로 옳은 것을 두 가지 골라 써 봅시다. (,)

① 불꽃이 푸른색이다.
② 빛과 열이 발생한다.
③ 주변이 밝고 따뜻해진다.
④ 물질의 양이 그대로이다.
⑤ 물질이 액체 상태로 탄다.

서술형

4 우리 주변에서 물질이 탈 때 발생하는 빛과 열을 이용하는 예를 두 가지 써 봅시다.

____

____

[5~6] 오른쪽과 같이 가열 장치 위에 철판을 놓고 성냥의 머리 부분과 나무 부분을 철판의 가운데로부터 같은 거리에 올려놓은 뒤 철판을 가열하였습니다.

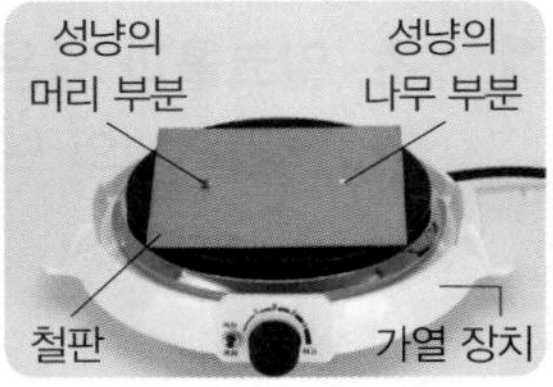

5 다음은 철판을 가열할 때 먼저 불이 붙는 것과 그 까닭에 대한 설명입니다. ( ) 안의 알맞은 말에 각각 ○표 해 봅시다.

> 성냥의 (머리 부분, 나무 부분)에 먼저 불이 붙는다. 그 까닭은 성냥의 머리 부분이 나무 부분보다 불이 붙는 온도가 (높기, 낮기) 때문이다.

중요

6 위 실험으로 알 수 있는 사실로 옳은 것을 보기에서 모두 골라 기호를 써 봅시다.

보기
㉠ 물질마다 타기 시작하는 온도가 다르다.
㉡ 물질에 불을 직접 붙여야만 물질이 탈 수 있다.
㉢ 물질이 타려면 물질의 온도가 발화점 이상이 되어야 한다.

( )

7 발화점에 대한 설명으로 옳은 것은 어느 것입니까? ( )

① 모든 물질의 발화점이 같다.
② 발화점보다 낮은 온도에서 불이 붙는다.
③ 발화점이 높은 물질일수록 불이 쉽게 붙는다.
④ 물질이 불에 직접 닿지 않아도 타기 시작하는 온도이다.
⑤ 물질이 발화점에 도달해도 직접 불을 붙이지 않으면 물질이 타지 않는다.

8 오른쪽과 같이 초 두 개에 불을 붙이고 촛불의 크기가 비슷해질 때 크기가 다른 아크릴 통으로 촛불을 동시에 덮었습니다. 이 실험에 대한 설명에서 (　　) 안에 들어갈 말을 각각 써 봅시다.

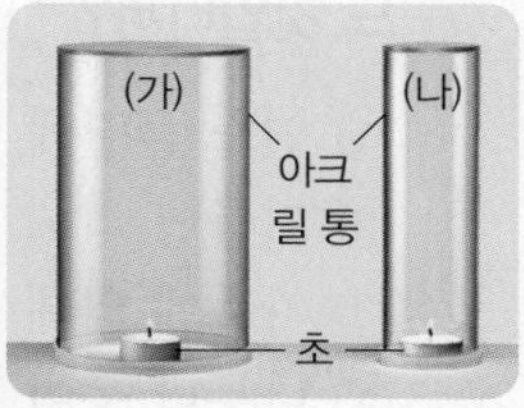

> (가)와 (나) 중 촛불이 더 오래 타는 것은 (㉠)이다. 그 까닭은 크기가 큰 아크릴 통 안에 들어 있는 공기의 양이 더 많아 (㉡)의 양이 더 많기 때문이다.

㉠: (　　　　　) ㉡: (　　　　　)

[9~11] 다음과 같이 장치하고 변화를 관찰하였습니다.

㉠

㉡

9 다음은 ㉡에서 묽은 과산화 수소수와 이산화 망가니즈가 담긴 비커를 불을 붙인 초와 함께 유리병으로 덮은 까닭입니다. (　　) 안에 들어갈 말을 써 봅시다.

> 묽은 과산화 수소수와 이산화 망가니즈가 만나면 (　　　)이/가 발생하기 때문이다.

(　　　　　　　)

중요

10 위 실험 결과로 옳은 것은 어느 것입니까? (　　　)

① ㉠의 촛불이 먼저 꺼진다.
② ㉡의 촛불이 먼저 꺼진다.
③ ㉠과 ㉡의 촛불이 동시에 꺼진다.
④ ㉠과 ㉡의 촛불은 모두 꺼지지 않는다.
⑤ ㉡의 촛불만 꺼지고, ㉠의 촛불은 꺼지지 않는다.

11 앞의 실험 결과로 알 수 있는 물질이 타는 데 필요한 기체는 무엇인지 써 봅시다.

(　　　　　　　　)

12 연소에 대한 설명으로 옳지 않은 것은 어느 것입니까? (　　　)

① 연소가 일어나려면 산소가 필요하다.
② 연소가 일어나려면 탈 물질이 필요하다.
③ 연소가 일어나려면 온도가 발화점 이상이 되어야 한다.
④ 물질이 산소와 빠르게 반응하여 빛과 열을 내는 현상이다.
⑤ 연소의 세 가지 조건 중 하나만 있어도 연소가 일어난다.

서술형

13 오른쪽과 같이 안쪽 벽면에 푸른색 염화 코발트 종이를 붙인 유리병으로 촛불을 덮었습니다. 촛불이 꺼진 후 푸른색 염화 코발트 종이의 변화와 이를 통해 알 수 있는 사실을 써 봅시다.

____

____

14 초가 연소한 후에 생기는 물질 중 석회수로 확인할 수 있는 물질과 그 물질에 의한 석회수의 변화를 옳게 짝 지은 것은 어느 것입니까? (　　　)

① 산소 – 석회수가 붉게 변한다.
② 물 – 석회수가 노랗게 변한다.
③ 물 – 석회수가 뿌옇게 흐려진다.
④ 이산화 탄소 – 석회수가 붉게 변한다.
⑤ 이산화 탄소 – 석회수가 뿌옇게 흐려진다.

[15~16] 다음은 촛불을 끄는 여러 가지 방법입니다.

㉠

▲ 촛불을 집기병으로 덮기

㉡

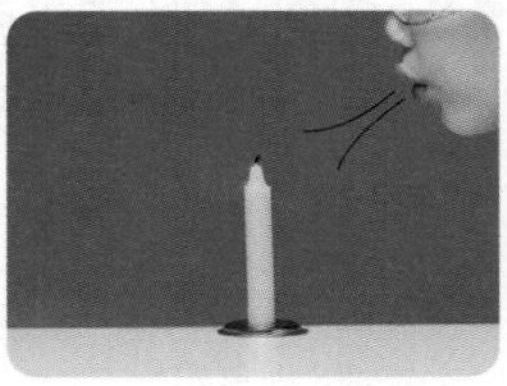

▲ 촛불을 입으로 불기

㉢

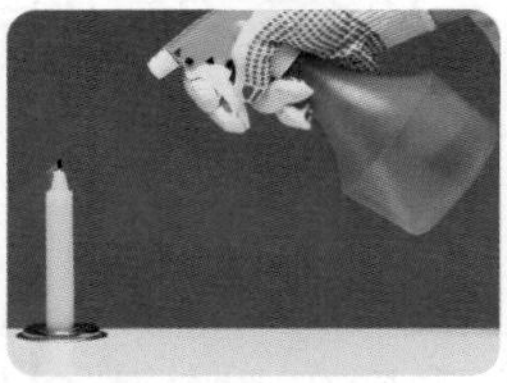

▲ 촛불에 분무기로 물 뿌리기

㉣

▲ 초의 심지를 핀셋으로 집기

15 위 ㉠에서 촛불이 꺼지는 까닭과 관계있는 것을 보기 에서 골라 기호를 써 봅시다.

보기
㉠ 산소를 차단한다.
㉡ 탈 물질을 제거한다.
㉢ 온도를 발화점 아래로 낮춘다.

( )

16 위 ㉠~㉣ 중 오른쪽과 같은 연소의 조건을 없애 촛불을 끄는 방법을 모두 고른 것은 어느 것입니까? ( )

① ㉠, ㉡ ② ㉠, ㉢ ③ ㉡, ㉣
④ ㉢, ㉣ ⑤ ㉡, ㉢, ㉣

서술형

17 오른쪽과 같이 타고 있는 알코올램프에 뚜껑을 덮었을 때 불이 꺼지는 까닭을 연소의 조건과 관련지어 써 봅시다.

18 소화 방법에 대한 설명으로 옳지 않은 것은 어느 것입니까? ( )

① 연소 물질에 따라 소화 방법이 다르다.
② 기름에 의해 생긴 불은 물을 뿌려 끈다.
③ 가스에 의해 생긴 불은 모래를 덮어 끈다.
④ 나무나 옷이 탈 때는 물을 뿌려 불을 끈다.
⑤ 전기 기구에 생긴 불은 소화기를 사용하여 끈다.

19 다음은 분말 소화기 사용 방법을 순서대로 설명한 것입니다. ㉠~㉣ 중 옳은 것을 모두 골라 기호를 써 봅시다.

㉠ 소화기를 불이 난 곳으로 옮긴다.
㉡ 소화기의 안전핀이 빠지지 않도록 단단하게 고정한다.
㉢ 바람을 마주 보고 서서 소화기의 고무관을 잡고 불 쪽을 향한다.
㉣ 소화기의 손잡이를 움켜쥐고 소화 물질을 뿌려 불을 끈다.

( )

중요

20 화재가 발생하여 연기가 많을 때 이동하는 방법으로 옳은 것을 골라 기호를 써 봅시다.

㉠

▲ 마른 휴지로 코와 입을 막고 서서 이동하기

㉡

▲ 젖은 수건으로 코와 입을 막고 낮은 자세로 이동하기

( )

서술형 평가 (3. 연소와 소화)

이름	맞은 개수

정답과 해설 ● 36쪽

1 **다음과 같이 (가)는 불을 붙인 초만 유리병으로 덮고, (나)는 묽은 과산화 수소수와 이산화 망가니즈가 담긴 비커와 불을 붙인 초를 함께 유리병으로 덮은 뒤, 촛불이 타는 시간을 측정하여 표와 같은 결과를 얻었습니다.** [10점]

(가)

(나)

구분	촛불이 타는 시간
㉠	32초
㉡	2분 55초

(1) 위 결과 표에서 ㉠과 ㉡은 각각 (가)와 (나) 중 어느 것의 결과인지 써 봅시다. [3점]

㉠: (　　　　　　) ㉡: (　　　　　　)

(2) 위 실험으로 알 수 있는 사실을 연소의 조건과 관련지어 써 봅시다. [7점]

2 **다음은 초가 연소한 후 생기는 물질을 알아보는 실험입니다.** [10점]

> (가) 초에 불을 붙이고 안쪽 벽면에 푸른색 염화 코발트 종이를 붙인 유리병으로 덮었더니 푸른색 염화 코발트 종이가 붉은색으로 변했다.
>
> (나) 촛불을 집기병으로 덮고 촛불이 꺼지면 집기병 입구를 유리판으로 막은 뒤 집기병에 석회수를 붓고 흔들었더니 석회수가 뿌옇게 흐려졌다.

(1) 위 실험으로 알 수 있는 초가 연소한 후 생기는 물질 두 가지를 써 봅시다. [3점]

(　　　　　　,　　　　　　)

(2) 위 실험으로 물질의 연소 전과 후를 비교하여 물질이 어떻게 변하는지 써 봅시다. [7점]

단원 정리 (4. 우리 몸의 구조와 기능)

탐구1 뼈와 근육의 위치와 생김새 알아보기

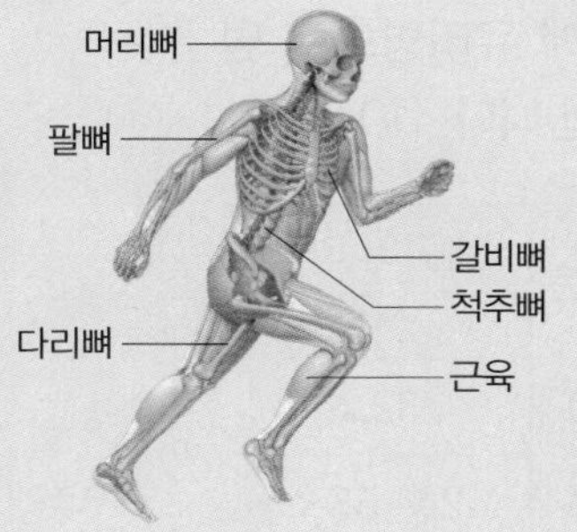

1 우리가 몸을 움직일 수 있는 까닭

① **뼈의 특징:** 몸의 형태를 만들고, 몸을 지탱하며, 심장과 폐, 뇌 등의 몸속 기관을 보호합니다.

머리뼈	바가지처럼 둥근 모양입니다.	
갈비뼈	여러 개의 뼈가 연결되어 안쪽에 공간을 만듭니다.	
❶	짧은뼈 여러 개가 기둥 모양으로 이어져 있습니다.	
팔뼈	길이가 깁니다.	아래쪽 뼈는 긴뼈 두 개로 이루어져 있습니다.
다리뼈	팔뼈보다 더 길고 굵습니다.	

② **우리 몸이 움직이는 원리:** ❷ 의 길이가 줄어들거나 늘어나면서 근육과 연결된 뼈를 움직여 몸을 움직일 수 있습니다.

탐구2 소화 기관의 위치와 생김새 알아보기

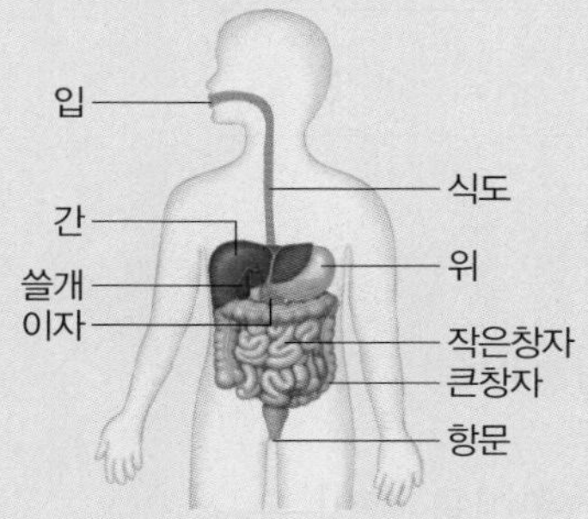

2 음식물이 소화되는 과정

소화	영양소를 흡수할 수 있도록 음식물을 잘게 쪼개는 과정	
소화 기관	입 ↓	음식물을 잘게 부수고, 혀로 섞습니다.
	식도 ↓	음식물이 위로 이동하는 통로입니다.
	❸ ↓	소화를 돕는 액체를 분비하여 음식물을 잘게 쪼갭니다.
	작은창자 ↓	음식물을 더 잘게 쪼개고, 영양소와 수분을 흡수합니다.
	큰창자 ↓	음식물 찌꺼기의 수분을 흡수합니다.
	항문	소화되지 않은 음식물 찌꺼기를 배출합니다.

탐구3 호흡 기관의 위치와 생김새 알아보기

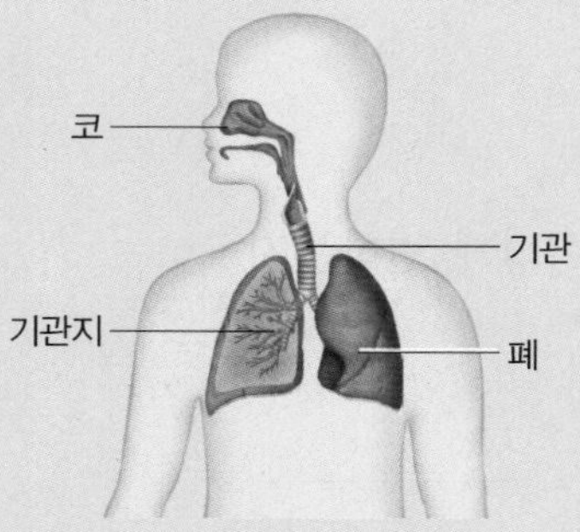

3 숨을 쉴 때 우리 몸에서 일어나는 일

호흡	숨을 들이마시고 내쉬는 활동	
호흡 기관	코	공기가 드나드는 곳입니다.
	기관	공기가 이동하는 통로입니다.
	❹	기관과 폐 사이에서 공기가 이동하는 통로입니다.
	폐	몸에 필요한 산소를 받아들이고 몸속에서 생긴 이산화 탄소를 내보냅니다.
공기의 이동	숨을 들이마실 때	코 → 기관 → 기관지 → 폐
	숨을 내쉴 때	❺ → 기관지 → 기관 → 코

○ 정답과 해설 ● 37쪽

4 우리 몸속을 이동하는 혈액

혈액 순환	혈액이 온몸을 도는 과정	
순환 기관	❻	펌프 작용으로 혈액을 온몸으로 순환시킵니다.
	혈관	혈액이 온몸으로 이동하는 통로입니다.

➜ 심장에서 나온 혈액은 ❼ ( ) 을 따라 이동하며, 영양소와 산소를 온몸으로 운반합니다. 또 이산화 탄소를 몸 밖으로 내보낼 수 있도록 운반합니다.

탐구4 순환 기관의 위치와 생김새 알아보기

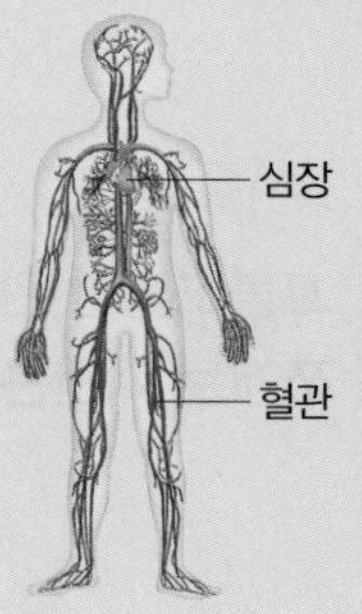

5 우리 몸속의 노폐물을 내보내는 방법

배설	혈액에 있는 노폐물을 몸 밖으로 내보내는 과정	
배설 기관	콩팥	혈액에 있는 노폐물을 걸러 내어 오줌을 만듭니다.
	오줌관	콩팥에서 방광으로 오줌이 이동하는 통로입니다.
	❽	오줌을 모았다가 일정한 양이 되면 몸 밖으로 내보냅니다.

➜ 콩팥에서 혈액에 있는 노폐물을 걸러 내어 오줌을 만들고, 오줌은 오줌관을 지나 방광에 모였다가 몸 밖으로 나갑니다.

탐구5 배설 기관의 위치와 생김새 알아보기

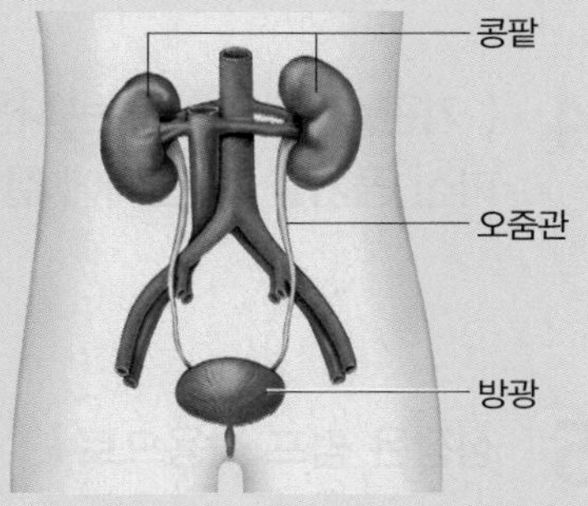

6 우리 몸에서 자극이 전달되고 반응하는 과정

① 감각 기관과 신경계

감각 기관	자극을 받아들이는 기관 예 눈, 귀, 코, 혀, 피부
신경계	자극을 전달하며, 반응을 결정하여 명령을 내립니다.

② 자극이 전달되고 반응하는 과정: 감각 기관 → 자극을 전달하는 신경 → ❾ ( ) → 명령을 전달하는 신경 → 운동 기관

탐구6 감각 기관의 종류 알아보기

7 운동할 때 우리 몸에 나타나는 변화

운동을 하면 맥박과 ❿ ( ) 이 빨라지고 체온이 올라가 땀이 나는 것처럼 우리 몸의 어느 한 기관에 나타난 변화는 다른 기관에도 영향을 미칩니다.

➜ 우리가 건강하게 살아가려면 몸을 이루는 여러 기관이 조화를 이루어 각각의 기능을 잘 수행해야 합니다.

탐구7 운동할 때 몸에 나타나는 변화 알아보기

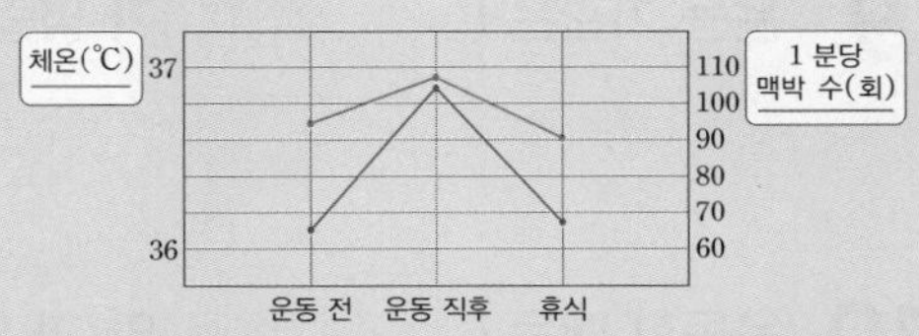

▲ 운동하기 전, 운동한 직후, 운동하고 5분 휴식 후 체온과 맥박 수

쪽지 시험 (4. 우리 몸의 구조와 기능)

이름	맞은 개수

정답과 해설 • 37쪽

1 (뼈, 근육)은/는 우리 몸의 형태를 만들고 몸을 지탱하며, 심장과 폐, 뇌 등의 내부 기관을 보호합니다.

2 길고 꼬불꼬불한 관 모양이며, 소화를 돕는 액체를 분비하여 음식물을 더 잘게 쪼개는 기관은 무엇입니까?

3 소화되지 않은 음식물 찌꺼기는 (   )을/를 통해 몸 밖으로 배출됩니다.

4 (기관, 기관지)은/는 나뭇가지처럼 여러 갈래로 갈라져 있어 코로 들이마신 공기를 폐 전체에 잘 전달되게 합니다.

5 심장은 펌프 작용으로 (   )을/를 온몸으로 순환시킵니다.

6 심장, 혈관 중 온몸에 퍼져 있는 혈액의 이동 통로는 어느 것입니까?

7 혈액에 있는 노폐물을 몸 밖으로 내보내는 과정을 무엇이라고 합니까?

8 (   ) 기관은 자극을 받아들이는 기관으로 눈, 귀, 코, 혀, 피부가 있습니다.

9 운동 기관은 (   )가 명령한 대로 반응합니다.

10 운동할 때는 (   )와/과 영양소가 많이 필요합니다.

서술 쪽지 시험 (4. 우리 몸의 구조와 기능)

이름	맞은 개수

정답과 해설 ● 37쪽

1 팔을 구부릴 때 팔 안쪽 근육이 어떻게 변하는지 써 봅시다.

2 소화 기관 중 위가 하는 일을 써 봅시다.

3 숨을 내쉴 때 공기의 이동 경로를 써 봅시다.

4 심장이 느리게 뛸 때 혈액이 이동하는 빠르기가 어떻게 변하는지 써 봅시다.

5 콩팥에서 걸러진 노폐물은 어떻게 되는지 써 봅시다.

6 운동할 때 몸에 나타나는 변화를 두 가지 써 봅시다.

이름	맞은 개수

정답과 해설 • 37쪽

1 오른쪽 뼈와 근육 모형에 대한 설명으로 옳은 것을 보기 에서 골라 기호를 써 봅시다.

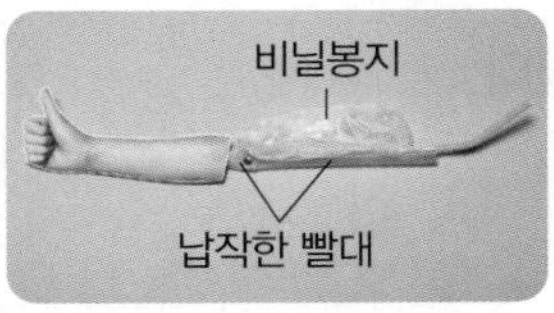

보기
㉠ 비닐봉지는 뼈 역할을 한다.
㉡ 뼈와 근육 모형에 바람을 불어 넣으면 납작한 빨대가 구부러진다.
㉢ 뼈와 근육 모형에 바람을 불어 넣으면 비닐봉지의 길이가 늘어난다.

( )

2 오른쪽 우리 몸속의 뼈 중 아래쪽 뼈가 긴뼈 두 개로 이루어진 것끼리 옳게 짝 지은 것은 어느 것입니까? ( )

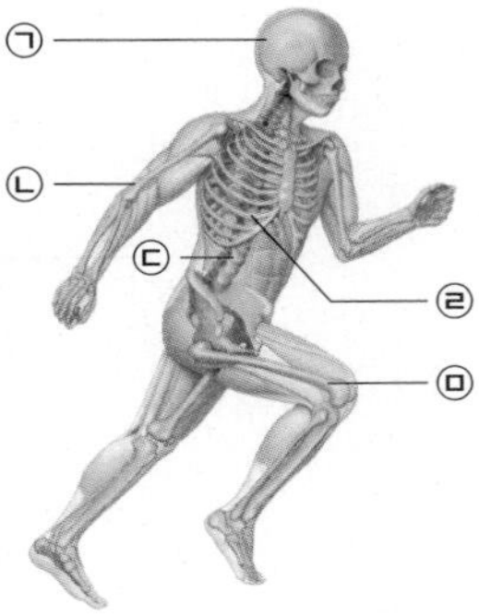

① ㉠, ㉡ ② ㉡, ㉣
③ ㉡, ㉤ ④ ㉢, ㉣
⑤ ㉣, ㉤

서술형

3 우리 몸에 뼈와 근육이 있어서 할 수 있는 일을 두 가지 써 봅시다.

____

____

4 음식물이 지나가는 기관을 두 가지 골라 써 봅시다. (,)

① 간 ② 위 ③ 이자
④ 쓸개 ⑤ 큰창자

[5~6] 오른쪽은 우리 몸 속의 소화 기관을 나타낸 것입니다.

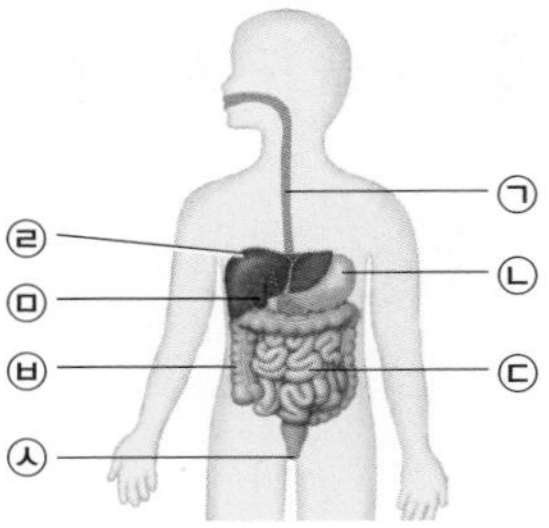

5 위 ㉢, ㉥에 대한 설명으로 옳지 않은 것은 어느 것입니까? ( )

① ㉢은 소화를 돕는 액체를 분비한다.
② ㉢은 길고 꼬불꼬불한 관 모양이다.
③ ㉢은 음식물 속의 수분을 흡수한다.
④ ㉥은 음식물 찌꺼기를 몸 밖으로 배출한다.
⑤ ㉥은 ㉢ 주변을 감싸고 있으며, 굵은 관 모양이다.

6 위 ㉠~㉦ 중 다음 설명에 해당하는 기관을 골라 기호와 이름을 써 봅시다.

- 긴 관 모양이다.
- 입에서 삼킨 음식물을 위로 이동시킨다.

( )

[7~8] 오른쪽은 우리 몸속의 호흡 기관입니다.

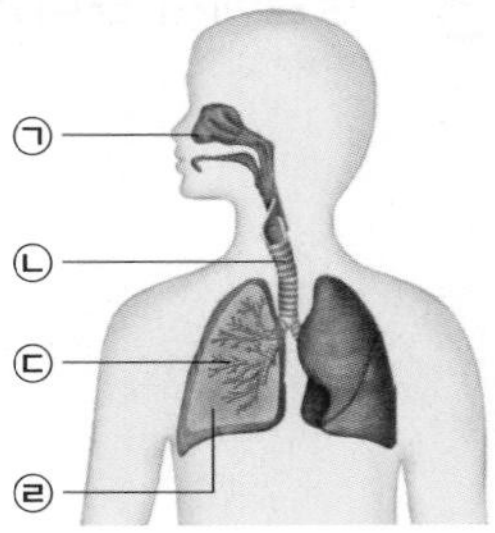

7 위 ㉠~㉣의 이름을 써 봅시다.

㉠: ( ) ㉡: ( )
㉢: ( ) ㉣: ( )

8 앞의 ㉠~㉣ 중 코로 들어온 공기의 이동 통로 역할을 하는 곳을 모두 골라 기호를 써 봅시다.

( )

중요

9 다음은 우리 몸에서 공기의 이동 경로를 순서대로 나열한 것입니다. ㉠과 ㉡은 숨을 들이마실 때와 내쉴 때 중 어느 것에 해당하는지 각각 써 봅시다.

• (㉠): 폐 → 기관지 → 기관 → 코
• (㉡): 코 → 기관 → 기관지 → 폐

㉠: ( ) ㉡: ( )

[10~11] 오른쪽은 우리 몸속의 기관을 나타낸 것입니다.

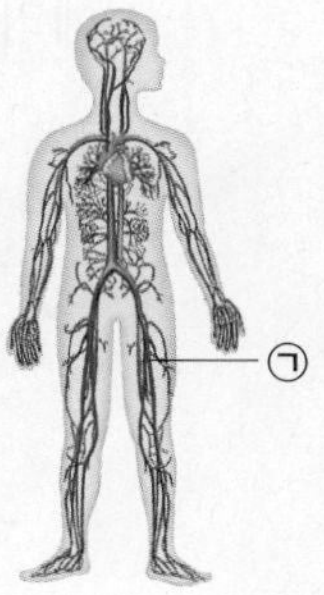

10 오른쪽 기관이 하는 일로 옳은 것은 어느 것입니까?

( )

① 자극을 전달한다.
② 혈액을 순환시킨다.
③ 음식물을 분해한다.
④ 숨을 들이마시고 내쉰다.
⑤ 영양소를 몸 밖으로 내보낸다.

서술형

11 위 ㉠의 이름과 하는 일을 써 봅시다.

12 오른쪽 고무풍선을 이용한 혈액 순환 모형실험에서 각 부분은 우리 몸의 어떤 기관에 해당하는지 보기 에서 골라 기호를 써 봅시다.

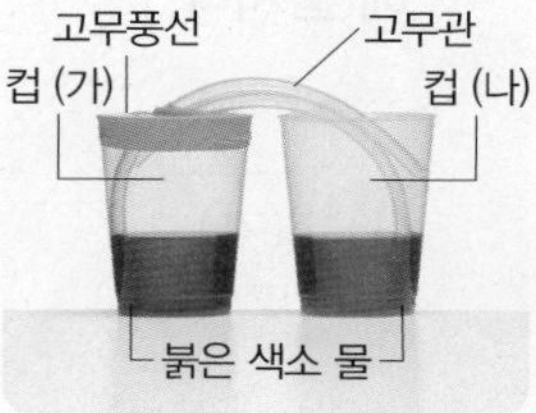

보기 ㉠ 온몸 ㉡ 혈액 ㉢ 심장

(1) 컵 (가): ( )
(2) 컵 (나): ( )
(3) 붉은 색소 물: ( )

13 혈액을 나타내는 빨간색 구슬과 노폐물을 나타내는 노란색 구슬, 바구니를 이용하여 배설 과정 역할놀이를 할 때, 각 기관의 표현 방법으로 옳은 것을 보기 에서 골라 기호를 써 봅시다.

보기
㉠ 방광 역할: 콩팥에게 빨간색 구슬만 받는다.
㉡ 콩팥 역할: 노란색 구슬은 방광에게 전달하고, 빨간색 구슬은 콩팥에서 나가는 혈액으로 전달한다.
㉢ 콩팥에서 나가는 혈액 역할: 콩팥이 주는 노란색 구슬을 모았다가 바구니가 차면 다른 곳에 버린다.

( )

[14~15] 오른쪽은 우리 몸속의 배설 기관을 나타낸 것입니다.

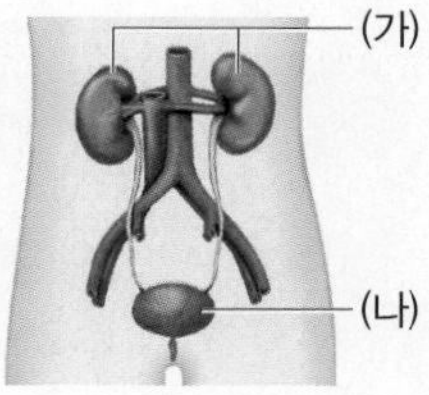

14 위 (가)와 (나)의 이름을 옳게 짝 지은 것은 어느 것입니까? ( )

	(가)	(나)		(가)	(나)
①	위	간	②	콩팥	방광
③	방광	콩팥	④	콩팥	항문
⑤	방광	항문			

중요

15 앞의 (가)와 (나)가 하는 일을 찾아 선으로 연결해 봅시다.

(1) (가) • • ㉠ 혈액에 있는 노폐물을 걸러 내어 오줌을 만든다.

(2) (나) • • ㉡ 오줌을 모았다가 몸 밖으로 내보낸다.

[16~17] 다음은 신나는 노래를 듣고 춤을 출 때, 우리 몸에서 자극이 전달되고 반응하는 과정을 순서대로 나타낸 것입니다.

(가) (㉠)이/가 신나는 노래를 들었다.
(나) (㉠)에서 받아들인 소리 자극을 뇌로 전달한다.
(다) 전달된 소리 자극을 해석해 춤을 추겠다고 결정한다.
(라) (㉡)
(마) 춤을 춘다.

16 위 ㉠에 공통으로 들어갈 감각 기관은 어느 것입니까? ( )

① 귀 ② 눈 ③ 코
④ 혀 ⑤ 피부

서술형

17 위 ㉡에 들어갈 내용을 써 봅시다.

____

____

18 오른쪽 우리 몸속의 신경계에 대한 설명으로 옳지 <u>않은</u> 것을 <u>두 가지</u> 골라 써 봅시다. (,)

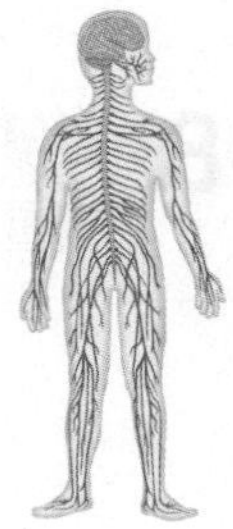

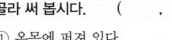

① 온몸에 퍼져 있다.
② 자극과 명령을 전달한다.
③ 혈액이 이동하는 통로이다.
④ 눈, 귀, 코, 혀, 피부가 있다.
⑤ 전달된 자극을 해석하여 반응을 결정한다.

19 운동할 때 몸에 나타나는 변화에 대해 옳게 말한 친구의 이름을 써 봅시다.

- 윤아: 운동을 하면 체온이 내려가.
- 태연: 운동을 하면 맥박 수가 증가해.
- 슬기: 운동을 하면 맥박 수가 줄어들었다가 휴식을 취하면 다시 증가해.
- 예리: 운동을 하면 체온이 올라가고, 운동을 한 뒤 휴식을 취하면 체온은 점점 더 올라가.

( )

20 우리 몸에서 다음과 같은 일을 하는 기관은 어느 것입니까? ( )

혈액에 있는 노폐물을 걸러 내어 몸 밖으로 내보낸다.

① 소화 기관 ② 배설 기관
③ 순환 기관 ④ 호흡 기관
⑤ 운동 기관

서술형 평가 (4. 우리 몸의 구조와 기능)

이름	맞은 개수

정답과 해설 • 38쪽

1 입에서 일어나는 소화 작용을 써 봅시다. [10점]

2 다음은 우리 몸속의 배설 기관을 나타낸 것입니다.

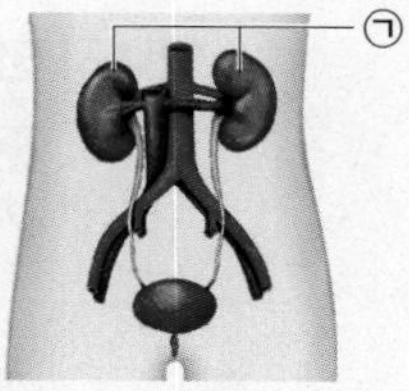
㉠

위 ㉠의 이름과 ㉠이 제 기능을 하지 못할 때 우리 몸에서 일어날 수 있는 일을 한 가지 써 봅시다. [10점]

3 다음은 피구 경기를 할 때 우리 몸에서 자극이 전달되고 반응하는 과정을 나타낸 것입니다. [10점]

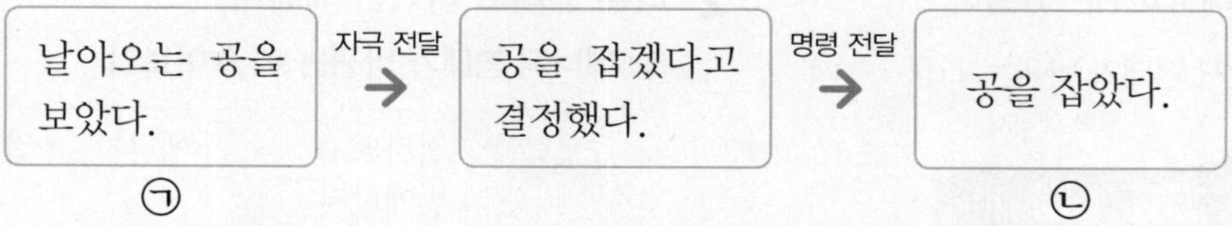
날아오는 공을 보았다.
㉠
자극 전달
공을 잡겠다고 결정했다.
명령 전달
공을 잡았다.
㉡

(1) 위 ㉠과 ㉡ 상황에 관여하는 기관을 각각 써 봅시다. [5점]

㉠: (　　　　　　) ㉡: (　　　　　　)

(2) 위에서 자극이 전달되고 반응하는 과정에 관여하는 기관을 순서대로 써 봅시다. [5점]

단원 정리 (5. 에너지와 생활)

탐구1 주변에서 이용하는 에너지 형태 조사하기

• 놀이터에서 찾을 수 있는 에너지 형태

• 과학실에서 찾을 수 있는 에너지 형태

1 에너지가 필요한 까닭과 에너지 형태

① 에너지가 필요한 까닭과 에너지를 얻는 방법

구분	에너지가 필요한 까닭	에너지를 얻는 방법
식물	생물이 살아가는 데에는 에너지가 필요합니다.	광합성을 하여 스스로 양분을 만들어 에너지를 얻습니다.
동물		다른 생물을 먹어 얻은 양분으로 에너지를 얻습니다.
기계	기계를 움직이는 데에는 에너지가 필요합니다.	기름이나 전기 등에서 에너지를 얻습니다.

② 에너지 형태

열에너지	물질의 온도를 높일 수 있는 에너지 예 끓는 물, 온풍기의 따뜻한 바람
❶ ____ 에너지	전기 기구 작동에 필요한 에너지 예 자동차 충전, 컴퓨터, 전기밥솥
빛에너지	주위를 밝게 비추는 에너지 예 햇빛, 신호등 불빛, 전등 불빛
❷ ____ 에너지	음식물, 연료, 생물체 등 물질에 저장된 에너지 예 식물, 음식, 자동차 연료, 장작
❸ ____ 에너지	움직이는 물체가 가진 에너지 예 굴러가는 공, 달리는 자동차
위치 에너지	높은 곳에 있는 물체가 가진 에너지 예 폭포 위에 있는 물, 날고 있는 새

탐구2 에너지 형태가 바뀌는 예 알아보기

• 손전등에서 에너지 형태가 바뀌는 과정

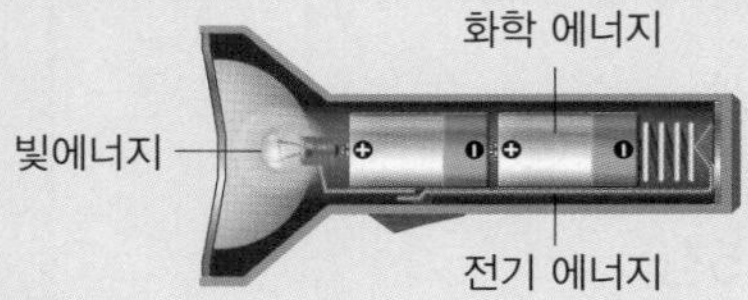

• 롤러코스터, 낙하 놀이 기구, 빛나는 조명에서 에너지 형태가 바뀌는 과정

2 다른 형태로 바뀌는 에너지

① 에너지 형태가 바뀌는 예 알아보기

손전등	전지의 ❹ ____ 에너지 → 전기 에너지 → 전구의 빛에너지	
롤러 코스터	처음 열차를 위로 끌어 올릴 때	전기 에너지 → 운동 에너지, 위치 에너지
	위에서 아래로 내려올 때	위치 에너지 → 운동 에너지
	아래에서 위로 올라갈 때	운동 에너지 → 위치 에너지
낙하 놀이 기구	아래에서 위로 올라갈 때	전기 에너지 → 위치 에너지
	위에서 아래로 내려올 때	위치 에너지 → 운동 에너지
빛나는 조명	전기 에너지 → 빛에너지	

정답과 해설 • 39쪽

② ❺ ______ : 한 형태의 에너지가 다른 형태의 에너지로 바뀌는 것

③ **자연 현상이나 일상생활에서의 에너지 전환**

광합성을 하는 식물	빛에너지 → ❻ ______ 에너지
달리는 아이	❼ ______ 에너지 → 운동 에너지
켜진 전기난로	전기 에너지 → 열에너지
켜진 가로등	전기 에너지 → 빛에너지
모닥불 피우기	화학 에너지 → 빛에너지, 열에너지
태양 전지	빛에너지 → ❽ ______ 에너지

④ **태양에서 공급된 에너지의 전환**: 우리가 생활하면서 이용하는 에너지는 대부분 ❾ ______ 에서 공급된 에너지로부터 시작하여 여러 단계의 전환 과정을 거쳐 얻습니다.

식물을 먹은 운동하는 사람	태양의 빛에너지 → 식물의 화학 에너지 → 사람의 운동 에너지

3 에너지를 효율적으로 활용하는 방법

① **형광등과 발광 다이오드(LED)등의 에너지 효율 비교**

같은 양의 전기 에너지를 빛에너지로 더 많이 전환하는 전등은 발광 다이오드등입니다. ➜ 형광등 대신 발광 다이오드등을 쓰면 에너지를 더 효율적으로 사용할 수 있습니다.

② **에너지를 효율적으로 사용해야 하는 까닭**: 에너지를 얻는 데 필요한 석유, 석탄 등의 자원은 양이 한정되어 있기 때문입니다.

③ **에너지를 효율적으로 사용하는 전기 기구, 건축물, 생물의 예**

전기 기구	• 에너지 소비 효율 등급이 ❿ ______ 등급에 가까운 제품을 사용합니다. • 에너지 절약 표시가 붙은 제품을 사용합니다. • 형광등 대신 발광 다이오드등을 사용합니다.
건축물	• 이중창을 설치하고, 단열재를 사용합니다. • 태양의 빛에너지나 열에너지를 이용하는 장치를 설치합니다.
생물	목련의 겨울눈, 곰·뱀·다람쥐 등의 겨울잠, 돌고래의 유선형 몸, 바다코끼리의 두꺼운 지방층, 황제펭귄이 서로 몸을 맞대고 이루는 큰 원형의 무리 등이 있습니다.

탐구3 효율적인 에너지 활용 방법 알아보기

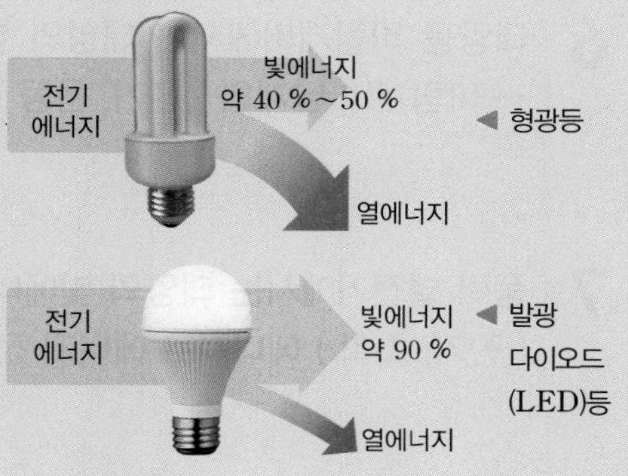

쪽지 시험 5. 에너지와 생활

이름	맞은 개수

정답과 해설 • 39쪽

1 (동물, 식물, 기계)은/는 광합성을 하여 스스로 양분을 만들어 에너지를 얻습니다.

2 물질의 온도를 높일 수 있는 에너지 형태는 무엇입니까?

3 댐이나 폭포의 높은 곳에 있는 물은 낮은 곳에 있는 물보다 (위치, 운동) 에너지가 큽니다.

4 손전등에서 전지의 (   ) 에너지가 전기 에너지로 바뀌고, 전기 에너지는 전구에서 빛에너지로 바뀝니다.

5 롤러코스터에서 처음 열차를 위로 끌어 올릴 때 (   ) 에너지가 운동 에너지와 위치 에너지로 바뀝니다.

6 태양광 바람개비에서는 태양의 빛에너지 → 바람개비 몸통의 열에너지 → 바람개비 날개의 (전기, 운동) 에너지로 에너지 전환이 일어납니다.

7 풍력 발전기에서는 태양의 빛에너지 → 바람의 운동 에너지 → 발전기의 (전기, 화학) 에너지로 에너지 전환이 일어납니다.

8 같은 양의 전기 에너지를 빛에너지로 더 많이 전환하는 전등은 (형광등, 발광 다이오드등)입니다.

9 건축물에 (   )의 빛에너지나 열에너지를 이용하는 장치를 설치하면 에너지를 효율적으로 사용할 수 있습니다.

10 목련의 (   )은/는 바깥쪽이 껍질과 털로 되어 있어 손실되는 열에너지가 줄어들어 겨울에도 어린싹이 얼지 않습니다.

서술 쪽지 시험 (5. 에너지와 생활)

이름 | 맞은 개수

정답과 해설 ● 39쪽

1 동물이 에너지를 얻는 방법을 써 봅시다.

2 화학 에너지는 무엇인지 써 봅시다.

3 태양 전지에서 일어나는 에너지 전환 과정을 써 봅시다.

4 손난로가 따뜻해지는 과정을 에너지 전환과 관련지어 써 봅시다.

5 에너지를 효율적으로 사용해야 하는 까닭을 써 봅시다.

6 에너지를 효율적으로 활용하는 방법을 두 가지 써 봅시다.

단원 평가 (5. 에너지와 생활)

이름 | 맞은 개수

정답과 해설 • 39쪽

1 에너지를 얻는 방법을 옳게 말한 친구의 이름을 써 봅시다.

- 준혁: 기계는 전기나 기름 등에서 에너지를 얻어.
- 민정: 식물은 다른 식물이나 동물을 먹음으로써 에너지를 얻어.
- 규원: 동물은 햇빛을 받아 광합성으로 양분을 만들어 에너지를 얻어.

( )

중요

2 에너지 형태에 대한 옳은 설명을 찾아 선으로 연결해 봅시다.

(1) 열 에너지 • • ㉠ 주위를 밝게 비추는 에너지

(2) 빛 에너지 • • ㉡ 물질의 온도를 높일 수 있는 에너지

(3) 전기 에너지 • • ㉢ 전기 기구 작동에 필요한 에너지

3 빛에너지와 관련이 <u>없는</u> 것은 어느 것입니까? ( )

① 햇빛 ② 전등 불빛
③ 자동차 충전 ④ 신호등 불빛
⑤ 빛나는 조명

4 오른쪽과 같은 시소가 높이 올라갔을 때 갖는 에너지는 어느 것입니까? ( )

① 빛에너지 ② 열에너지
③ 화학 에너지 ④ 전기 에너지
⑤ 위치 에너지

중요

5 상황과 관련된 에너지 형태를 옳게 짝 지은 것을 보기 에서 골라 기호를 써 봅시다.

보기
㉠ 움직이는 자전거 – 화학 에너지
㉡ 휴대 전화 배터리 – 운동 에너지
㉢ 천장에 달린 작품 – 위치 에너지
㉣ 온풍기의 따뜻한 바람 – 빛에너지

( )

6 주변에서 이용하는 에너지 형태에 대한 설명으로 옳은 것을 보기 에서 골라 기호를 써 봅시다.

보기
㉠ 새는 날기 위해 화학 에너지를 이용한다.
㉡ 날고 있는 새는 위치 에너지는 있지만 운동 에너지는 없다.
㉢ 영상이 나오는 텔레비전은 빛에너지와는 관련이 있지만, 열에너지와는 관련이 없다.

( )

서술형

7 생활에서 가스를 사용하지 못할 때 일어날 수 있는 일을 써 봅시다.

중요

8 다음과 같은 에너지 전환이 일어나는 경우는 어느 것입니까? (　　　)

전기 에너지 → 빛에너지

① 달리는 아이
② 돌아가는 세탁기
③ 밝게 비추는 가로등
④ 광합성을 하는 나무
⑤ 떨어지는 낙하 놀이 기구

9 손전등에서 에너지 형태가 바뀌는 과정에서 (　　) 안에 들어갈 에너지 형태를 순서대로 옳게 짝 지은 것은 어느 것입니까? (　　　)

전지의 (　　　) → 전기 에너지 → 전구의 (　　　)

① 빛에너지, 열에너지
② 빛에너지, 화학 에너지
③ 화학 에너지, 빛에너지
④ 화학 에너지, 운동 에너지
⑤ 화학 에너지, 위치 에너지

서술형

10 롤러코스터에서 열차가 위에서 아래로 떨어질 때와 아래로 떨어진 열차가 다시 위로 올라갈 때 일어나는 에너지 전환 과정을 써 봅시다.

(1) 위에서 아래로 떨어질 때

(2) 아래에서 위로 올라갈 때

11 오른쪽과 같은 폭포에서 일어나는 에너지 전환 과정으로 옳은 것은 어느 것입니까? (　　　)

① 빛에너지 → 전기 에너지
② 화학 에너지 → 열에너지
③ 전기 에너지 → 운동 에너지
④ 운동 에너지 → 위치 에너지
⑤ 위치 에너지 → 운동 에너지

12 오른쪽과 같이 모닥불을 피울 때 일어나는 에너지 전환 과정에서 (　　) 안에 들어갈 말을 써 봅시다.

장작의 (　　　) → 빛에너지, 열에너지

(　　　　　　　　　)

중요

13 자연 현상이나 일상생활에서 일어나는 에너지 전환 과정으로 옳지 않은 것은 어느 것입니까? (　　　)

① 손비비기: 운동 에너지 → 열에너지
② 반딧불이: 화학 에너지 → 빛에너지
③ 반짝이는 조명: 빛에너지 → 전기 에너지
④ 켜진 전기 주전자: 전기 에너지 → 열에너지
⑤ 자전거 타는 아이: 화학 에너지 → 운동 에너지

14 다음은 우리 주변에서 일어나는 에너지 전환 과정입니다. ㉠에 들어갈 내용으로 옳은 것은 어느 것입니까? (　　　)

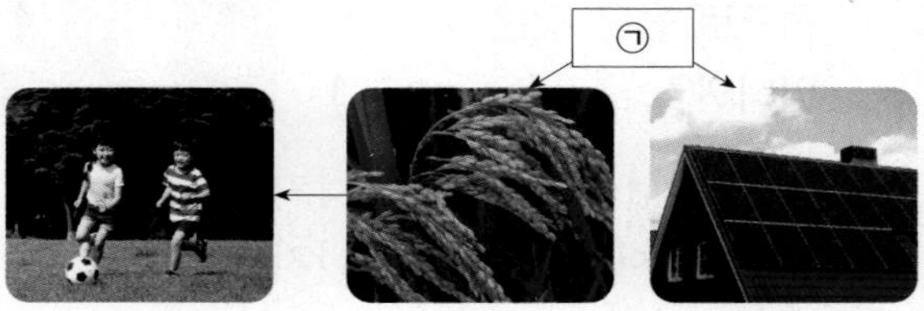

▲ 달리는 아이　▲ 벼　▲ 태양 전지

① 구름　② 태양　③ 석유
④ 석탄　⑤ 전기

중요

15 에너지 전환 과정에 대한 설명으로 옳지 <u>않은</u> 것은 어느 것입니까? (　　　)

① 식물은 광합성으로 태양의 빛에너지에서 화학 에너지를 얻는다.
② 대부분의 에너지는 태양에서 공급된 에너지로부터 시작되었다.
③ 동물은 태양의 빛에너지를 직접 열에너지나 운동 에너지로 전환시킨다.
④ 태양에서 온 에너지를 전기 에너지로 바꿔 전기 기구를 사용하기도 한다.
⑤ 풍력 발전기에서는 태양의 빛에너지가 바람의 운동 에너지로 전환된다.

16 수력 발전에서의 에너지 전환 과정에서 (　) 안에 들어갈 말을 써 봅시다.

> 태양의 (㉠) → 높은 댐에 고인 물의 (㉡) → 수력 발전소에서 만드는 전기 에너지

㉠: (　　　　　) ㉡: (　　　　　)

17 여러 가지 전기 기구의 에너지 소비 효율 등급이 다음과 같을 때 에너지 효율이 가장 좋은 전기 기구는 어느 것입니까? (　　　)

① 세탁기(2등급)
② 전기난로(4등급)
③ 전기밥솥(1등급)
④ 김치 냉장고(3등급)
⑤ 공기 청정기(5등급)

서술형

18 오른쪽과 같은 곰이 겨울에 에너지를 효율적으로 이용하는 방법을 써 봅시다.

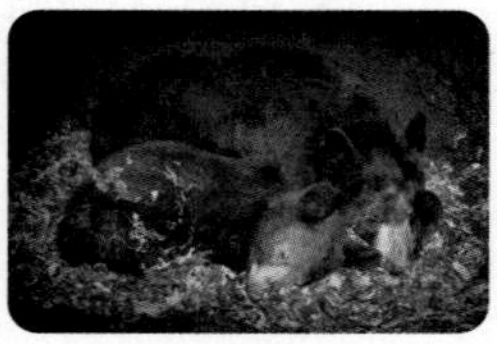

19 다음은 전등 ㉠~㉢의 에너지 효율을 비교한 표입니다. 에너지를 가장 효율적으로 이용하는 전등의 기호를 써 봅시다.

구분	비교 결과
사용한 전기 에너지의 양	㉠<㉡<㉢
빛의 밝기	㉠=㉡=㉢

(　　　　　)

20 건축물에서 에너지를 효율적으로 사용하는 방법에 대한 설명으로 옳은 것을 보기 에서 모두 골라 기호를 써 봅시다.

> 보기
> ㉠ 태양열로 난방을 한다.
> ㉡ 단열재는 건물 안의 열이 잘 빠져나가게 한다.
> ㉢ 아궁이는 밥을 지으면서 생기는 열에너지를 난방에 활용한다.

(　　　　　)

서술형 평가 (5. 에너지와 생활)

이름	맞은 개수

정답과 해설 • 40쪽

1 다음은 주변에서 이용하는 에너지 형태입니다. [10점]

사람의 체온, 온풍기의 따뜻한 바람, 끓는 물

(1) 위와 가장 관련 깊은 에너지 형태는 무엇인지 써 봅시다. [3점]

( )

(2) 전기 에너지가 (1)의 에너지로 변하는 예를 써 봅시다. [7점]

2 다음은 형광등과 발광 다이오드(LED)등에서 전기 에너지가 빛에너지로 전환되는 비율입니다. [10점]

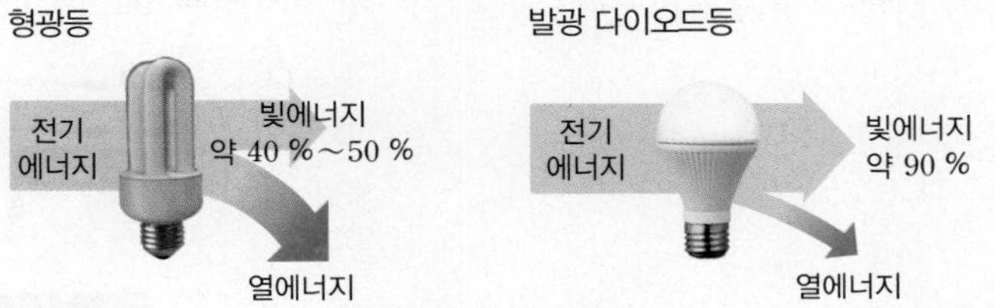

(1) 형광등과 발광 다이오드등 중 같은 양의 전기 에너지를 빛에너지로 더 많이 전환하는 전등은 무엇인지 써 봅시다. [2점]

( )

(2) 형광등과 발광 다이오드등 중 에너지를 더 효율적으로 사용하는 전등은 무엇인지 써 봅시다. [2점]

( )

(3) (2)와 같이 생각한 까닭을 (1)과 관련지어 써 봅시다. [6점]

학업성취도 평가 대비 문제 1회 (1~2 단원)

○ 정답과 해설 ● 40쪽

1. 전기의 이용

1 다음 ( ) 안에 들어갈 말을 각각 써 봅시다.

> 전지, 전구, 전선 등의 (㉠)을/를 서로 연결해 전기가 흐르도록 한 것을 (㉡)(이)라고 한다.

㉠: ( ) ㉡: ( )

1. 전기의 이용

2 다음 중 전구에 대한 설명으로 옳지 않은 것을 두 가지 골라 써 봅시다. (,)

① 금속으로 된 부분이 있다.
② (+)극과 (−)극을 가지고 있다.
③ 전기 회로에 전기 에너지를 공급한다.
④ 전기가 흐르면 필라멘트에서 빛이 난다.
⑤ 전선에 연결하기 쉽도록 전구 끼우개에 끼워 사용한다.

1. 전기의 이용

3 전구에 불이 켜지는 것은 어느 것입니까? ( )

①

②

③
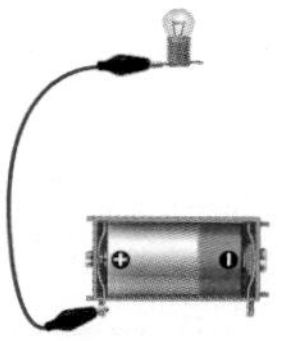

④
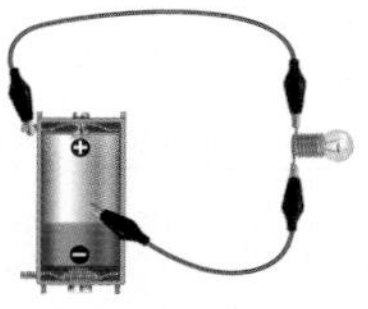

1. 전기의 이용

4 전구 두 개를 여러 줄에 나누어 연결한 것을 골라 기호를 써 봅시다.

㉠
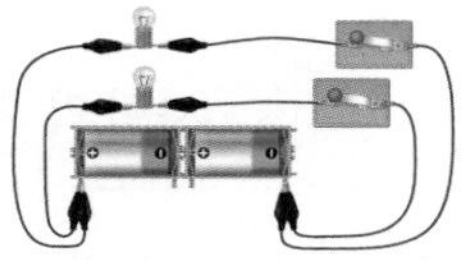

㉡
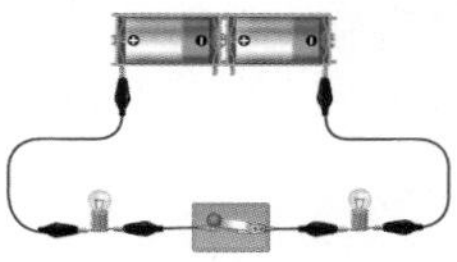

( )

1. 전기의 이용

5 다음 ( ) 안의 알맞은 말에 ○표 해 봅시다.

> 전구 두 개를 한 줄로 나란히 연결한 전기 회로와 전구 두 개를 두 줄에 하나씩 나누어 연결한 전기 회로 중 전구의 밝기가 더 밝은 것은 전구를 (한 줄, 두 줄)에 연결한 전기 회로이다.

1. 전기의 이용

6 다음 중 전기 에너지를 더 적게 사용하는 전기 회로를 두 가지 골라 써 봅시다. (,)

①
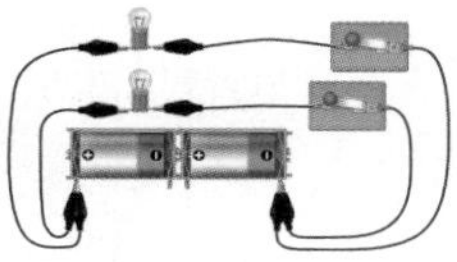

②
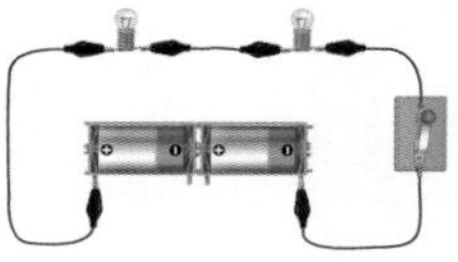

③
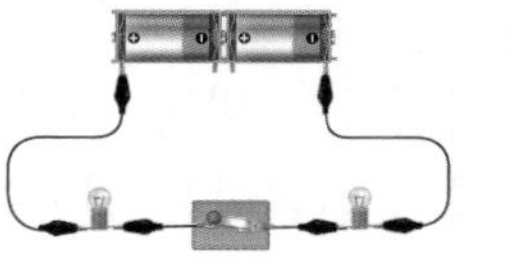

④
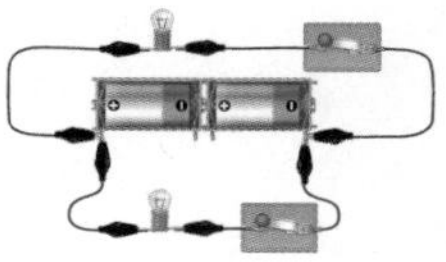

1. 전기의 이용

7 다음 중 전기를 안전하게 사용하는 방법으로 옳지 않은 것은 어느 것입니까? ( )

① 전선을 잘 정리한다.
② 플러그를 뽑을 때에는 전선을 잡아당긴다.
③ 물 묻은 손으로 전기 제품을 만지지 않는다.
④ 젖은 물건을 전기 기구에 올려놓지 않는다.
⑤ 콘센트 한 개에 플러그 여러 개를 꽂아 놓지 않는다.

1. 전기의 이용

8 다음 설명과 관계있는 자석은 어느 것입니까? ( )

> 둥근머리 볼트에 에나멜선을 감아 만든 것으로 전기가 흐를 때만 자석을 성질을 지니는 자석이다.

① 전자석 ② 막대자석
③ 영구 자석 ④ 고리 자석
⑤ 동전 모양 자석

2. 계절의 변화

9 태양 고도에 대한 설명으로 옳지 않은 것을 보기 에서 골라 기호를 써 봅시다.

> 보기
> ㉠ 태양이 지표면과 이루는 각이다.
> ㉡ 하루 동안 태양 고도는 계속 달라진다.
> ㉢ 태양이 낮게 떠 있으면 태양 고도가 높다.

( )

2. 계절의 변화

10 하루 동안 태양 고도가 가장 높은 때 태양의 위치와 이때의 시각을 각각 써 봅시다.

(1) 태양의 위치: ( )
(2) 시각: ( )

[11~12] 다음은 월별 태양의 남중 고도와 기온을 나타낸 그래프입니다.

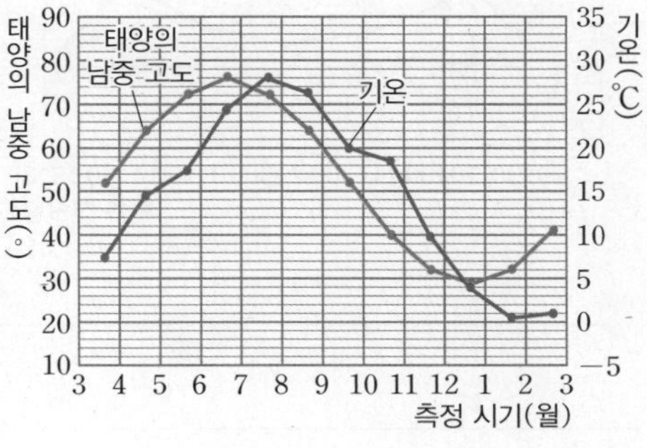

2. 계절의 변화

11 앞의 그래프를 보고, 태양의 남중 고도와 기온이 가장 높은 계절을 각각 써 봅시다.

(1) 태양의 남중 고도: ( )
(2) 기온: ( )

2. 계절의 변화

12 앞의 그래프를 보고, 월별 낮의 길이 변화를 옳게 나타낸 것을 골라 기호를 써 봅시다.

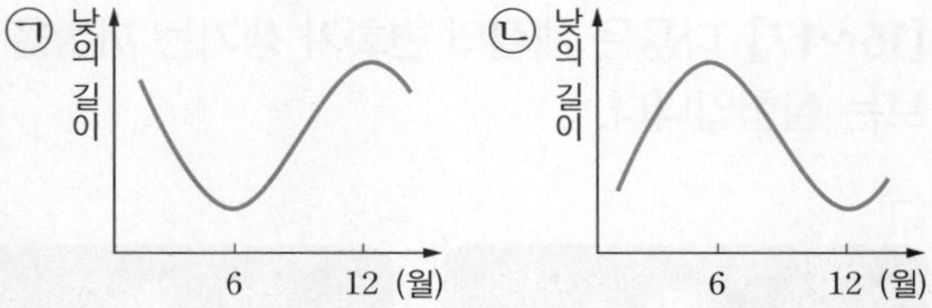

( )

2. 계절의 변화

13 오른쪽은 계절별 하루 동안 태양의 위치 변화를 나타낸 것입니다. ㉠~㉢ 중 낮의 길이가 가장 짧은 계절을 골라 기호를 써 봅시다.

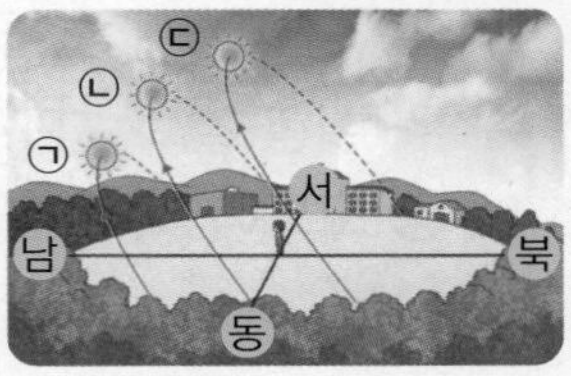

( )

2. 계절의 변화

14 다음은 오른쪽과 같이 장치하고 전등과 태양 전지판이 이루는 각을 다르게 한 결과입니다. ( ) 안의 알맞은 말에 ○표 해 봅시다.

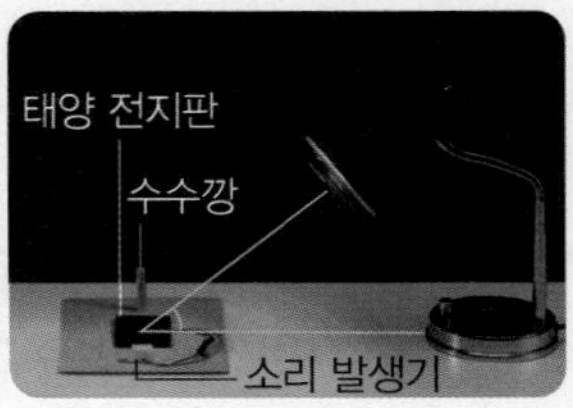

> 전등과 태양 전지판이 이루는 각이 클수록 수수깡의 그림자 길이가 (짧아지고, 길어지고) 소리가 (작게, 크게) 난다.

2. 계절의 변화

15 우리나라에서 여름일 때에 대한 설명으로 옳지 않은 것은 어느 것입니까? (　　　)

① 기온이 높다.
② 낮의 길이가 길다.
③ 밤의 길이가 짧다.
④ 태양의 남중 고도가 높다.
⑤ 일정한 면적의 지표면에 도달하는 태양 에너지양은 겨울과 같다.

[16~17] 다음은 계절의 변화가 생기는 까닭을 알아보는 실험입니다.

㉠

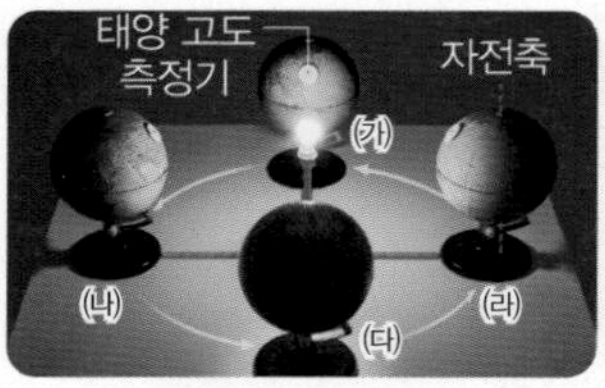

▲ 지구본의 자전축을 기울이지 않은 채 공전시킬 때

㉡

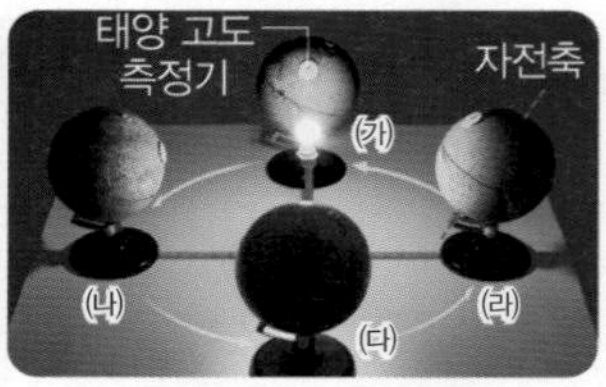

▲ 지구본의 자전축을 기울인 채 공전시킬 때

2. 계절의 변화

16 위 실험 결과 지구본의 위치에 따른 태양의 남중 고도에 대한 설명으로 옳은 것은 어느 것입니까? (　　　)

① ㉠ – 태양의 남중 고도가 달라지지 않는다.
② ㉠ – (라)에서 태양의 남중 고도가 가장 낮다.
③ ㉡ – 태양의 남중 고도가 달라지지 않는다.
④ ㉡ – (다)에서 태양의 남중 고도가 가장 높다.
⑤ ㉡ – (가)보다 (나)에서 태양의 남중 고도가 더 낮다.

2. 계절의 변화

17 다음은 위 실험으로 알게 된 점입니다. (　) 안에 알맞은 말을 각각 써 봅시다.

> 지구의 자전축이 일정한 방향으로 (㉠) 채 태양 주위를 (㉡)하기 때문에 계절의 변화가 생긴다.

㉠: (　　　　　　) ㉡: (　　　　　　)

서술형 문제

1. 전기의 이용

18 다음 그림에서 전기를 위험하게 사용하는 모습을 두 가지 찾아 올바른 전기 사용 방법으로 고쳐 봅시다.

1. 전기의 이용

19 다음 막대자석과 전자석의 차이점을 한 가지 써 봅시다.

▲ 막대자석

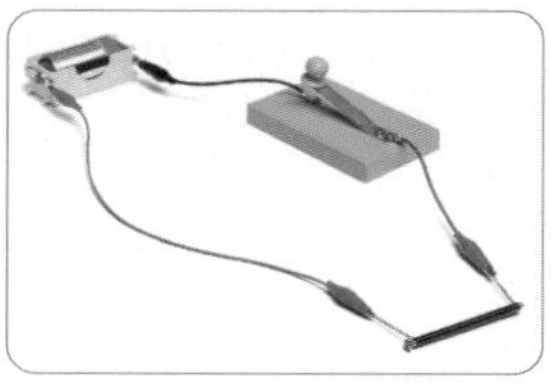
▲ 전자석

2. 계절의 변화

20 다음 그래프를 보고, 태양 고도와 그림자 길이, 기온은 어떤 관계가 있는지 써 봅시다.

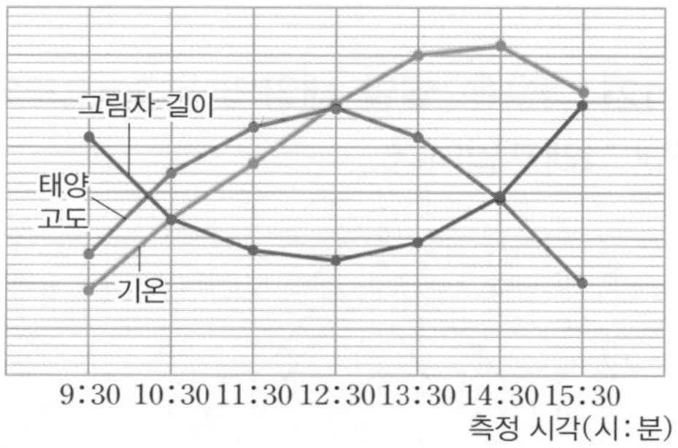

학업성취도 평가 대비 문제 2회 (3~5 단원)

정답과 해설 • 41쪽

학업 성취도 평가

3. 연소와 소화

1 물질이 탈 때 나타나는 공통적인 현상으로 옳지 않은 것을 보기 에서 골라 기호를 써 봅시다.

보기
㉠ 그을음이 생긴다.
㉡ 물질의 양이 변한다.
㉢ 빛과 열이 발생한다.
㉣ 주변이 밝고 따뜻해진다.

( )

3. 연소와 소화

2 다음 ( ) 안에 공통으로 들어갈 말을 써 봅시다.

- 물질이 타려면 ( )이/가 필요하다.
- 탈 물질이 있고, 온도가 발화점 이상이라도 ( )이/가 부족하면 물질이 타지 못한다.

( )

3. 연소와 소화

3 다음 실험 결과를 통해 성냥의 머리 부분과 나무 부분 중 발화점이 더 높은 것은 무엇인지 써 봅시다.

성냥의 머리 부분과 나무 부분을 철판의 가운데로부터 같은 거리에 올려놓은 뒤 철판을 가열하면 성냥의 머리 부분에 먼저 불이 붙는다.

( )

3. 연소와 소화

4 초가 연소한 후에 생기는 물질과 그 물질을 확인하는 방법을 선으로 연결해 봅시다.

(1) 물 • • ㉠ 석회수가 뿌옇게 흐려진다.

(2) 이산화 탄소 • • ㉡ 푸른색 염화 코발트 종이가 붉게 변한다.

3. 연소와 소화

5 소화 방법에 대해 옳게 설명한 친구의 이름을 써 봅시다.

- 민아: 연소의 세 가지 조건을 모두 없애야 해.
- 주희: 연소의 조건과 소화 방법은 아무 관계가 없어.
- 수현: 연소의 세 가지 조건 중 한 가지 이상을 없애면 돼.

( )

3. 연소와 소화

6 불을 끄는 방법과 불이 꺼지는 까닭을 옳게 짝지은 것은 어느 것입니까? ( )

① 촛불을 입으로 불기 – 산소 차단하기
② 두꺼운 담요로 덮기 – 탈 물질 제거하기
③ 촛불을 집기병으로 덮기 – 산소 차단하기
④ 핀셋으로 초의 심지 집기 – 산소 차단하기
⑤ 가스레인지의 연료 조절 손잡이를 돌려 닫기 – 온도를 발화점 아래로 낮추기

3. 연소와 소화

7 화재가 발생했을 때 물을 뿌려 불을 끌 수 있는 물질을 두 가지 골라 써 봅시다. (,)

① 옷 ② 기름 ③ 가스
④ 나무 ⑤ 전기 기구

8 근육이 하는 일로 옳은 것을 보기 에서 골라 기호를 써 봅시다.

보기
㉠ 몸을 지탱한다.
㉡ 몸의 형태를 만든다.
㉢ 길이가 줄어들거나 늘어나면서 뼈를 움직이게 한다.

( )

9 소화 과정에서 음식물이 지나가지 않고 소화를 돕는 기관끼리 옳게 짝 지은 것은 어느 것입니까? ( )

① 간, 폐
② 간, 이자
③ 입, 식도
④ 방광, 항문
⑤ 쓸개, 작은창자

10 다음 ( ) 안에 들어갈 말을 각각 써 봅시다.

입으로 먹은 빵은 식도, 위, (㉠), 큰창자로 이동하면서 잘게 쪼개져서 영양소와 수분이 흡수되고, 소화되지 않은 음식물 찌꺼기는 (㉡)(으)로 배출된다.

㉠: ( ) ㉡: ( )

11 숨을 들이마실 때 공기의 이동 경로와 폐에서 흡수하는 기체의 종류를 옳게 나타낸 것은 어느 것입니까? ( )

① 코 → 기관지 → 기관 → 폐: 산소
② 코 → 기관 → 기관지 → 폐: 산소
③ 폐 → 기관지 → 기관 → 코: 산소
④ 코 → 기관 → 기관지 → 폐: 이산화 탄소
⑤ 폐 → 기관지 → 기관 → 코: 이산화 탄소

12 오른쪽 주입기의 펌프를 빠르게 누를 때 붉은 색소 물이 이동하는 빠르기와 같은 시간 동안 이동하는 양의 변화를 옳게 짝 지은 것은 어느 것입니까? ( )

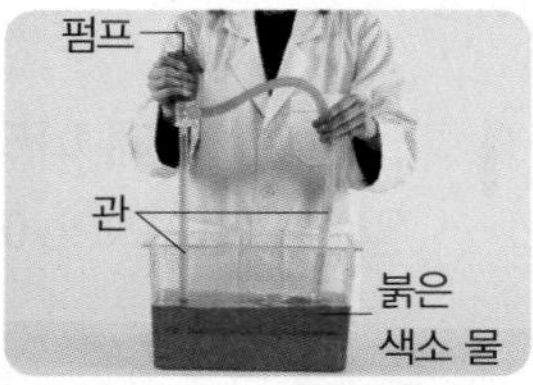

구분	이동하는 빠르기	같은 시간 동안 이동하는 양
①	느려진다.	적어진다.
②	느려진다.	많아진다.
③	빨라진다.	적어진다.
④	빨라진다.	많아진다.
⑤	변화가 없다.	많아진다.

13 오른쪽은 우리 몸속의 배설 기관을 나타낸 것입니다. ㉠의 이름과 하는 일을 옳게 말한 친구의 이름을 써 봅시다.

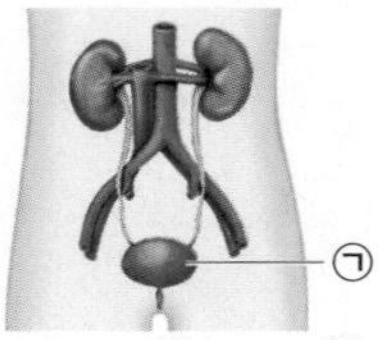

• 재림: 콩팥에서 방광으로 오줌을 운반하는 오줌관이야.
• 승우: 오줌을 모았다가 몸 밖으로 내보내는 방광이야.

( )

14 자극이 전달되고 반응하는 과정에 대한 설명으로 옳은 것을 보기 에서 골라 기호를 써 봅시다.

보기
㉠ 운동 기관은 스스로 판단하고 반응한다.
㉡ 자극이 전달되어 반응하기까지 여러 단계를 거친다.
㉢ 신경계에서 받아들인 자극은 감각 기관을 통해 전달된다.

( )

15 다음에서 공통으로 가지고 있는 에너지 형태를 써 봅시다.

벽에 걸린 시계, 폭포 위에 있는 물

( )

16 우리 주변에서 일어나는 에너지 전환에 대한 설명으로 옳은 것을 보기 에서 모두 골라 기호를 써 봅시다.

보기
㉠ 풍력 발전기에서는 빛에너지 → 운동 에너지 → 전기 에너지로 에너지가 전환된다.
㉡ 태양광 바람개비에서는 빛에너지 → 열에너지 → 운동 에너지로 에너지가 전환된다.
㉢ 돌아가는 선풍기와 세탁기에서는 모두 운동 에너지 → 전기 에너지로 에너지가 전환된다.

( )

17 생물이 에너지를 효율적으로 사용하는 방법에 대한 설명으로 옳지 않은 것은 어느 것입니까? ( )

① 나무는 가을에 잎을 떨어뜨린다.
② 목련의 겨울눈은 겨울에 어린싹이 얼지 않게 한다.
③ 곰은 겨울잠을 자면서 화학 에너지를 더 효율적으로 사용한다.
④ 황제펭귄은 서로 몸을 맞대고 큰 원형의 무리를 이루어 손실되는 열에너지를 줄인다.
⑤ 바다코끼리의 두꺼운 지방층은 몸에서 열이 빠져나가는 것을 막아 체온 유지에 최대한 많은 에너지를 사용하게 한다.

서술형 문제

18 다음과 같이 촛불을 덮었던 집기병에 석회수를 붓고 집기병을 흔들었습니다. 석회수가 어떻게 변하는지 쓰고, 이를 통해 알 수 있는 사실을 써 봅시다.

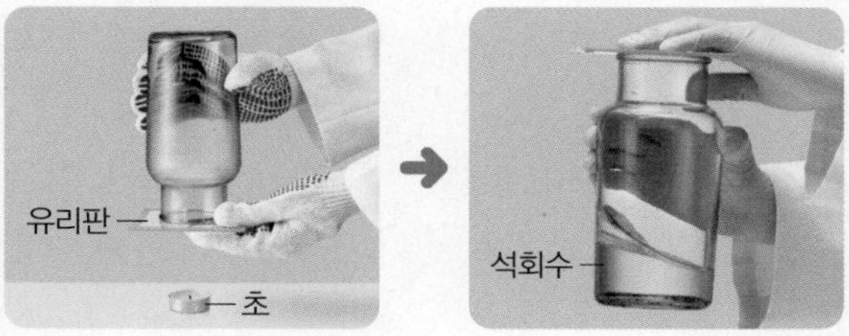

19 다음은 운동 전, 운동 직후, 운동하고 5분 휴식 후 1분당 맥박 수를 측정한 결과를 나타낸 그래프입니다. 이를 통해 알 수 있는 사실을 써 봅시다.

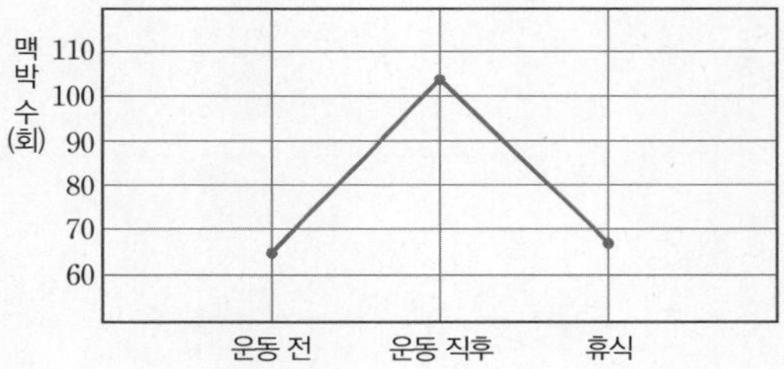

20 식물과 동물이 에너지를 얻는 방법을 비교하여 써 봅시다.

MEMO

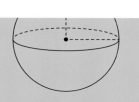

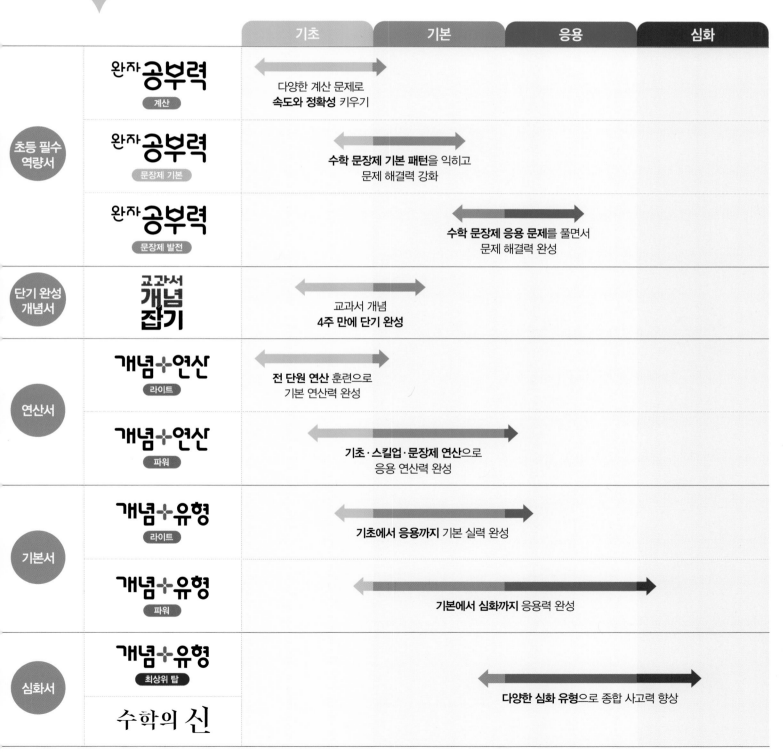

오·투·시·리·즈 생생한 학습자료와 검증된 컨텐츠로 과학 공부에 대한 모범 답안을 제시합니다.

visang
대표전화 1544-0554
주소 경기도 과천시 과천대로2길 54(갈현동, 그라운드브이)